结构工程虚拟现实可视化仿真方法及其应用

魏　群　谢晓尧　张国新
王　颖　魏鲁双　孙　凯　著

中国建筑工业出版社

图书在版编目(CIP)数据

结构工程虚拟现实可视化仿真方法及其应用/魏群等著. —北京：中国建筑工业出版社，2010
ISBN 978-7-112-11876-2

Ⅰ. 结… Ⅱ. 魏… Ⅲ. ①结构工程-虚拟技术②结构工程-可视化仿真 Ⅳ. TU3-39

中国版本图书馆CIP数据核字（2010）第037546号

责任编辑：郑淮兵 王 鹏
责任设计：赵明霞
责任校对：陈晶晶 赵 颖

结构工程虚拟现实可视化
仿真方法及其应用
魏 群 谢晓尧 张国新
王 颖 魏鲁双 孙 凯 著

*

中国建筑工业出版社出版、发行（北京西郊百万庄）
各地新华书店、建筑书店经销
北京嘉泰利德公司制版
北京方嘉彩色印刷有限责任公司印刷

*

开本：787×1092毫米 1/16 印张：20 字数：488千字
2009年12月第一版 2009年12月第一次印刷
定价：98.00元（含光盘）
ISBN 978-7-112-11876-2
（19132）

前 言

随着计算机系统硬件的快速发展及软件计算能力和范围的扩大，所得出的丰富的计算结果，必须更直观、更准确和更及时地反映出来，单纯以计算数据，表格和简单曲线的平面表示方法已远远不能适应人们对复杂过程和结果分析的需要，于是三维可视化动态仿真系统便应运而生，尤其在设计、计算与控制方面。在结构工程领域，利用先进的计算机技术、图形技术、网络技术、虚拟现实技术和专业标准规范相结合，开展结构工程的可视化仿真应用。本书就是为了结构工程可视化仿真技术的应用提供理论、手段和方法以及方案的一本书。

可视化仿真（Visual Simulation）是计算机可视化技术和系统仿真技术结合的产物，这一新型的手段，它把复杂工程规划、设计及与施工过程等复杂的空间 n 维数据（几何位置、形状、边界条件、时间 、温度、应力、应变材料特性、外部影响）结合起来 ，计算机输入和计算过程拟人化和形象化，采用直观和客观的计算机图形显示技术实时、准确和形象地表达计算过程中的变化和最终成果，通过灵活的人机交互处理方式，可以驾驭整个分析处理过程，容易发现隐藏于数据中的科学规律，领会复杂数据间的空间关系，实现附加价值（例如工程项目范围的数据综合化，改善对三维图形的理解，可充分进行模拟预演，减少工程重复设计，增加工程的可靠性和各个环节的联合作用）。

全书共分两部分 9 个章节以及两个附录内容，第一部分内容主要介绍可视化仿真的基本理论、手段和方法，包括可视化仿真的概述、可视化仿真的图形与方法、结构工程的建模技术、结构 CAD 图形转化为虚拟现实文件的方法、CAD 图形转化为 3DS MAX 的方法。第二部分主要介绍作者团队在工程结构可视化仿真的应用与研究成果，包括坝陵河特大钢桁桥梁可视化三维建模技术及工程详图、北盘江特大桥梁仿真分析与虚拟现实模型及施工过程可视化、矮寨特大钢构桥梁的工程动画制作、落脚河水电站仿真分析与虚拟现实模型及施工过程可视化。

本书由魏群、谢晓尧、张国新、王颖、魏鲁双、孙凯编著，研究生王镇岳、王宁波、王亮、赵乙轲、赵贺来、姬广坤参加了研究工作并进行了部分章节的编写，全书由魏群教授统稿。

本书中的资料来源于华北水利水电学院钢结构与工程研究所、河南奥斯派克科技有限公司、中科院研究生院、贵州师范大学、中国水科院结构所的科研成果，在此感谢上述单位的工作人员。

本书得到国家自然科学基金（50749030）、水利部公益性行业科研专项（200801007）、“十一五”国家科技支撑计划（2006BAC14B06）、郑州市科技创新团队（096SYJH210810）、西部交通建设科技项目坝陵河特大桥梁建设关键技术研究子课题、郑州市钢结构工程技术研究中心的资金资助。

由于编者水平有限，书中难免存在不妥和疏漏之处，热诚欢迎读者批评指正。

目　录

第一部分　可视化仿真的基本理论、手段和方法

第二部分 可视化仿真的应用实例

第一部分

可视化仿真的基本理论、手段和方法

第 1 章　可视化仿真的概述

1.1　可视化仿真的基本概念

可视化仿真（Visual Simulation，VS）是计算机可视化技术和系统建模技术相结合后形成的一种新型仿真技术，其实质是采用图形或图像的方式对仿真计算过程进行跟踪、驾驭和对结果的后处理，同时实现仿真软件界面的可视化，具有迅速、高效、直观、形象的建模特点。在使用可视化技术后，系统的子模块便采用形象的图形来表示，并可通过鼠标在屏幕上直观形象的操作，就可以完成整个仿真任务。

可视化仿真中“可视化”的含义主要由两项技术构成：

科学计算可视化——将科学计算（仿真计算）中产生的数据及结果转换为图形或图象的技术。

图形用户界面——采用图形方式显示的计算机操作用户接口技术。

可视化仿真技术发展到今天已经不局限于当初那种仅能处理单调的二维空间图形，新的计算机技术如信息高速公路、多媒体技术、虚拟现实技术、地理信息系统已经融合其中成为现代可视化仿真技术的应用基础。需要特别提出的是虚拟现实技术已经成为可视化仿真一个热门发展方向。

1.1.1　科学计算可视化

1986 年 10 月，美国国家科学基金会主办了一次名为“图形学、图像处理及工作站专题讨论”的会议，旨在针对那些开展高级科学计算工作研究结构，提出关于图形硬件和软件采购方面的建议。图形学和影像学技术方法在科学计算方面的应用，当时乃是一项新的领域，上述专题组成员把该领域称为“科学计算之中的可视化”（Visualization in Scientific Computing，ViSC）。

科学计算，又称为计算机仿真，是指计算机程序或计算机网络试图对于特定系统模型的模拟。对于许许多多系统的数学建模来说，计算机模拟都已经成为有效实用的组成部分。比如，这些系统包括物理学、计算物理学、化学以及生物学领域的天然系统；经济学、心理学以及社会科学领域的人类系统。在工程设计过程以及新技术当中，计算机模拟旨在深入认识和理解这些系统的运行情况或者观察它们的行为表现。对某一系统同时进行可视化与模拟的过程，称为科学计算可视化（图 1–1）。

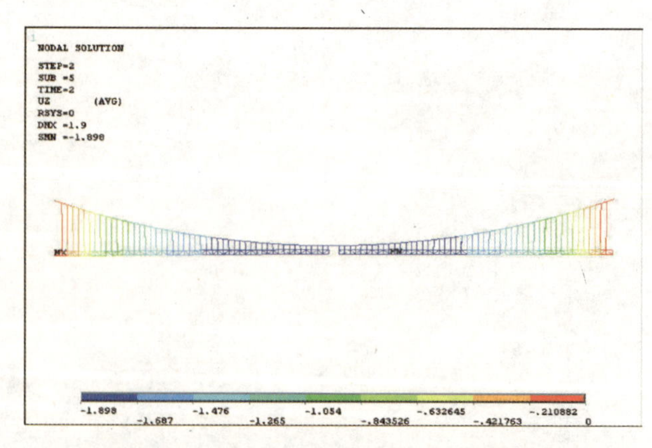

图 1–1　结构工程应力应变的可视化图形

1.1.2 图形用户界面

图形用户界面（Graphical User Interface，简称 GUI，又称图形用户接口）是指采用图形方式显示的计算机操作用户接口。与早期计算机使用的命令行界面相比，图形界面对于用户来说在视觉上更易于接受。在图形用户界面中，计算机画面上显示窗口、图标、按钮等图形，这些图形表示不同目的的动作，用户通过鼠标等指针设备进行选换、交互。

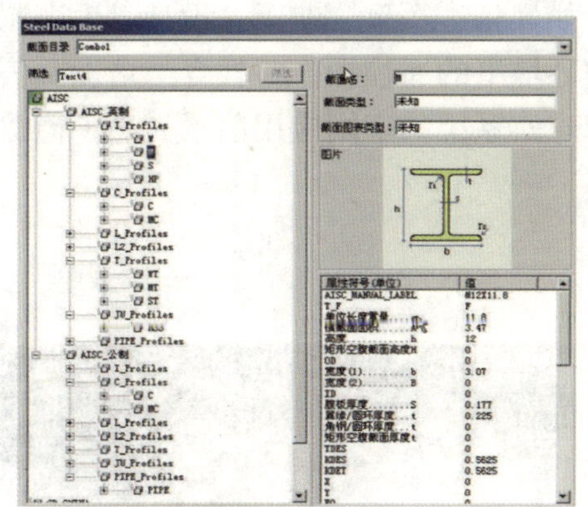

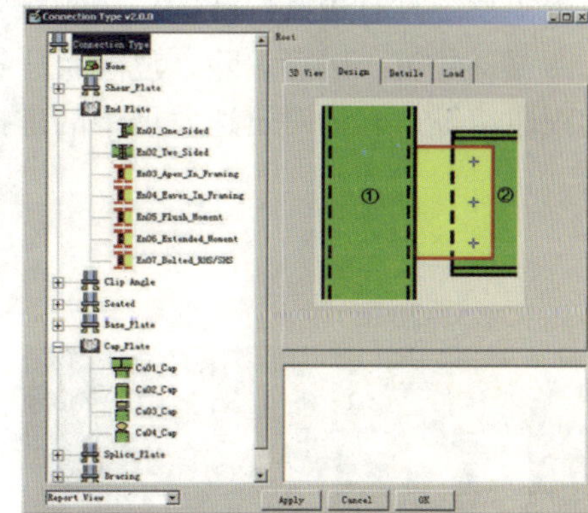

图 1-2　可视化交互系统图形用户界面

1.1.3 虚拟现实

虚拟现实，或虚拟实境（Virtual Reality），简称 VR 技术，也称灵境技术或人工环境，是利用电脑模拟产生一个三维空间的虚拟世界，提供给使用者关于视觉、听觉、触觉等感官的模拟，让使用者如同身临其境一般，可以及时、无限制地观察三维空间内的事物。使用者进行位置移动时，电脑可以立即进行复杂的运算，将精确的 3D 世界影像传回产生临场感。该技术集成了计算机图形（CG）技术、计算机仿真技术、人工智能、传感技术、显示技术、网络并行处理技术等的最新发展成果，是一种由计算机技术辅助生成的高技术模拟系统。

从技术的角度来说，虚拟现实系统具有下面三个基本特征：即三个“I” immersion-interaction-imagination（沉浸—交互—构想），它强调了在虚拟系统中的人的主导作用。从过去人只能从计算机系统的外部去观测处理的结果，到人能够沉浸到计算机系统所创建的环境中，从过去人只能通过键盘、鼠标与计算环境中的单维数字信息发生作用，到人能够用多种传感器与多维信息的环境发生交互作用；从过去的人只能以定量计算为主的结果中启发从而加深对事物的认识，到人有可能从定性和定量综合集成的环境中得到感知和理性的认识从而深化概念和萌发新意。

现在的大部分虚拟现实技术都是视觉体验，一般是通过电脑屏幕、特殊显示设备或立体显示设备获得的，不过一些仿真中还包含了其他的感觉处理，比如从音响和耳机中获得声音效果。在一些高级的触觉系统中还包含了触觉信息，也叫做力反馈，在医学和游戏领域有这样的应用。人们与虚拟环境相互要么通过使用标准装置，例如一套键盘与鼠标，要么通过仿真装置，例如一只有线手套，要么通过情景手臂和 / 或全方位踏车。虚拟环境是可以和现实世界类似的，例如，飞行仿真和作战训练，也可以和现实世界有明显差异，如虚拟现实游戏等。就目前的实际情况来说，它还很难形成一个高逼真的虚拟现实环境，这主要是技术上的限制造成的，这些限制来自计算机处理能力，图像分辨率和通信带宽。然而，随着时间的推移，处理器、图像和数据通信技术变得更加强大，并具有本效益，这些限制将最终被克服。

虚拟现实系统具有极其广泛的应用领域，如娱乐、军事、航天、设计、生产制造、信息管理、商贸、建筑、医疗保险、危险及恶劣环境下的遥控操作、教育与培训、信息可视化以及远程通信等，人们对迅速发展中的虚拟现实系统的广阔应用前景充满了憧憬与兴趣（图 1–3）。

图 1–3　虚拟现实系统用户体验（摘自科技网）

1.2　可视化仿真的基本手段和方法

可视化仿真通常是基于可视化仿真开发平台之上，通过建模、渲染、交互设计等步骤来实现。目前常用的可视化仿真平台有以下几种：

1.2.1　基于 GIS 平台的可视化仿真

人们的生产和生活中 80% 以上的信息和地理空间位置有关。地理信息系统（Geographic Information System，简称 GIS）作为获取、整理、分析和管理地理空间数据的重要工具、技术和学科，近年来得到了广泛关注和迅猛发展。由于信息技术的发展，数字时代的来临，理论上来说，GIS 可以运用于现阶段任何行业。

地理信息系统由硬件、软件、数据、人员和方法五部分组成。硬件和软件为地理信息系统建设提供环境；数据是 GIS 的重要内容；方法为 GIS 建设提供解决方案；人员是系统建设中的关键和能动性因素，直接影响和协调其他几个组成部分。

GIS 与系统仿真的结合可发生在原始数据采集及仿真计算数据的可视化表达这两个阶段。一般两者的结合有两种方式：一种称为融合式（MeltingPot），这种集成方式尽管两者间数据传递方便高效，操作简便，但开发费用高，开发周期长；另一种集成方式是通过建立两者的扩展模块来实现彼此间数据相互交换和信息共享，此方式开发简便、费用低廉，而且由于两者的相对独立性及可扩散性，便于系统的维护及进一步开发。文中采用后一种方式，图 1-4 表示的是以 GIS 为核心的可视化仿真系统（VVS）开发模式。其中，图形库及其管理系统（GDBMS）和属性数据库及其管理系统（ADBMS）是由 GIS 软件系统开发的，模型库及其管理系统（MBMS）由 GIS 软件系统和其他软件系统共同开发及管理，方法库系统（MBS）主要由其他软件系统独立开发。不同平台间可通过 Windows 的 DDE 技术和调用动态链接库，或数据文件扩展接口，使应用模型与 GIS 系统之间实现彼此数据的交换和共享。

基于 GIS 开发的水利工程三维可视化辅助设计系统的效果如图 1-5 所示。

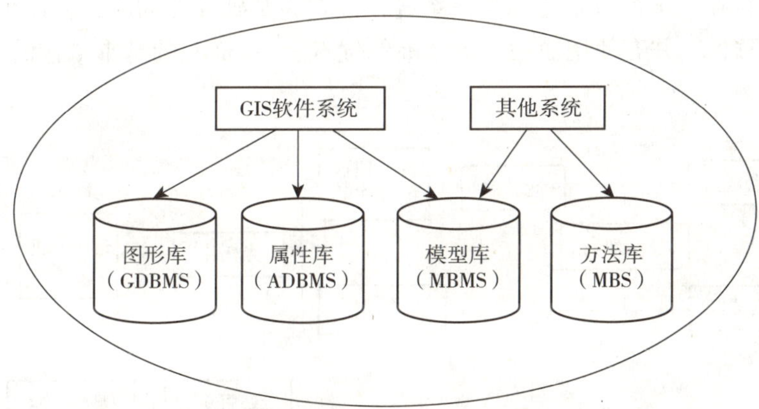

图 1-4　以 GIS 为核心的可视化仿真系统（VVS）开发模式

图 1-5　基于 GIS 开发的水利工程三维可视化辅助设计系统的效果图

1.2.2 基于 OpenGL 平台的可视化仿真

OpenGL（Open Graphics Library）是个定义了一个跨编程语言、跨平台的编程接口的规格，它用于生成二维、三维图像。这个接口由近 350 个不同的函数调用组成，用来从简单的图元绘制负责的三维景象。而另一种编程接口系统是仅用于 Microsoft Windows 上的 Direct3D。OpenGL 应用领域十分广泛，如军事、电视广播、CAD/CAM/CAE、娱乐、艺术造型、医疗影像、虚拟现实等。

OpenGL 自 1992 年出现以来，逐渐发展完善，已成为一个惟一开放的，独立于应用平台的图形标准。OpenGL 具有可靠度高、可扩展、可伸缩、灵活、容易使用的特点。OpenGL 具有一套渲染、纹理贴图、特效和其他功能强大的显示函数，从而促进了创新并加速了应用程序的开发。功能强大的 OpenGL 可以在所有流行的个人计算机和工作站平台上开发和使用，确保了程序的广泛应用。

OpenGL 支持诸如点、线、多边形及图像等多种基本图元，以及图形变换、光照计算等基本绘制操作，也支持纹理映射、反走样等高级绘制功能。OpenGL 作为一个开放的三维图形软件包，它独立于窗口系统和操作系统，以它为基础开发的应用程序可以十分方便地在各种平台间移植，并有使用简便、效率高的优点。OpenGL 的基本工作流程见图 1-6。

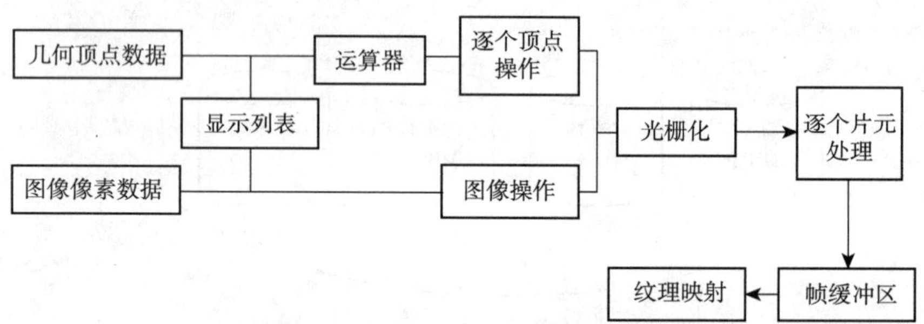

图 1-6 OpenGL 的基本工作流程

1.2.3 基于 Vega 平台的可视化仿真

Vega 是一种用于实时仿真与虚拟现实应用的高性能软件环境和开发平台。它将先进的模拟功能和易用工具相结合，对于复杂的应用，能够提供便捷的创建、编辑和驱动工具。Vega 能显著地提高工作效率，同时大幅度减少源代码开发时间。

Vega 包含有一个图形化的用户界面 LynX，和一系列基于 C 语言的函数库及 API。

LynX 用来定义和预览 Vega 应用程序，最后生成用于 Vega 程序的 ADF（应用定义文件）。在 LynX 图形用户界面下，可以容易地修改系统基本参数和特征，使整个定义过程直观方便，减少了大量代码的编写。函数库及 API 用于基于用户需求的进一步开发和控制，实现复杂的人机交互。利用 Vega 类函数，在 LynX 中建立漫游所必需的对象，包括场景、窗口、通道、运动方式、观察者、碰撞方式等，建立对象之间的相互联系。

使用 LynX 可以快速、容易、显著地改变应用性能、视频通道、多 CPU 分配、视点、观察者、特殊效果、一天中不同的时间、系统配置、模型、数据库及其他，而不用编写源代码。

当建模过程完成后，就可以导入到 Vega 中进行实时漫游的系统开发。建立 Vega 应用的 3 个必需的步骤是：

（1）初始化。初始化 Vega 系统并创建共享内存区以及信号量等。

（2）定义。通过 HKN 应用定义文件创建三维模型或是通过显式的函数调用来创建三维模型。

（3）配置。通过调用配置函数来完成配置，设置完 Vega 系统后，就开始了 Vega 应用的主循环，主循环的作用是对三维场景进行渲染驱动。对于给定的帧速进行帧同步，对当前的显示帧进行必要的处理。

1.2.4 基于 VRP 平台的可视化仿真

VR-Platform 三维互动仿真平台是由中视典数字科技独立开发的具有完全自主知识产权的一款三维虚拟现实平台软件，可广泛地应用于视景仿真、城市规划、室内设计、工业仿真、古迹复原、桥梁道路设计、军事模拟等行业。该软件适用性强、操作简单、功能强大、高度可视化、所见即所得，它的出现将给正在发展的 VR 产业注入新的活力。

基于 VRP 平台的系统开发的步骤基本有软硬件配置、原始资料采集、三维建模、光照渲染、实体烘焙、交互设计直至成品等几步。

需要强调的是其中三维建模常选择 3D 建模软件平台，如 AutoCAD、3DS MAX 等。采用这些软件可直接做出逼真的三维模型，特别是对于不规则体如路灯、楼房、道路、人体等，效果非常好（图 1-7）。

图 1-7　基于 VRP 平台开发的桥梁施工信息可视化系统

1.3 可视化仿真的数据库与网络技术

1.3.1 可视化仿真的数据库

数据库是一种存储数据并对数据进行操作的工具，是有结构的数据集合，其作用在于组织和表达信息，数据库就是信息的集合。例如，设计单位或施工单位常常会把某项工程的基本情况（标段、施工材料、施工人员、监理人员、施工进度等）存放在表中，这张表就可以看成是一个数据库。有了这个“数据仓库”我们就可以根据需要随时查询某段工程的基本情况，也可以查询各标段的施工人数等等。这些工作如果都能在计算机上自动进行，可有效避免资源的浪费，提高数据检索的效率，缩短信息传播时间。那我们的工程管理就可以达到极高的水平。

Access 是世界上最流行的桌面数据库管理系统，是 Office 系列应用软件之一。它不但提供了表、查询、窗体、报表、页、宏、模块 7 种用来建立数据库系统的对象，而且提供了多种向导、生成器、模板，把数据存储、数据查询、界面设计、报表生成等操作规范化，为建立功能完善的数据库管理系统提供了方便，也使得普通用户不必编写代码，就可以完成大部分数据管理的任务。

数据采集是实现结构工程的可视化仿真一项重要的任务。把有关结构工程的所有相关数据输入到数据库中，并将其属性数据与空间位置数据连接。数据的存储和管理主要通过数据库管理系统来完成。

空间数据库是客观世界的表达模型，它是将表示结构工程中专题数据统一的空间定位载体的地形等基础空间信息，以结构文件形式组成的集合。可以认为，本系统数据库是分布的、专用的数据库系统中数据的中央仓库，数据库中的数据采用统一的模式进行集成，它包含多种数据类型和数据组织方式。

1）空间数据库的数据类型

（1）基础地形数据。基础地形数据是地形的三维数字形式，采用多要素数字化图，按内容对图形要素进行分层。

（2）基础图形数据。利用开放式通用剖面数据图形库产生的各种结构模型，例如永久建筑物、临时建筑物、钢结构等。

（3）基础属性数据。包括所有与图形相关的属性信息，如大坝某浇筑块的高程、浇筑时间、当前浇筑强度、结构应力情况等。

2）数据的组织方式

（1）数据的物理分层。库中实体采取分层存储，空间实体数据按空间实体的几何特征和属性特征进行分层，以便使同一物理层中存储的空间实体数具有相同的数据文件格式，如水面和溢洪道由于其几何特征不同（分别为面对象和体对象）而存储于不同的数据层中。这种分层存储的数据库结构不仅有利于数据的存储和应用，还有利于数据的共享和更新。

（2）数据文件组织。数据库中的数据文件以图号为依据进行组织，图号既是文件名，也是文件的逻辑目录，元数据文件、数据体文件以及其他相关数据文件逻辑上全部置于同一个文件逻辑目录下。这样，三维图与平面图的对比分析就变得方便了，如厂房的三维图和平面图可根据部分相同（一张三维图可对应多幅平面图）的图号方便地同时打开。

1.3.2 可视化仿真的网络技术

可视化仿真网络化，可使其具有快捷的查询与浏览能力，可实时显示信息、模拟实际状态、提供决策分析工具、完善统计和用户及权限管理等。特别适合当今世界的飞速发展，然而当前的一些交互式可视化仿真软件工具，不能直接用于分布式的网络仿真环境。必须另外编制网络接口程序，而且也不提供真实感的三维渲染，图形较粗糙。随着计算机图形技术和互联网技术的发展，基于网络的可视化技术（Web3D）已日趋成熟。

VRML（Virtual Reality Modeling Language）是最早制定的网络三维可视化技术国际标准，它是一种用于描述三维造型与交互环境的简单文本语言，是一种解释执行、实时建模着色的文本程序。它有两个要点：①节点：构成虚拟世界的基本要素；②路由：节点间传送信息的途径。具有与平台无关、基于 Web、快速建模等优点。

VRML 已成为在 Intemet 上建立 3D 多媒体和共享虚拟世界的一个开放标准。具备基于 Web 的超真实感三维图形渲染能力，并提供进行三维交互操作和信息获取的技术支持，使得建立分布式的三维可视化仿真系统成为可能。

所有的 VRML 文件都是以扩展名 WRL 结尾的文本文件或以 WRZ（压缩格式）结尾的二进制文件，它一般包含如下 4 个部分：

（1）文件头，位于 VRML。文件的首行，给浏览器提供文件的版本信息。

（2）注释，以 # 号开始的一段文字。

（3）节点，场景信息的单位。用它来描述场景中的造型、灯光及声音等。

（4）域值，用于描述及改变节点的属性，它反应了域的大小。

VRML 最吸引人的地方就是其互动的场景。场景和用户的这种交互接触的实现需要两个基本因素：一是行为（一种描述将要发生什么，什么必须改变，以何种方式改变的方法）；二是执行模式（一种来回传送场景实体的方法）。

在 VRML 中，基本机制是由行为组成的，而行为是通过执行模式改变场景中的 VRML 对象的状态。执行模式把事件作为改变工具并作用于保持状态的字段，可分为静态行为和动态行为两种。所谓静态行为指的是行为发生在一个地点，事件源（EventOut Field）和宿（EventIn Field）被连在一起以改变场景图。动态行为与静态行为的不同在于，它能够做比原来定义的路径更多的路径事件。动态行为具有询问状态的能力，再基于这些状态作出决定，在这些决定基础上改变场景的状态。

如今，在国内外 VRML 已经广泛应用于生活、生产、科研教学、商务甚至军事等各种领域，并取得了巨大的经济效益。VRML 给我们带来了一个全新的三维世界，让我们的可视化不再仅仅停留在单机电脑上，它使我们创造虚拟的世界互动了起来，而且也是随着我们的意愿动了起来。

1.4 基于物理模型的计算机动画技术

1.4.1 计算机动画

计算机动画（Computer Animation），又称电脑绘图技术，它是基于自然界物体运动的基本准则和运动规律的描述方程，是通过使用计算机制作动画的技术。它是计算机图形学和动画的子领域，这类图形可真实反映物体的运动过程和轨迹。

计算机动画采用图形与图像的处理技术，借助于编程或动画制作软件生成一系列的景物画面，其中当前帧是前一帧的部分修改，并采用连续播放静止图像的方法产生物体运动的效果。

如今电脑动画的应用十分广泛，既有让应用程序更加生动，增强感官效果的多媒体技术；还有应用于游戏开发，电视动画制作，创作吸引人的广告、电影特技制作、生产过程及科研的模拟等等。

1.4.2 基于物理模型的计算机动画技术

基于物理模型的动画技术是 20 世纪 80 年代后期发展起来的一种新的计算机动画技术。经过近几年的发展，它已在图形学中成为一种具有潜在优势的三维造型和运动模拟技术。尽管该技术比传统动画技术的计算复杂度要高得多，但它能逼真地模拟各种自然物理现象，这是基于几何的传统动画生成技术所无法比拟的。目前的动画软件在基于动力学的动画功能方面已相当成熟，它能处理诸如重力、风、碰撞检测等在内的复杂动力学模型。

基于物理模型的动画技术考虑物体在真实世界中的属性，如它具有质量、转动惯矩、弹性、摩擦力等，并采用动力学原理自动产生物体的运动。当场景中的物体受到外力作用时，牛顿力学中的标准动力学方程可用来自动生成物体在各个时间点的位置、方向及其形状。此时，计算机动画设计者不必关心物体运动过程中的细节，而只需确定物体运动所需的一些物理属性及一些约束关系，如质量、外力等。

最近几年，已有许多研究者对动力学方程在计算机动画中的应用进行了深入广泛的研究，提出了许多有效的运动生成方法。总体上来说，这些方法大致可分为四类，即刚体运动模拟、塑性物体变形运动、流体运动模拟以及破裂爆炸模拟。

1）刚体运动模拟

在刚体运动模拟方面，其研究重点集中在采用牛顿动力学的各种方程来模拟刚体系统的运动。由于在真实的刚体运动中任意两个刚体不会相互贯穿，因而在运动过程模拟时，必须进行碰撞检测，并对碰撞后的物体运动响应再进行处理。图 1–8 为一小球由高处顺斜槽滚下掉在翘板左端，将右端木块翘飞击中大球的过程的模拟。

2）塑性物体变形运动

在真实物理世界中，许多物体并非完全是刚体，它们在运动过程中会产生一定的形变，即所谓柔性物体。物体的变形一直是计算机图形学的研究热点，这在前面已详细介绍过。由于传统的表面变形均是基于几何的，其形变状态完全人为给定，因而变形过程

图 1–8　刚体运动模拟

图 1–9　塑性物体变形运动

缺乏真实性。

1986 年，Weil 首次讨论了基于物理模型的柔性物体的变形问题，当时仅仅是用来模拟布料悬挂在钉子上的形态。之后，Feynman 则提出了一个更完善的布料悬挂模型。后来，许多研究者相继开始采用各种物理模型来对非刚性物体进行运动变形模拟。

目前一般采用连续弹性理论来模拟物体的形变和运动，通过考虑物体的分布式物理属性，如质量、弹性等，非常成功地模拟了柔性物体对外力的动力学响应。图 1–9 所示为两塑性物体相撞的模拟图。

3） 流体运动模拟

一般从流体力学中选取适当的流体运动的偏微分方程，然后进行适当的简化，之后，通过数值求解获得各个时刻流体的形状和位置。现在已有许多模拟水流、波浪、瀑布、喷泉、溅水、船迹、气体等流体效果的模型，其中很多模型采用了基于元球的造型和基于散射的绘制。用稳定流取代非稳定流运动模型方程可使计算速度大大加快。

4）破裂爆炸模拟

玻璃和陶瓷类物体的破裂模拟是动画中的一个复杂问题，Norton 等人提出了一个基于物理的破裂动画模拟方法。他们采用三维质点网来表示物体的动力学结构，质点间用弹簧连接，并考虑了碎片间的碰撞检测和响应。所模拟的茶壶的破裂过程非常逼真。O'Brien 通过计算有限元模型的压力张量，模拟了物体在三维体内的破裂和传播，该模型能判断在何处破裂及破裂的传播方式。基于可压缩黏性流方程，Yngve 等提出用计算流体动力学模型来模拟冲击波在其周围媒介（如空气）中的传播，成功地模拟了爆炸效果。图 1-10 为玻璃爆炸后的碎片运动模拟图片。

图 1-10　爆炸碎片模拟

1.5　结构工程可视化仿真技术发展及现状

1.5.1　结构工程可视化仿真技术的发展

目前，国内外的在结构工程方面仿真可视化技术也基本上多是以 GIS（Geographic Information System）为平台而发展的在某专业领域中的应用；国际上比较有名的 GIS 软件为美国 ERSI 公司的 Arc/Info 和 Arcview 和美国 Mapinfo 公司的 Mapinfo。而在我国国内，自 20 世纪 90 年代以来，北京大学、南京大学、中国矿业大学、北京科技大学、武汉大学、石油大学、中国地质大学、中科院武汉岩土所、武汉测绘学院、长办、黄委会等单位围绕着各自的领域发展了 GIS 和信息化的应用系统，比较有影响的软件有 Citystar（北京大学遥感所）、Geostar（武汉测绘科技大学）、MapGIS（中国地质大学）、GeoMo3D（中国矿业大学），天津大学和水利部成勘院也基于 GIS 技术平台开展了水利水电工程施工过程仿真方面的研究。

值得特别关注的是，华北水利水电学院三维可视化仿真研究中心在近几年的研究中，发展迅速，在虚拟现实与可视化仿真技术方面做了大量的基础工作和自主创新性的研究。该研发中心开发了具有自主知识产权的三维建模软件，并在国内多个重点工程项目中率先将虚拟现实技术、五维空间建模技术、离散数据采集与处理技术、图形计算力学概念和计算算法、多种软件数据格式相互转换的共享技术应用。在坝陵河特大钢桁加劲梁桥、北盘江大桥、落脚河水电站、周公宅水电站、功果树水电站和鲁地拉水电站等多个工程中可视化仿真技术取得了令人瞩目的成果。

1.5.2 结构工程可视化仿真技术的应用现状

以往的仿真多是在设计阶段，由研究人员在远离现场的大城市中对多种设计工况进行分析计算，所得结果仅供设计、施工参考，但在施工过程中，气象、材料、岩体、基础、水流、吊装设备、施工进度等现场情况千变万化，这将与设计工况有较大的出入，此外，有些仿真设计只能在大型计算机上运行，为能适应现场环境，项目在可能的条件下，将考虑研究具有实时仿真功能的施工仿真系统，由经过一定训练的设计、监理或施工人员，利用现场高档微机或服务器输入现场工况数据，以便实现现场的工况演示和分析。施工过程仿真或预演的输入输出数据海量，关系复杂，尤其对计算过程的分析判断，需要有相当的数学、力学、热学、数值计算、钢结构与混凝土材料特性、安装与焊接等施工方面的理论，知识与经验，因此要求系统有强大的前后处理功能与计算结果的自动化分析能力，以便降低对用户水平的要求。

1）在工程结构分析中的应用

在高速荷载作用下，结构反应很快，人们在真实试验中只能观察到最终结果，而不能观察试验的全过程。如果采用计算机模拟仿真试验，则可观察其破坏的全过程，便于破坏机理的研究。对于长期的徐变过程则可在模拟中加快其变化过程，让人们清楚地看到其过程。在运用传统的有限元法进行结构分析时，结构应力的结果通常采用内力图等力线的形式描绘出来，给人以直观的印象。利用仿真与虚拟现实技术则可以通过颜色的深浅给出三维物体中各点力的大小，用不同颜色表示出不同的等力面；也可以任意变换角度，从任何点去观察；还可以利用 VR 的交互性能，实时修改各种数据，以便对各种方案及结果进行比较。这样就使工程师的思维更加形象化，概念更易于理解（图 1–11）。

2）在岩土工程中的应用

岩土工程处于地下，往往难于直接观察，而仿真与虚拟现实技术则可把内部过程展现出来，有很大实用价值。例如，地下工程开挖经常会塌方、冒项。根据地质勘察，我们可以知道断层、裂隙和节理的走向密度，通过小型试验，可以确定岩体本身的力学性能及岩体夹层界面的力学特性、强度条件，并存入计算机中。在数值仿真模型中，除了结合有限元方法外，还可采用与分离单元相结合。分离单元在平衡状态下的性能与有限元相仿，而当它失去平衡时，则在外力和重力作用下产生运动直到获得新的平衡为止。分析地下工程的围岩结构，边坡稳定等问题时，可以把节理断层划分为许多离散单元。这一过程可以通过建立可视化仿真模型在显示器和大型屏幕上显示

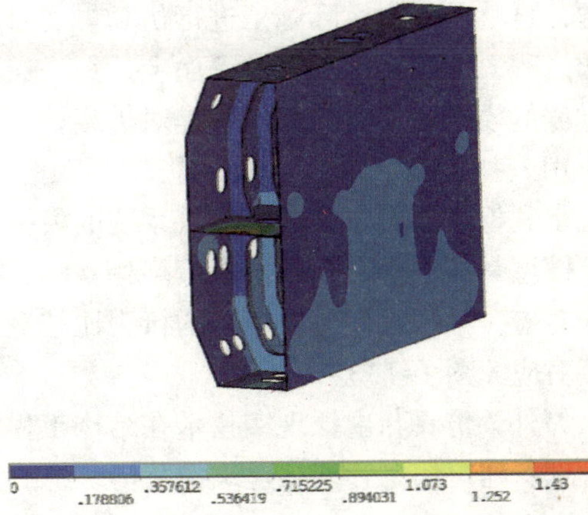

图 1–11　对节点的应力分析的可视化仿真

出来，最终可以看到塌方的区域及范围，这就为支护设计提供了可靠依据（图 1–12）。

图 1–12 离散块体运动过程的虚拟仿真模拟

3）防灾工程中的应用

长期以来，人类一直与洪水、火灾、地震等自然灾害进行着坚持不懈的斗争。由于自然灾害的原形重复实验几乎是不可能的，因而仿真与虚拟现实技术在这一领域的应用就更有意义。目前已有不少抗灾、防灾的模拟仿真系统制作成功，例如洪水泛滥淹没区的洪水发展过程演示系统。该系统预先存储了泛滥区的地形地貌和地物，有高程数据可确定等高线，只要输入洪水标准（如百年一遇的洪水）及预定河堤决口位置，计算机就可根据水量、流速区域面积及高程数据算出不同时刻的淹没地区，并在显示器和大型屏幕上显示出来。人们从屏幕上可以看到水势从低处向高处逐渐淹没的过程，这样对防洪规划以及遭遇洪水时指导人员疏散是很有作用的。又如在火灾方面，对森林火灾的蔓延，建筑物中火灾的传播均已开发出相应的模拟仿真系统，这对消防工程起到了很好的指导作用。

图 1–13 周公宅水电站施工过程可视化仿真模型

4）在模拟施工过程中的应用

建筑施工是复杂的大型的动态系统，它通常包括立模、架设钢筋、浇筑、振捣、拆模、养护等多道工序，而这些工序中涉及的因素繁多，其间关系复杂，直接影响着混凝土浇筑的进程。模拟施工过程是为了通过仿真手段，去发现实际施工中存在的问题或可能出现的问题，这就需要对实际施工进行仿真。而目前施工过程的模拟只是从几何形体方面模拟施工的过程，即按楼层关系由下而上，每一层按柱、梁、板的几何形状加以着色来实现对施工过程的模拟。现有的模拟只是对进度计划起到了一定作用，并没有对施工过程起到真正的作用。基于以上原因，需对施工过程建立合适的模型，以达到模拟仿真的效果。例如，大型水利枢纽混凝土在运输浇筑系统的模拟仿真模型，是由运输子系统和浇筑子系统构成的，模型是按进程交互的仿真策略建立的，按这种条件建立的模型能与仿真程序间保持紧密的对应关系，程序所要模仿的行为比较直观、清晰。程序流程直接与模型结构和系统状态相对应（图 1–13）。

另外，仿真与虚拟现实技术在结构工程领域内得到广泛使用，还可应用在建筑系统工程管理、建筑信息管理、建筑物及构筑物的空气流场、空气品质分析等方面。

1.5.3 小结

我国是一个发展中国家，有着大量繁重的基本建设任务，特别是在十五计划纲要中，提出进一步加强水利交通、能源等基础设施建设和西部大开发战略。这一大好形势，为结构工程高新技术的信息化和集成化，为结构工程学科及相关学科的发展提供了良好的机遇。仿真与虚拟现实技术作为结构工程高新技术之一，开创了结构工程学科的新纪元，其技术潜力巨大、应用前景十分广阔。

第 2 章 可视化仿真的图形与方法

2.1 面向对象技术的概念与方法

面向对象方法（Object-Oriented Method）是一种把面向对象的思想应用于软件开发过程中，指导开发活动的系统方法，简称 OO（Object-Oriented）方法，是建立在“对象”概念基础上的方法学。对象是由数据和容许的操作组成的封装体，与客观实体有直接对应关系，一个对象类定义了具有相似性质的一组对象。所谓面向对象就是基于对象概念，以对象为中心，以类和继承为构造机制，来认识、理解、刻画客观世界和设计、构建相应的软件系统。面向对象方法作为一种新型的独具优越性的新方法正引起全世界越来越广泛的关注和高度的重视，它被誉为“研究高技术的好方法”，更是当前计算机界关心的重点。

面向对象技术泛指根据生产实践经验和自然科学原理而发展起来的各种工艺操作方法与技能；广义地讲，还包括相应的生产工具和其他物质设备，以及生产的工艺过程或作业程序、方法。OO 方法是程序设计新范型、系统开发的新方法学，作为一门新技术它就有了基本的依据，事实上，OO 方法可支持种类不同的系统开发地，已经或正在许多方面得以应用，因此，可以说 OO 方法是一门新的技术——面向对象技术。

近十多年来，除了面向对象的程序设计以外，OO 方法已发展应用到整个信息系统领域和一些新兴的工业领域，包括：用户界面（特别是图形用户界面——GUI）、应用集成平台、面向对象数据库（OODB）、分布式系统、网络管理结构、人工智能领域以及并发工程、综合集成工程等。

综上所述，可归纳出 OO 方法用于系统开发有如下优越性：

（1）强调从现实世界中客观存在的事物（对象）出发来认识问题域和构造系统，这就使系统开发者大大减少了对问题域的理解难度，从而使系统能更准确地反映问题域。

（2）运用人类日常的思维方法和原则（体现于 OO 方法的抽象、分类、继承、封装、消息通信等基本原则）进行系统开发，有益于发挥人类的思维能力，并有效地控制了系统复杂性。

（3）对象的概念贯穿于开发过程的始终，使各个开发阶段的系统成分具有良好的对应，从而显著地提高了系统的开发效率与质量，并大大降低系统维护的难度。

（4）对象概念的一致性，使参与系统开发的各类人员在开发的各个阶段具有共同语言，有效地改善了人员之间的交流和协作。

（5）对象的相对稳定性和对易变因素隔离，增强了系统的应变能力。

（6）对象类之间的继承关系和对象的相对独立性，对软件复用提供了强有力的支持。

2.1.1 面向对象技术的基本概念

用计算机解决问题需要用程序设计语言对问题求解加以描述（即编程），实质上，软件是问题求解的一种表述形式。显然，假如软件能直接表现人求解问题的思维路径（即求解问题的方法），那么软件不仅容易被人理解，而且易于维护和修改，从而会保证软件的可靠性和可维护性，并能提高公共问题域中的软件模块和模块重用的可靠性。面向对象的机能和机制恰好可以使得按照人们通常的思维方式来建立问题域的模型，设计出尽可能自然地表现求解方法的软件。

面向对象的基本概念：

1）对象

对象是要研究的一切事物。从一本书到一家图书馆，单的整数到整数列庞大的数据库、极其复杂的自动化工厂、航天飞机都可看作对象，它不仅能表示有形的实体，也能表示无形的（抽象的）规则、计划或事件。对象由数据（描述事物的属性）和作用于数据的操作（体现事物的行为）构成一独立整体。从程序设计者来看，对象是一个程序模块，从用户来看，对象为他们提供所希望的行为。在对内的操作通常称为方法。

2）类

类是对象的模板。即类是对一组有相同数据和相同操作的对象的定义，一个类所包含的方法和数据描述一组对象的共同属性和行为。类是在对象之上的抽象，对象则是类的具体化，是类的实例。类可有其子类，也可有其他类，形成类层次结构（图 2–1）。

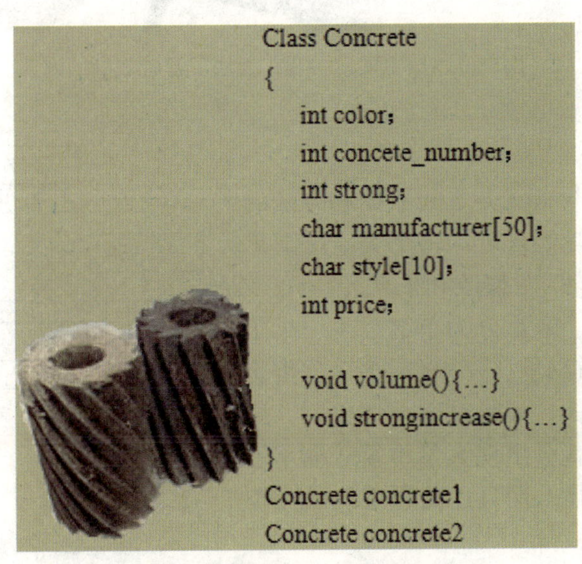

图 2–1　两块混凝土类的实例

3）消息

消息是对象之间进行通信的一种规格说明。一般它由三部分组成：接收消息的对象、消息名及实际变元。

4）封装

封装是一种信息隐蔽技术，它体现于类的说明，是对象的重要特性。封装使数据和加工该数据的方法（函数）封装为一个整体，以实现独立性很强的模块，使得用户只能见到对象的外特性（对象能接受哪些消息，具有哪些处理能力），而对象的内特性（保存内部状态的私有数据和实现加工能力的算法）对用户是隐蔽的。封装的目的在于把对象的设计者和对象者的使用分开，使用者不必知晓行为实现的细节，只须用设计者提供的消息来访问该对象（图 2-2）。

图 2-2　用户可以按手柄玩游戏，无法了解游戏机的内部变化

5）继承

继承是子类自动共享父类之间数据和方法的机制。它由类的派生功能体现。一个类直接继承其他类的全部描述，同时可修改和扩充。

继承具有传递性。继承分为单继承（一个子类只有一父类）和多重继承（一个类有多个父类）。类的对象是各自封闭的，如果没继承性机制，则类对象中数据、方法就会出现大量重复。继承不仅支持系统的可重用性，而且还促进系统的可扩充性（图 2-3）。

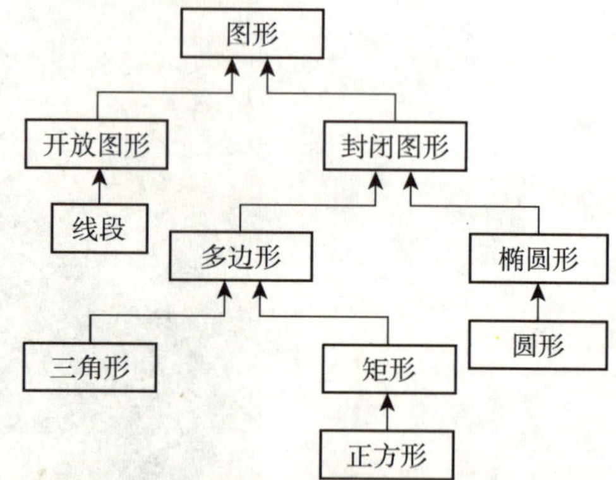

图 2-3　正方形是等边长的四边围成的多边形封闭图形

6）多态

对象根据所接收的消息而作出动作。同一消息为不同的对象接受时可产生完全不同的行动，这种现象称为多态性。利用多态性用户可发送一个通用的信息，而将所有的实现细节都留给接受消息的对象自行决定，如是，同一消息即可调用不同的方法。例如：Print 消息被发送给一图或表时，调用的打印方法与将同样的 Print 消息发送给一正文文件，而调用的打印方法会完全不同。多态性的实现受到继承性的支持，利用类继承的层次关系，把具有通用功能的协议存放在类层次中尽可能高的地方，而将实现这一功能的不同方法置于较低层次，这样，在这些低层次上生成的对象就

客户以相同的方法请求，同一消息为不同的对象接受时可产生完全不同的结果。

图 2–4　不同的类可以有同名的方法，但其具体的实现和结果可以各不相同

能给通用消息以不同的响应（图 2–4）。

综上，在 OO 方法中，对象和传递消息分别表现事物及事物间相互联系的概念。类和继承是适应人们一般思维方式的描述范式。方法是允许作用于该类对象上的各种操作。这种对象、类、消息和方法的程序设计范式的基本点在于对象的封装性和类的继承性。通过封装能将对象的定义和对象的实现分开，通过继承能体现类与类之间的关系，以及由此带来的动态联编和实体的多态性，从而构成了面向对象的基本特征。

2.1.2　面向对象技术的方法

面向对象技术的方法包括面向对象分析（OOA）、面向对象设计（OOD）、面向对象编程（OOP）、面向对象测试（OOT）和面向对象维护（OOSM）五个阶段。

1）面向对象分析

面向对象的分析方法（OOA），其任务是了解问题域所涉及的对象、对象间的关系和作用（即操作），然后构造问题的对象模型，力争该模型能真实地反映出所要解决的“实质问题”。在这一过程中，抽象是最本质、最重要的方法。针对不同的问题性质选择不同的抽象层次，过简或过繁都会影响到对问题的本质属性的了解和解决。

在用 OOA 具体地分析一个事物时，大致上遵循如下五个基本步骤：

（1）确定对象和类。这里所说的对象是对数据及其处理方式的抽象，它反映了系统保存和处理现实世界中某些事物的信息的能力。类是多个对象的共同属性和方法集合的描述，它包括如何在一个类中建立一个新对象的描述。

（2）确定结构（structure）。结构是指问题域的复杂性和连接关系。类成员结构反映了泛化—特化关系，整体—部分结构反映整体和局部之间的关系。

（3）确定主题（subject）。主题是指事物的总体概貌和总体分析模型。

（4）确定属性（attribute）。属性就是数据元素，可用来描述对象或分类结构的实例，可在图中给出，并在对象的存储中指定。

（5）确定方法（method）。方法是在收到消息后必须进行的一些处理方法：方法要在图中定义，并在对象的存储中指定。对于每个对象和结构来说，那些用来增加、修改、删除和选择一个方法本身都是隐含的（虽然它们是要在对象的存储中定义的，但并不在图上

给出)，而有些则是显示的。

2）面向对象设计

面向对象的设计方法是OO方法中一个中间过渡环节。其主要作用是对OOA分析的结果做进一步的规范化整理，以便能够被OOP直接接受。在OOD的设计过程中，要展开如下几项工作。

(1）对象定义规格的求精过程

对于OOA所抽象出来的对象——类以及汇集的分析文档，OOD需要有一个根据设计要求整理和求精的过程，使之更能符合OOP的需要。这个整理和求精过程主要有两个方面：一是要根据面向对象的概念模型整理分析所确定的对象结构、属性、方法等内容，改正错误的内容，删去不必要和重复的内容等。二是进行分类整理，以便于下一步数据库设计和程序处理模块设计的需要。整理的方法主要是进行归类，对类—对象、属性、方法和结构、主题进行归类。

(2）数据模型和数据库设计

数据模型的设计需要确定类—对象属性的内容、消息连接的方式、系统访问、数据模型的方法等。最后每个对象实例的数据都必须落实到面向对象的库结构模型中。

(3）优化

OOD的优化设计过程是从另一个角度对分析结果和处理业务过程的整理归纳，优化包括对象和结构的优化、抽象、集成。

3）面向对象编程

即指软件功能的编码实现，它包括：每个对象的内部功能的实现；确立对象哪一些处理能力应在哪些类中进行描述；确定并实现系统的界面、输出的形式及其他控制机理等，总之是实现在OOD阶段所规定的各个对象所应完成的任务。

用OO方法进行面向对象程序设计，其基本步骤如下：

(1）分析确定在问题空间和解空间出现的全部对象及其属性；

(2）确定应施加于每个对象的操作，即对象固有的处理能力；

(3）分析对象间的联系，确定对象彼此间传递的消息；

(4）设计对象的消息模式，消息模式和处理能力共同构成对象的外部特性；

(5）分析各个对象的外部特性，将具有相同外部特性的对象归为一类，从而确定所需要的类；

(6）确定类间的继承关系，将各对象的公共性质放在较上层的类中描述，通过继承来共享对公共性质的描述；

(7）设计每个类关于对象外部特性的描述；

(8）设计每个类的内部实现（数据结构和方法)；

(9）创建所需的对象（类的实例)，实现对象间应有的联系（发消息)。

4）面向对象测试

面向对象测试的类型分为：面向对象分析的测试（OOA Test)、面向对象设计的测试（OOD Test)、面向对象编程的测试（OOP Test)、面向对象单元测试（OO Unit Test)、面向对象集成测试（OO Integration Test)、面向对象系统测试（OO System Test)。

面向对象测试类型的另一种划分：模型测试、类测试（用于代替单元测试）、交互测试（用于代替集成测试）、系统（包括子系统）测试、接收测试、部署测试。

传统测试模式与面向对象的测试模式的最主要的区别在于，面向对象的测试更关注对象而不是完成输入/输出的单一功能，这样的话测试可以在分析与设计阶段就先行介入，便得测试更好的配合软件生产过程并为之服务。与传统测试模式相比，面向对象测试的优点在于：更早地定义出测试用例；早期介入可以降低成本；尽早的编写系统测试用例以便于开发人员与测试人员对系统需求的理解保持一致；面向对象的测试模式更注重于软件的实质。

面向对象测试的过程：

（1）指定范围；

（2）指定深度；

（3）指定已创建的被测试模块的基本要求（上一个阶段需要提供的接口）；

（4）以输入基本模型的内容来设计测试用例作为评估标准；

（5）生成测试覆盖度量标准；

（6）试用测试清单执行静态分析，确保被测模块与基本模型的一致性；

（7）执行测试用例；

（8）如果覆盖不足以检测所有的活动，就需要分解测试工作，并且使用传统测试用例的方式来警醒，或者中断测试，重新测试传统测试用例。

5）面向对象维护

软件维护 software maintenance

（1）在一软件产品交付之后对其进行修改，以纠正故障；

（2）改进性能和其他属性，或使产品适应改变了的环境。

用面向对象的方法开发软件已渐成潮流，人们也普遍认为面向对象软件的维护应不成问题，但事实却非如此。随着面向对象技术的广泛使用，面向对象软件不易维护（原因是维护者不易分析、理解这类软件）的问题已越来越突出。

2.2 面向对象的图形方法

将面向对象技术引入到图形中可以弥补传统图形设计方法的不足。在面向对象图形中，图形数据结构通过类、对象、实例进行描述，图形的功能通过方法定义，通过消息执行。此外，面向对象技术还具有继承性与多重继承性、引用与多重引用、消息与唤回等机制，这可用于保证图形数据和图形操作的自身结构、约束条件和相互间的依赖关系，提高图形软件的质量。另外，面向对象图形软件与应用程序设计方法的一致，还有利于消除图形与文本分离，使图形语言和图形接口规范化成为可能。因而将面向对象技术导入计算机图形学，以弥补传统图形设计方法的不足、消除其滞后性是非常必要的，也是可能的。

2.2.1 面向对象图形方法的基本概念

面向图形对象的图形系统设计技术基于图形对象、图形类、图形实例、消息和方法。

面向图形对象系统控制机制的基本内容是抽象和组合、继承性和引用、封装和消息。

1）图形对象（Graphic Object）

在面向对象程序设计理论中，对象是实体，这些实体需要通过程序处理。对象具有属性和操作方法。对象的属性用数据描述，其操作方法用过程实现。在面向图形对象系统中，对象有两种：图形对象和实体对象。图形对象是系统要处理的图形，它可以理解为构成图形画面的元素。例如，画面的一个部件、一个标注或一幅画都可以抽象为一个图形对象。图形对象是图形的抽象表示，画面是图形对象在具体设备的一种输出表现形式。图形既有形状特征，也有彩色、辉度等属性，其特征和属性均用数据表示。图形的产生方法需要用图形操作方法表示。图形对象要受到环境条件的约束。数据、方法和环境条件是图形对象的三要素。

2）图形类（Graphic Class）和图形实例（Graphic Instance）

在面向对象图形系统中，系统处理的目标按图形类、图形对象和图形实例三层结构组织实施。具有相同属性或相同方法的图形对象可归属一个图形类。图形类是图形对象的抽象模型。它是图形对象的框架，为创建新的图形对象提供了蓝图。图形对象可以是简单图形对象（不可再分的图形元素），也可以是组合图形对象。组合图形对象由图形实例组成，图形对象和图形实例是相对的。一个图形部件，单独讨论它时，为图形对象；当它作为画面的一部分时，又成了图形实例。任何一个图形对象都可以看做是由图形实例构成的，对于简单图形对象，可以认为它只包括一个图形实例。

图形类可以进一步被抽象，形成更高级的图形类。位于上层的图形类称为超类，下属的图形类称为子类。图形类和图形对象之间、超类和子类之间都是抽象关系，抽象的级别越高，问题的表示和处理也就越简单。图形类和图形对象、超类和子类之间都具有继承性，即对于图形类的数据描述方法和图形操作方法，它的对象和下属于类都能适用。

面向对象图形系统中，图形对象也可以被进一步组合，形成新的图形对象。当图形对象被组合到其他图形对象中时，它就成了该图形对象的一个图形实例，新组成的图形对象称为复合图形对象。复合图形对象是由图形实例构成的有机整体，图形对象和它的图形实例之间是整体和元素的关系。图形系统能够处理的组成结构越复杂，系统越灵活，用户使用就越方便。图形对象与图形实例之间的继承性是操作继承性，即图形实例继承由其图形对象带来的操作参数、操作方法及环境限制。继承性操作会直接改变或影响图形实例的原操作结果。

图形类和图形实例的基本特征是：

（1）图形类是图形对象的抽象模型；

（2）图形对象由图形实例构成；

（3）图形类、图形对象和图形实例之间有继承性。

3）消息（Message）和方法（Methods）

图形对象和图形元素不一样，图形元素中仅仅有描述图形的数据，而图形对象中含有图形数据和能够执行的操作方法。由于图形对象的内部包含有能执行的各种操作方法，当有消息激励时，图形对象会按内部的方法执行相应的操作，所以图形对象具有行动的功能，而图形元素只能是被操作的对象。描述图形对象操作的过程称为方法。方法和数据被封装在图形对象中，图形对象的数据只能为该对象自己的方法所使用。面向对象的封装机制使图形对象成为一个封闭的“黑箱”，它只能通过“消息”和外部发生联系。

图形对象可以从系统或其他对象处接受消息，也可以向别的对象发送消息，消息传递是面向对象系统的主要控制机制。当图形对象接收消息后，它要通过执行相应的操作方法响应消息，并将执行结果回送给消息的发送者。

图形对象执行消息会产生三种结果：

（1）创立新对象，删除不需要的对象或对已有的对象进行修正；

（2）向对象输入数据或向外输出数据；

（3）执行图形操作或输出图形。

图形对象、消息和方法的基本关系是：

（1）图形对象通过消息对外联系，相互通信；

（2）图形对象收到消息后，执行相应的方法；

（3）操作结果应回送给消息发送者。

2.2.2 面向对象图形设计方法的特点

图形软件的面向图形对象设计方法与传统设计方法相比，具有很多优点。传统设计方法提出了图形软件的功能规范，面向图形对象的设计方法提出了图形软件的设计理论，它们具有互补性。面向对象图形软件设计理论不是否认，而是修正、完善、扩充传统的图形设计方法。更加充实了计算机图形学的内容，使得图形软件的设计方法系统化、理论化和科学化。面向对象图形软件设计理论是将面向对象程序设计思想引入到计算机图形学领域，解决图形学中的实际问题，提高图形软件质量和计算机图形的应用水平。

1）面向图形对象方法的基本内容

面向图形对象方法主要研究图形数据的特点及组织方法、图形操作及方法模型、图形软件的体系结构和图形语言及图形软件的接口问题。

（1）面向对象图形语言。面向对象图形语言的结构、面向对象图形语言的形式和面向对象图形语言的处理方法。

（2）图形对象的数据结构。图形对象的数据结构、图形对象数据库的数据结构、图形对象数据编码和数据存储技术。

（3）图形的生成和变换方法。图形对象的特点、图形对象的输出和变换技术、图形对象的方法库和模型库。

（4）图形软件设计和维护技术。面向对象图形软件的系统结构和设计技术、图形软件接口和交互式图形设计工具及图形自动编程系统的实现技术。

2）面向图形对象设计方法的优点

面向图形对象方法是将面向对象程序设计方法引入计算机图形学领域，以弥补传统计算机图形理论的不足。面向图形对象方法的主要优点在于：

（1）面向图形对象方法基于图形对象、继承性、消息和方法机制，特别适合计算机图形自身的特点，有利于图形系统质量的提高和图形系统的维护。

（2）面向图形对象的思想方法和程序设计思想方法一致，有利于图形接口的设计。

（3）面向图形对象方法容易将图形的自然模型转换为数据模型，有利于图形系统的设计。

（4）面向图形对象方法是对传统计算机图形系统设计方法的改革和发展，面向图形对象方法不仅研究计算机图形的实现技术，还研究计算机图形系统的设计方法。

3）面向图形对象软件设计方法的特点

使用面向图形对象方法设计的计算机图形软件系统称为面向图形对象软件。面向图形对象软件设计方法有以下创造性的特点，这些特点是传统的图形设计方法所不能相比的。

（1）面向图形对象的设计方法具有将思维模型—数学模型—语言构造模型之间平滑而自然转换的直观性机制。面向图形对象方法不仅缩短了用户与系统之间的距离，也使得定义和查询图形对象的处理过程大大简化了。该特点使图形系统实用、有效和易于操作，为创造良好的用户界面、交互图形系统或图形生成工具提供了前提保证。

（2）面向图形对象设计方法具有保持图形对象的自身完整性的功能，面向图形对象的数据抽象、再抽象理论以及继承性机制能更推确、更容易、更清晰地描述处理对象的属性和方法。

（3）面向图形对象的设计方法具有一致性特点。面向图形对象设计方法的一致性表现在两个方面：其一是建立了图形对象的数据和方法之间的逻辑联系，使它们成为有机的整体；其二是两种差别很大的对象（图形对象和实体对象）采用统一的机制进行描述、管理和处理。

（4）面向图形对象的设计方法具有规范化的意义。面向图形对象设计方法的规范化是指图形对象精确描述的方法规范、图形语言的规范以及对图形软件体系结构进行规范化的研究。

（5）面向图形对象方法提供了多种灵活的系统控制机制。面向图形对象方法的引用和多重引用机制、信息隐藏以及消息传递机制，都为提高图形质量提供了技术方法。

2.2.3 面向对象图形技术的应用

面向图形对象技术是研究计算机图形处理方法和图形软件设计方法的技术。随着计算机图形的广泛运用，面向图形对象技术的作用也越来越重要，其使用范围也越来越广泛。面向图形对象技术和面向对象程序技术相配合，可以使用在所有需要图形的计算机应用系统中，特别是在以下有关图形专业的计算机系统中，更需要面向图形对象技术。

1）图形外观设计

产品外观设计、服装设计、图案设计和动画片的制作等都属于图形设计。使用面向对象技术进行计算机图形设计，能很方便地实现图形增、减、改和图形变换操作。在图形设计过程中，能很方便地定义和调用图形对象：通过定义图形对象，积累设计素材；通过调用图形对象，简化图形设计。

2）图形统计信息系统的设计

图形是信息的一种表现形式，它通过形状、大小、颜色及填充图案等图形特征表示信息。

例如，数据统计中使用的曲线图、直方图、圆图，过程控制中使用的监控图，天气预报中使用的至星云图等。图形信息和数据信息相比，具有表达力强、含信息量大、直观形象的特点。面向对象图形学把数据与图形统一看待，更便于计算机系统对图形信息进行处理。

3）图形用户界面和图形选单的设计

图形选单可以优化用户界面，改善用户工作环境，提高用户注意力。图形选单不仅在“面向对象”和“多媒体”系统中使用，在其他的计算机系统中也被广泛地使用，并逐步地取代传统的选单形式。面向对象图形学对于设计图形选单是必不可少的。

4）计算机辅助设计系统

计算机辅助设计和计算机辅助制造具有数据计算、分析、绘图一体化，速度快等特点。使用面向对象图形学，能够解决图形语言失配问题和图形接口问题，使图形系统与应用系统之间的配合比较紧密。

2.3 AutoCAD图形单元的基本分类与数据结构

图形对象（也称为图元或图形单元）是组成图形的可见对象（例如直线、圆、光栅图像等）。要创建这些对象，可以使用相应的 Add<Entityname> 方法。要修改或查询这些对象，可以使用对象本身的方法或特性。每一个图形对象都拥有允许应用程序执行大部分 AutoCAD 编辑命令（例如复制、删除、移动、镜像等）的方法。这些对象还提供了一些方法，用来设置和检索对象的扩展数据，亮显和更新对象，以及检索对象边框。图形对象具有诸如 Layer、Linetype、Color 和 Handle 之类的典型特性。还具有一些特有的特性，它们因对象类型不同而有所不同，例如 Center、Radius 和 Area。

非图形对象是指属于图形的一部分但不可见的（提示性的）对象，例如 Layers、Linetypes、DimStyles、SelectionSets 等。要创建这些对象，可以使用其上级集合对象的 Add 方法。要修改或查询这些对象，可以使用对象本身的方法或特性。每一个非图形对象都有用于特定目的的方法和特性，都有设置和检索扩展数据以及删除自己的方法。

2.3.1 AutoCAD 图形单元的基本分类

AutoCAD 环境中含有 42 个图形单元，表 2–1 为图形单元的分类情况。

AutoCAD图形单元的基本分类 **表2–1**

编号	名称	描述
1	3DFACE	三侧面或四侧面图元
2	3DSOLID	三维实体图元
3	ACAD_PROXY_ENTITY	代理图元
4	ARC	圆弧图元
5	ATTDEF	属性定义图元
6	ATTRIB	属性图元

续表

编号	名称	描述
7	BODY	体图元
8	CIRCLE	圆图元
9	DIMENSION	标注图元
10	ELLIPSE	椭圆图元
11	HATCH	图案填充和 MPolygon 图元
12	HELIX	螺旋图元
13	IMAGE	图像图元
14	INSERT	插入（块参照）图元
15	LEADER	引线图元
16	LIGHT	光源图元
17	LINE	直线图元
18	LWPOLYLINE	优化多段线图元
19	MLINE	多线图元
20	MTEXT	多行文字图元
21	OLEFRAME	oleframe 图元
22	OLE2FRAME	ole2frame 图元
23	POINT	点图元
24	POLYLINE	多段线图元
25	RAY	射线图元
26	REGION	面域图元
27	SECTION	截面图元
28	SEQEND	seqend 图元
29	SHAPE	形图元
30	SOLID	实体图元
31	SPLINE	样条曲线图元
32	SUN	太阳图元
33	SURFACE	曲面图元
34	TABLE	表格图元
35	TEXT	文字图元
36	TOLERANCE	公差图元
37	TRACE	跟踪图元
38	UNDERLAY	参考底图图元
39	VERTEX	顶点图元

续表

编号	名称	描述
40	VIEWPORT	视口图元
41	WIPEOUT	擦除图元
42	XLINE	构造线图元

2.3.2 AutoCAD 图形单元的数据结构

AutoCAD 图形单元的数据结构形式也是图形对象的组码。这些代码可以在 DXF 文件的 ENTITIES 区域中找到，并且由 AutoLISP 和 Ob 发 jectARX 应用程序在图元定义列表中使用。表 2-2~ 表 2-10 对常用图元的数据结构进行说明，其他图元的数据结构内容可以参照《AutoCAD 帮助：开发人员文档》，关于图形对象组码的介绍。

3DSOLID 数据结构 **表 2-2**

组码	说明
100	子类标记（AcDbModelerGeometry）
70	建模格式版本号（当前值为 1）
1	所有权数据（多行，每行小于 255 个字符）
3	所有权数据的附加行（如果前一个组 1 的字符串长度大于 255 个字符）（可选）
100	子类标记（AcDb3dSolid）
350	历史记录对象的所有者 ID/ 句柄

ARC 数据结构 **表 2-3**

组码	说明
100	子类标记（AcDbCircle）
39	厚度（可选；默认值为 0）
10	中心点（在 OCS 中）DXF：x 值；APP：三维点
20，30	DXF：中心点的 y 值和 z 值（在 OCS 中）
40	半径
100	子类标记（AcDbArc）
50	起点角度
51	端点角度
210	拉伸方向［可选；默认值为（0，0，1）］ DXF：x 值；APP：三维矢量
220，230	DXF：拉伸方向的 y 值和 z 值（可选）

CIRCLE 数据结构 **表 2-4**

组码	说明
100	子类标记（AcDbCircle）
39	厚度（可选；默认值为 0）
10	中心点（在 OCS 中）DXF：x 值；APP：三维点
20，30	DXF：中心点的 y 值和 z 值（在 OCS 中）
40	半径
210	拉伸方向［可选；默认值为（0，0，1）］ DXF：x 值；APP：三维矢量
220，230	DXF：拉伸方向的 y 值和 z 值（可选）

ELLIPSE 数据结构 **表 2-5**

组码	说明
100	子类标记（AcDbEllipse）
10	中心点（在 WCS 中） DXF：x 值；APP：三维点
20，30	DXF：中心点的 y 值和 z 值（在 WCS 中）
11	相对于中心的长轴端点（在 WCS 中） DXF：x 值；APP：三维点
21，31	DXF：相对于中心的长轴端点的 y 值和 z 值（在 WCS 中）
210	拉伸方向［可选；默认值为（0，0，1）］ DXF：x 值；APP：三维矢量
220，230	DXF：拉伸方向的 y 值和 z 值（可选）
40	短轴与长轴的比例
41	开始参数（对于闭合椭圆，该值为 0.0）
42	结束参数（对于闭合椭圆，该值为 $2pi$）

LINE 数据结构 **表 2-6**

组码	说明
100	子类标记（AcDbLine）
39	厚度（可选；默认值为 0）
10	起点（在 WCS 中） DXF：x 值；APP：三维点
20，30	DXF：起点的 y 值和 z 值（在 WCS 中）
11	端点（在 WCS 中） DXF：x 值；APP：三维点
21，31	DXF：端点的 y 值和 z 值（在 WCS 中）
210	拉伸方向［可选；默认值为（0，0，1）］ DXF：x 值；APP：三维矢量
220，230	DXF：拉伸方向的 y 值和 z 值（可选）

LWPOLYLINE 数据结构 **表 2–7**

组码	说明
100	子类标记（AcDbPolyline）
90	顶点数
70	多段线标志（按位编码）；默认值为 0： 1 = 关闭；128 = Plinegen
43	固定宽度（可选；默认值为 0）。如果设置为可变宽度（代码 40 和/或 41），则不使用
8	标高（可选；默认值为 0）
39	厚度（可选；默认值为 0）
10	顶点坐标（在 OCS 中），多个条目；每个顶点一个条目 DXF：x 值；APP：二维点
20	DXF：顶点坐标的 y 值（在 OCS 中），多个条目；每个顶点一个条目
40	起点宽度（多个条目；每个顶点一个条目）（可选；默认值为 0；多个条目）。如果设置为固定宽度（代码 43），则不使用
41	端点宽度（多个条目；每个顶点一个条目）（可选；默认值为 0；多个条目）。如果设置为固定宽度（代码 43），则不使用
42	凸度（多个条目；每个顶点一个条目）（可选；默认值 为 0）
10	拉伸方向［可选；默认值 为（0，0，1）］ DXF：x 值；APP：三维矢量
220，230	DXF：拉伸方向的 y 值和 z 值（可选）

POINT 数据结构 **表 2–8**

组码	说明
100	子类标记（AcDbPoint）
10	点位置（在 WCS 中） DXF：x 值；APP：三维点
20，30	DXF：点位置的 y 值和 z 值（在 WCS 中）
39	厚度（可选；默认值为 0）
210	拉伸方向［可选；默认值为（0，0，1）］ DXF：x 值；APP：三维矢量
220，230	DXF：拉伸方向的 y 值和 z 值（可选）
50	绘制点时所使用的 UCS 的 x 轴的角度（可选；默认值 为 0）；当 PDMODE 非零时使用

REGION 数据结构 **表 2–9**

组码	说明
100	子类标记（AcDbModelerGeometry）
70	建模格式版本号（当前值为 1）
1	所有权数据（多行，每行小于 255 个字符）
3	所有权数据的附加行（如果前一个组 1 的字符串长度大于 255 个字符）（可选）

TEXT 数据结构 **表 2–10**

组码	说明
100	子类标记（AcDbText）
39	厚度（可选；默认值为 0）
10	第一对齐点（在 OCS 中） DXF：x 值；APP：三维点
20，30	DXF：第一对齐点的 y 值和 z 值（在 OCS 中）
40	文字高度
1	默认值（字符串本身）
50	文字旋转角度（可选；默认值为 0）
41	相对 x 比例因子 —— 宽度（可选；默认值为 1） 使用拟合类型的文字时，该值也将进行调整
51	倾斜角（可选；默认值 为 0）
7	文字样式名（可选；默认值为标准）
71	文字生成标志（可选；默认值为 0）： 2 = 文字反向（在 x 轴方向镜像） 4 = 文字倒置（在 y 轴方向镜像）
72	文字水平对正类型（可选；默认值为 0）整数代码（非按位编码） 0 = 左对正；1 = 居中对正；2 = 右对正 3 = 对齐（如果垂直对齐 = 0） 4 = 中间（如果垂直对齐 = 0） 5 = 拟合（如果垂直对齐 = 0） 详细信息请参见组 72 和组 73 整数代码表
11	第二对齐点（在 OCS 中）（可选） DXF：x 值；APP：三维点 只有当 组 72 或组 73 的值非零时，该值才有意义（如果对正不是基线对正 / 左对正）
21，31	DXF：第二对齐点的 y 值和 z 值（在 OCS 中）（可选）
210	拉伸方向［可选；默认值为（0，0，1）］ DXF：x 值；APP：三维矢量
220，230	DXF：拉伸方向的 y 值和 z 值（可选）
100	子类标记（AcDbText）
73	文字垂直对正类型（可选；默认值为 0）整数代码（不是按位编码） 0 = 基线对正；1 = 底端对正；2 = 居中对正；3 = 顶端对正 详细信息请参见组 72 和 组 73 整数代码表

2.4 AutoCAD 开发环境与应用

AutoCAD 目前是应用最为广泛的通用交互式计算机辅助绘图与设计软件包，是工程领域内首选的 CAD 系统。AutoCAD 的强大生命力在于它的通用性、多种工业标准和开放的体系结构。在这种架构体系下可以根据各行业用户的专业特点，通过提供的开放开发接口，开发者可以进一步定制出各种专业化的模块，提供更加全面而细致的解决方案，以满足不同行业用户的设计需求。

AutoCAD 作为通用的图形平台要考虑各行业、各地区用户的需要，为用户供了一些 CAD 系统的基本功能，比如造型、编辑、注释等。其通用性使得它在机械、电子、航空、船舶、建筑、服装等领域得到了极为广泛的应用。但它不针对具体行业提供一些专业设计功能，因此用它来完成某一具体产品的设计时往往不是很方便。比如要绘制一个齿轮，我们需要根据齿轮的参数计算出绘制数据，然后调用 AutoCAD 的基本绘图命令绘出图形。如果在完成之后需要修改齿轮参数，则需要重新计算和绘制。这对用户来说是十分费时费力的，完全可以将上述计算和绘图过程通过相应的程序来实现，通过定制的命令和相关绘图参数来自动完成计算和绘图过程。

因此，欲提升 AutoCAD 技术在本行业的使用效果，必须在通用 AutoCAD 平台上，结合自身实际情况，进行不同程度的用户化、本地化开发。

2.4.1 AutoCAD 开发环境介绍

Autodesk 公司为满足广大用户的需求，自 AutoCAD v2.18 版至 AutoCAD 2000 的短短十几年间，就相继推出了三代二次开发工具。可以说，AutoCAD 的通用性为其二次开发提供了必要条件，而 AutoCAD 开放的体系结构则使其二次开发成为可能。

目前 AutoCAD 提供的开发接口有 ObjectARX、.NET、VisualLISP、VBA 等，用户可以根据自己的实际情况和需求来决定采用哪种 API 进行开发，下面就对 AutoCAD 提供的各个开发接口进行简单的介绍。

1）AutoLisp（VisualLISP）语言环境

AutoLISP 是 1986 年随 AutoCAD v2.18 提供的二次开发工具，是 AutoCAD 提供的最早的一种解释型的 API，主要用来自动完成重复性的任务，是嵌入 AutoCAD 内部的 COMMON LISP 的一个子集。在 AutoCAD 的二次开发工具中，它是唯一的一种解释型语言。使用 AutoLISP 可直接调用几乎所有的 AutoCAD 命令。

AutoLISP 语言最典型的应用之一是实现参数化绘图程序设计，包括尺寸驱动程序和鼠标拖动程序等。另一个典型应用就是驱动 AutoCAD 提供 PDB 模块构成 DCL（Dialog Control Language）文件，创建自己的对话框。

AutoLISP 具有以下优点：（1）语言规则十分简单，易学易用；（2）直接针对 AutoCAD，易于交互；（3）解释执行，立竿见影。

AutoLISP 的缺点是：（1）功能单一，综合处理能力差；（2）解释执行，程序运行速度慢；（3）缺乏很好的保护机制，源程序保密性差；（4）LISP 用表来描述一切，并不能很好地反映现实世界和过程，跟人的思维方式也不一致；（5）不能直接访问硬件设备、进行二进制文件的读写。

AutoLISP 的这些特点，使其仅适合于有能力的终端用户完成一些自己的开发任务。

VisualLISP 是 AutoLISP 的换代产品，是后者的扩展和延伸。它与 AutoLISP 完全兼容，并提供它所有的功能，是一种半编译型 API。VLISP 对语言进行了扩展，可以通过 Microsoft ActiveX Automation 接口与对象交互。同时，通过实现反应器函数，还扩展

AutoLISP 响应事件的能力。作为开发工具，VLISP 提供了一个完整的集成开发环境（IDE），包括编译器、调试器和其他工具，可以提高二次开发的效率。另外，VLISP 还提供了工具用于发布独立的应用程序。值得强调的是 Visual Lisp 和 ActiveX 相结合，在 AutoCAD 的二次开发中仍具备很强的应用价值。

2）ADS—C 语言环境

ADS 的全称是 AutoCAD Development System，是 AutoCAD R11 开始支持的一种基于 C 语言的灵活的开发环境。ADS 可直接利用用户熟悉的 C 编译器，将应用程序编译成可执行文件后在 AutoCAD 环境下运行，从而既利用了 AutoCAD 环境的强大功能，又利用了 C 语言的结构化编程、运行效率高的优势。

与 AutoLISP 相比，ADS 优越之处在于：（1）具备错综复杂的大规模处理能力；（2）编译成机器代码后执行速度快；（3）编译时可以检查出程序设计语言的逻辑错误；（4）程序源代码的可读性好于 AutoLISP。 而其不便之处在于：（1）C 语言比 LISP 语言难于掌握和熟练应用；（2）ADS 程序的隐藏错误往往导致 AutoCAD，乃至操作系统的崩溃；（3）需要编译才能运行，不易见到代码的效果；（4）同样功能 ADS 程序源代码比 AutoLISP 代码长很多。

3）ARX—C++ 开发环境

ARX 的全称是 AutoCAD Runtime Extension，是 AutoCAD R13 之后推出的一个以 C++ 语言为基础的面向对象的开发环境和应用程序接口。ARX 程序本质上为 Windows 动态连接库（DLL）程序，这些库与 AutoCAD 在同一地址空间运行并能直接利用 AutoCAD 的核心数据结构和代码，使得二次开发者可以充分利用 AutoCAD 的开放结构，直接访问 AutoCAD 数据库结构、图形系统以及 CAD 几何造型核心，能够在运行期间实时扩展 AutoCAD 固有的类及其功能，创建能够全面享受 AutoCAD 固有命令特权的新命令。同时它也是一个可扩展的编程框架，可以扩展 AutoCAD 的对象和协议。

AutoCAD 自身的许多模块均是用 ARX 开发的，ARX 是 AutoCAD 最为强大的定制开发工具，使用 ARX 可以开发快速、高效、简洁的应用程序，用户可以通过其强大的功能开发专业的 CAD 软件系统。

ARX 程序与 AutoCAD、Windows 之间均采用 Windows 消息传递机制直接通信。AutoLISP、ADS、ARX 都是 AutoCAD 提供的内嵌式编程语言。AutoLISP 和 ADS 都是通过内部进程（IPC）来和 AutoCAD 通信，它们与 AutoCAD 是相互分离的过程，而 ARX 以 DLL 形式与 AutoCAD 共享地址空间，因此，与前两者相比，其速度更快、运行更稳定、更简单。由于是在 Windows 及 VC++ 编程环境里运行，所以，对开发者的编程能力要求较高。

ObjectARX 应用程序以 C++ 为基本开发语言，面向对象编程方式的数据具有可封装性、可继承性及多态性的特点，用其开发的 CAD 软件具有模块性好、独立性强、连接简单、使用方便、内部功能高效实现以及代码可重用性强等特点，并且支持 MFC 基本类库，能简洁高效地实现许多复杂功能。

4）VBA—Visual Basic 开发环境

ActiveX Automation 是一套微软标准，以前称为 OLE Automation 技术。该标准允许通过外显的对象由一个 Windows 应用程序控制另一个 Windows 应用程序，这也是面向对象编程技术的精髓所在。AutoCAD 从 R14 开始增加了作为 ActiveX Automation 服务器应用程序的功能，使得许多面向对象的编译语言（如 Viaual Basic）和应用程序可以通过 ActiveX 与 AutoCAD 进行通信，并操纵 AutoCAD 的许多功能。

AutoCAD 本身集成了 VBA 开发环境（VBA IDE），开发者可以通过 VBA 开发 AutoCAD 的进程内程序，另外也可以通过 COM 机制使用支持 COM 开发的语言，如 Visual Basic 开发 AutoCAD 的进程外程序，总体来说 VBA 语言简单易用，比较容易掌握。

ActiveX Automation 技术的完全面向对象化编程的特点，使其开发环境具备了强大的开发能力和简单易用的优良特点，开发工具的选择也具有很大的灵活性。所以，利用 ActiveX Automation 技术，是极具潜力的一种开发手段。

5）NET 开发环境

从 AutoCAD2006 开始，AutoCAD 增加了 .NET API。它提供了一系列托管的外包类（Managed Wrapper Class），使开发人员可在 .NET 框架下，使用任何支持 .NET 的语言，如 VB.NET、C# 和 Managed C++ 等对 AutoCAD 进行二次开发。该开发接口是完全面向对象的，在拥有与 C++ 相匹配的强大功能的同时，具有方便易用的特点，是较理想的 AutoCAD 二次开发工具。

综合起来看，VisualLISP/AutoLISP 和 Visual Basic 方便易学，开发周期短，适合开发一些小型的实用工具。但是，对开发速度和性能要求都很高的解决方案或者大型 CAD 应用软件，建议使用 ARX 作为开发工具。有时候也可以考虑各个 API 的优缺点，在开发的系统中使用多种 API 集成开发。

2.4.2 AutoCAD 二次开发的含义

AutoCAD 软件的二次开发是指在现有的软件基础上，为了提高和完善软件功能，使之更加符合用户需求，而对软件做的开发工作。其目的是提高设计质量和效率，充分发挥通用 CAD 软件的价值。

二次开发将应用对象的设计规范、构造描述、设计方法等以约束关系的形式集成到通用 CAD 平台中去，以使应用对象的设计智能化、集成化。

AutoCAD 系统二次开发的层次关系如图 2-5 所示。

图 2-5　AutoCAD 系统二次开发的层次关系图

2.4.3 AutoCAD 二次开发的基本过程

按照 CAD 开发工程化原则，AutoCAD 二次开发的一般过程如图 2-6 所示：

二次开发过程基本上可概括为系统分析、系统设计、程序编写、系统测试四个阶段。

1）系统分析

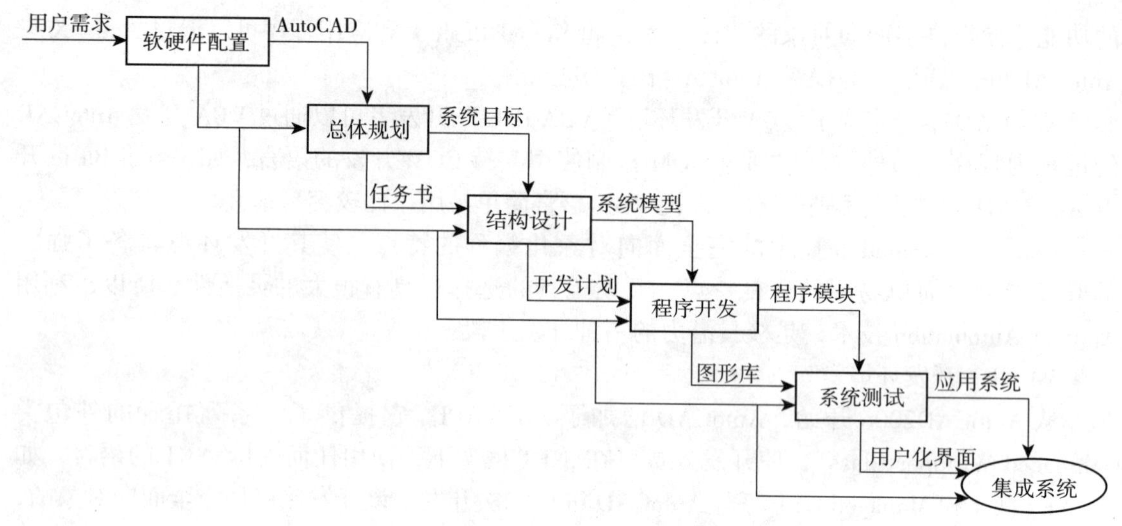

图 2-6　AutoCAD 系统二次开发的基本过程

主要任务是分析、理解整个系统设计的基本要求，在系统分解的基础上确定整个系统的基本框架，并在此基础上，形成表达系统基本要求及框架的系统说明书。

2）系统设计

包括系统总体设计（完成模块说明书）和建立图形数据库与数据库管理系统。

3）程序编写

将模块说明书转换成用 AutoCAD 软件编写的程序。

4）系统测试

可分为三步进行，模块测试、综合测试和验收测试。

2.4.4　AutoCAD 开发应用中关键技术

1）参数化设计技术

参数化设计是 20 世纪 80 年代提出的一种 CAD 产品设计方法。它的基本思想是保持图形结构之间的相互拓扑关系不变，通过设置一组参数来控制图形的几何尺寸大小，部分参数值的改变能够直接导致设计结果的自动修改。利用参数化的设计手段开发专用的设计系统，可使设计人员从大量繁琐的绘图工作中解脱出来，极大地提高设计速度。

图形建库工作是从事 AutoCAD 开发的基础。AutoCAD 系统一般都未提供标准件库和通用件库，然而在产品开发过程中，标准件和通用件是常用而复杂的零件，如螺栓、螺母、轴承等，若每次用到都为其建模，将大大影响产品的设计效率。为适应产品快速开发的需要，建立参数化或变量化的三维实体模型库是进行产品设计所必须的环节。

建立参数化图库的关键是标准件和通用件特征参数值的存储和处理，有两种方法：一种是使用数据文件的形式存放参数值；另一种是使用数据库管理系统建立新系统的数据库。使用第二种方法既安全可读，又具有很好的开放性，是用户建立参数值数据库的理想选择。

2）用户界面技术

用户化界面是指在 AutoCAD 系统中嵌入部分二次开发工作的接口和界面，这种二次开发界面将便于系统的操作和维护，对于系统的实用性和应用效果具有重要的作用。用户界面的好坏是评价一个软件性能的重要标志之一。

图形用户界面的出现为系统提供了友好的设计开发环境。AutoCAD 二次开发语言采用两种方式设计对话框。一种是利用系统本身提供的可编程对话框工具（PDB）实现对话框界面设计，其基本方法是通过对话框控制语言（DCL）编写定义对话框窗口的组成构件，然后利用 AutoLISP 或 ADS 提供的对话框处理函数设计驱动程序。这种方法局限于用 DCL 文件形式描述对话框，缺乏具有视觉效果的直观设计工具。另一种方法则利用相应开发软件提供的界面设计工具进行可视化对话框设计，如 ObjectARX 采用 VC++ 提供的 MFC 编写模式对话框、无模式对话框或属性页对话框。VBA 采用 Visual Basic 提供的窗体（FORM）设计器设计对话框控件。

3）图形绘制技术

AutoCAD 最大的功能就是实现图形的交互式绘制，二次开发语言支持通过编程的方式完成图形的自动绘制。其中 VisualLISP 语言采用 Command 函数，通过调用 AutoCAD 命令绘制或修改图形。ObjectARX 直接利用 AutoCAD 的内核代码，访问 AutoCAD 的数据库、图形系统及几何造型核心，在运行期间实时扩展 AutoCAD 具有的类及其功能，建立与 AutoCAD 本身的固有命令操作方式相同的新命令完成图形绘制。VBA 则利用 ActiveX Automation 对象模型，使用相应的 Add<Entityname> 方法创建图元对象。

4）面向对象技术

早期的二次开发，过程化的参数化设计是采用较多的一种方法。随着计算机技术的飞速发展，特别是软件技术的发展，面向对象的软件设计方法成为主导，该方法更能高效率反映客观事物的内在特性和内在联系，符合“工程设计方法学”。面向对象方法的核心思想是将一切客观实体都看成对象，每个对象由数据（描述事物的属性）和作用于数据的操作（体现事物的行为）构成一独立的整体，每个对象都属于某个对象“类”。对象之间通过消息传递相互作用，而操作细节则封装在相应的对象里。继承性、封装性和多态性是对象的基本特征。

面向对象的二次开发，就是将面向对象技术应用于待开发的 CAD，从问题空间出发，以对象作为基本概念，通过对象的确定、分解和分类，建立能用来进行面向对象系统分析的对象关系图。通过数据结构抽象和行为抽象，描述系统的属性，得到由对象构成的层次结构，形成对问题领域完整的语义描述，完成 CAD 系统模型设计，利用一种面向对象程序设计语言（如 C 语言）将建立的模型转换成计算机可接受形式，完成程序编制，实现二次开发。目前，在 AutoCAD 系统的开放式结构中，面向对象技术是 API 的主要形式，即系统的功能、数据和界面以对象的形式暴露给用户，由于目前已有大量的面向对象的编程工具，利用这些工具开发的应用程序，可以通过对象的属性和操作访问及控制系统，如图 2-7 所示。

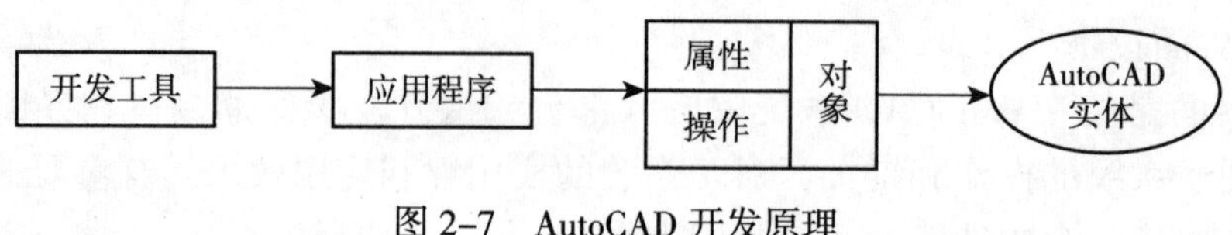

图 2-7　AutoCAD 开发原理

2.4.5　AutoCAD 二次开发模型

通过对 AutoCAD 二次开发过程及关键技术的分析，AutoCAD 二次开发的一般模型如图 2-8 所示。

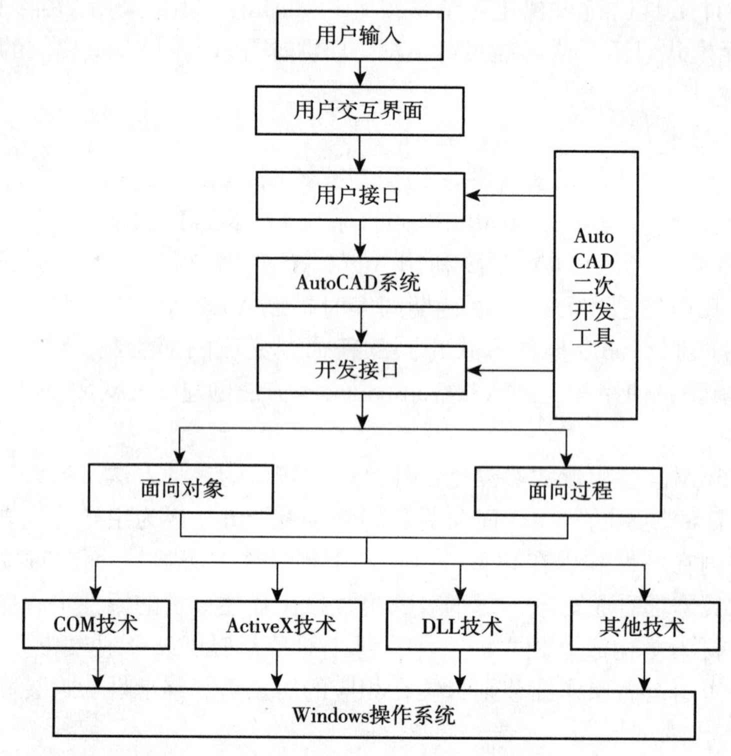

图 2-8　AutoCAD 二次开发模型

该开发模型主要包括两大部分：一部分是用户与 AutoCAD 系统交互界面的开发，即定制用户界面，主要用到 AutoCAD 系统提供的用户接口模块；另一部分是 AutoCAD 系统与操作系统之间的开发，即定制应用程序的功能，包括对 AutoCAD 系统的功能调用以及对操作系统的调用，通过采用面向对象技术或者是面向过程技术，将 AutoCAD 对操作系统的调用对开发者屏蔽，直接提供功能调用，开发者无须详细了解 AutoCAD 系统的最底层实现。

2.5　3D 引擎介绍

3D 引擎是将现实中的物质抽象为多边形或者各种曲线等表现形式，在计算机中进行相关计算并输出最终图像的算法实现的集合。根据计算机计算的时效性3D引擎可分为即时3D引擎和离线3D引擎。由即时3D引擎运算生成的诸如第一人称射击游戏上的3D画面就是即时产生的，而电影中的3D画面则是用离线3D引擎来制作实现的。

3D引擎对物质的抽象主要分为多边形和NURBS两种。因为任何多边形都可以被最终分解为容易计算和表示的三角形，所以在即时引擎中多边形实现已经成为了事实上的标准。而在离线引擎中为了追求最好的视觉效果会使用大量的NURBS曲线来实现多边形很难表现出的细节和灵活性。

对于程序开发者来说，3D引擎是作为一种底层工具来支持高层的图形软件开发。我们可以把它看成是对3DAPI的封装、对一些图形通用算法的封装以及对一些底层工具的封装。对于3D引擎的含义和作用，不能够给一个明确的说明，因为针对不同的用户和开发项目，3D引擎完成的功能可能都有不同。但是需要明确的是，无论3D引擎用途是什么，其基本功能都是相同的，不同的是高级部分的功能。3D引擎最基本的功能应该包括：

1）对三维场景的数据管理

数据管理是一个比较广泛的定义，不同的3D引擎也许会拥有其中一个或多个功能。这些功能包括：场景管理，对象系统，序列化，数据与外部工具的交互，底层三维数据的组织和表示。

场景管理：由于3D引擎可能会用来管理一些庞大的3D世界，在这个世界中物体与物体之间通常存在一些相关/从属/影响与被影响关系，如何组织这些关系，并确切地将这些关系与3D引擎的其他功能联系起来，就是场景管理需要完成的工作。场景管理是一种设计模式，而不是一个具体的算法。

场景管理首先需要考虑如果表达场景中物体的关联关系，这部分通常是由场景图来实现的。通过一个一对多的树形结构就可以满足要求，当然考虑到数据层的共享和维护，允许子树进行Clone也是前期设计时需要考虑的一个方面。再此之后，就需要考虑物体之间材质的继承关系，动态环境如何嵌入到你选择的场景图中。在一个考虑到交互和触发机制的引擎中，还需要考虑物体之间如何发送消息（比如一个结合了物理引擎的场景）。实际上在整个引擎中你所涉及的各种算法和设计，都或多或少地会和场景管理发生联系。比如在一个实现动态光影的引擎中，物体之间如何实现相互遮挡，光源的影响范围如何在场景图上继承，都是在设计时需要考虑的问题。

2）功能合理的渲染器

之所以要说是合理的渲染器，是因为一个引擎的渲染能力是由多方面决定的。比如一款以实时游戏作为目标的游戏，会选择基于光栅化的渲染算法。在这种设计前提下，几何体一级的数据不会过于详细，例如物体表面的BRDF，折射率，纹理坐标空间的变化率，切线空间的变化率（当然随着硬件能力的提升和Shader能力的发展，这些数据也会出现在一些比较高级的游戏引擎中），这时候即使你在设计初期就考虑到这些数据需求，并将它们表现在了Render中，最后也不会有任何意义。

3）与外部软件的交互能力

简单地说，就是开发工具。任何一款3D引擎如果没有开发工具都不能称为是完整的。这些开发工具可能是一些文件转换器、场景编辑器、脚本编辑器、粒子编辑器等。

2.5.1 国内外3D引擎技术的发展

国外许多研究机构较早就开始了对于三维虚拟技术的研究。美国北卡罗来纳大学的计算机系是虚拟现实研究最早最著名的大学，他们主要研究分子建模、航空驾驶、外科手术仿真、建筑仿真等。美国宇航局研究的重点放在对空间站操纵的实时仿真上，大多数研究是在约翰逊空间中心完成的，他们应用自己研发的引擎模拟面向座舱的飞行模拟，模拟外太空的三维场景，其中也包括著名的对哈勃太空望远镜的仿真。

国内的相关研究起步较晚。北京航空航天大学计算机系是国内最早进行三维虚拟研究权威单位之一，他们开发了自己的虚拟现实运用系统平台，设计了虚拟环境漫游引擎，实现了诸如飞行员模拟训练、校园模拟、虚拟珠峰漫游等项目运用。浙江大学国家重点实验室也开发了自己的引擎系统，并改进实现了快速漫游和递进网格快速生成算法，开发了虚拟紫禁城等虚拟环境漫游项目。

在国外如火如荼的研究中，国内在这方面也进行了深入的研究，总体的思路和国外基本上是一致的。在地形渲染方面，国内很多算法都在LOD算法的基础上，对LOD算法进行了多种优化。很多的算法都是针对某种特殊的系统使用的，或者说，都是在介绍某种算法时，附带地提及了如何进行数据加载。也有些系统直接利用数据库来完成这些数据的存储和加载。

目前常见的3D引擎有：OSG、Unreal、Quake、Lithtech、OGRE、Nebula、Irrlicht、Truevision3D等，其中开源免费的有：OSG、ogre、irrlicht、fly3d、NeoEngine、revolution3d、Nebula2、Genesis3d等。物理引擎用ODE、Tokamak、NovodeX，网络引擎使用OpenTNL、RakNet、eNet，声音引擎使用FMod、OpenAL，以及界面引擎使用CEGUI。

2.5.2 OGRE 3D引擎技术

OGRE（Object-Oriented Graphics Rendering Engine，即面向对象图形渲染引擎）是一个用C++开发的面向场景、非常灵活的3D引擎，它旨在让开发人员更容易、更直接地利用硬件加速的3D图形系统开发应用。这个类库隐藏了底层系统库（如：Direct3D和OpenGL）的所有细节，提供了一个基于世界对象和其他直观类的接口。

它在免费、开源的引擎中评价最高，一个原因是作为一个图形渲染引擎，它支持的图形特性最多，所以渲染质量也不错；另一个原因是设计模式的清晰；另外，速度也不错。其专注于向一个纯粹的、然而富于协作和扩展性的图形引擎发展，这得益于它的庞大的社群支持，使得很多事情可以通过外挂一些更专业的引擎来实现，

OGRE系统主要包括：渲染系统和渲染插件、材质系统、实体管理系统、图形界面系统、纹理和图片解码器、文件系统和文件解码器、场景管理插件、粒子系统、日志系统等。而最后所有的系统全部归一个总管管理，这个总管就是OGRE：：Root。

OGRE技术特性：

1）效率特性

（1）简单、易用的面向对象接口设计更容易渲染3D场景，并使开发场景独立于渲染API（如Direct3D、OpenGL、Glide等）。

（2）简单并可扩展的对象框架，能方便地插入到已存在的应用程序框架中。

（3）自动处理常见的需求，如渲染状态管理、HierarchicalCulling、半透物体排序等等，为开发者大大节省了时间。

（4）清晰、整洁的设计加上全面的文档支持。

2）场景特性

（1）拥有高效率和高度可配置性的资源管理器，并且支持多种场景类型。可使用系统默认的场景组织方法或自己编写的插件场景组织方法。

（2）通过绑定体（如绑定盒）实现的场景体系视锥拣选。

（3）全面支持材质 LOD（Level Of Detail，细节层次）技术。

（4）给出以插件方式链接不同场景结构的接口，允许你使用适合自己应用程序的场景体系。

（5）全面支持多种阴影技术，包括模版阴影（Stencil）、纹理阴影（Texture）、叠加阴影（Additive）、调制阴影（Modulative），并且全部支持硬件加速。

2.5.3 OSG 3D 引擎技术

OpenSceneGraph（简称 OSG）是一套使用 OpenGL 技术开发，基于 C++ 平台的三维渲染工具包。因此运行 OSG 的平台需要具备 OpenGL 的支持能力，以及 C++ 的编译环境，诸如 Solaris、IRIX、Windows、Mac OSX、HP-UX、Sony Platystation 等，不过 XBox 除外。

OSG 是将 3D 场景定义为空间中一系列连续的对象，以进行三维世界的管理。正是由于场景及其参数定义的特点，通过状态转化、绘图管道和自定制等操作，OSG 还可以用于优化渲染性能。

OSG 采用以下思想和工具进行构建：

（1）ANSI 标准 C++；

（2）C++ 标准模板库（STL）；

（3）设计模式（Design patterns）。

这些工具使得 OSG 的开发者可以在自己喜好的平台上进行开发，并且依据用户所要求的平台进行配置。

OSG 功能强大，开发模式完善、开发成果移植性强受到业界的普遍好评。采用 OSG 图形引擎可以克服传统的 OpenGL 以及 Direct3D 开发周期长、难度大的缺点，解决了使用 OpenGVS、Vega 等商业引擎开发成本过高，不利于产品推广的问题，从实用的角度上更有意义。目前已经有很多成功的基于 OSG 的应用，如 Delta3D、3DVRI、Remo3D、osgplanet、虚拟地形系统、交通工具仿真系统等，效果不亚于商业视景渲染软件。

2.5.4 ODE 3D 引擎技术

ODE（Open Dynamic Engine）是一个免费的具有工业品质的刚体动力学的模拟库，一款优秀的开源物理引擎。它能很好地仿真现实环境中的可移动物体，它是快速、强健和可移植的。而且它有内建的碰撞检测系统。

一个典型的 ODE 模拟步骤为：

（1）创建一个动力学世界；

（2）在动力学世界中创建物体；

（3）设置所有物体的状态，如位置等；

（4）在动力学世界中创建联结；

（5）将联结与物体绑定；

（6）为所有的联结设置参数；

（7）按需要创建一个碰撞世界和碰撞几何对象；

（8）创建一个连接组来保存接触联结；

（9）Loop（a）按需给物体施加力；（b）按需调整连接的参数；（c）调用碰撞检测；（d）为每个碰撞点碰撞创建一个接触连接，并将其放入连接组；（e）执行一个模拟步骤；（f）移除在接触连接组中所有连接；

（10）销毁动力学世界和碰撞世界。

从上述过程可以看出，在创建了一个模拟世界并做好相应的准备工作之后，物体的运动状态就由一个检测循环来完成，此时人们可以对这个世界进行干预，如向这个世界中的物体施加力。世界中各个物体的各种动态属性将根据其受力和当前所处的状态计算得出，在一个模拟步骤之后将这些属性更新，从而进入下一个循环，模拟世界中的物体按照牛顿力学的规律运动。然而 ODE 是个物理运算包，没有渲染机制，因此人们无法看到运动着的一切。

2.5.5 Irrlicht 3D 引擎技术

Irrlicht 引擎是一个用 C++ 书写的高性能实时的 3D 引擎，可以应用于 C++ 程序者 .NET 语言中。通过使用 Direct3D（Windows 平台），OpenGL1.2 或它自己的软件着色程序，可以实现该引擎完全跨平台。尽管是开源的，该 Irrlicht 库提供了可以在商业级的 3D 引擎上具有的艺术特性，例如动态的阴影、粒子系统、角色动画、室内和室外技术以及碰撞检测等。

Irrlicht 提供给了开发者以下功能：

（1）可以运行于 Linux 以及 Windows 98，ME，NT，2000 和 XP（MacOS 在计划之中）等操作系统之上的引擎；

（2）针对 Direct3D 8 生成器或 Direct3D 9 生成器（可选）提供了 Anti-aliasing 支持；

（3）GUI 环境可换肤（包括一个很酷的具有金属质地的带阴影的皮肤），给一些老式的对话框加上漂亮的外观；

（4）允许无缝的室内 / 室外过渡的场景管理系统；

（5）带有骨骼和变形目标动画功能的角色动画系统；

（6）内建的材质支持，包括支持 Pixel and Vertex Shaders 版本 1.1 到 3.0，ARB Fragment and Vertex 程序以及 HLSL（GLSL 正在计划中）；

（7）NET 语言绑定，这使得引擎可用于所有的 .NET 语言例如 C#、Visual Basic.NET 以及 Delphi.NET；

（8）内建有平台独立的软件生成器，特性有：z- 缓冲，Gouraud 阴影，alpha 混合和透明性，还有快速的 2D 绘图；

（9）2D 绘图功能，例如 alpha 混合，基于关键色的位图复制、字体绘制，以及混合 3D 与 2D 图形；

（10）能直接导入常见的建模文件格式，包括 Maya，3DStudio Max，COLLADA，DeleD，Milkshape，Quake3 levels，Quake2 models，DirectX，Pulsar，My3DTools，FSRad 以及 Cartography Shop；

（11）能直接从 BMP，PNG，Photoshop，JPEG，Targa 和 PCX 导入纹理；

（12）快速而易用的碰撞检测与响应；

（13）为快速的 3D 运算和容器模板库进行了优化处理；

（14）直接读取档案（可能是压缩的，如 .zip 文件）；

（15）集成了快速的 XML 分析器；

（16）为实现容易的本地化开发提供 Unicode 支持。

第 3 章 结构工程的建模技术

3.1 常用结构材料图形数据库

3.1.1 常用结构材料图形数据库介绍

常用结构材料图形数据库又称开放式通用剖面数据图形库，该数据库所需的数据信息主要参照国标和欧美 AISC 型钢表及水工结构桥梁结构等行业的常用标准，包括了 AISC 截面类型 3660 种、国标型钢 4411 种、带参数截面 75 种、紧固件 1500 种、水工结构截面 63 种、桥梁工程 6 种，其主要分类可见下列节点总目录图（图 3-1*a* ~ 图 3-1*d*）。除此，还包括

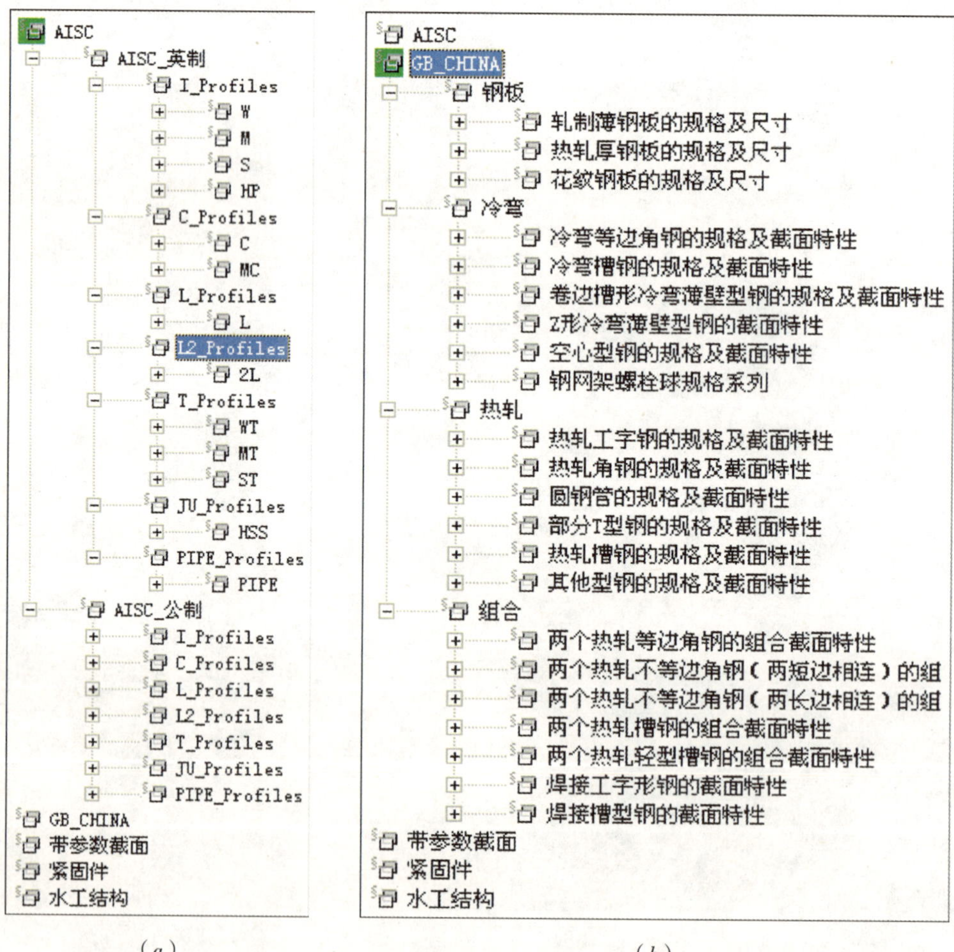

（*a*）　　　　　　（*b*）

图 3-1 节点总目录图

（*a*）AISC 型钢库；（*b*）中国国标型钢库；

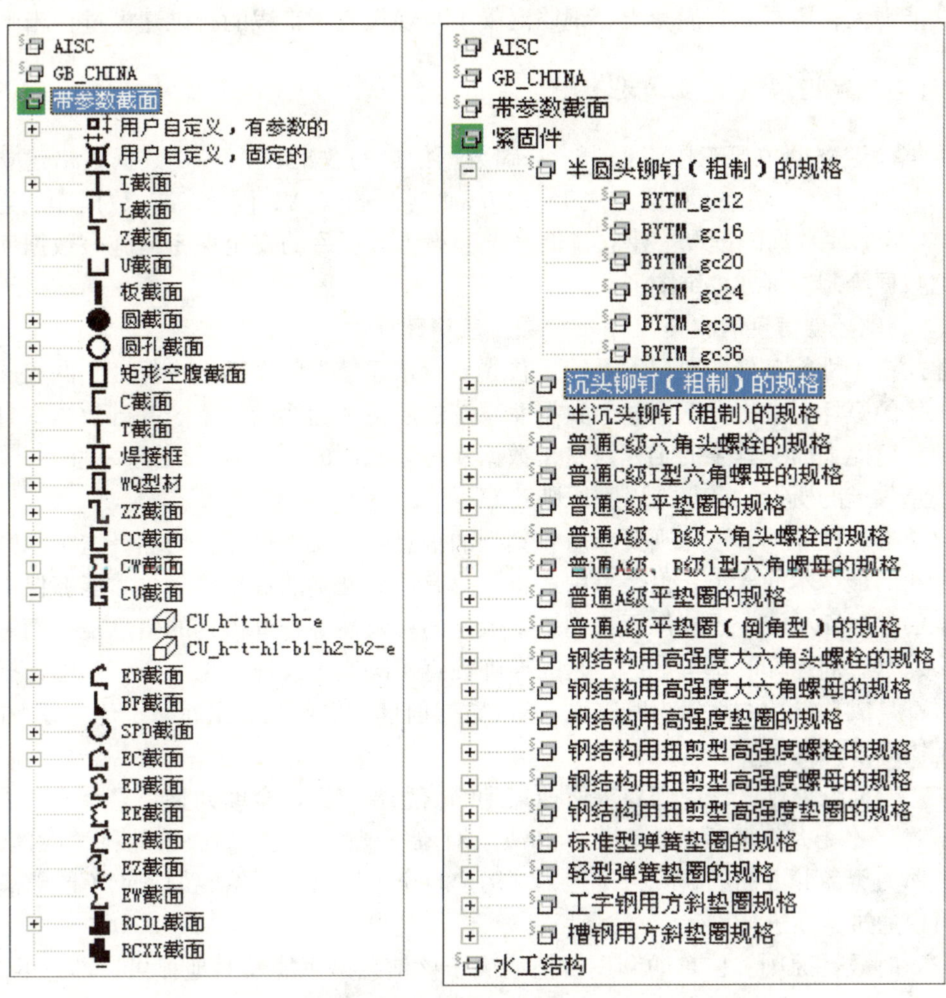

(*c*)　　(*d*)

图 3-1　节点总目录图（续）
（*c*）带参数截面库及自定义；（*d*）紧固件库

了结构力学属性，如构件的轴心受压稳定系数 ϕ、柱的长度计算系数、钢材的规格及截面特性、组合界面的特性、紧固件的规格与尺寸，构件的承载力和承载力矩的设计值、连接承载力设计值横梁的固端弯矩、单跨等截面门式钢架弯矩剪力计算公式，吊车技术资料、焊接破口与结构组装和安装偏差等表格数据。数据库界面利用 ADO 和 ADOX 对象动态创建数据库和数据表，极大提高数据库程序灵活性。

通过引用对象库“Microsoft ActiveX Data Objects 2.5 Library”（简称 ADO）和对象库“Microsoft ADO Ext 2.1. For DDL Security”（简称为 ADOX）完成在程序运行过程中动态创建数据库和表。运用该技术创建数据库可方便地嵌入到 AutoCAD 的工作环境之中，利用 ADO 的节点表用户可方便地查寻关心的结构界面（图 3-1*a* ~ 图 3-1*d*），而且可以根据需要选择生成二维的截面图形或三维模型。除此之外，该软件系统提供的自定义截面，参数调整功能强大，可扩展到混凝土、钢筋混凝土及现代复杂工程的三维建模过程当中。

3.1.2 数据库的建立流程

数据库建立的主要工作流程为：基础数据信息的收集和 Access 数据表格建立→绘制所需的截面位图→ Access 数据建立 Tree View 结点→建立 VB 同 Access 数据库的连接，实现 VB 对数据库数据的读取→建立查询系统→设置数据库的安全保密措施→数据库的发布→根据数据绘制二维或三维图形。

1）基础数据信息的收集和 Access 数据表格建立

建立一个性能良好的数据库系统，首先要有依靠信息的全面性来保证它的权威。信息收集工作的好坏，直接关系到整个数据库系统的质量和运用的效率。基础数据信息的收集是一项十分庞大而又繁杂的工程，它是数据库得以利用的第一步，也是关键的一步。为了保证信息收集的质量，应坚持以下原则：

（1）准确性原则。该原则要求所收集到的信息要真实、可靠。当然，这个原则是信息收集工作的最基本的要求，也是重中之重。只有依靠准确的数据收集，才能够保持建立一个正确的数据库系统，才能保证我们查询数据的有效性。查询得到的信息是我们做设计的第一步，是我们运算的基本依据，它的准确性直接决定了设计成果。任何基础数据的偏差和错误都是成功设计的隐患。所以说，基础数据信息不仅仅是数据库系统建立成败的根基，而且是搞好设计的前提和基础。

（2）全面性原则。该原则要求所搜集到的信息要广泛，全面完整。只有广泛、全面地搜集信息，才能完整地反映管理活动和决策对象发展的全貌，为决策的科学性提供保障。本数据库为避免此方面的缺陷，设置了“用户自定义”项，当给定的型钢不能够满足要求时，可以通过该项进行设置。

（3）时效性原则。信息的利用价值取决于该信息是否能及时地提供，即它的时效性。信息只有及时、迅速地提供给它的使用者才能有效地发挥作用。在运用的过程中，我们会根据型钢的发展以及数据库技术的发展来更改那些过时的信息，运用更有效的存取方式来服务于用户。

我们本次建立数据库所需的数据信息主要参照国标和中国建筑工业出版社出版的《钢结构设计手册》（上下册），以及欧美 AISC 型钢表和水工结构、桥梁结构等行业的常用标准来进行，同时还参阅了多种资料文献，经过详尽的查阅、输入、审核后完成。

2）绘制所需的截面位图

将结构的截面特性列表同相应图形结合，更形象地表达结构型材的特性。本次设计为达到完美，我们在型材列表框的右侧上方放置相应的 Bmp 图，以使用户在将选材运用到设计前有更清醒的认识。

用系统自带的画图板进行钢结构型材截面图片绘制。图片的尺寸设为 143 像素 ×143 像素，描绘了型材截面尺寸和尺寸的标注，并且图形下方的属性列表（listview）同图形的尺寸标注相对应。其示例图片格式如图 3-2、图 3-3 所示。

（1）规则型钢

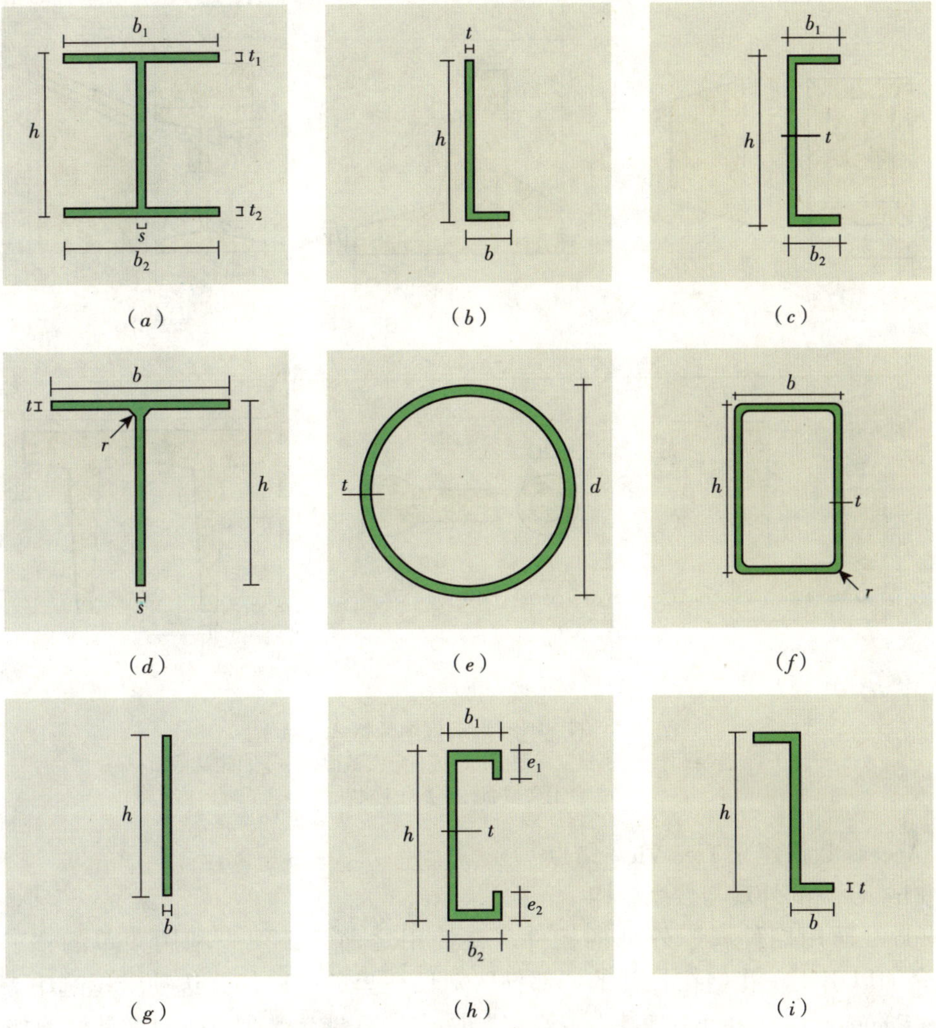

(a)　(b)　(c)

(d)　(e)　(f)

(g)　(h)　(i)

图 3-2　规则型钢示例图片格式

(a) 工字钢截面;(b) 角钢截面;(c) 槽钢截面;(d) T 型钢截面;(e) 圆形钢管;(f) 方形钢管;(g) 钢板界面;(h) 卷边槽钢截面;(i) Z 形钢截面

(2) 不规则型钢(用户自定义)

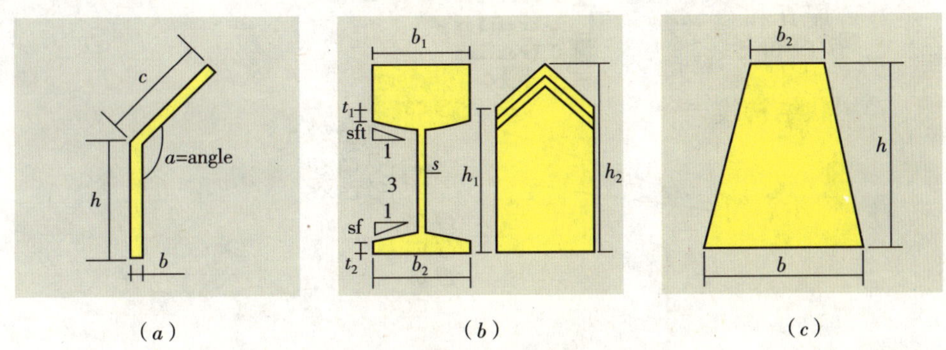

(a)　(b)　(c)

图 3-3　不规则型钢示例图片格式

(a) 未定义截面;(b) 自定义截面;(c) 自定义截面;

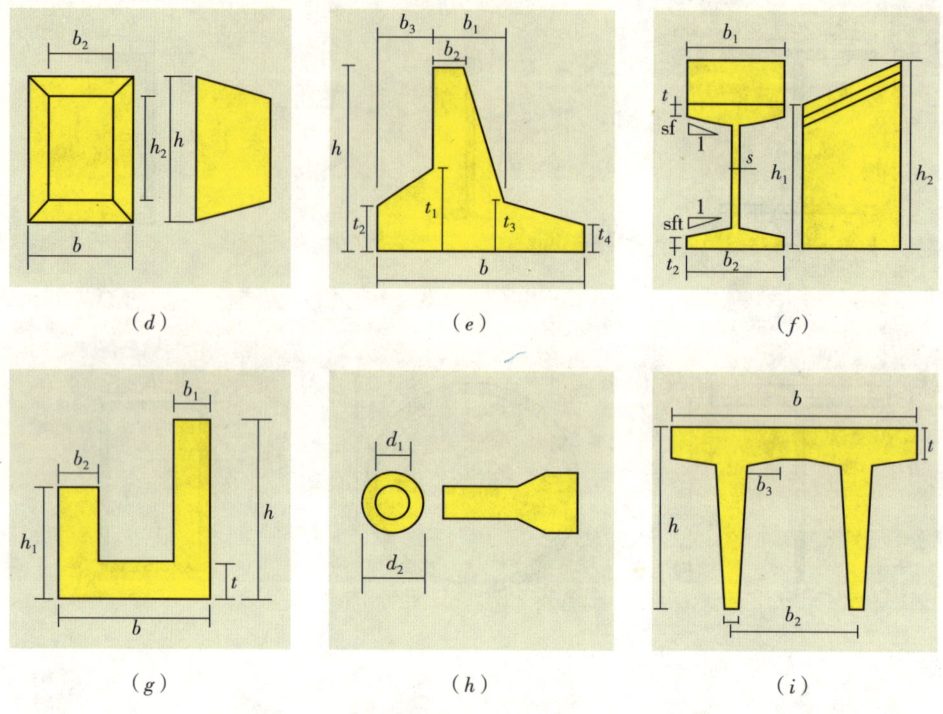

(*d*) (*e*) (*f*)

(*g*) (*h*) (*i*)

图 3-3 不规则型钢示例图片格式（续）
（*d*）自定义截面；（*e*）自定义截面；（*f*）自定义截面；（*g*）自定义截面；
（*h*）自定义截面；（*i*）自定义截面

3）Access 数据建立 Tree View 结点

（1）treeview 的外观与数据结构

Windows 通用控件属于外部的控件，在使用之前，必须先利用菜单的“工程 / 部件”命令加以引用。我们在打开的“部件”对话框里的“控件”选项卡里选中 Microsoft Windows Common Controls 6.0，点击“确定”后，我们会看到在左面的工具栏增加了该工具选项。当点击选择 treeview 控件按钮时可在 Form 中建立 treeview 框。Treeview 的树状结构外观，由树状结构线、文本、示意图、展开和折叠符号四元素构成，如图 3-4 所示。

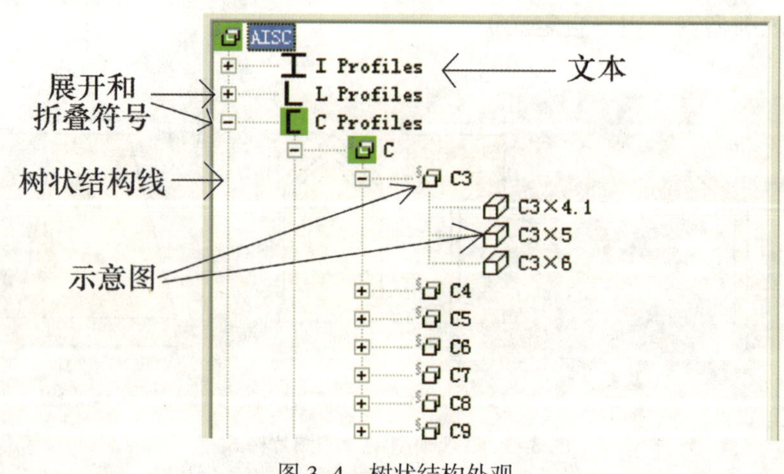

图 3-4 树状结构外观

Treeview 的风格由 Style 的属性值来决定，具体对应情况如表 3–1 所示。

Style 属性表 **表 3–1**

Style 的属性	所包含的组成元素
0–tvwTextonly	文本
1–tvwpicturetext	示意图、文本
2–tvwPlusminusText	展开折叠符号、文本
3–tvwPlusPictureText	展开折叠符号、示意图、文本
4–tvwTreelinesText	树状结构线、文本
5–tvwTreelinesPictureText	树状结构线、示意图、文本
6–tvwTreelinesPlusMinusText	树状结构线、展开折叠符号、文本
7–tvwTreelinesPlusMinusPictureText	全部

（2）为树状浏览器控件添加节点和子节点

用 Add 方法添加一个新节点到树状浏览器的 NODES 集合时，可以声明它是和已存在的节点所联系起来的。通常使用 Add 方法，其语法如下：

Treeview1.Nodes.Add(relative,[relationship][,key][,text][,image][,sel–ectedimage])

①节点的建立，其语句表达式为：

Treeview1.Nodes.Add, ," Key1"," Node1"

②某个节点的兄弟结点，其语句表达为：

Treeview1.Nodes.add " keyA", tvwprevious/tvwfirst/tvwlast/ tvwnext, ," NodeB"

其中：0—tvwfirst 表示新增结点将成为兄弟结点中的老大；

1—tvwlast 表示新增结点将成为兄弟结点中的老末；

2—tvwprevious 表示新增结点将成为兄弟结点中的前一个；

3—tvwnext 表示新增结点将成为兄弟结点中的下一个

（3）为节点插入示意图象

首先我们要知道 Treeview 的示意图来自于 ImageList 控件，因此必须先将 Treeview 所要使用的示意图插入到 ImageList 控件之中。

利用 Imagelist 最重要的事情就是给它设置图像，下面介绍设置的过程：

①先在窗体上放置一个 Imagelist 控件，位置不限，在执行程序时会自动隐藏；

②在 Imagelist 上面单击鼠标右键，待出现快捷菜单时，从中选择“属性”命令，然后会出现 Imagelist 控件的“属性页”对话框，在“属性页”对话框中选择“图像”选项卡，如图 3–5 所示。

③在“图像”选项卡中，单击“插入图片”按钮，就可以打开“选定图片”对话框，然后从中选择要插入的图像，再单击“打开”按钮即可插入图像。如果已经插入了图像，则选择“图像”列表中的图像，单击“删除图片”按钮即可删除图像。

设置完 Imagelist 后，我们可以利用下面的语句来实现 Treeview 示意图片的添加。

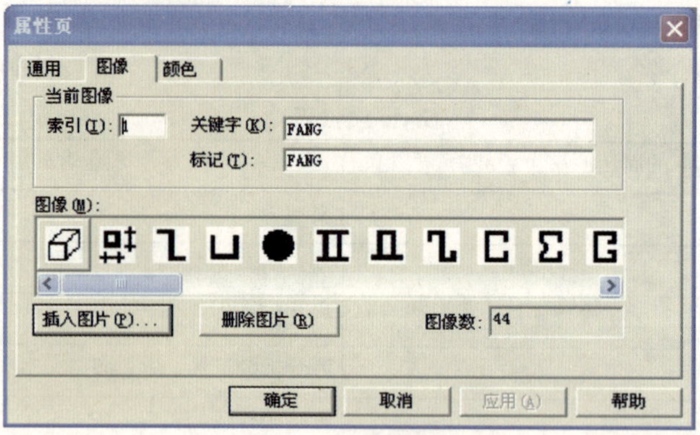

图 3-5 “属性页”对话框

Set treeview 名 .imagelist = imagelist 控件名

（4）节点的点击展开的处理

在使用中，我们怎样才能知道树状浏览器的哪一个节点被点击了呢？可以用 NodeClick 事件：

```
public sub treeview1_nodeclick（byval node as comctllib.node）
Treeview1.nodes.Add,,” KeyX”,” c:\windows”,” Folder”
Treeview1.Nodes（KeyX）.ExpandedImage = “Openfold”
end sub
```

4）VB 对 Access 数据库的读取

（1）通过 ODBC 设置数据源

利用 Windows 操作系统的数据源管理器来建立数据源。过程如下：首先打开 Windows 的控制面板；然后，单击 ODBC 资源管理器选择“用户 DSN”选项卡，如图 3-6~图 3-8 所示。

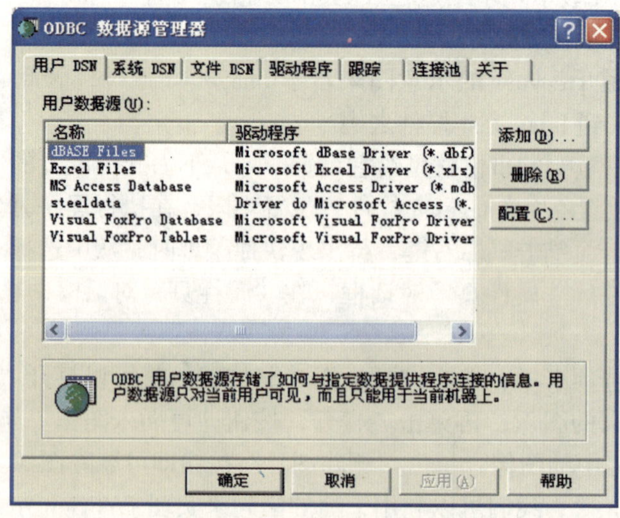

图 3-6 ODBC 数据源管理器

接下来就是添加数据源，单击“添加”按钮，选择数据源种类。

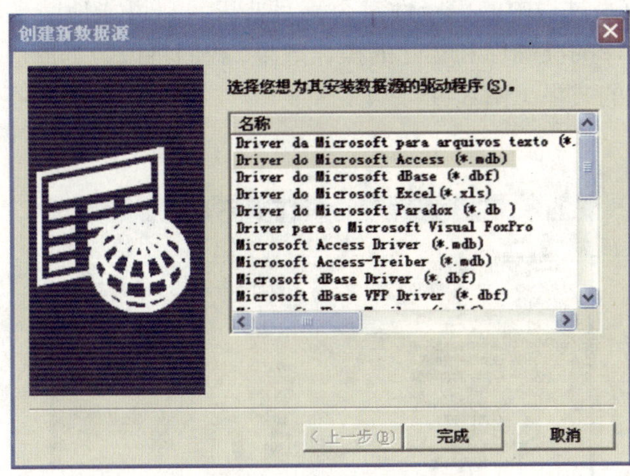

图 3-7　创建新数据源

接下来点击“完成”，进入下面界面。

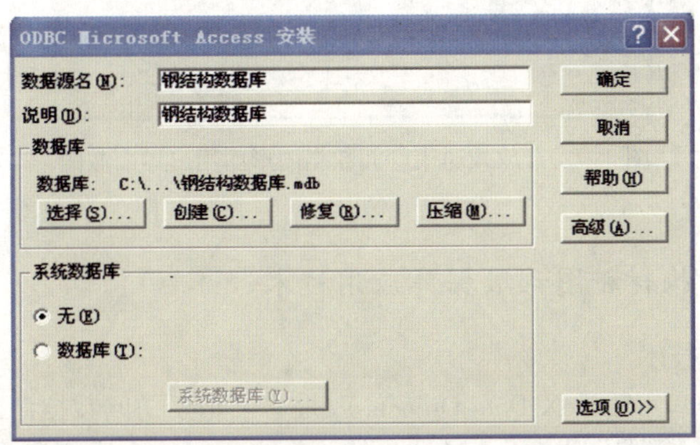

图 3-8　ODBC Microsoft Access 安装

最后，完成各项设置后，点击“确定”，便完成数据源的加载。

（2）ADO 连接数据库

①利用 Serve 对象的 MapPath 函数，取得要打开数据库的完整的文件路径。

②建立一个 ADO 对象集中的 Connection 对象，也即连接对象。

③利用连接对象 Connection 的 Open 方法打开一个指定的数据库。

④建立一个 ADO 对象集中的 Recordset 对象，以便利用 Recordset 对象操作数据库（当然，这只是对数据库操作的多种方式之一）。

⑤利用 Recordset 对象的 Open 方法打开数据库中的数据表。

5）形成完整的数据库查询系统，并做好安全稳定性分析

将成果进行整理，形成完整的数据库查询系统。对该数据库进行检测，进一步地优化设计，测验其实际使用过程中的稳定性是否满足要求，尽可能地减少给用户带来的不便。为进一步的研究数据库的准确性和实际的操作效果，我们将该数据库应用于实际的工程中，通过实践来检验我们的成果（图 3–9）。

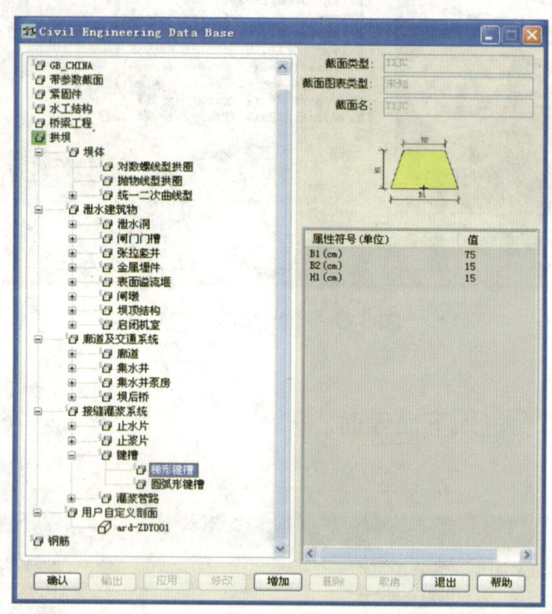

图 3–9　开放式通用剖面数据图形库用户界面截图

3.1.3　常用结构材料图形数据库应用技术

1）ADO 数据库技术

微软公司的 ADO（ActiveX Data Objects）是一个用于访问数据源的 COM 组件。它提供了编程语言和统一数据访问方式 OLE DB 的一个中间层。允许开发人员编写访问数据的代码而不用关心数据库是如何实现的，而只须关注到数据库的连接。访问数据库的时候，关于 SQL 的知识不是必要的，但是特定数据库支持的 SQL 命令仍可以通过 ADO 中的命令对象来执行。

ADO 被设计来继承微软早期的数据访问对象层，包括 RDO（Remote Data Objects）和 DAO（Data Access Objects）。ADO 在 1996 年冬被发布。

ADO 包含一些顶层的对象：

（1）连接（Connection），代表数据库的连接。

（2）记录集（Recordset），代表数据库记录的一个集合。

（3）命令（Command），代表一个 SQL 命令。

（4）记录（Record），代表数据的一个集合。

（5）流（Stream），代表数据的顺序集合。

（6）错误（Error），代表数据库访问中产生的意外。

（7）字段（Field），代表一个数据库字段。

（8）参数（Parameter），代表一个 SQL 参数。

（9）属性（Property），保存对象的信息。

ADO 组件的使用需要利用支持 COM 的高级语言，例如 ASP 中的 VBScript 或者 Visual Basic，甚至微软的竞争对手 Borland 的产品 Delphi，现在也支持使用 ADO 来访问数据库。在新的编程框架 .NET Framework 中，微软也提供了一个面向 Internet 的版本的 ADO，称为 ADO.NET。其对象模型和传统 ADO 差别很大。

使用 ADO 访问数据的一些基本步骤：

（1）创建连接对象去链接数据库（Create a connection object to connect to the database）。

（2）创建记录集对象来取得数据（Create a recordset object in order to receive data in）。

（3）打开连接（Open the connection）。

（4）在记录集中完成 SQL 语法的描述（Populate the recordset by opening it and passing the desired table name or SQL statement as a parameter to open function）。

（5）对获取的数据进行搜索／处理操作。

（6）确定改变数据（Commit the changes you made to the data （if any） by using Update or UpdateBatch methods）。

（7）关闭记录集（Close the recordset）。

（8）关闭连接（Close the connection）。

2）参数化技术

参数化技术是常用结构材料图形数据库的一个重要思想。在传统的 CAD 绘图技术中，用固定的尺寸值定义几何元素，输入的每一条线都有确定的位置，在修改和编辑已有图形时，只能一个图元一个图元地修改，反复进行大量的删除和重画操作。因此，从某种意义上说，一般的 CAD 系统只是做到了将制图员的工作环境从图板上移到了计算机上。传统的 CAD 技术在几何造型和工程图的发展中起了相当大的作用，但在实际应用中，人们逐渐发现它们存在着某些严重不足，主要表现在以下几个方面。

①无法支持快速的设计修改和有效地利用以前的设计结果。传统的 CAD 只记录了产品的形状坐标信息，这样一来，即使一个很小的设计修改也往往会导致对以前大量设计努力的放弃。

②无法很好地支持设计的一致性维护工作。传统的 CAD 系统没有记录下设计对象内部元素相互之间的关系，在设计修改时，某一局部的改动不能自动反映到相关部分的变动，需要设计人员手工修改，这样往往不能保证设计要求在设计反复时得到可靠的保证。

③不符合工程设计人员的习惯。工程设计往往是通过定义一个结构草图作为原形，通过一些高层次的设计指令不断定义约束和调整参数值，逐步细化以达到最佳的设计结果。而传统 CAD 系统面向具体几何形状，所能处理的只是图形元素的几何信息，仅仅记录了几何形体的精确坐标信息，而大量丰富的具有实际工程意义的几何拓扑、尺寸约束信息和功能要求信息均被丢弃，其应用仅局限于产品的详细设计阶段。

④无法支持并行设计过程。一个复杂的设计对象，需要多个设计人员多方面、多层次和多阶段设计活动的参与，这就要求从一开始就考虑到产品从设计到最终消亡的整个生命周期的所有因素，强调设计过程的并行协调。传统 CAD 系统支持的只是顺序的设计方法，无法支持并行的设计过程。

在 CAD 系统中采用参数化设计技术可以克服以上四个方面的不足。

（1）参数化设计概述

最初 CAD 系统所构造的产品模型是几何图素（点、线和圆等）的简单堆叠，仅仅描述设计产品的可视形状，不包含设计者的设计思想，因而难以对模型进行改动，生产新的产品实例。

参数化的设计方法正是解决这一问题的有效途径。

参数化设计（Parametric Design），就是根据产品零部件的性能参数，确定其几何形状或结构尺寸的一种设计方法。也就是说把这些尺寸看成是“设计条件”的函数，当设计条件改变时，零、部件图形的尺寸可以随时得到相应改变。

参数化设计有两种涵义：

①绘图软件本身具有参数化功能。

任何交互式的尺寸改动都会导致整个模型的改变，也就是说，只要修改了模型中的某一个尺寸，则整个图形中与此相关的尺寸都会自动更新。这种方法主要适用与结构不是太复杂的图形。

②应用程序具有参数化功能。

通常由用户或第三方开发出的一些应用程序，主要针对某一领域具体问题，进行参数化设计。

即该应用程序负责与用户交互，当需要修改某一尺寸时，应用程序负责更新该尺寸及与之相关的其他尺寸。这种方法的编程量很大，另外，要修改图形时，需要重新运行程序。

目前，尚无将这两种方式结合起来的软件系统，一般所说的参数化设计均指第二种方式。

（2）参数化设计的基本思想

参数化设计系统中涉及的基本技术和思想主要有：轮廓（Profile）、草绘（Sketching）、尺寸驱动（Dimension Drive）、变量驱动、设计合理性检查和动态导航（Dynamic Navigator）等。

①用轮廓法体现设计思想

参数化设计系统引入了轮廓的概念，轮廓由若干首尾相接的直线或曲线组成，用来表达实体模型的截面形状或扫描路径。轮廓上的线段（直线或曲线）不能断开、错位或者交叉。整个轮廓可以是封闭的，但也可以是不封闭。

虽然轮廓与生成轮廓的原始线条看上去几乎一模一样，但是它们有本质的区别。轮廓上的线段不能随便被移到别处，而生成轮廓的原始线条可以随便地拆散和移走。这些原始线条与通常的二维绘图中的线条本质上是一样的。

②尺寸驱动

如果给轮廓加上尺寸，同时明确线段之间的约束，计算机就可以根据这些尺寸约束控制轮廓的位置、形状和大小。计算机如何根据尺寸和约束正确的控制轮廓是参数化的一个技术关键。

所谓尺寸驱动就是当设计人员改变了轮廓尺寸数值大小时，轮廓将随之发生相应的变化。

③变量驱动

变量驱动也叫做变量化建模技术。变量驱动将所有的设计要素如尺寸、约束条件、工程计算条件甚至名称都视为设计变量，同时允许用户定义这些变量之间的关系式以及程序逻辑，从而使设计的自动化程度大大提高。变量驱动进一步扩展了尺寸驱动这一技术，给设计对象的修改增加了更大的自由度。

④相互制约

所有的零件在装配中都不是孤立存在的，在参数化设计系统中，一个零件的尺寸可以用其他零件上的尺寸和位置参数来确定，这样做可以保证这些零件装配后自动具有相吻合的尺寸，从而减少人为的疏忽。

⑤合理性检查

在传统的人工设计工程中，尺寸不足、多余和相互矛盾是很难避免的，然而在参数化设计系统中，计算机能够帮助设计人员正确地标注尺寸，过多和过少的尺寸都能被计算机发觉，计算机会在适当的时候向设计人员显示提示信息。

⑥动态导航

动态导航提供了一种指导性的参数化作图手段，与设计人员达成某种默契，从而提高设计效率。根据当前光标位置，动态导航能猜测用户意图，然后用直观的图标将所猜测的约束显示在相关图形的附近。

⑦结构规划

在进行产品的设计前，根据产品的设计要求，对产品的整个设计需要进行大概的勾勒。这种前瞻性的勾勒主要是确定产品的重要参数，而不涉及产品的具体细节，属于概念设计的范畴，这被称为结构规划。在以后的设计中，产品的装配和零件设计可以引用结构规划中定义的参数，这样从总体上保持设计的一致性。

（3）参数化设计的原理

参数化绘图的原理是，首先分析图形的特点，确定图形的基本要素及特征点的序列，建立图形的几何尺寸和结构尺寸的关系，此时尺寸约束作为变量来定义。在工程设计中，所有图形都可以分解为点、直线、圆和圆弧这四种基本图元，在二维图形中，几何信息表示为图形元素的关键点（如点的坐标、直线的起点和终点、弧的起点和终点和圆的圆心），基本图元用多种参数表示，程序开发人员将这些拓扑关系及控制变量信息编制成程序，这样就设计出一组在形状和功能上具有相似性的产品模型，当修改图形数据库时即可生成不同尺寸的图形实体。因此，参数化绘图也可叫做参数化编程。

（4）参数化技术的主要方法

目前参数化技术大致可分为如下三种方法：①基于几何约束的数学方法；②基于几何原理的人工智能方法；③基于特征模型的造型方法。其中数学方法又分为初等方法和代数方法。初等方法利用预先设定的算法，求解一些特定的几何约束。这种方法简单、易于实现，但仅适用于只有水平和垂直方向约束的场合。代数法则将几何约束转换成代数方程，形成一个非线性方程组。该方程组求解较困难，因此实际应用受到限制。人工智能方法是利用专家系统，对图形中的几何关系和约束进行理解，运用几何原理推导出新的约束，这种方法的速度较慢，交互性不好。特征造型方法是随着三维实体造型技术的发展而产生的。

3.2 三维空间建模技术

3.2.1 三维空间建模技术介绍

三维空间建模技术源于计算机辅助设计（CAD），计算机辅助设计的演变在其 46 年的历史中经历了巨大发展。CAD 诞生于 1963 年 Ivan Sutherland 博士的画板上，在麻省理工学院（MIT）的实施。它开始作为一个二维数字绘图媒介，然后在 20 世纪 70 年代利用三维线框技术实现了首次革命性飞跃——进入三维世界，并且不久之后就用于三维表面建模。由于其限制（需要用户编辑由直系和曲线组成的三维模型的外边界，以此来直接修改几何模型造型），所以 CAD 技术仍然被列为显式建模。

20 世纪 80 年代早期在实体建模中引入商业解决方案，由于它们依赖于求并、求差和求交的布尔运算，所以仍然保持显示性质。在 20 世纪 80 年代中期，随着参数建模以及嵌入在基于顺序历史记录架构中的模型特征概念的出现，CAD 设计经历了第二次革命。经过 20 世纪 90 年代以及进年的发展，尽管少数例外仍然基于显式建模技术，大量商业 CAD 应用程序都采用了参数化、特征、基于历史记录的方法。

两种方法都有其优缺点。利用显式建模，设计人员能够直接编辑几何模型，无需担心编辑的任何影响。设计人员只控制变更内容。然而，这也可以视为一个缺陷。因为直到最近，显式建模器都还不能识别可以代表形状特征的模型特征集合（比如孔或者槽），需要设计人员仔细选择所有适当的实体面作为任何编辑的一部分。另外，显式建模器大部分都不能记录和记忆用户施加的几何约束和参数化尺寸公式。

在建模领域另一方面，基于历史记录、参数化、特征驱动的应用程序擅长于捕捉知识和用户施加的约束。对 CAD 模型进行的变更将自动更新几何造型的依赖部分。但是，这些长处也可能是一场噩梦。对此，很多设计人员都可以证实：通过了解嵌入在大型模型中的关系复杂性来确定变更的影响可能令人畏惧。通常，只有初始创建者才能够记住用于创建模型的设计战略，而且还是模型在最近才设计的情况下。最后，设计人员必须接受从顺序构建历史记录中编辑点开始，重新生成整个模型所导致的性能损失。

最近，CAD 系统能力的重大发展——实时“挖掘”在一般实体模型几何模型中找到的信息，扩展了“直接几何模型”编辑功能，甚至在基于历史记录、参数化系统中也可以。这些改进为技术的又一次革命性飞跃奠定了基础——同步建模技术。结合对模型当前的几何模型条件进行深度、富有洞察力的检查，把这些信息与所有用户自定义的约束和参数驱动尺寸结合在一起，然后实时确定模型特征及定位相关等特性依赖，同步建模技术集成了两种方法的精华（图 3–10）。

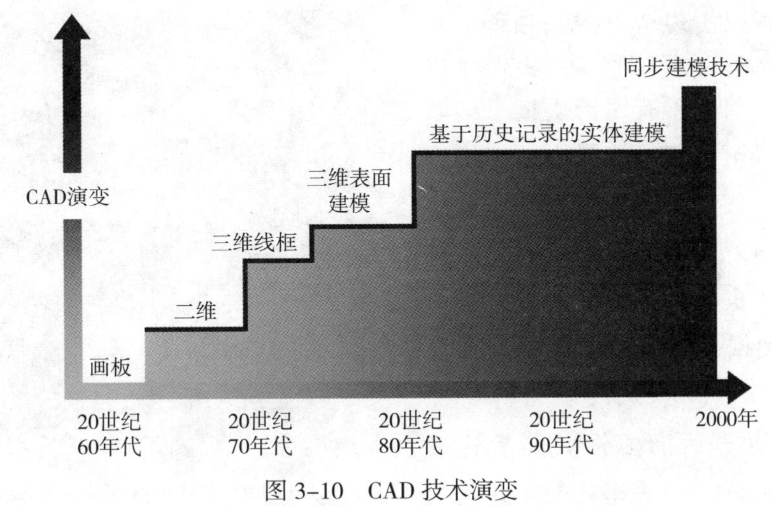

图 3-10　CAD 技术演变

1）线框建模

用组成结构的棱边表示结构形状和大小的模型称为线框模型或线架模型。它是使用最早的几何模型，其特点是数据量少、数据结构简单、算法处理方便，模型输入可以通过定义线段端点坐标来实现。但是这种模型有很大的局限性，它的几何描述能力差，只能提供一个框架，对几何形状的理解很容易产生多义性，也不能计算结构的重量、体积、惯性积等。

2）表面建模

由线框模型中棱边围成的封闭区域定义成面，那么这些面形成的模型就是表面模型，或称曲面模型。它描述的结构可以是封闭的，也可以是未封闭的。与实体建模相比，表面建模的数据结构简单、数据存储量少、操作运算方便。表面模型常用于其表面不能用简单的数学模型进行描述的物体，如汽车、飞机、船舶的一些外表面。这种系统的重点在于有给出的离散数据构造曲面，使该曲面通过或逼近这些点，一般都采用插值、逼近和拟合算法。常用的算法有 Bezier 曲线、B 样条曲线、Coons 曲面、Bezier 曲面和最近几年发展起来的 NUBERS 曲面。表面建模还可以用于有限元网格划分、多坐标数控编程、计算刀具的运动轨迹等。表面建模的缺点是不存在各个表面之间相互关系的信息，如果要同时考虑各个表面时，就不能采用表面建模方法。

3）实体建模

实体建模是目前应用最多的一种技术，它在运动学分析、物理特性计算、装配干涉检验、有限元分析方面都已成为不可缺少的工具。实体模型是把表面模型中所有表面围成的封闭体积定义成结构材料的存在空间，所形成的模型就是实体模型。与表面模型相比，实体模型数据量大、数据结构复杂，但是由于它定义了结构的完整空间，因此可以剖切结构显示其内部形状，进行结构间复杂的布尔运算，计算结构体积、质量、惯性矩等。

4）同步建模

同步建模技术是不依赖于建模历史、基于特征的建模系统，合并了尺寸驱动和约束驱动技术的精华，以实现全面控制和可重复性，以及直接建模的灵活性。在图 3-11 提出的问题，在目前基于有序历史记录的系统中，在需要对历史记录清单中的特征进行变更的任何时候，系统都要删除所有后续几何模型，回复模型到某个特征再进行变更，然后重新执行后续特征命令来重新建立模型。在大型、复杂的模型中，特征损失可能非常巨大，这取决于目标特征在历史记录里面靠后有多远。同步建模技术没有这个问题——系统实时识别这些条件在哪里，并且使模型重建仅仅局限于使模型的几何条件保持正确所必要的那部分。有关进一步资料可以查阅《同步技术白皮书》。

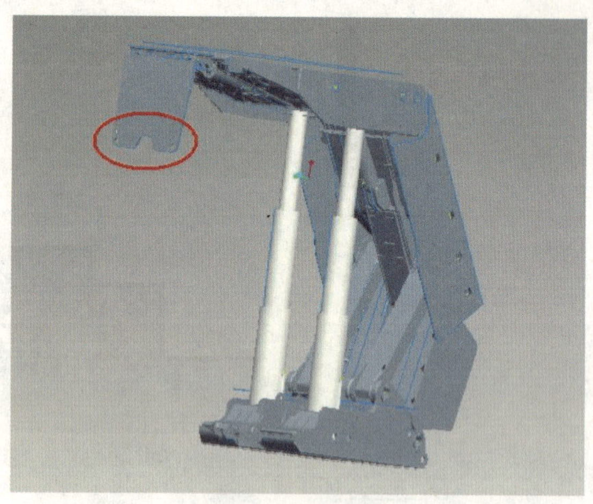

图 3-11　图中红色区域真正需要重新编辑的可能性有多大？

3.2.2　结构工程中三维空间建模技术的应用

1）实体建模技术在数字地质模型中的应用

三维地质实体建模是一种处理地质对象的新技术，与传统方法相比，具有很强的优越性，能够满足现代工程设计对地质问题研究的迫切要求；工程地质信息数据库的建立能够将地质资料分类整理，便于查询和利用。工程地质三维实体建模的重要意义表现在以下几个方面：

①逼真的三维模型，真实反映工程区勘探范围内的地形和地质构造特性，使不熟悉地质结构和构造复杂性的人对地质空间关系有一个十分直观的认识；

②强大的可视化及动态显示功能，可以放大、缩小、旋转等任意角度观察查看，可以提高对难以想象的复杂地质条件的理解和判别，使地质分析功能加强，准确性增加，灵活性提高；

③能够对建立的模型（含地质和结构）进行空间任意形态的切割处理；

④工程勘察数据用图形表达出来，更有助于工程人员推测地质构造在研究区域内的分布规律，更有利于发现勘察数据中的不足和错误，节省工程成本；

⑤能够获得地质参数的相关分析柱状图等图件，为区域性的工程地质综合分析提供可能；

⑥利用数据库存储钻孔数据等地质资料，提高资料的管理和利用效率。

（1）地形地质三维实体模型应用需求分析

地形地质三维实体模型应用为满足地形地质三维模型建立以及地质模型分析要求，应具有如下功能：

①具有多种数据格式（地形等高线、地质点、钻孔平硐、电磁波 CT 结果、数字成像结果、虚拟钻孔以及地质剖面）输入功能，同时耦合成为统一的地形地质数据格式。

②具有根据加载的数据建立和编辑地形地表模型、岩层层面模型、岩层实体模型以及模型精度检验功能。

③具有根据建立的地形地质三维实体信息模型进行地质分析功能，包括可视化分析（平移、旋转）、任意剖切分析、地质参数统计分析、建基面岩体处理分析、地下洞室群岩体分析、地质评价、地质信息超前宏观预报以及地质模型的查询（坐标查询、岩层属性查询、距离查询以及岩体体积查询）功能。

（2）地形地质三维实体模型建立应用流程图分析（图 3–12）

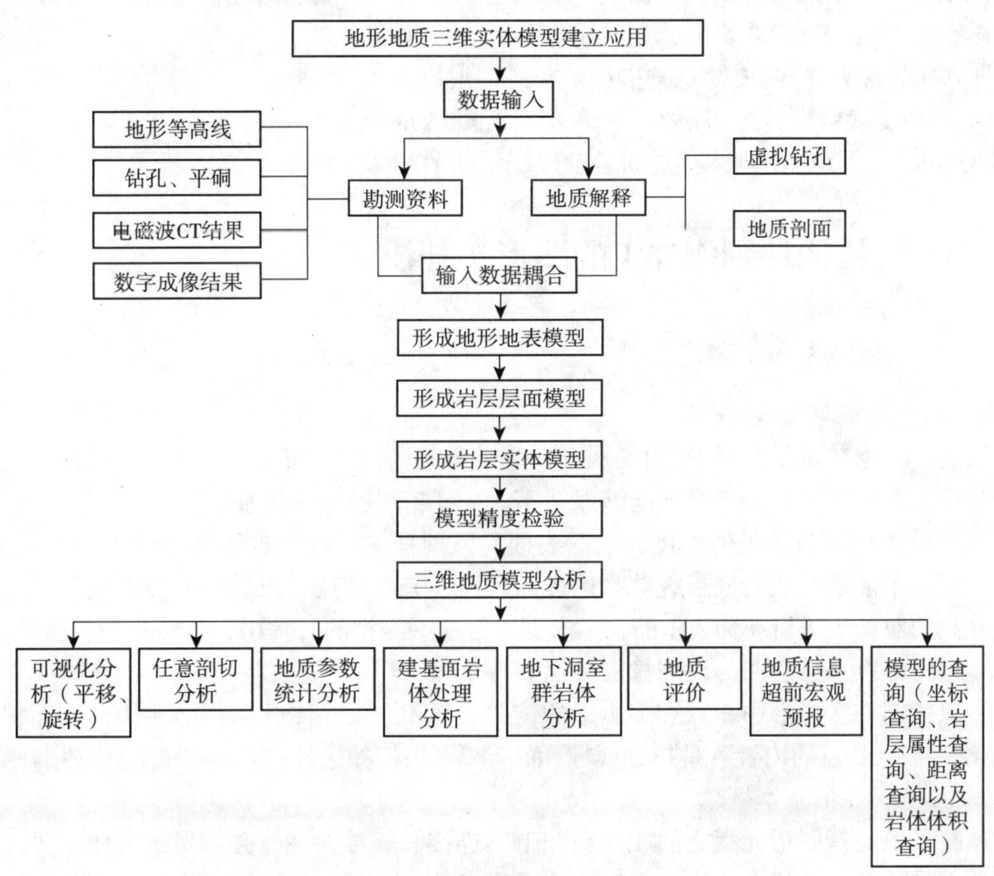

图 3–12　地形地质三维实体模型建立应用流程图

2）实体建模技术在结构工程模型中的应用

实体模型建立方法有：

（1）体素建模法

在计算机几何建模方法中，体素是指一些基本的简单三维结构，如立方体、圆柱体、球体和圆锥台等。只要输入与这些体素相关的关键尺寸便可以直接生成它们的实体模型。

许多复杂的实体模型都可由体素通过一定步骤的布尔运算生成，所以体素建模法既是最基本、最简单又是最重要、最常见的一种方法（图 3–13）。

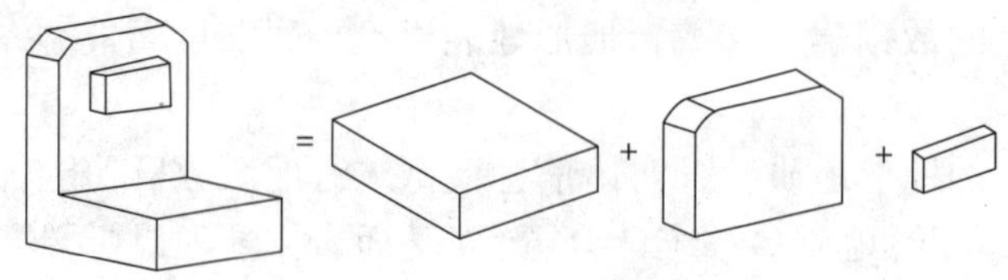

图 3-13　体素建模法

（2）扫描变换法

扫描变换是通过将封闭的平面曲线沿给定的方向拉伸或绕给定轴线旋转，由平面曲线在三维空间中所扫过的体积生成实体模型。

① 拉伸变换：拉伸长度 L，扭转角 θ，扩张角 α；

② 旋转变换：旋转角 θ，行程 s，半径增量 ΔR；

③ 实体扫描法：由刚体在空间运动以产生新的物体。

3.3　结构构件制作加工的图形拓扑技术

3.3.1　拓扑技术介绍

1）拓扑的来源

“拓扑（Topology）”一词来自希腊文，它的原意是“形状的研究”。拓扑学是几何学的一个分支，它研究在拓扑变换下能够保持不变的几何属性——拓扑属性。

例：设想一块高质量的橡皮，它的表面是欧几里的平面，这块橡皮可以任意被拉伸、压缩，但是不能够被扭转或折叠。在橡皮的表面上有由节点、弧、环、面组成的可能任意图形。我们对橡皮进行拉伸、压缩，在橡皮进行这些变换的过程中，图形的一些属性消失，一些属性将继续保持存在。设想橡皮表面有一个多边形，里面有一个点。当拉伸、压缩橡皮时，点依旧在多边形中，点和多边形的位置关系不会发生变化，但是多边形的面积会发生变化。所以“点的内置”是拓扑属性，而面积不是拓扑属性，拉伸和压缩就是拓扑变换。

2）拓扑关系的基本概念

拓扑关系是指图形元素之间相互空间上的连接、邻接关系，并不考虑具体位置。这种拓扑关系是由数字化的点、线、面、体数据形成的，以用户的查询或应用分析要求进行图形选取、叠合、合并等操作。

① 若图形上反映一定意义的零维图形的附近没有其他图形与之联系，则称这个零维图形为独立点（Point）。

② 若在某个有一定意义的零维图形附近还存在另外有意义的零维图形与之联系，则称这个零维图形为结点（Node）。

③ 图形上连接两结点的有一定意义的一维图形称为边（Edge）。

④ 由一些边围成的有一定意义的闭合区域称为面（Area）。

⑤ 由一些面围成的有一定意义的闭合空间称为体（Solid）。

3）基本的拓扑关系

基本拓扑关系分为拓扑邻接关系、拓扑关联关系和拓扑包含关系。

拓扑邻接和拓扑关联是用来描述网结构元素（比如结点、线、面域、体）之间的两类二元关系。

拓扑邻接关系存在于同类型元素之间（注意是"偶对集合"），一般用来描述面域邻接。

拓扑关联关系存在于不同类型元素之间，一般用来描述结点与边、边与面的关系。

拓扑包含关系用来说明面域包含于其中的点、弧段、面域的对应关系，包含关系有同类的，也有不同类的。

4）拓扑关系的表示

拓扑关系的表示分为显示表示和隐式表示。

（1）显示表示

就是将网结构元素（节点、线、面域、体）间的拓扑关系数据化，并作为地图数据的一部分给以存储，这就叫拓扑关系的显式表示。

（2）隐式表示

不直接存储拓扑关系，而是由几何数据临时推导生成所需的拓扑关系，这就叫拓扑关系的隐式表示。

计算导出耗时的那部分拓扑关系用显式表示；其余的用隐式表示。

3.3.2　结构构件制作加工拓扑技术的应用

1）结构构件制作加工应用中拓扑关系模型概述

计算机内建立起来的实体模型包括的信息可以分为两类：几何信息和拓扑信息。其中，几何信息用来表示各几何元素的几何特性和度量关系，而拓扑信息用来表示几何元素之间的连接关系。

结构构件之间的拓扑关系是结构模型的核心，它包括构件之间局部的约束关系和整体的约束关系两方面的内容。把钢结构中的各构件用构件的轴线来表示，一个结构工程从抽象意义上来说就是一个空间杆系结构，由杆件和节点组成。节点可以在杆件的任意位置，而且一根杆件可以有多个节点，一根杆件中的 n 个节点就把该杆件分成 n–1 个杆单元；杆单元的两端有两个节点，一个杆件可以有多个杆单元。这些杆件和节点之间的关系就形成了结构模型的拓扑结构。

模型在计算机内通常采用五层拓扑结构定义，如果考虑形体的外壳，则为六层结构，拓扑结构中涉及的几何元素有体、面、环、边、顶点和外壳。所谓体，就是有封闭表面围成的维数一致的有效空间，通常把具有良好边界的多面体定义成正则形体；面是形体表面的一部分，有平面方程或参数方程定义，面具有方向性，它由一个外环和若干个内环界定其有效范围，面可以无内环，但必须要有外环；环是有序、有向边组成的面上的封闭边界，环中各条边不可自交，相邻两条边共享一个端点，环有内外之分，确定面中内孔或凸台边界的环为内环，确定面的最大外边界的环为外环；边是形体两个相邻面的交界，对正则形体，一条边只能有两个相邻的面，每条边由两个端点定界，分别称为该边的起点和终点；顶点是边的端点或两条不共线线段的交点，顶点不允许出现在边的内部，也不能孤立地存在于物体内、外或面上；外壳是指在观察方向上所能看到的形体的最大外轮廓线。任何形体都是由这些元素及其几何、拓扑信息来定义的。

2）结构构件制作加工应用中拓扑关系的布尔运算命令及操作

（1）布尔加（union），得到的组合实体包括所有选定实体所封闭的空间。得到的组合面域包括子集中所有面域所封闭的面积（图 3-14）。

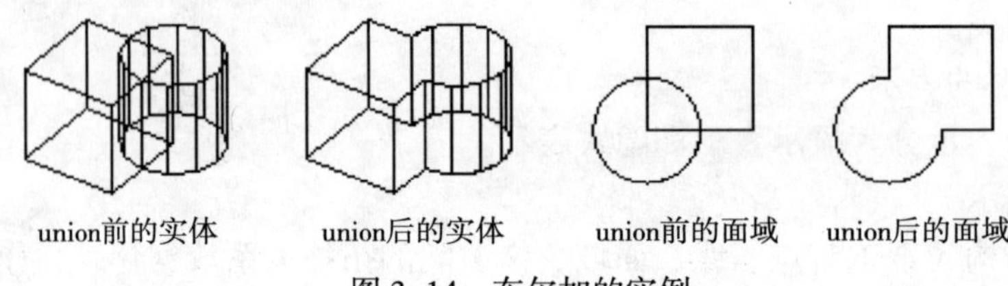

图 3-14　布尔加的实例

（2）布尔减（subtract），AutoCAD 从选择集的每个子集内减去选定的对象。为每个子集创建一个新的组合面域或实体。（图 3-15）

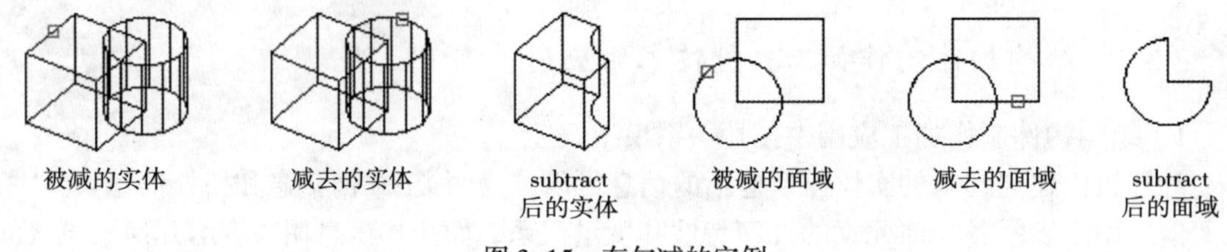

图 3-15　布尔减的实例

（3）布尔交（intersect）计算两个或多个现有面域的重叠面积和两个或多个现有实体的公用部分的体积（图 3-16）。

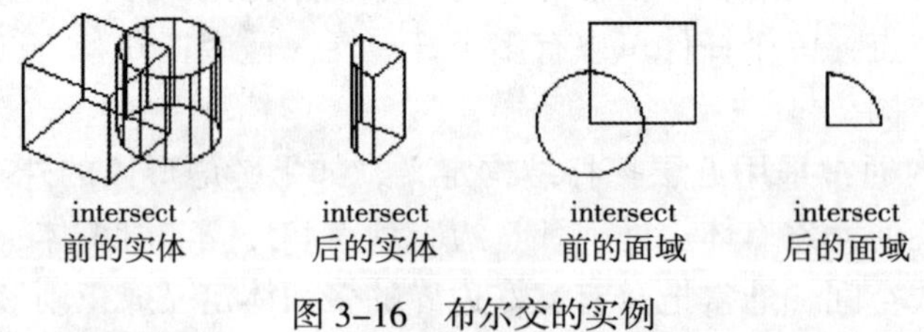

图 3-16　布尔交的实例

（4）应用 slide 命令将一个实体沿着给定平面进行切割，形成两个新的实体。

（5）应用 section 命令根据选定的一个或一组实体中沿给定平面产生一个或一组截面图形。这些命令执行容易，但是要掌握这些命令执行之后，需要掌握 CAD 实体图形的数据格式的变化及提取数据的方法。

3）结构构件制作加工应用中拓扑关系的应用

在结构构件制作加工应用中，我们采用了拉伸变换方法建立了结构的连接节点类型模型，基于 Auspic DDD 钢结构程序的分类和参考 Xsteel 的表达形式，按照中国的相关规范，在分析了钢结构连接节点的连接形式与受力的基础上，提出了以连接板形式为主要分析对象的分类方法。该分类方法是全新的，几乎是前所未有的，这种分类更加清晰明确，更适用于实际工程计算，在应用计算机辅助设计时，能快速方便找出所需的连接方式。即：

（1）剪切板连接：连接板与支承件采用螺栓连接，与连接件采用焊缝连接。

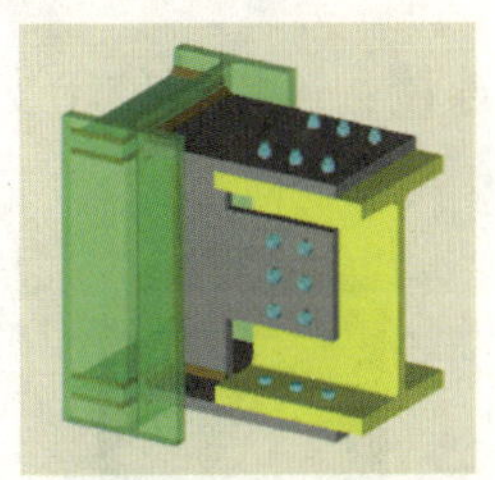

（2）端部支撑板连接：连接板与支承件采用焊缝连接，与连接件采用螺栓连接。

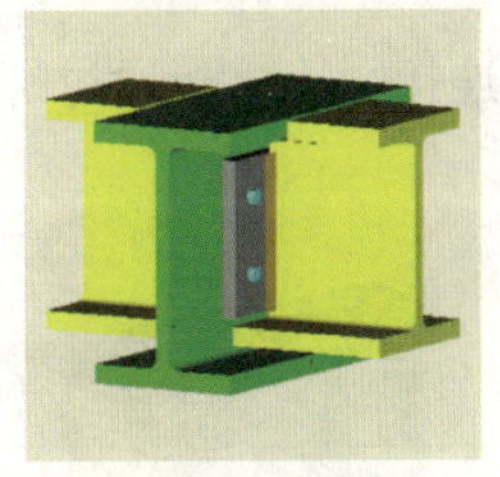

（3）角钢连接：用角钢作为连接物，用螺栓连接支承件和连接件。

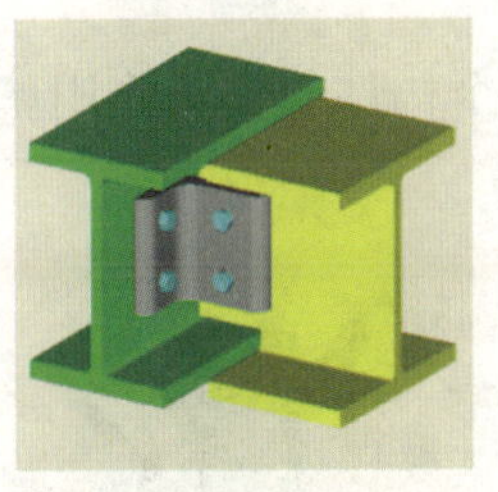

（4）支托类型连接：连接板通过螺栓与连接件连接。

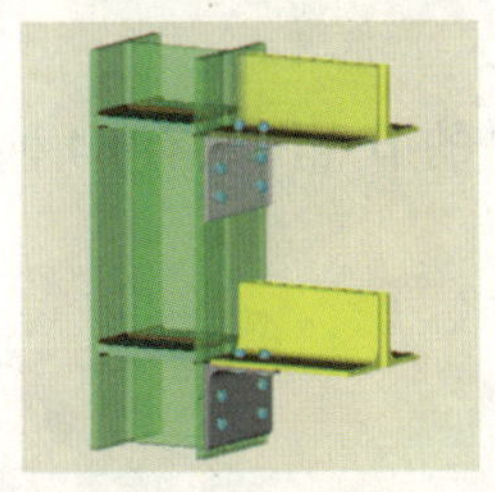
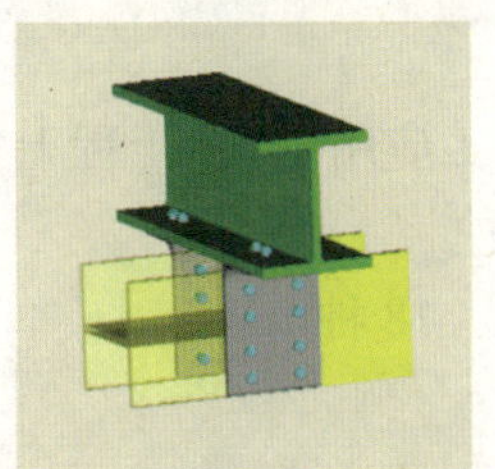

（5）柱角支承板连接：连接板位于支承件下方并通过焊缝与之连接。

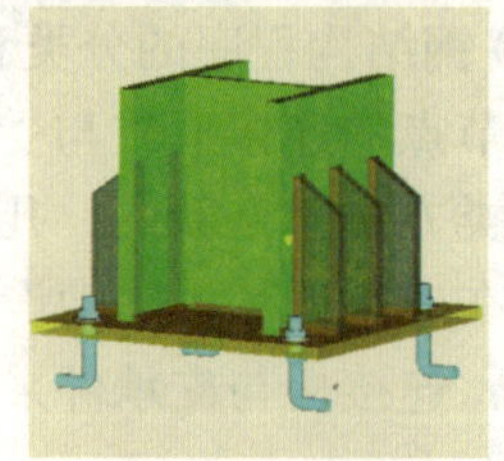

（6）柱顶支承板连接：连接板位于支承件上方并通过焊缝与之连接。

（7）对接连接板连接：连接板通过螺栓连接两独立的支承件。

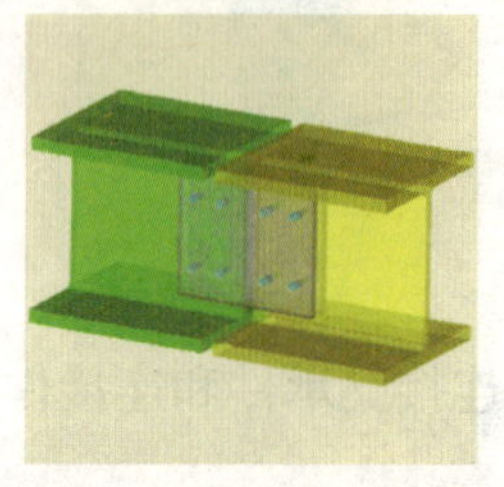

（8）全支承杆件连接板连接：连接板对于整个构件起支承作用。

结构构件制作加工应用中，在工程上较为常见的节点图共有 84 种样式，具体数目如下：
剪切连接板：6 种
端部支承连接板：18 种
角钢连接：4 种

支托类型连接：12 种

柱角支承板连接：4 种

柱顶支承板连接：4 种

对接连接板连接：13 种

全支承杆件连接板连接：23 种

3.4 构件图形的数据存取方法

3.4.1 AutoCAD 模型的常用数据结构

AutoCAD 模型一般数据格式的存储和以 DXF 形式存储的方式基本相同，每一对数据都有其特定的意义，数据中第一个字符串是具有固定意义的关键代码，第二个字符串是相随于后的相应属性或数据，其解释如表 3–2 所示。

常用关键字码表 **表 3–2**

代码	描述
–3	延伸的数据（XDATA）标记（固定的）
–2	图元名字参考（固定的）
–1	图元名字（固定的）
0	文本字符串指出实体类型（固定的）
1	字符型数据，包含文件名，属性等信息
2	名字（属性标记、块名等）
3–4	其他的文本或名字价值
5	图元句柄：文本字符串，十六进制的阿拉伯数字（固定的）
6	线型名称（固定的）
7	文本类型（固定的）
8	图层名（固定的）
9	标题变量名
10	第一点是线的开始点或文本实体、圆周的中心，第一点的 x 值（y 值和 z 值代码 20 和 30 跟随在后）； 3D 点（3 个实数的列表）
11–18	其他的点 其他点的 x 值（y 值代码 21–28 和 z 值代码 31–38 跟随在后）； 3D 点（3 个实数的列表）
20，30	第一点的 y 和 z 值
21–28，31–37	其他点的 y 和 z 值
38	图元基面高（如果非零）
39	图元的厚度（如果非零）（固定的）
40–48	两倍精度浮点值（文字高度、刻度因素等） 宽度、高度、半径、比例等信息

续表

代码	描述
48	线型；两倍精确浮点标量值；默认值是定义实体类型
50–58	角度
60	图元可见度；整数值；没有或0表示可见；1表示不可见
62	颜色信息、颜色数 （固定的）
66	“实体跟随”标记（固定的）表明以下是实体；
67	空间—模型空间或图纸空间（固定的）
68	判别当前视口是活动的（非全屏）、不活动的还是关闭的
69	视口数
70–78	整数值，应用于特征位或类型； 如定义文本式样、对称方式、文本对齐方式
210	拉伸方向（固定的） 拉伸方向的 x 值（3D拉伸方向向量）
220，230	拉伸方向的 y 值和 z 值
290–299	布尔标记值
300–309	任意的文本字符串
999	注释字符串

3.4.2 AutoCAD模型数据结构的分类和意义

直线：

代码　含义

10 —— 起点；

11 —— 终点；

39 —— 厚度（可选，默认为1.0）。

构造线：

代码　含义

10 —— 基点；

11 —— 矢量方向。

多线：

代码　含义

7 —— 多线类型名；

41 —— 比例因子（实数）。

射线：

代码　含义

10 —— 基点；

11 —— 矢量方向。

圆弧：

代码　含义

10 —— 圆心；

40 —— 半径；
50 —— 起始角度；
51 —— 结束角度；
39 —— 终止角度。

圆：

代码　含义
10 —— 圆心；
40 —— 半径；
39 —— 厚度（可选择，默认为 0）。

椭圆：

代码　含义
10 —— 圆心；
11 —— 长轴端点坐标（相对于圆心）；
40 —— 短轴长度（用长轴长度的百分数表示）；
41 —— 起点参数；
42 —— 终点参数。

样条曲线：

代码　含义
71 —— 曲线标记（位值）；
1 —— 闭合曲线；
2 —— 周期曲线；
4 —— 有理曲线；
8 —— 二维曲线；
16 —— 线性曲线；
72 —— 节点数；
73 —— 控制点数；
42 —— 适合公差；
43 —— 控制点公差；
12 —— 起点切向；
13 —— 终点切向；
40 —— 节点坐标（可存在多个）；
10 —— 控制点坐标（可存在多个）。

标注：

代码　含义
2 —— 块名称；
3 —— 尺寸样式名；
10 —— 尺寸样式的定义点；
11 —— 尺寸标注文本的中点；

12 —— 针对基线标注与连续标注的插入点；
70 —— 尺寸标注类型代码；
1 —— 由用户键入的尺寸标注文本值；
13 —— 线性型和角度型尺寸标注的定义点；
14 —— 线性型和角度型尺寸标注的定义点；
15 —— 直径型、半径型和角度型尺寸标注的定义点；
16 —— 角度尺寸标注的尺寸弧线定义点；
40 —— 引出线长度；
50 —— 角度；
51 —— 水平方向；
52 —— 尺寸界线角度；
53 —— 尺寸文本旋转角度；
210 —— 拉伸矢量。

引线：

代码　含义
2 —— 标注类型名；
72 —— 引线路径类型：
0 —— 直线段；
1 —— 曲线；
76 —— 路径顶点数；
11 —— x 轴矢量方向（世界坐标系）；
12 —— z 轴矢量方向（世界坐标系）。

公差：

代码　含义
10 —— 插入点；
11 —— x 轴方向矢量（世界坐标系）；
12 —— z 轴方向矢量（世界坐标系）；
1 —— 主要文本值；
3 —— 标注类型名。

多行文字：

代码　含义
1 —— 文本值；
7 —— 文字类型名；
10 —— 插入点；
11 —— x 轴矢量方向（世界坐标系）；
12 —— z 轴矢量方向（世界坐标系）；
71 —— 文本对正方式：

1 —— 左上；6 —— 右中；
2 —— 中上；7 —— 左下；
3 —— 右上；8 —— 左中；
4 —— 左中；9 —— 右下；
5 —— 中中；
72 —— 输入方向：
1 —— 从左到右；
2 —— 从右到左；
3 —— 从上到下；
4 —— 从下到上；
单行文字：
代码　含义
10 —— 插入点；
40 —— 高度；
1 —— 文本值；
50 —— 旋转角度（可选，默认为 0）；
41 —— 相对的 x 比例因子，用于合适类型文本（可选，默认为 1.0）；
51 —— 倾斜角度（可选，默认为 0）；
7 —— 文本类型名（可选，默认为“标准”）；
71 —— 文本产生标记（可选，默认为 0）；
2 —— 文字左右相反（以 x 轴作镜像）；
4 —— 文字上下倒转（以 y 轴作镜像）；
72 —— 文本水平对齐方式（可选，默认为 0），是整数型代码：
0 —— 左对齐；
1 —— 中心对齐；
2 —— 右对齐；
3 —— 与对象对齐（若竖直对齐值为 0）；
4 —— 居中对齐（若竖直对齐值为 0）；
5 —— 适合对象对齐（若竖直对齐值为 0）；
73 —— 文本竖直对齐方式（可选，默认为 0），是整数型代码：
0 —— 与基线对齐；
1 —— 靠下对齐；
2 —— 居中；
3 —— 靠上对齐；
11 —— 对齐点（仅当 72 值或 73 值为非零时）；
39 —— 厚度（可选，默认为 0）。
插入块：
代码　含义
2 —— 块名；

10 —— 插入点；

41 —— x 方向比例因子（可选，默认为 1）；

42 —— y 方向比例因子（可选，默认为 1）；

43 —— z 方向比例因子（可选，默认为 1）；

50 —— 旋转角度（可选，默认为 0）；

70 —— 列数（可选，默认为 1）；

71 —— 行数（可选，默认为 1）；

44 —— 列间隔（可选，默认为 0）；

45 —— 行间隔（可选，默认为 0）。

由于篇幅有限，其他图元和元素就不一一赘述，CAD 的二维图元数据结构形式如上所述，三维实体的数据结构比较复杂，将在下一节中具体叙述。以下为根据上述规则举直线为例分析：

直线

（-1 . <图元名 :40076e40>）	-1 —— 图元名代码。
（0."LINE"）	0 —— 图元类型。
（330.<图元名 :40076cf8>）	330 —— 软指示句柄。
（410."Model"）	410 —— 指示为模型空间。
（8."0"）	8 —— 图层名
（10 400.4 88.4132 0.0）	10 —— 起点。
（11 625.663 273.896 0.0）	11 —— 终点。

3.4.3 AutoCAD 三维实体数据分析

三维实体数据在 CAD 中不能直接读取，利用 CAD 内置命令，可以获取三维实体的数据存储格式：jjqglgknkhkfihgmli hiqmgljmgkigkjhhol o o rn V V |"）（1 . ":; 8: {rn {ig {hm {ii {gl 90-（>-; |"）（1 . "，+->687+r<*-）: {rn mofqohoholhmokkjjm jjqglgknkhkfihgmli o rn o o V V |"）（1 . "）:-+:' {rn {kg {gk |"）（1 . "，+->687+r<*-）: ……（略），显而易见，AutoCAD 的开发商在这里应用了数据偏移错位的手法，将数据加以压缩和保密，用户根本无法读取，也无法向其他系统直接提供有用的参数、几何特征、形位公差等，而从模型中识别工程信息相当困难。应用“CIS2CAD”中三维数据的反编译功能 [5] 可以得到三维实体的 Spata 数据格式，可以读出实体各方面的具体属性，由于影响实体数据的因素太多，本文就以简单的一个长方体为例，把它的数据和分析叙述如下：

3D-SOLID LIST

(（"body" "$-1" "$1" "$-1" "$-1" "#"）

（"lump" "$-1" "$-1" "$2" "$0" "#"）

（"shell" "$-1" "$-1" "$-1" "$3" "$-1" "$1" "#"）

（"face" "$-1" "$4" "$5" "$2" "$-1" "$6" "forward" "single" "#"）

（"face" "$-1" "$7" "$8" "$2" "$-1" "$9" "reversed" "single" "#"）

（"loop" "$-1" "$-1" "$10" "$3" "#"）

（"plane-surface" "$-1" 451.368 242.145 215.22 001100 "forward\037v" "I" "I" "I" "I" "#"）

（"face" "$-1" "$11" "$12" "$2" "$-1" "$13" "reversed" "single" "#"）

（"loop" "$-1" "$-1" "$14" "$4" "#"）

（"plane-surface" "$-1" 451.368 242.145 0 0 0 1 1 0 0 "forward\037v" "I" "I" "I" "I" "#"）

（"coedge" "$-1" "$15" "$16" "$17" "$18" "forward" "$5" "$-1" "#"）

（"face" "$-1" "$19" "$20" "$2" "$-1" "$21" "reversed" "single" "#"）

（"loop" "$-1" "$-1" "$22" "$7" "#"）……以下略。

这些数据是依靠循环语句查找的，$-1 表示在第 -1 行查找相关元素，如果存在则把它的属性叙述在后，如果不存在则按照语句要求继续或者返回，例如我们可以读取“边”的两端点坐标：（setq 3dsoliedge_Coorlist%（get_edge_Coorlist 3dsoliedge% 3dsolid_Namepointlist% 3dsolivertex% ））(((351.217 128.417 0)(351.217 355.873 0))((351.217 355.873 215.22) (351.217 355.873 0)) ((551.518 355.873 215.22) (551.518 355.873 0)) ((551.518 128.417 215.22) (551.518 128.417 0))……（略）。有关进一步的资料，可参阅 Spata 数据格式的详细说明，通过 3D 数据的分析我们可以了解三维数据格式中包括了以下的分类和元素：

Body（体），表示一个几何实体，由一系列面封闭而成。

Shell（外壳）表示形体的最大外轮廓线。

Face（表面）为表面上的一个有界区域，是构成体的基本元素。为了和表面相区别我们有时叫它拓扑面。

Loop（环）表示面的封闭边界，一个面总是由一个外环和若干内环所构成，构成环的基本元素是半边。

Plane-surface（平面表面）为实体的表面。

Coedge（共用边）表示两个面的交界线，边由定义它形状的曲线和起始角点来表示。一个边最多被两个半边引用。

Vertex（角点）表示物体的一个角，许多条边汇集成一个角点。

CAD 的三维实体的数据是十分复杂和繁多的，改变模型的拓扑结构会使数据发生巨大变化，比如在节点板上打孔，会使节点板的数据结构膨胀许多倍，这方面还需要很多的时间去研究，由于作者水平有限，本文仅是探索性研究，更多的工作有待以后展开。

3.4.4　AutoCAD 扩展数据技术

扩展数据（XData）由 ARX、ADS、VBA 或 AutoLSP 编写的应用程序创建，并且可以被添加到所有对象，不仅包括实体对象，也包括符号表对象等。XData 由一个应用程序使用的结果缓冲区（Resbuf）链表组成。数据使用 DXF 的组码在 1000~1071 之间的范围。AutoCAD 维护此信息但是不使用它，这是 AutoCAD 中所预留，专用于二次开发的数据信息。要求数据总量小于 16K，数据类型被限制为现有的 DXF 组码和类型。这些类型包括实数、整数、三维点等。这些 DXF 组码可以从 AutoCAD 的帮助文档中查阅，如图 3-17 所示。

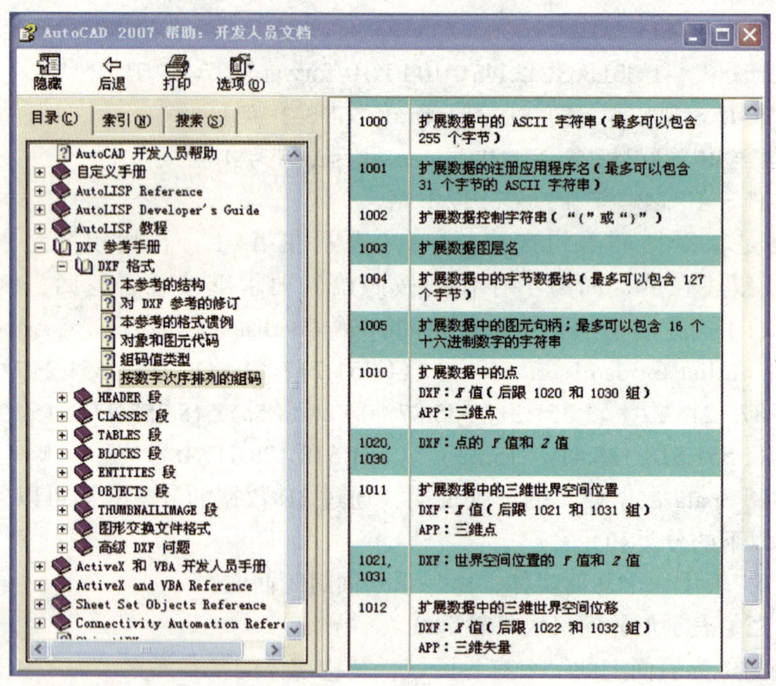

图 3-17　查阅 DXF 组码

添加和获得对象扩展数据

以 VBA 程序为例，向对象添加或修改扩展数据可以使用 SetXData 方法，其定义为：

Object.SetData XDataType，XData

其中，XDataType 是一个 short 类型变量数组，数组中的每一个元素说明扩展数据的类型；XData 是一个 Variant 类型的数组，数组中的每个元素包含了扩展数据的内容。XDataType 和 XData 的维数必须一致，XDataType 中的元素一一对应地说明 XData 中元素的类型，其具体含义可以参考下面的代码：

```
Dim DataType（0 To 7） as Integer
Dim Data（0 To 7） as Variant

DataType（0）=1001:Data（0）= "Test_Application"
DataType（1）=1000:Data（1）= "This is a test for xdata"

DataType（2）=1003:Data（2）= "0"
DataType（3）=1040:Data（3）=1.2347913748413E+40
DataType（4）=1041:Data（4）=1237324938
DataType（5）=1070:Data（5）=32767
```

DataType（6）=1071:Data（6）=32767

DataType（7）=1042:Data（7）=10

向实体中添加扩展数据

lineObj.SetXData DataType，Data

获得对象的扩展数据可以使用 GetXData 方法，其定义为：

Object.GetXData AppName，XDataType，XDataValue

其中，AppName 指定添加扩展数据的应用程序名称（多个应用程序可以向同一个对象添加扩展数据），如果输入一个空字符串表示要获得所有应用程序添加的扩展数据；XDataType 返回一个 short 类型的数组，包含对象扩展数据类型信息；XDataValue 返回一个 Variant 类型的数组，包含了对象的扩展数据。获得对象扩展数据的基本方法为：

Dim xdata As Variant

Dim xtypeOut As Variant

lineObj.GetXData “”，xtypeOut，xdataOut

第 4 章　结构 CAD 图形转化为虚拟现实文件的方法

4.1　虚拟现实文件 VRML 的格式与语法

4.1.1　VRML 概述

VRML（Virtual Reality Modeling Language）即虚拟现实建模语言。是一种用于建立真实世界的场景模型或人们虚构的三维世界的场景建模语言，具有平台无关性。是目前 Internet 上基于 www 的三维互动网站制作的主流语言之一。

VRML 是虚拟现实造型语言（Virtual Reality Modeling Language）的简称，本质上是一种面向 web,面向对象的三维造型语言,而且它是一种解释性语言。VRML 的对象称为结点，子结点的集合可以构成复杂的景物。结点可以通过实例得到复用，对它们赋以名字，进行定义后，即可建立动态的 VR（虚拟世界）。

1）VRML 的发展历史

VRML 的前身是 SGI 公司 OpenInventer 系统使用的一种文档格式，后经 MarkPesce、TonyParisi 和 GavinBell 等人的改进和努力，最终发展成第二代 www 的标准语言。

（1）VRML1.0

1994 年 10 月公布。VRML1.0 非常简单，它只定义了 36 种节点类型，涉及的对象也只有静态对象，而没有声音、动画等动态对象。实际上，由于 VRML1.0 近似 HTML 的“3D 版本”,因此,当时称 VRML 为虚拟现实标记语言（Virsual Reality Mark up Language）。现在，VRML1.0 已基本被淘汰。

VRML1.0 的标志：文档的第一行是“#VRMLV1.0ascii”。

（2）VRML2.0

1996 年 8 月公布。VRML2.0 名义上是 VRML1.0 的修订版，但两者从内容到文档结构上都很不相同。在 VRML2.0 中，节点类型扩展为 54 种，支持的对象包括动态和静态两类。这时的 VRML 语言,已经完全脱离 HTML 的影响,被正式命名为: 虚拟现实建模语言(Virsual Reality Modeling Language)。

VRML2.0 的标志：文档的第一行是“#VRMLV2.0utf8”。

（3）VRML97

VRML1.0 和 VRML2.0 并不是真正的国际标准。直到 1997 年 12 月，VRML 才被国际标准化组织 ISO 和国际电子工业协会 IEC 正式接纳为国际标准，国际标准号 ISO/IEC14772-1:1997，习惯上称为 VRML97。

VRML97 是在 VRML2.0 的基础上，进行了少量功能性调整而形成的，对用户而言，两者完全一样。可以认为，VRML97 是 VRML2.0 的国际正式名称。

VRML97 的标志与 VRML2.0 一样：文档的第一行是“#VRMLV2.0utf8”。

（4）X3D

VRML 已经发展新的国际标准 X3D，它在 VRML 的基础上做了很多改动。X3D 是一种支持 XML 编码格式的开放式 3D 标准，3D 数据可以通过网络实现实时交流，具有可移植性，页面整合性，易于和下一代的网络技术整合，另外采用了组件化结构设计减少了系统资源的占用且具有很强的扩展性。

2）VRML 的基本工作原理

用文本信息描述三维场景，在 Internet 网上传输，在本地机上由 VRML 的浏览器解释生成三维场景，解释生成的标准规范即是 VRML 规范，这就是 VRML 的工作机制。VRML 执行模式如图 4–1 所示。

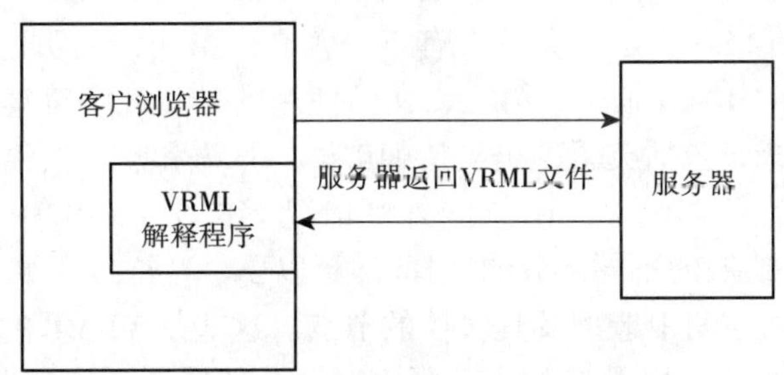

图 4–1　VRML 客户端 / 服务器模式

3）VRML 应用

由于 VRML 强大功能，其在远程教育、科学计算可视化、工程技术、建筑、电子商务、交互式娱乐、艺术等领域都有着广泛的应用前景，利用它可以创建多媒体通信、分布式虚拟现实、设计协作系统、实境式电子商务、网络游戏、虚拟社区、赛博空间等全新的应用系统。其典型的应用领域包括：

（1）教育应用。把 VRML 用于建造人体模型、电脑太空旅行、化合物分子结构显示等领域。由于数据更加逼真，大大提高了人们的想象力、激发了受教育者的学习兴趣，学习效果十分显著。随着计算机技术、心理学、教育学等多种学科的相互结合、促进和发展，能够提供更加协调的人机对话途径。华盛顿大学外语系 CarlosSeligo 说："外语系设想通过远程教学授予学位，但一直苦于找不到具有交互能力的虚拟教室。我认为 VRML 将成为虚拟教室的黑板，而教师们知道该使用什么样的'粉笔'"。

（2）工程应用。当前的工程很大程度上要依赖于图形工具，以便直观地显示各种产品，目前 CAD/CAM 已经成为机械、建筑等领域必不可少的软件工具。VRML 将使工程人员能通过全球网或内部网按协作方式进行三维模型的设计、交流和发布，从而进一步提高生产率并削减成本。

（3）商业应用。对于那些期望与客户建立直接联系的公司，尤其是那些在他们的主页上向客户发送电子广告的公司，Internet 具有特别的吸引力。VRML 有可能大幅度改善顾客购买商品的经历。例如，顾客可以访问虚拟世界中的商店，在那里挑选商品，然后通过 Internet 办理付款手续，商店则及时把商品送到顾客手中。

（4）娱乐应用。娱乐领域是 VRML 的一个重要应用领域。VRML 是一个功能十分强大的在 Internet 网上交换三维场景的描述性语言，它能提供更好的多人之间的交互，提供更加逼真的虚拟环境，从而使人们能够享受其中的乐趣，带来更好的娱乐感觉。VRML 目前正朝着实时通信、大规模用户交互的方向发展。

4.1.2 虚拟现实文件 VRML 格式说明

VRML 文件可以包括下列四个主要成分：VRML 文件头、原形、造型和脚本、路由。并不是所有的文件都包括这些要素，唯一必须的是 VRML 文件头。

VRML 2.0 标准的文件头为 #VRML V2.0 utf8。这不同于 1.0 标准中的文件头，1.0 标准中文件只支持 ASCII 字符集，所以文本头为 #VRMLV1.0ASCII。为了向下兼容，VRML 2.0 文件格式兼容 1.0 文件格式。这个文件头有三个含义：第一，表明这个文件是一个 VRML 文件；第二，符合 VRML 2.0 版本；第三，文件使用的是 utf8 字符集（这是多种语言中键入字符的一种标准方式，包括英语，也支持朝鲜语、日语和阿拉伯语的字符）。

VRML 注释允许在不影响 VRML 空间外观情况下，在 VRML 中包括其他信息。可以加入对文件内容、文件绘制的不同部分的注释。注释以一个 # 符号开始，结束于该行的最后。

VRML 中包含描述空间中造型及其属性的节点。这些是 VRML 的构件。单个节点描述造型、颜色、光照、视点，以及造型、动画定时器、传感器、内插器等的定位和朝向等。节点一般包括：节点的类型（必需）；一对括号（必需）；括号中的一定数目描述节点属性的域（可选）和域值。括号将节点的域信息组织在一起。组织在括号中的域是属于节点的。由节点及其相关域定义的造型或属性在空间中被视为一个整体。所有的域类型，要么是单值类型，要么是多值类型。单值类型是单一的值，如一种颜色和一个数字，该类型命名以“SF”开始。多值类型可以有很多值，比如颜色和数字的列表，命名以“MF”开始。当指定多值类型时，使用括号将值的列表扩起来。

VRML 文件通常以扩展名 .wrl 或 .wrz 结尾，表示这是一个包含 VRML 空间的文件。

下面举一个用 VRML 创建一红色球体的例子，其文件格式如下：

```
#VRML V2.0 utf8 #VRML 文件的标准头
Transform {
        children [
                NavigationInfo {headlight FALSE }          # 加入自己的灯光
                DirectionalLight {                         # 灯光
                        direction 0 0 -1
                }
                Transform {                                # 定义字节点
                        translation 3 0 1
                        children [
                                Shape {
                                        appearance Appearance { # 球体外观定义
```

```
                material Material {diffuseColor 1 0 0 }
                geometry Sphere {radius 2.3} # 球体
                }
            }
        ]
    }                                   #Transform 节点结束
  ]                                     #VRML 世界的子节点定义结束
}                                       # 整个 VRML 文件结束
```

4.1.3 虚拟现实文件 VRML 语言语法说明

1）VRML 文件头

VRML2.0 文件开头即文件的第一行语句，应为如下格式：

#VRML V2.0 （encoding type） [optional comment] （line terminator）

其格式不可改变，除 [optional comment] 之前可加多个空格外，其他各部分间必须有且只能有一个空格。下面逐一说明这一语句的各个部分：

#VRML 为该文件的浏览器指明 VRML 文件。

（1）V2.0：指明该 VRML 文件执行 VRML 规范的 2.0 版本。

（2）（encoding type）表示该文件使用的编码类型，可以是 UTF-8 或者是 ISO/IEC 14772 其他部分定义的经过认可的其他值。最常用的“utf8”是一种纯文本编码方式。

（3）[optional comment] 指附加的注释信息。

（4）（line terminator）表示行终止符，可为换行符或回车符。

2）VRML 文件 UTF-8 编码语法及文件关键字

在 UTF-8 编码中，符号 # 表示注释开始。除文件头外，从“#”开始直到这一行终止符之间的字符都被忽略，唯一例外是带双引号的 SFString 和 MFString 域中的“#”号，在这种情况下，它是字符串的一部分。出现在字符串域的外边，逗号、空格、制表符、换行符和回车符都是分隔符。分隔符和注释都成为空白。域、事件、PROTO 语句、EXTERNPROTO 语句和节点的名称都不应包含以下字符：

（1）不可打印的 ASC II 字符（0x0 ~ 0x1f、0x7f）;

（2）空格（0x20）;

（3）双引号和单引号（0x22：“，0x27：’）;

（4）高调符（0x23：#）;

（5）逗号（0x2c：，）;

（6）句号（0x2e：。）;

（7）方括号（0x5b，0x5d：[]）;

（8）反斜杠（0x5c：\）;

（9）花括号（0x7b，0x7d：{}）;

（10）而且首字符不能是数字（0x30 ~ 0x39）;

（11）加号（0x2b：+）;

（12）减号（0x2d：-）。

下面是 VRML 语言的保留关键字：DEF；EXTERNPROTO；FALSE；IS；NULL；PROTO；ROUTE；TO；TRUE；eventIn；evenOut；exposedField；field。这些关键字不能用做域、事件、原形、外部原形以及节点名字。VRML 语言是区分大小写的，也就是"Sphere"和"sphere"不同，"BOX"和"box"也不同。

3）语句语法

VRML 语言由节点语句、域语句、PROTO 语句、EXTERNPROTO 语句、DEF/USE 语句、ROUTE 语句和注释语句组成。

（1）节点语句语法

节点语句的基本格式如下：

[DEF（name）]（Node name）{（body）}

在 [] 内的部分是可选项。它使用关键字加自定义的节点名，中间用空格隔开。接下来 Node name 是节点类型说明，是必选项。{} 中的部分是节点体，它是由多个以任意次序组合的域语句、IS 语句、ROUTE 语句、PROTO 语句或 EXTERNPROTO 语句构成。名称定义部分与节点类型名之间要有空格。

（2）节点中的域（field）/ 事件（event）语句语法

一般把域和事件分为两类：仅包含单个值（这里的值可以是单个数值、单个向量，甚至单幅图像）的域 / 事件和包含多个值的有序列表的域和事件。单值域和事件的名字以 SF 开头，多值域和事件的名字以 MF 开头。多值域 / 事件的书写方式为用方括号括起来的用空格分隔的多个值的有序列表。如果没有值则用空方括号表示。

单值域语句的格式如下：

（fieldName）（fleldValue）

多值域语句的格式如下：

（fieldName）[（fleldValue）]

fieldName 是节点中可以使用的域名，fieldValue 在该节点域值可选用的范围内选择。域名 fieldName 和域值 fieldValue 之间要有中格。在原形（PROTO）和 Script 节点定义中，可以有自定义的 field 域、eventIn 入事件、eventOut 出事件、exposeField 公共域语句的说明。

自定义域的说明格式如下：

field（fieldType）（name）（initial field value）

自定义入事件语句的说明格式如下：

eventIn（eventType）（name）

自定义出事件语句的说明格式如下：

eventOut（eventType）（name）

自定义公共域语句的说明格式如下：

exposeField（fieldType）（name）（initial field value）

field、eventIn、eventOut 及 exposeField 是 VRML 的关键字；name 是自定义域 / 事件名称；initial field value 是自定义的缺省值：fieldType 和 eventType 是域 / 事件的类型指定，下面对

各类型域 / 事件作一一说明：

SFBool：这类型指定的是单个布尔值，或者 TRUE，或者 FALSE。该类型出事件的初始值为 FALSE。

SFColor 和 MFColor：SFColor 类型指定的是一个 RGB（红 _ 绿 _ 蓝）色彩三元组。MFColor类型指定的是零个或多个RGB二元组。三元组的每个组员是0.0~1.0之间的浮点数，各组员间用空格分隔开。SFColor 出事件的初姑值是（000），MFcolor 出事件的创始值是 []。

SFFloat 和 MFFloat：SFFloat 域或事件指定一个单精度浮点数，MFFloat 指定零个或多个单精度浮点数。SFFloat 出事件的初姑值是 0.0，MFFloat 出事件的切始值为 []。

SFImage：该类型域或事件定义单个非压缩的二维像素图像。在 VRML 文件中，SFImage 域和事件表示为 3 个分别描述宽度、高度和组分数的整型值，随后是用空格隔开的宽度 × 高度个数的表示图像像素的十六进制的值或整型值。像素值按照从左到右，从下到上排列。按织分数（也就是 SFImage 的第三个整型值）SFImage 可分为四种图像格式，如表 4–1 所示。SFImage 的初始值为（000）。

SFImage 的四种图像格式 **表 4–1**

组分数	图像格式
1	用一个字节的十六制表示图像的明暗度，如 0xFF 是全明，0x00 是全暗
2	使用两个字节，明暗度占高字节，透明度占低字节，如 0xFFFF 是不透明色，0xFF80 是半透明暗色
3	用红、绿、蓝 3 个成分分别放在第 1、2、3 字节，如 0xFF0000 是亮红色，0x00FF00 是亮绿色
4	在红、绿、蓝 3 字节基础上将透明度放在第 4 个字节，如 0x FF 00080 是半透明的红色

SFNode 和 MFNode：SFNode 类型域和事件指定一个 VRML 节点，MFNode 类型域和事件指定零个或多个节点。SFNode 出事件的初始值是 NULL，MFNode 出事件的初始值是 []。

SFRotation 和 MFRotations：SFRotation 类型域和事件指定一个任意旋转，MFRotation 类型域和事件指定零个或多个任意旋转。旋转值表示为 4 个值，前 3 个值指定旋转轴矢量，各值的范围在 0.0~1.0 之间，第 4 个值指定关于该轴的旋转量，方向符合右手定则，单位为弧度。SFString 出事件的初始值为（0010），MFRotation 出事件的初始值为 []。

SFInt32 和 MFInt32：SFInt32 类型域和事件指定一个 32 位整数，MFInt32 类型域和事件指定零个或多个 32 位整数。整数可为十六进制的或十进制的。SFInt32 出事件的初始值是 0，MFInt32 出事件的初始值是 []。

SFTime 和 MFTime：SFTime 类型域和事件指定一个时间值，MFTime 类型域和事件指定零个或多个时间值。时间值用双精度浮点数表示，指定从时间原点开始的秒数，一般以格林尼治时间 1970 年 1 月 1 日为时间原点。SFTime 出事件的初始值为 –1，MFTime 出事件的初始值为 [ ]。

SFSting 和 MFSting：SFSting 类型域和事件指定单个字符串，MFSting 类型域和事件指定零个或多个字符串。字符串是由 UTF–8 通用字符集排列成的字符串。在 VRML 文件中，字符串用双引号括起来。SFSting 出事件的初始值为 “”（空），MFSting 出事件的创始值为 []。

SFVec2F 和 MFVec2F：SWec2F 类型域和事件指定一个二维（2D）矢量，MFVcc2F

类型域和事件指定零个或多个二维（2D）矢量。矢量表示成用空格隔开的两个浮点值。SFvec2F 出事件的初始值为（00），MFvec2F 出事件的初始值为 [ ]。

SFVec3F 和 MFVec3F：SFVec3F 类型域和事件指定一个三维（3D）矢量，MFVec3F 类型域和事件指定零个或多个三维（3D）矢量。矢量表示成用空格隔开的 3 个浮点值。SFvec3F 出事件的初始值为（000），Mrvec3F 出事件的初始值为 []。

（3）PROTO 语句语法

原型语句的定义格式如下：

PROTO（name）[（declaration）]{（definition）}

关键字 PROTO 和 name 之间要有空格。[（declaration）] 部分是原型接口说明，它是由 field 域、eventIn 入事件、eventOut 出事件、exposeField 公共域的说明组成。{（definition）} 是原型定义，它由一个或多个根节点、嵌入的 PROTO 语句和 ROUTE 语句构成，其中的类型确定原型实例在 VRML 文件中的使用力法。

（4）EXTERNPROTO 语句语法

EXTERNPROTO 语句的格式如下：

EXTERNPROTO（name）[（external declaration）]URL [or URLs]

关键字 EXTERNPROTO 和 name 之间要有空格。[（external declaration）] 部分是原型接口说明，基本与 PROTO 相同，不同的是 EXTERNPROTO 不为域和公共域指定初始值。URL 是指原型定义所在的地址，随后的 [or URLs] 说明它可以是多选项。

（5）IS 语句语法

IS 语句用于原型定义内的节点语句的节点体部分。

IS 语句的格式如下：

（field/eventName）IS（fleld/Name）

field/eventName 是指域、公共域、入事件或出事件名称。在 IS 并边的来自原型定义内节点的公共接口，右边的来自原型的接口声明。

（6）DEF/USE 语句语法

DEF 语句是为节点定义名称，USE 是为重用节点而使用的。

节点定义时，DEF 关键字后面跟一个名字，然后是一个节点体说明。合法的名字可以是字符，但必须以字母开始。这些字母包括其他语言中的符号，例如日语中的汉字字符以及重音字符。第一个字母之后可以是任何字母、数字或者表中的任何字符。

（7）ROUTE 语句语法

ROUTE 语句的格式如下：

ROUTE（name）.（field/eventName）TO（name）.（field/eventName）

关键字 ROUTE 与（name）.（field/eventName）以及（name）.（field/eventName）与关键字 TO 之间都要有空格，（name）.（field/eventName）中的（name）是引用 DEF 定义的节点名称，（field/eventName）是该节点内的域和事件名称，中间用“.”连接，不可有空格。

ROUTE 语句的作用是传递事件信息，如果出现名称重复情况，或者结果不确定，或者事件产生和到达可以是每个以此名称命名的节点。

（8）文件注释

注释语句指以“#”开始直到行尾符的部分（文件头除外），VRML 在解释执行时，注释语句将被忽略。

4.2 虚拟现实文件 VRML 功能与特点

4.2.1 虚拟现实文件 VRML 功能

VRML 是一种三维造型和渲染的图形描述性语言，它把“虚拟世界”看作成一个“场景”，而场景中的一切都看做“对象”（也就是“节点”），对每一个对象的描述就构成了 wrl 文件（即 VRML 文件，.wrl 是 VRML 文件的扩展名）。VRML 的目的主要是为了在网页中实现三维动画效果以及基于三维对象的用户交互。它同 HTML 语言一样，也是一种 ASCII 的描述语言，且都支持超链接，只是 HTML 不支持三维图像和立体声音文本的显示。熟悉 www 的人都知道，由于 HTML 语言的局限性，VRML 之前的网页只能是简单的平面结构，就算通过利用 Java 语言及 JavaScript 脚本，能够为 www 增色不少，但也仅仅停留在平面设计阶段，更不要说动态交互了。VRML 则改变了原来 www 上单调、交互性差的弱点，将人的行为作为浏览的主体，所有的现象都随着用户的一言一行而改变。VRML 创造的是一个可进入、可参与的世界。

VRML 所具有的功能如下：

1）存在感

存在感又称为临场感，是指用户感到自己就是主角存在于虚拟环境中的真实程度。理想中的虚拟环境可使我们有一种身临其境的感觉，仿佛存在于 VRML 世界中，而非局外人。

2）多感知性

多感知性是指除了一般计算机具有的视觉感知外，还可通过一些设备在听觉感知、触觉感知、运动感知，味觉感知、嗅觉感知等方面感受虚拟境界的一切。在这里它不只局限于视觉或听觉，这更增加了其真实感。

3）交互性

交互性是指用户对虚拟环境内物体的可操作程度和用户从虚拟环境中得到反馈的自然程度。VRML 的图形渲染是“实时”的，这是它与动画制作软件的最大区别。这种“实时性”导致了在虚拟场景中的人机“可交互性”。你可以用制作动画软件制作一个沿着某一条路径浏览“死”动画，而且可以反复播放这个动画，但该动画总是沿着一条固定路径的。而 VRML 生成的场景是“活”的。在这里，你不仅可以在场景中随意漫步，甚至可以随时启动一个“事件”，比如：你碰到了一个物体，像现实中一样会发出碰撞声，而不再是像游魂一样穿过物体。在感受虚拟境界的同时，能够通过自己的行为改变或影响虚拟境界，就如在现实中改变自己周围的环境一样。

4）动态显示

VRML 创建的 VRML 场景不再仅仅是静态显示，它所显示的一切都和现实中一样有静有动，而物体如何运动只取决于该物体的属性。而且其动态显示不只是沿着某一路径循环下去的，它更取决于操作者对其所做出的动作，这是与其他也可动态显示语言的根本区别。

5）立体感的视觉效果

VRML 创建的虚拟现实场景是模拟现实中的，则其必有现实中的立体感，而不再是一般的二维图片。特别是随着浏览者的移动，VRML 场景中的物体属性，如光照、方位等也随之改变，从各方面达到立体感的视觉效果。

虽然我们可以使用诸如 3ds max 这样的软件制作出效果极为丰富逼真的立体画面，但其立体效果导出在文件之后通常是体积庞大，显然用这种方式在网页中实现三维动画是很不现实的。而VRML有效地解决了这个问题,它使得在网络上传输的数据量大大减少。而且，我们还可以在物质的形体上贴图、增加灯光效果、建立用户事件响应等。

6）立体感的听觉效果

VRML 不但可以通过三维图形在视觉上达到立体效果，而且可以通过 3D 声音让人感受周围环境的声音，就如在现实中听到一样，而不再是简单的 2D 声音。在 sound 节点中，可以进行声音大小、位置、方向等空间性质的设定，让声音的表现有远近不同的立体效果，以增加真实性。

7）动态显示与网络无关

VRML 是面向网络的，它是为网络而生的，并随网络而发展的。它的巧妙之处在于：避免了在网上传输无限容量的一帧帧视频图像，而传输的只是有限容量的 wrl 文件，即只传送描述场景的模型，而把动画帧的生成放在本地。也就是说，当你在虚拟世界中漫步时，你依靠的只是本地主机的性能，而与网络无关，不必再担心由于网络拥挤而不能欣赏到优美动画了。

8）脚本功能

在 Script 节点中加入程序语言，以进行对象行为的设定。编写的语言倾向于使用 Java，也可用其他的GGI程序,例如Perl,另外SGI公司还发展了一种类似Java的VRMLScript语言，前途也是非常可观的。

9）多重使用者

建立一个多重使用者共享的虚拟环境开发标准，可以让进入的使用者，利用其替身在虚拟空间中彼此交谈或者沟通，并体验到多媒体，甚至是置身其中的生理感觉。

10）全球资讯网参考节点

以 Inline{name “URL” } 节点，可以将 Internet 上的其他 VRML 文件加入到你所建立的虚拟世界，就如同编写 HTML 时也可以借用网络上其他地方的图档，当需要显示时，再分别由网络下载，不必等所有对象下载完毕后，才能执行 VRML 文件。

11）超链接功能

anchor{name “URL” } 节点，在其中加入所要链接网站的 URL 地址后，就可以让某个对象有超链接的功能，点击后即可链接到特定区域，或是网络中的特定文件。

4.2.2　虚拟现实文件 VRML 特点

从概念上讲，VRML 文件是一个基于时间的三维空间，它包含了可通过多种机制动态修改的图形对象和听觉对象。VRML 文件的一个重要特性是能够通过包含关系把文件组织在一起，并能够通过超链接把文件联系在一起。利用层次性文件的包含关系创建任意大的动态境界。主要特点有：

（1）可编辑性，可以开发应用程序来创建、编辑和保存 VRML 文件，也可将其他常用的三维文件格式转换为 VRML 格式的文件；

（2）可重用性，提供了使用、组合并允许重用动态三维对象的能力；

（3）可扩展性，提供了增加新的对象类型的能力；

（4）多平台操作，VRML 在众多不同平台的系统上都可实现；

（5）性能，在不同的计算机平台上都能达到可扩展和交互的性能；

（6）可伸缩性，允许任意大小的动态三维世界。

VRML 试图用在分布式环境中，因而内建了支持多个分布式文件的多种对象和机制，包括内联式（In–Lining）嵌入其他 VRML 文件、通过超链接指向其他文件、采用已制订的针对其他文件格式的 Internet 和 IS0 标准等。

VRML 的访问方式是基于客户 / 服务器模式的，其中服务器提供 VRML 文件及支持资源（图像、视频、声音等），客户端通过网络下载希望访问的文件、并通过本地平台上的 VRML 浏览器交互式地访问该文件描述的虚拟境界。由于浏览器是本地平台提供的，从而实现了平台无关性。图 4–2 描述了 VRML 的工作方式。

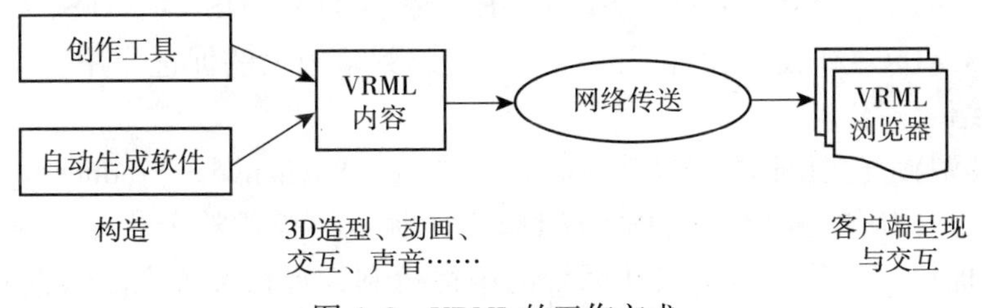

图 4–2　VRML 的工作方式

传统的 VR 中使用的实时 3D 着色引擎在 VRML 得到了更好的体现。这一特性使 VR 建模与实时访问更明确地隔离开，这也是 VR 不同于 3D 建模和动画的 1 个特点。后者是预先着色，因而不能提供交互性。VRML 提供了 6+1 个自由度，即 3 个方向的移动和旋转，以及和其他 3D 空间的超链接。

VRML 具有可伸缩性。首先，对 VRML 浏览器来说，从理论上讲，应能处理由数亿个对象组成的分布在 Internet 上的境界。其次，VRML 在高、低档的机器上都应该工作得很好，它允许浏览器为了提高性能而降低图像或仿真质量，而在硬件性能增强时质量可以变得更好。第三，VRML 境界可以相对于网络性能而伸缩，从目前常见的 56K 调制解调器到今后的高速连接。可伸缩性对 VRML2.0 的整个设计影响很大，尽管目前仍有很多未解决的问题，但 VRML2.0 所定义的基本框架在境界规模更大和计算机、网络更快时能继续保持伸缩能力。

VRML 作为一种标准，不可能满足所有应用的具体需要，如希望交互性更强，希望画面质量更高，希望 VR 世界更复杂。这些要求往往是相互制约的，同时又都受到用户平台硬件性能的制约，因而 VRML 被定义为可扩充的，即可以根据需要定义自己的对象及其属性，并通过原型、描述语言等机制使浏览器能够解释这种对象及其行为。

VRML是一个开发标准，为了加强协作，避免技术重复和市场冲突，而鼓励其他技术引用VRML或成为VRML的一部分。与VRML关系密切的3项技术是Java3D、MPEG-4和Chrome。其中，Java3D和VRML都把3D web作为关键应用对象，前者的优势在于程序设计，后者的优势在于场景构造，二者在可编程性3D Web应用方面密切合作。正在制订的MPEG-4面向基于内容的交互式视讯应用，可以为VRML提供流技术、压缩和音响同步技术，而MPEC-4用VRML来描述3D内容。在2D页面集成方面，可以探索VRML和Microsoft与Chrome协作的可能性。

4.3 CAD图形转化为VRML的一般方法

4.3.1 CAD图形数据格式的说明

随着CAD/CAM技术的迅猛发展和推广应用，各企业都在积极采用CAD/CAM技术。因历史原因和不同的开发目的，各CAD/CAM软件的内部数据记录方式和处理方式不尽相同，开发软件的语言也不完全一致，因此，CAD/CAM的数据交换与共享是面临的重要问题。

80年代初以来，国外对数据交换标准做了大量的研制、制订工作，也产生了许多标准。如美国的DXF、IGES、ESP、PDES，法国的SET，德国的VDAIS、VDAFS，ISO的STEP等。这些标准都为CAD/CAM技术在各国的推广应用起到了极大的促进作用。下面对这几种标准进行简要介绍。

1）产品模型数据交换标准STEP（Standard for the Exchange of Product Model Data）

STEP标准是国际标准化组织ISO/TC184/SC4制定的描述整个产品生命周期内产品信息的标准，它提供了一种不依赖具体系统的中性机制，旨在实现产品数据的交换和共享。这种描述的性质使得它不仅适合于交换文件，也适合于作为执行和分享产品数据库和存档的基础。发达国家已经把STEP标准推向了工业应用。它的应用显著降低了产品生命周期内的信息交换成本，提高了产品研发效率，成为制造业进行国际合作、参与国际竞争的重要基础标准，是保持企业竞争力的重要工具。我国正在逐渐地把它转化为我国国家标准，标准号是GB/T16656。

STEP文件由两部分组成，头部节（HEADER section）和数据节（DATA section）。头部节中提供作者和生产日期等信息，它应用于整个交换格式文件；数据节用于定义待交换的产品数据。STEP提出了4种数据交换方式。

（1）文件交换。产品数据通过非标准软件与标准交换格式进行交换，转换软件的开发者应保证产品数据在转换模型中的正确性。

（2）操作形式交换。产品数据通过标准数据存取软件进行交换。数据存取软件除了数据操作功能外，不具备数据库的其他功能，也不能进行有效性检查。

（3）数据库交换。产品数据通过标准交换格式，调用标准存取软件和标准数据操作语句（如SQL）来与数据库管理系统进行交换，并进行某些有效性检查。

（4）知识库交换。产品数据与知识库管理系统（KBMS）进行交换。该系统必须支持上述所有的低级交换方式，并进行全部有效性检查。

STEP 的逻辑层由数据定义语言 EXPRESS 来描述。它可以定义复杂物体的属性与关系，支持不同程度的抽象概念，自动将信息模式转换为 PASCAL 数据声明和 SQL 数据库模式。

2）图形交换文件 DXF（Drawing Exchange Format）

DXF 是 AutoCAD DXF（Drawing Interchange Format 或者 Drawing Exchange Format）的简称，它是 Autodesk 公司开发的用于 AutoCAD 与其他软件之间进行 CAD 数据交换的 CAD 数据文件格式。几乎所有的商用软件开发商，包括所有的 Autodesk 的竞争对手都选择 DXF 作为与 AutoCAD 进行数据交换的主要格式。

DXF 格式同时支持 ASCII 与二进制格式数据。早期的版本只支持 ASCII 格式。

文件结构

ASCII 格式的 DXF 可以用文本编辑器进行查看。DXF 文件的基本组成如下所示。

（1）HEADER 段。包含图形的基本信息。它由 AutoCAD 数据库版本号和一些系统变量组成。每个参数都包含一个变量名称及其关联的值。

（2）CLASSES 段。包含应用程序定义的类的信息，这些类的实例出现在数据库的 BLOCKS、ENTITIES 和 OBJECTS 段中。类定义在类的层次结构中是固定不变的。

（3）TABLES 段。包含以下符号表的定义：

APPID（应用程序标识表）；

BLOCK_RECORD（块参照表）；

DIMSTYLE（标注样式表）；

LAYER（图层表）；

LTYPE（线型表）；

STYLE（文字样式表）；

UCS（用户坐标系表）；

VIEW（视图表）；

VPORT（视口配置表）。

（4）BLOCKS 段。包含构成图形中每个块参照的块定义和图形图元。

（5）ENTITIES 段。包含图形中的图形对象（图元），其中包括块参照（插入图元）。

（6）OBJECTS 段。包含图形中的非图形对象。除图元、符号表记录以及符号表以外的所有对象都存储在此段。OBJECTS 段中的条目样例是包含多线样式和组的词典。

（7）THUMBNAILIMAGE 段。包含图形的预览图像数据，此段为可选。

3）初始图形交换规范 IGES（Initial Graphics Exchange Specification）

IGES 标准最早是 ANSI 于 80 年代初制定的，是建筑在波音公司 CAD/CAM 集成信息网络、通用电气公司的中心数据库和其他各种数据交换格式之上。其最初版本仅限于描述工程图纸的几何图形和注释，随后又将电气、有限元、工厂设计和建筑设计纳入其中。1988 年 6 月公布的 IGES 4.0 又吸收了 ESP 中的 CSG（Constructive Solid Geometry，体素构造法）和装配模型，后经扩充又收入了新的图形方法、三维管道模型以及对 FEM（有限元模型）功能的改进。而 B–rep（边界表示法）模型则在 IGES 5.0 中定义。我国也已于 1993 年 9 月起将 IGES3.0 作为国家推荐标准。

IGES 文件的基本元素为实体，它分为三类：

（1）几何实体：用来表示物理形状的定义，如点、直线、圆弧、样条曲线、曲面等。

（2）描述实体：对几何实体的注解和补充说明，如尺寸标注、绘图说明等。

（3）结构实体：能表示存在于文件内部的实体之间的逻辑关系的实体，如结合项、图组、特性等。

IGES 文件是由任意行数所组成的顺序文件，IGES 定义了传输文件的结构和格式件由五个或六个独立的段组成，各段必须按下列顺序出现：

（1）特征段（Flag section）——用来表示文件是二进制格式或压缩的 ASCII 码格式。

（2）起始段（Start sectjon）——用来提供一般说明的文件序言。

（3）全局段（Global section）——用来提供前置处理程序的信息，以及后置处理程序为处理文件所需的信息。

（4）目录条目段（Directory entry section）——文件中的每一个实体都有一个目录条目。

（5）参数数据段（Parameter data section）——该段包含与每个实体有关的参数数据。

（6）结束段（Terminate section）——结束段仅有一行。它包括 IGES 文件前四段每一段中的记录数目。

其中目录条目段和参数数据段是 IGES 的核心内容。在 IGES 中出错处理是十分重要的，因为在不同系统间转换数据会产生错误，如重字符、错字符，开发的转换器会对 IGES 文件产生不正确的解释。这些错误可能发生在产生 IGES 文件或读入 IGES 文件的过程中，这就要求 IGES 转换程序能报告并校正有关的错误。

4.3.2 CAD 图形转化为 VRML 的一般方法

1）中间软件转换

第一类是利用三维模型转换工具，直接转换，比如 3DExploration，Deep Exploration。

第二类是利用包含 VRML 输出功能的软件，例如 3D MAX，使用它导入现有模型，然后再输出 VRML。

2）数据格式直接转换

目前最流行的 CAD 通用图形格式为 ISO 的 STEP，以下主要针对 STEP 转换 VRML 的技术问题进行介绍。

（1）ISO STEP 简述

在 20 世纪 80 年代，一些国际标准组织认识到，当前所使用的数据转换方法是基于文本文件的格式。例如 DXF 和 IGEX 文件格式，它们无法适应和支持复杂工程模型的需要，这些组织包括美国国家标准化组织（ANSI），国际标准化组织（ISO）和其他欧洲的一些标准化组织。起初美国和欧洲的组织平行开展这项研究，但很快就合并为共同的研究。他们共同建立了这样的目标：

①结合新的计算机程序语言的概念，特别是应用面向对象的程序设计（OOP Object Oriented Programming）。

②结合工程中所有定义的正式规范在新的数据模型语言中，无约束地加以应用。

③从物理文件格式中分离数据模型，并且支持多种执行格式，包括数据文件和数据库。

④支持所有模型的子集（subset），使各应用程序派生系列能够整合，而无须从头再处理模型中相关任务的部分。

⑤结合参数模型，使其能共享大的标准模型中的子集功能。

这些目标导致开发了一种新的数据交换的格式的产生，即被称之为 STEP 技术（Standard for the Exchange of Product Model Date），它被国际标准化组织 ISO TC184 制定为国际标准（ISO CD10303），目前已广泛应用于制造行业的 CAD、CAM 系统之中，成为各种软件数据交换的桥梁和纽带。目前我国已经成立了由国家技术监督局牵头的 STEP 技术中心，国家技术标准委员会成立了 STEP 标准分委员会（CSBTS TC 159 SC4），发展和推动 STEP 技术在我国的应用。但在水力电力结构工程中还没有依据 STEP 标准而发展的逻辑产品模型 Logical Product Mode。STEP 基本流程可用图 4-3 所示。

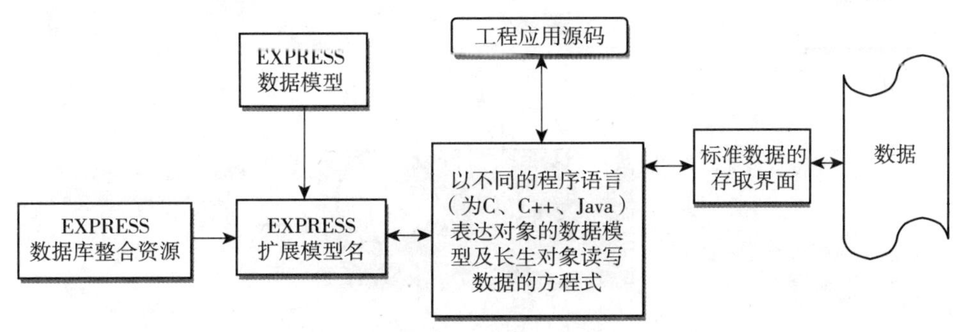

图 4-3　STEP 基本流程

一个可以独立执行数据模型所定义的语言被 Douglas Scheck 所开发，并称之为 EXPRESS，而伴随这一语言定义的图形，被称之为 EXPRESS-G。EXPRESS 被用来在某些特定的范围里进行模型的转换，例如钢结构、建筑作业、管道系统等领域，特别地，许多共性实体（Express 使用 ENTITY 系列去定义物体分类），去描述几何特性、形状、度量、应力、价值和其他共同特性（即以前教科书中所定义的特性），它们被分别贯穿于多个数据模型，这个也被称为 STEP 的完整资源。为共享这些概念，其中任一个模型与其他模型的整合，都应该被简化。

由此而开发的一些商用软件工具提供的功能如下：

①分解和校核 EXPRESS 模型的完整性和语法的正确性。

②为 EXPRESS 文本文件产生 Express-G 图形，或者相反。

③在 EXPRESS 模型中，定义等同于 C、C++ 或 Java 的物体。

④在运行中方便提示、更改或读取数据。

⑤可灵活及时地将数据写入文件，或从文件中读取数据。

⑥不同的 EXPRESS 工具软件包提供了不同的子集形式去实现上述的目标。对于一工程应用问题，以 EXPRESS 为工具的转换功能的实现需要具有下列的条件：

a. 数据模型在 EXPRESS 中需要定义，例如 CIS/2 的格式；

b. 转换工具软件包所配套的语言应该和工程应用软件相协调。

以 EXPRESS 为基础的转换方式可如图 4-4 所显示。

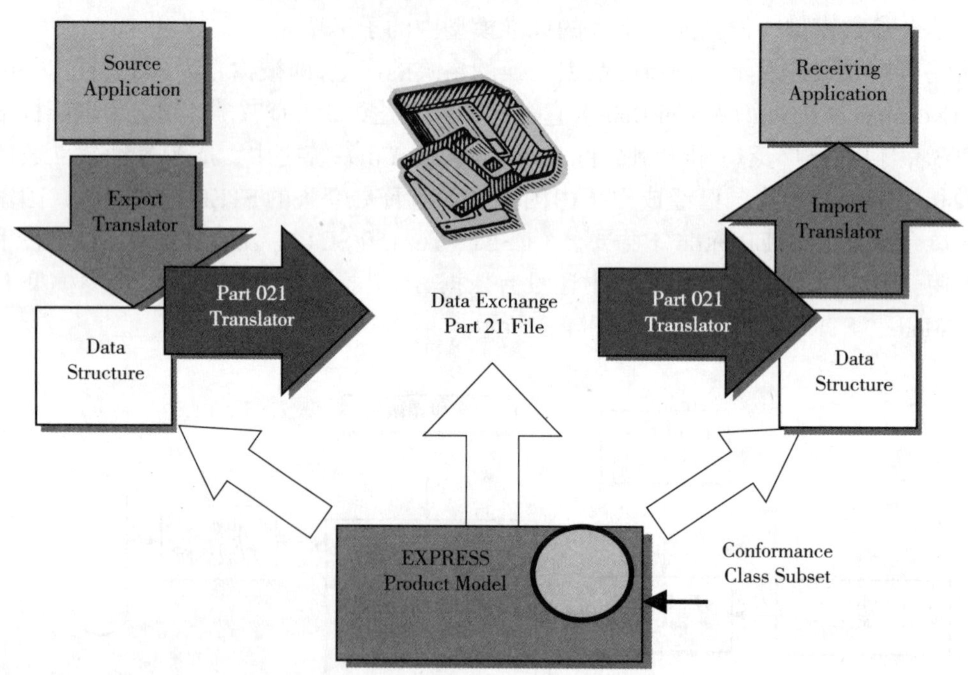

图 4-4 以 EXPRESS 为基础的转换方式

在执行阶段,两个应用程序之间数据的转换都需要执行 EXPRESS 所定义的转换模型。如图4-4的下部方框所示。绝大部分应用程序都只是应用EXPRESS交换模型中的一小部分。一个交换模型的子集被称为 Conformance Class（协调分类）。

EXPRESS 模型中的协调分类子集定义了数据结构，使得应用程序执行能够遵循同一定义规则，写入或读取数据，同时 STEP 工具包也可以使用标准文件的格式去储存数据。以便于从文件中读或写入文件中，同时它也自动地生成 ISO PART 21 或其他标准存储格式的文件。但应注意到，所有输入或输出的转换文本的源程序都必须是用户自己定义，并且是根据 EXPRESS 的数据结构所写出来的。

（2）EXPRESS 的引入

在开发 STEP 中，EXPRESS 是最常用和表达的编程工具。自从 20 世纪 90 年代以来它一直处于不断开发和加强之中，它的功能很像是面向对象的程序语言（Object Oriented Programming Language），在这里从下到上，描述其基本单元和如何相互配合。不同软件之间数据交换的文件,应该具备的最主要前提是要使数据的接受方能完全正确地“理解”、“消化”所接受的全部数据，最初我们常用的文件转换仅仅是通过数据完成方式与数据读取规则来实现的（例如数据的格式、顺序、数量以及数据文件中各项的物理意义），STEP 数据交换技术，是将数据组织为数据项储存，每个数据项中包含着描述该项数据特征的若干个数据，或者与其有关的其他数据项名，每个数据的值和它的物理名共同储存，为了准确描述数据内部结构及各数据项之间的关系，在 EXPRESS 中严格规定了每项数据的内部结构及其中所含各个数据的物理意义。这种 EXPRESS 的数据项定义称之为 Schema，根据此 Schema 可写出 STEP 的数据文件，也很容易被其他的软件按照相同的 Schema 去摄取和利用。Schema 中最主要的元素和类型大致有如下内容：

①首先介绍 EXPRESS 的基本类型（BASIC TYPES）

EXPRESS 提供了一组变量的基本类型，它们可以用来定义高阶变量的类型。基本的变量类型如表 4–2 所示。

EXPRESS 的基本变量类型 **表 4–2**

变量	数值类型
NUMBER	数字
REAL	实型变量
INTEGER	整型数
STRING	字符串
LOGICAL	逻辑变量
BINARY	二进制变量

其中 NUMBER（数字变量）是广义的整型数和实型数，STRING（字符串）是字母的排列，LOGICAL（逻辑变量）具有逻辑值（TRUE、FALSE 或者未知），而 BOOLEAM（布尔变量）仅有 TRUE 或 FALSE 两个值。BINARY（二进制变量）是一个二进制向量。

基本变量可用来定义高阶变量，例如：

```
Type area：REAL;
Type name：STRING;
```

基本变量也可以用来定义高阶实体元（ENTITY）的特征值为：

```
ENTITY  part;
   =
   Weight：REAL;
   ……
END  ENTITY;
```

字符串（STRING）和二进制变量（BINARY）都是可变长度的向量，它们可定义为指定长度或者自由长度。当不指定长度时，这些变量的长度可变；当变量长度被指定后，可赋予不超过此长度的值；但当变量长度被指定为“FIXED”，程序中所有相关联的变量都必须严格地按照固定的变量长度去赋值。例如：

S1：STRING ;（可变长度的字符变量）

S2：STRING（10）;（可赋予最多可达到 10 个字符长度的值）

S3：STRING（10），FIXED;（必须输入 10 个字符长度值）

同时 Express 也具有枚举型变量(Enumeration Type)，使其可对变量进行显示定义。例如：

TYPE compass–direction=ENUMERATION OF（south，north，east，west）;

END TYPE

②构造（Constructor）

除了单个变量之外，变量和其高阶变量的结构可以组合成一个大的变量组，这里包括了 ARRAY（数组），BAG，LIST（列表）和 SET（其他组合）。这些变量都会按序排列。

数组（ARRAY）是用来定义固定尺寸的单元向量，形成一个链结表。即：

matrix ：ARRAY [1:4] OF ARRAY [1:4] OF REAL;

数组的上下边界均被定义为数组，并且保证下边界小于上边界。

BAG 是一组单元无序的集合，它的上下边界可有可无，如果下边界被指定，那么至少需要赋予下边界一个值，如果上边界被指定，该上边界即为最大的单元数，如果边界未被指定，Express 中即假定其边界为 [0:?]。例如下例：

bag-of-points ：BAG [1:?] OF Point;

即：在这个变量中，其属性为 BAG，至少要有一个点的值赋给这一变量。

LIST 是一个有序的单元集合，和数组很相像，但是 List 的长度是可变化的。例如：

list-of-points ：LIST [0:?] OF Point;

在这里 LIST 可以收集任意数目的点变量，而且可以保持原有的顺序。

SET 是一个无序单元的组合。在其中不允许有重复的单元，Set 可以是固定尺寸或者无固定尺寸。例如：

set-of-names：SET of [1:100] of NAME;

在 set-of-names 这个 set 中的元素中必须至少有一个元素被赋值，并且最多不超过 100 个。

在这里还有另外一种类型被定义，它可以从一组类型变量中去选择而确定，很类似 C 语言中的 UNION 类型，Express 中称之为选择类型变量（SELECT TYPE），一个 SELECT TYPE 变量的产生是源自于其类型变量所定义的。

例如：TYPE NUMBER=SELECT（REAL，INTEGER）;

END_TYPE;

TYPE connection=SELECT（nail，srew，bolt）;

END_TYPE;

在所有情况下，在选择类型中的所有变量元素都已经被预先定义。

变量类型也可以用来定义高阶类型变量，所以很多类型变量都可以被简单变量去定义，应该注意到所有高阶变量必须和其所采用的低阶变量具有相同的区域，此外，有特别的应用规则去假定它的应用法则。

③实体元（ENTITY）是用于定义物体类型的变量。它不是用来定义单元类型的变量，而是在其内去描述定义复杂单元变量的组合和特性，我们将逐步去理解其作用。

基本的 ENTITY 定义具有的格式为：

ENTITY point;

x，y，z：REAL;

ref_eoord ：cartesian_coordinate_system;

```
END_ENTITY;
```

这里描述的是 ENTITY point 具有了三个实型变量的分量 x，y，z；它们所参照的坐标系统为 cartesian_coordinate_system。

ENTITY 还可以被遗传或专用于其他的 ENTITY 之中。例如；

```
ENTITY  homogeneous_point;
        SUB TYPE OF（point）;
        SUPER TYPE OF（colored_piont）;
        W：REAL;
 END_ ENTITY;
 ENTITY colored_piont;
        Color：enumeration of （red）;
        Yellow，blue，green;
 END_ ENTITY;
```

一个 ENTITY 之中可以使用 SUB TYPE（子型）和 SUPER TYPE（父型）两种格式与其他的类型去建立联系，SUPER TYPE 的含义是：所有 SUPER TYPE 中定义的元素都将复制到 SUPER TYPE 之中。提取 SUPER TYPE 中的元素是采用路径名的方法。例如在 ENTITY homogeneous_point 中不同的变量为：

```
SELF\point.x ;
SELF\point.y ;
SELF\point.z ;
```

在上面的路径名 SELF 是指当前的 ENTITY，并且符号“\”为父型（Super type）关系。在这里，所有的特征参数都继承了 ENTITY homogeneous_point 中的定义。

（3）STEP 到 VRML 格式转换的技术路线

STEP 标准是用 EXPRESS 语言进行描述的，EXPRESS 是一种信息建模语言。用具有被计算机和人同时理解的形式化表示，语言的重点是实体定义，包括实体属性和这些属性的约束条件。STEP 中性交换文件中的实体同样在 STEP 的应用协议中利用 EXPRESS 语言进行了规范化描述，在输入 STEP 中性交换文件之前，必须建立基于 STEP 的 EXPRESS 到 C++ 的映射，相当于 C++ 语言对 STEP 标准的接口；依据该映射，可以根据 STEP 中性文件的组织结构与语意表达，进行结构分析与语意理解，完成 STEP 中性交换文件的输入，产生面向 STEP 的内存数据模式；STEP 标准的实体造型大量采用边界表示法（Brep），而 VRML 采用面片拟合表示三维实体，由于二者在三维实体造型方法上的差异，需要对读入的 STEP 实体进行表面三角剖分，完成边界表示到面片表示的转换；在三角剖分之前需进行数据前置处理，使面向 STEP 中性交换文件的内存模式数据结构有利于实体表面的三角剖分; 实体三角剖分的结果需要数据后置处理，产生面向 VRML 文件格式的内存数据模式; 接着建立 C++ 到 VRML 的映射，相当于 C++ 语言对 VRML 节点的接口，该映射中的每个节点对应的 C++ 类都具有串行化输出的功能；依据该映射，根据 VRML 的文件格式，利用映射中 VRML 节点对应 C++ 类的串行化输出函数，完成 VRML 文件的输出。格式转换生成的 VRML 文件可用通用浏览器进行浏览，以检查转换结果的正确性。图 4-5 给出了

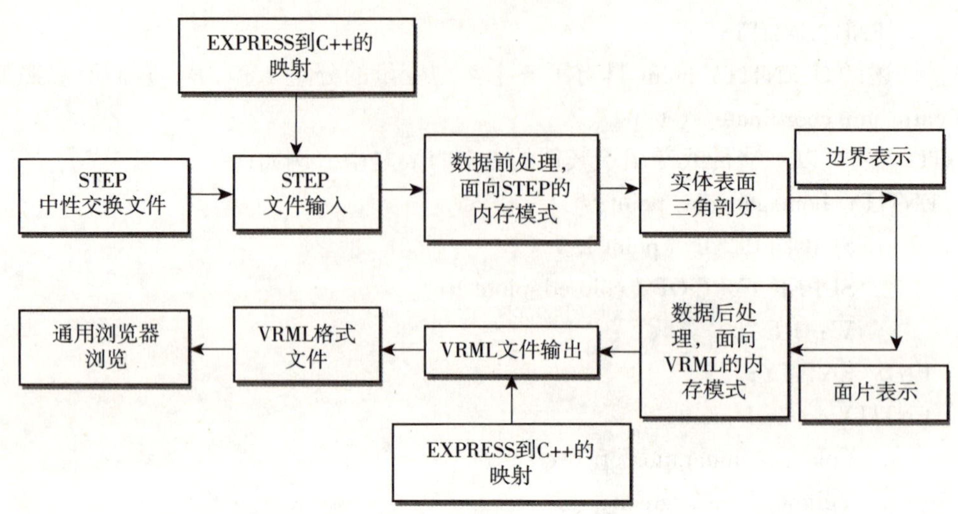

图 4-5　STEP 格式到 VRML 格式转换技术路线

STEP 到 VRML 格式转换的技术路线。

4.4　虚拟现实文件的逆向读取数据与图形域

VRML 是一种基于可计算信息的沉浸式交互环境，具体地说，就是采用以计算机技术为核心的现代高科技生成逼真的视、听、触觉一体化的特定范围的虚拟环境，用户借助必要的设备以自然的方式与虚拟环境中的对象进行交互作用、相互影响，从而产生亲临等同真实环境的感受和体验。

WRL 文件：.wrl 基于网络的虚拟现实文件格式，VRML viewer 可以观察这种文件的三维场景，并进行简单的交互。

WRL 是网上虚拟显示的一种标准文件格式，它是一个文本文件。

在文件的开头，是有关文本文件创建的一些信息，例如：

```
#VRML V2.0 utf8
Produced by 3D Studio MAX VRML97 exporter，Version2，Beta 1
#MAX File: NaC1 max， Date: Thu May 11 11:37:23 2000
```

接下来是文件的具体数据，包括材质、变换、面、顶点等信息，其中绝大部分是 3D 场景中点的坐标信息以及索引点的信息，例如：

```
DEF Cylinder11 Transformat {
Translation -6.06 -85.45 80.83
Rotation 0 0 -1 -1.571
Children[
    Transform{
        Translation 0 40.57 0
```

```
    Children[
      Shape{
        Appearance Appearance{
            Material Material {
                DiffuseColor 0.3412 -.8784 0.3412
            }
        }
      Geometry Cylinder { ratius 2 height 81.14}
      }
    ]}
  ]
}
…
coordIndex [1,4,5,2,-1,6,0,3,7,-1,4,6,7,5,-1,3,2,5,7,-1,6,4,1,0,-1]
…
```

了解了 WRL 的文件的格式后，就可以构造适合的数据结构模型，通过 CAD 软件提供的 API 函数对文本文件的输入和读取操作，构造相应的模型。

第 5 章　CAD 图形转化为 3DS MAX 的方法

5.1　CAD 图形与 3DS MAX 图形的一般转换

AutoCAD 和 3DSMAX 是 Autodesk 公司的两款产品，二者之间的坐标系精确配合，信息、数据能够正确快速地转换。目前有三种文件格式能够在 AutoCAD 和 3DSMAX 之间进行数据转换：DWG、DXF、3DS。

5.1.1　以 DWG 格式文件进行数据转换

DWG 是标准的 AutoCAD 绘图格式，3DSMAX 会自动将它转化为物体格式。这种格式能提供 3DSMAX 与 AutoCAD 间几何上和组织方法上的转变，但它不转换材质或贴图信息。这种格式能够在 3DSMAX 与 AutoCAD 的转换过程中保持几何体在两种环境中具有较高精度。

1）AutoCAD 的 DWG 格式文件输入 3DSMAX

（1）AutoCAD 输出 DWG 格式文件

在 AutoCAD 中任何一个已设计完成的图形文件都可以利用 Save 命令生成同名的 DWG 格式文件，然后输入到 3DSMAX 中。

（2）3DS MAX 输入 DWG 格式文件

DWG 文件是 AutoCAD 绘图格式文件，3DSMAX 会自动将它转换为对象格式。利用 AutoCAD 绘制的二维图形具有精确度高的特点，当我们需要高精确度的模型时也可以输入 DWG 格式文件。

在 3DSMAX 中选择“File”/“Import”（文件输入）命令，弹出“Select File to Import”对话框，在该对话框的“文件类型”下拉列表中选择 AutoCAD（*.DWG），再选择需要的 DWG 格式文件，然后单击“打开”按钮，弹出“DWG Import”对话框。在这个对话框中有两个选项。

①将对象与当前设计合并（Merge objects withcurrent design）

选择该选项可以把 AutoCAD 文件中的数据合并到当前设计中，当前的设计中原有的物体保持不变，新调的物体的坐标定位使用 AutoCAD 中的坐标系，原点与 3D Studio VIZ 中的坐标系重合。

②完全代替当前设计（Completely replace current design）

选择该选项也可以把 AutoCAD 文件中的数据合并到当前设计中，但当前设计中原有的物体完全被删除，新调入物体的坐标定位使用 AutoCAD 中的坐标系，原点与 3D Studio VIZ 中的坐标系重合。

由于第一次将模型从 AutoCAD 转入时当前场景是空的，所以这两种选择都一样，但是如果在当前场景中已经有物体，这些物体包括，环境以及设置好的灯光和摄影机，这时就需要通过合并的方式将建筑单体模型转换进来。

单击“OK”按钮，会弹出“Import AutoCAD DWG File”对话框。它包含四个选项。

用户根据需要进行选择后,单击“OK”按钮,弹出“Import AutoCAD DWG File”对话框。

该对话框中主要选项的含义如下：

a. Derive Objects By（导出对象依据）确定导入 DWG 文件时以 Layer、Color 或 Entity 中的一个选项作为转换依据。其中：

Layer（图层）选项是根据 DWG 文件中的图层来转换，每一层作为一贯相对分离的对象；

Color（色彩）选项是根据 DWG 文件中的对象层的色彩来转换，每一种色彩作为一个相对分离的对象；

Entity（实体）选项是根据 DWG 文件中的实体来划分转换，每一种实体作为一个相对分离的对象。

b. General Options（总体选项）

（i）Convert to single objects（转化为单个对象）复选框：3DS MAX 将 DWG 文件中的多重对 象进行组合，转换为一个单独的对象；

（ii）Convert blocks to groups（将块转换为组）复选框：3DS MAX 将 DWG 文件中的块转换为组；

（iii）Skip off and frozen layers（忽略关闭或冻结的图层）复选框：3DS MAX 将 DWG 文件中的关闭或冻结的图层忽略，不进行转换；

（iv）Skip hatches and points 复选框：3DS MAX 将 DWG 文件中的填充和点不进行转换；

（v）Group common objects（编组相同特性的对象）复选框：3DS MAX 将 DWG 文件中相同特性的对象编为一组。

c. Geometry Options（几何选项）：包含 4 个复选框和 2 个微调框

Weld（焊接）复选框：3DSMAX 将 DWG 文件中的重合顶点焊接为单独顶点，其右面的 Weldthreshold（焊接阀值）微调框用于调节顶点焊接距离，当顶点之间的距离不大于此值时，该两端点被焊接为一个顶点；

Auto-smooth（自动光滑）复选框：3DSMAX 将 DWG 文件中相邻的面依据光滑角度进行光滑处理，当两个相邻的面之间的夹角大于调节光滑角度时就进行光滑处理。其右面的微调框用于调节光滑处理相邻的面的角度阀值；

Unify normals（统一法向量）复选框：3DSMAX 将 DWG 文件中的对象所有表面向外，此设置会使 DWG 文件中的对象获得最佳的表面转换效果，但也可能发生少量的面转化错误，该错误可在 3DSMAX 中利用 Normal 命令进行矫正；

Cap closed entities（封闭实体）复选框：3DSMAX 将 DWG 文件中实体开口的两端进行封闭，以形成封闭的三维实体。

对各选项进行设置后，单击“OK”按钮确定，进行转化。

2）3DSMAX 的 DWG 格式文件输入 AutoCAD

（1）3DSMAX 输出 DWG 格式文件

在 3DSMAX 中选择“File”/“Export”（文件输出）命令，出现“Select File To Export”对话框，在对话框的“文件类型”下拉列表框中选择 .DWG 格式文件，指定输出文件的路径和名称，单击“保存”按钮，系统会弹出“Export AutoCAD DWG File”文件输出对话框，进行选择后，单击“OK”按钮，即完成了文件的输出。

（2）AutoCAD 输入 DWG 格式文件

在 AutoCAD 中选择“文件”/“打开”，出现“选择文件”对话框，在对话框的“文件类型”下拉列表框中选择 DWG 格式文件，指定文件的路径和名称，单击“打开”按钮。

在 AutoCAD 中打开的图形默认状态下为二维平面图形，单击“视图”/“三维视图”/“西南等轴测图”，则显示为三维立体图。

5.1.2 以 DXF 格式文件进行数据转换

DXF（Drawinge Exchange File）图形交换文件是由 Autodesk 公司开发的，它是一种基于矢量的 ASCII 码文本数据形式来描述图形的各种信息，并能将 AutoCAD 的模型直接转换为网格对象，并能 " 加盖 " 封闭实体。由于 AutoCAD 软件拥有大量用户，且在任何计算机系统上都可以读取这种文件，所以 DXF 标准文件已经成为二维图形文件上的标准。但 DXF 文件格式能定义表达的内容不太丰富，它主要用于输入和输出二维信息。

1）AutoCAD 的 DXF 格式文件输入 3DS MAX

（1）AutoCAD 输出 DXF 格式文件

在 AutoCAD 中任何一个已设计完成的图形文件都可以利用 DXFOUT 或 Save As 生成 DXF 格式文件，然后输入到 3DSMAX 中。

（2）3DS MAX 输入 DXF 格式文件

在 3DSMAX 中选择“File”/“Import”（文件输入）命令，选择 DXF 格式文件，系统会弹出 DXF 文件输入选择框，进行选择后，单击“OK”按钮，系统弹出 DXF 文件输入控制框。

在将 AutoCAD 中的 DXF 文件格式导入 3DS 时，出现 DXF 文件输入选择框，在此对话框中有 Layer（层）、Color（颜色）、Entity（实体）三种转换物体的方式供选择。

Layer：进入 3DS 时保留层名，一个层中的物体在 3DS 中为同一个物体；

Color：按 AutoCAD 中的颜色转换物体，一种颜色是一个物体；

Entity：按 AutoCAD 中的实体进入 3DS，3DS 自动给物体赋名编号，较常用的方法是将同一类物体（如表面要贴同一种材质的物体）放在 AutoCAD 同一层中，并给予易辨认的层名。

对各选项进行设置后，单击“OK”按钮确定，进行转化。

2）3DSMAX 的 DWG 格式文件输入 AutoCAD

（1）3DSMAX 输出 DWG 格式文件

在 3DSMAX 中选择“File”/“Export”（文件输出）命令，出现“Select File To Export”对话框，在对话框的“文件类型”下拉列表框中选择 DWG 格式文件，指定输出文件的路径和名称，单击“保存”按钮系统会弹出“Export AutoCAD DWG File”文件输出对话框，进行选择后，单击“OK”按钮，即完成了文件的输出。

（2）AutoCAD 输入 DXF 格式文件

在 AutoCAD 中选择“文件”/“打开”：出现 “选择文件”对话框，在对话框的“文件类型”下拉列表框中选择(3.DXF)格式文件,指定文件的路径和名称,单击“打开”按钮。

在 AutoCAD 中打开的图形默认状态下为二维平面图形,单击“视图”/“三维视图”/“西南等轴测图”，则显示为三维立体图。

5.1.3 以 3DS 格式文件进行数据转换

3DS 格式，是 DOS 环境下 3D Studio 产品的基本格式，并且也是当前从二者之间转换材质和贴图的唯一方法。

1) AutoCAD 的 3DS 格式文件输入 3DSMAX

(1) AutoCAD 输出 3DS 格式文件

①在 AutoCAD 中选择“文件”/“输出”菜单项，系统会弹出“输出数据”，对话框，在对话框的“文件类型”下拉列表框中选择 3D Studio 文件，指定输出文件的路径和名称，单击“保存”按钮或在命令行中直接输入 3DSOUT，选择要输出的对象后，系统弹出“3D Studio 文件输出”对话框，直接指定输出文件的路径和名称，单击“保存”按钮。

② AutoCAD 会在命令行提示“选择对象”，在图形窗口中拾取所要输出到 3D Studio 文件中的对象，选择完后按下“Enter”键，结束选择操作。

③系统会弹出“3D Studio 文件输出选项”对话框，如果在前面已经将各个部件放置在不同的图层中，就可以选择“图层”选项作为区分对象的标准，其他选项使用默认值，单击“确定”按钮完成 3D Studio 文件的输出 [3]。

(2) 3DSMAX 输入 3DS 格式文件

在 3DSMAX 中选择“File”/“Import”(文件输入) 命令，选择 3DS 格式文件，系统会弹出 3DS 文件输入选择框，进行选择后，单击“OK”按钮，系统弹出 3DS 文件输入控制框。对各选项进行设置后，单击“OK”按钮确定，进行转化。

2) 3DSMAX 的 3DS 格式文件输入 AutoCAD

(1) 3DSMAX 输出 3DS 格式文件

在 3DSMAX 中选择 “File”/“Export”(文件输出) 命令，出现“Select File To Export”对话框，在对话框的“文件类型”下拉列表框中选择 (3.3DS) 格式文件，指定输出文件的路径和名称，单击“保存”按钮，系统会弹出“Export Scene To…”文件输出对话框，进行选择后，单击“OK”按钮，即完成了文件的输出。

(2) AutoCAD 输入 3DS 格式文件

在 AutoCAD 中选择“插入”/“3DS”命令，或在命令行中直接输入 3DSIN 命令，出现“3DS 文件输入”对话框,在此对话框中选择文件名并打开,出现“3DS 文件输入选项”对话框,进行相应的选择后,单击“全部添加” 按钮,再单击“确定”,即可得到未渲染图形。

5.2 3DS MAX 中 MAXScript 脚本语言的语法基础

5.2.1 MAXScript 操作界面

MAXScript 是 3DSMAX 内置脚本语言，Max2.0 及以后加入的功能。也能使用在与 3DS

MAX 相关的产品中如 Autodesk VIZ、character studio、Plasma 和 GMax; 脚本可使用于建模、动画、材质、渲染等。它是专门为 3D Studio Max 设计的。可以这样说，用脚本可以把 Max 几乎所有的功能重写一遍（少数功能除外），而且能实现无法用鼠标键盘实现的操作。

1）MAXScript Listener 脚本侦听器

MAXScript Listener 脚本侦听器打开方法：

（1）菜单栏（图 5-1）

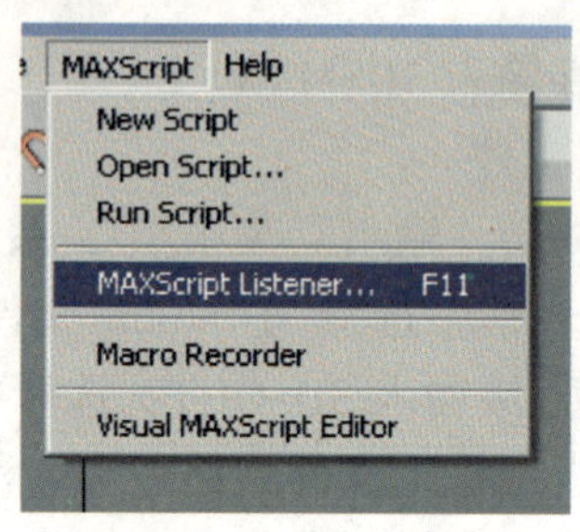

图 5-1　脚本侦听器菜单栏

（2）迷你侦听器上右键打开

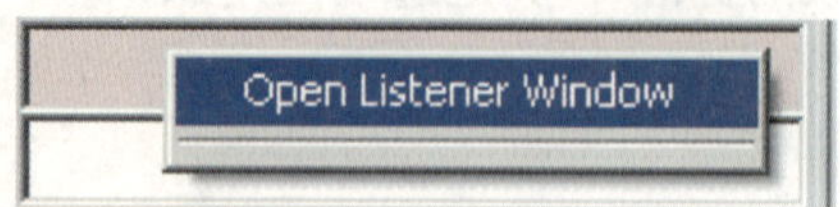

（3）点命令面板那个“锤子”

然后单击 MAXScript，就出现如图 5-2 所示的对话框。

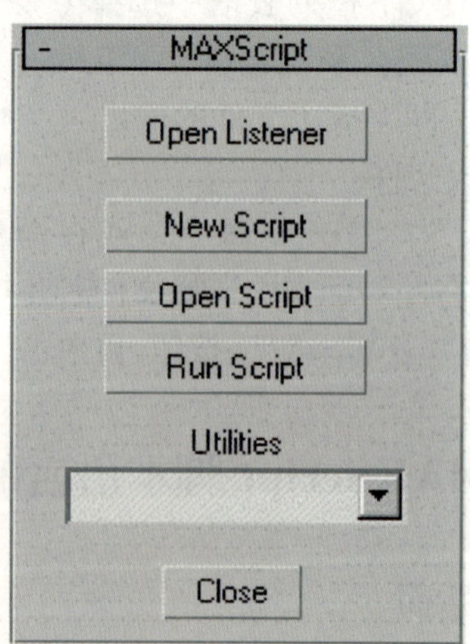

图 5-2　单击 MAXScript 后的对话框

然后单击 Open Listener。

打开后就出现脚本侦听器的欢迎界面，如图 5-3 所示。

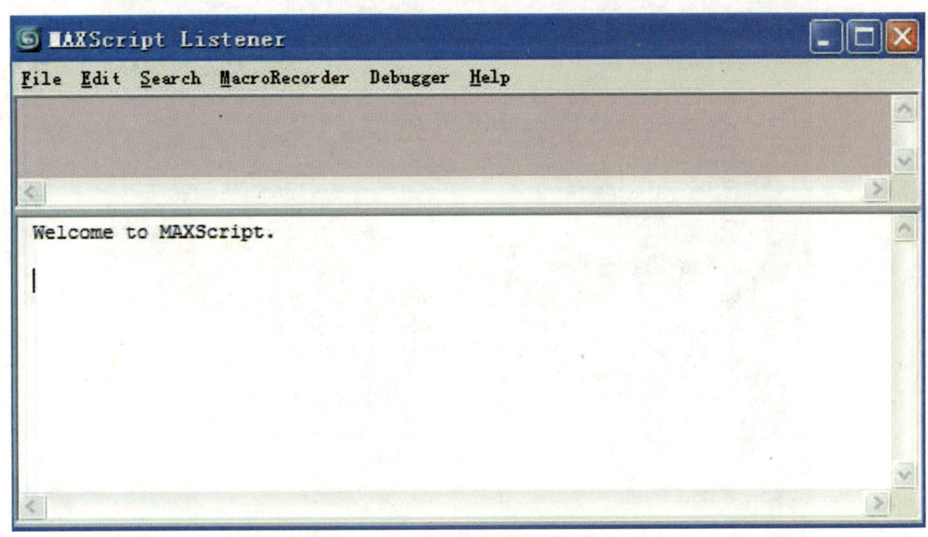

图 5-3　脚本侦听器欢迎界面

2）新建、编辑、运行脚本文件

我们已经知道如何开始 MAXScript，接下来将学习如何新建、编辑、运行已有的脚本文件。脚本文件后缀为 *、ms 或 mse。

（1）新建脚本文件

新建一个脚本文件有下面两种方法：

方法一：在 MAXScript 单栏下选择 NewScript。

方法二：在 UTILTY 信念面板里展开 MAXScrip 卷展栏，按下 New Script 按钮。

（2）编辑脚本文件

同样，编辑一个已有的脚本文件也有下面两种方法：

方法一：在 MAXScript 单栏下 Open Script。

方法二：在 UTILITY 命令面板里展开 MAXScript 卷展栏，按下 Open Script 按钮，在弹出的文件选择对话框里选择要编辑的脚本文件。

（3）运行脚本文件

运行 3DS MAX 脚本文件的方法有下面三种：

方法一：在 3DSMAXSCRIPT 菜单栏里 Run Script。在弹出的文件选择对话框中选择要运行的脚本文件后，在单击 Open 按钮，MAXScirpt 就立刻开始执行指定的脚本文件。

方法二：在 UTILITY 命令里，展开 MAXScript 展栏单击 Run Script 按钮。

方法三：从 Windows 命令行里直接运行脚本。

设置自动查找启动脚本文件的方法为：在 3DS MAX 菜单中 Custonmize/Preference，在弹出的 Preference Settings 对话框里选择 MAXScript 选项卡，然后按如图 5-4 所示进行设置。

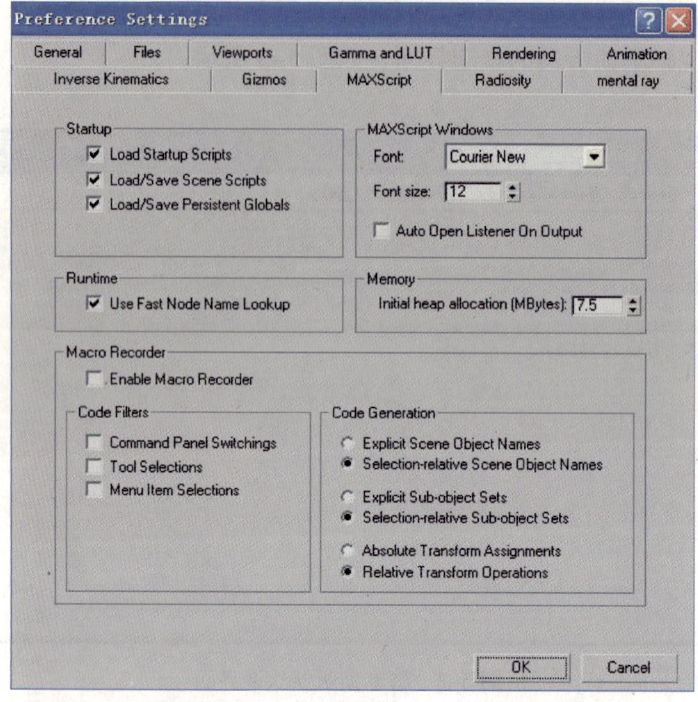

图 5-4　Preference Settings 对话框

MAXSript Listener 窗口兼有编辑和命令提示的，安装可以执行用户窗口里输入的命令，也可以对该命令进行编辑然后执行修改后的命令。

3）MAXScript Editor 窗口

MAXScript Editor 窗口功能及特点

MAXScript Editor 窗口是一个文本编辑窗口，用户可以要 3DSMAX 里用它进行文本文件（主要是 MAXScript 脚本文件）的创建、编辑。如图 5-5 所示。

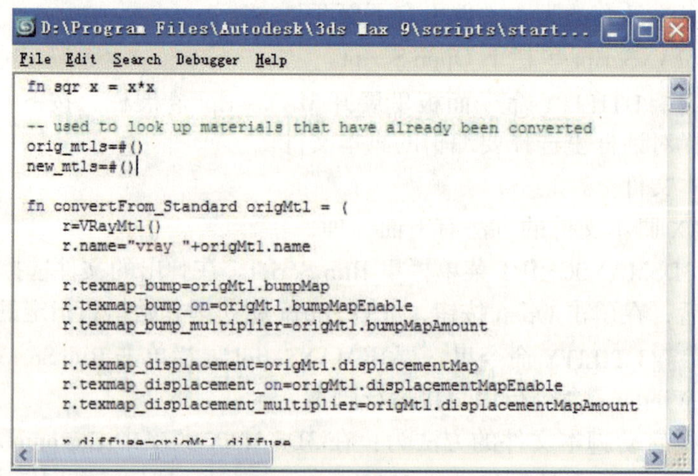

图 5-5　MAXScript Editor 窗口

4）Visual MAXScript Editor 可视化脚本编辑器

Visual MAXScript Editor 可视化脚本编辑器打开界面，如图 5-6 所示。

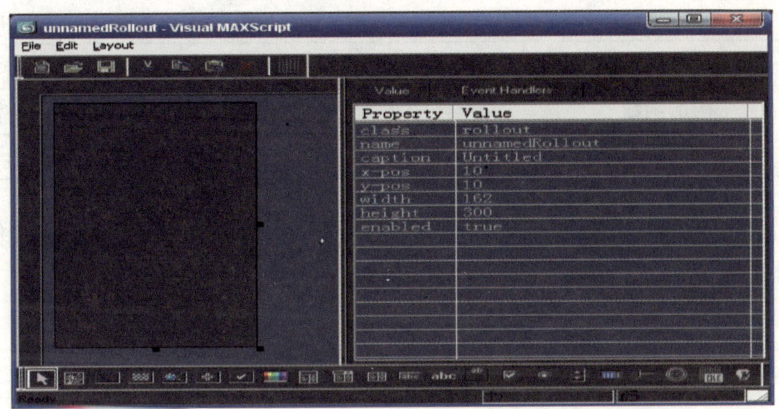

图 5-6　Visual MAXScript Editor 可视化脚本编辑器

5.2.2　MAXScript 基础知识

1）语法定义的格式说明

MAXScript 语句中标点符号较少，规则简单；对大小写不敏感，书写格式简单灵活，一个表达式换行后无需加任何标点符号。

规则中特殊字符的意义如表 5-1 所示。

规则中特殊字符的意义　　**表 5-1**

书写规则	规则说明
[...]	括号中的内容为可选
（…|…|…）	从多项中选择一项
{…}	可以指定零次或多次括号 {} 里的内容
{…}+	可以指定一次或多次括号 {} 里的内容
::=	为语法规则命名
（rule）	命名规则的内容
Bold_characters	规则中直接使用的符号字符

2）MAXScript 语法基础

MAXScript 是一种内部面向对象的语言，面向对象编程的原则就是用户不知道的内部运行情况；用户所有与类之间交互都通过类的外部界面进行的。界面可分割为如表 5-2 所示的形式。

界面分割形式 表 5–2

分类	说明
属性	获取类的参数
方法	调用某一类构造对象的函数
操作符	数学运算或操作符号
构造函数	创建各个对象的不同方法
字面常量	所有类的对象的字面形式

在 MAXScript 里，用来进行开始语法定义的词，称为保留关键字，这些保留关键字不能用做变量名或标识符，否则系统会给出一个错误信息。

保留关键字说明 表 5–3

保留关键字	说明	保留关键字	说明
about	About 语句	not	逻辑表达式
and	And 逻辑表达式	of	case 表达式
animate	Animate 语句	Off	预定义全局变量
as	数据类型转换操作符和方法	On	Rollout 子句
at	设置时间（关键帧）	or	逻辑表达式
by	for 循环	parameters	脚本插件子句
case	case 表达式	persistent	脚本插件全局变量
catch	try 表达式	plugin	脚本插件
collect	for 循环	rcmenu	鼠标右键脚本菜单
continue	跳过循环	ruturn	Return 表达式
coordsys	coordsys 语句	Rollout	Utility 子句
do	while 和 do 循环	set	Sticky 关联表达式
else	If 表达式	struct	结构定义
exit	循环退出	then	if 表达式
fn	创建自定义函数	throw	try 表达式
for	for 循环	to	for 循环
from	from 作为保留字，但在目前版本中并未使用	tool	脚本鼠标
function	创建函数	try	try 表达式
global	指定变量作用域	undo	undo 子句
if	if 表达式	utility	脚本工具
in	for 循环	when	when 子句
local	指定变量作用域	where	for 循环
macroscript	定义脚本宏	while	while 和 do 循环
mapped	创建函数	with	循环退出
max	3DSMAX 命令		

标点、符号用来分隔或组合子语句，或是特殊的数学运算符。

标点、符号说明 表 5-4

标点、符号	说明
( )	块表达式
+ – * / ^	数学表达式
+= –+ *= /= =	数学赋值
––	注释语句
;	将同一行里几个语句分开
<eol>	文件末尾标记
,	用于分隔 Array 类数据的各元素
[ ]	用于 2D 和 3D 点字面常量
:	函数调用中可选参数指定
‘	Name 类值
.	小数点
{ }	用于 BitArray 数值
#	用于 Array 类值
== !=	逻辑表达式
< <= > >=	逻辑表达式
?	上一次运算的结果
$ …	用于 PathName 类数据字面常量
...	用于 BitArray 值
\	源代码续行

3）MAXSscript 里的数学运算

MAXScript 里的数学运算一般有基本的数学运算、字符运算、随机数函数和递增函数等。

（1）基本的数学运算

MAXScript 有一个内嵌的计算器功能，可以进行加、减、乘、除等基本的数学运算，它还能识别几个数学常量，如 P_i，比如为了计算一个半径 3 的圆的面积，可以输入：$S=P_i$*3^2

（2）字符运算

MAXScript 可以对字符进行简单的运算，比如：

A= “welcome to”

B= “MAXScript”

A+B

将在输出区域显示运算结果：

welcome to MAXScript

（3）随机数函数

随机数是 MAXScript 里有用的函数之一，格式为：

Random number1 numer2

它生成一个大小处于 number1 和 number2 之间的随机数，生成随机数的数据类型和一个变量相同。

（4）递增函数

这是一种赋值的缩写形式，其语法为

<destination>+=<expr>

<destination>–=<expr>

<destination>*=<expr>

<destination>/=<expr>

其中，<destination > 为目标函数，<expr> 为表达式。

5.2.3 MAXScript 常用的数据类型

脚本语言处理的对象是数据，在 MAXScript 里，数据被赋予一个类名：Value。数据也是所有 MAXScript 类的基础。每种高级语言都规定了它可以使用的数据类型，MAXScript 语言也同样有自己的数据类型。

MAXScript 里常用数据类型见表 5–5。

MAXScript 里常用数据类型 **表 5–5**

<table>
<tr><th>序号</th><th>常用类型</th><th>字面变量</th><th>构造函数</th><th>属性</th><th>操作符</th></tr>
<tr><td>1</td><td>Number</td><td>[–]{<digit>}[.{<digit>}[（e|E）[+|–]{<digit>}+] 十进制数
Ox{<hex_digit>}+ 十六进制数</td><td></td><td></td><td>+ – * / ^ –（负号）== != > < >= <= as</td></tr>
<tr><td>2</td><td>String</td><td>“<characters>”</td><td><value> as string</td><td><string>.count</td><td>+ == != > < >= <= as</td></tr>
<tr><td>3</td><td>Name</td><td>#<var_name></td><td><string> as name</td><td></td><td>== != > < >= <=</td></tr>
<tr><td>4</td><td>BooleanClass</td><td>True、false 或 on、off</td><td></td><td></td><td>not，and，or</td></tr>
<tr><td>5</td><td>Color</td><td>red、green、blue、white、black、orange、yellow、brown、gray</td><td>color r g b [a]
<point3>as color</td><td></td><td>== != + – * /</td></tr>
<tr><td>6</td><td>Point3</td><td>[<expr>，< expr >，< expr >]</td><td>point3<x><y><z>
<color> as point3</td><td><point3>x
<point3>y
<point3>z</td><td>== != + – * /</td></tr>
<tr><td>7</td><td>Point2</td><td>[<expr>，< expr>]</td><td>Point2<x><y>
Point3 as point2</td><td><point2>x
<point2>y</td><td>== != + – * /</td></tr>
<tr><td>8</td><td>Ray</td><td></td><td>Ray<pos_point3><dir_point3>
<node> as ray</td><td><ray>.pos
<ray>.position
<ray>.dir</td><td></td></tr>
</table>

续表

序号	常用类型	字面变量	构造函数	属性	操作符
9	Quat		quat<x_float><y_float ><z_float> <w_float > quat<degrees_float><axis_float > <angleaxis>as quat <matrix3>as quat	<quat>.w:float <quat>.x:float <quat>.y:float <quat>.z:float <quat>.angle:float <quat>.angle:point3	
10	AngleAxis	angleaxis<degree_float><axis_ point3> <quat> as angkeaxis <eulerangle>as angleaxis <matrix3>as angleaxis		<angleaxis>.angle:float <angleaxis>.axis:point3 <angleaxis>.numrevs: integer	== != as
11	EulerAngles		Angleaxis<de>		
12	Time				

5.2.4 MAXScript 语言的变量

1）预定义系统变量

变量是各种值的一个载体。我们可以先给变量赋一个值，然后通过变量名又可以重新获取这个值。在本章里，将讨论与变量有关的各种属性。

通常变量赋值的语法为：

<destinaion>=<sxpr>

2）为变量赋值

变量赋值

变量是各种值的一个载体。我们可以先给变量赋一个值，然后通过变量名又可以重新获取这个值。

通常变量赋值的语法为：

<destinaion>=<sxpr>

其中 <destinaion> 可以是一个变量名、属性或数组元素。

如果 <destinaion> 是一个变量名，它标识变量并被赋值。

如果 <destinaion> 是属性或数组元素，我们称为赋值给存取器。存取器用来存取一个复合值，如数组、三维点的某个成员。

在 MAXScript 中有两种存取分别对应两种复合值：一种是值按可索引的顺序排列，如数组或字符串，另一组是复合值由一组有固定名字的分组组成，如三维点。所有 3DSMAX 对象，如 Box、Sphere、Bend、Modifier 都是第二种意义的复合值，所有它们的参数如 Height、Angle 贴图文件名都可通过命名分量进行存取。在 MAXScript 里，这些命名分量也叫做属性。存取器的两种形式为：

<operand>[<expr>]　　数组；

<operand>.<var_name>　　属性。

3）变量的作用域

变量有一个被称为作用域的特性，这决定了在 MAXScript 程序可以存取一个变量的范围：全局或局部。全局变量在所有运行的 MAXScript 代码中都可以进行存取并保持它们的值，直到退出 3DSMAX。局部变量仅可以在它有效的范围内进行存取操作，并仅在作用域内保持它们的值，一旦程序运行超出了局部变量的作用域，我们就不能存取它们的内容了。这一点与大多数现代编程评议中处理变量的方法是相似的，下面来讨论在什么情况下，MAXScript 创建一个新的变量作用域。

MAXScript 可以显式地声明并初始化全局变量和局部变量，其语法为：

<variabele_decls>:=（local|global）<decl>{，<decl>}

（1）局部变量和全局变量

在 MAXScript 里，我们可以创建两类变量，全局变量（Global）和局部变量（Local）。我们可以在程序的任何地方使用这些变量，除了在官方语言该变量之前，如下面程序会产生一运行错误：

```
sphere radius:rad
global ra=10
```

应该写成下面的形式：

```
global rad=10
sphere radius:rad
```

全局变量一旦被定义，就可以在接下来的脚本程序的任何地方使用。和 AutoCAD 一样，在 MAXScript 里也有一些系统事先定义好的全局变量，称之为变量由系统创建，并被赋予了默认值，它们中的大多数可以被重新赋值。

（2）保留全局变量

保留全局变量是 MAXScript 自动赋值的变量，分为三类：预定义全局变量（如 pi 和 red）、3DSMAX 系统变量（如 currentFrame）、MAXScript 系统变量。

（3）预定义全局变量

预定量一些在脚本中频繁出现的特定的值，这些变量是只读的：True、False、On、Off、pi、e、red、green、blue、white、black、orange、yellow、brown、gray、x.axis.y.yaxis、z.axis、OK、undefined、unsupplied。

（4）3DSMAX 系统变量

3DSMAX 系统变量为用户提供了获取 3DSMAX 系统信息的途径，除了那些只读的系统变量以外，用户可以获取或赋值给系统变量：activegred、ambientcolor、ambientcolorConreoller、animationrange、animButtonEnabled、animButtonState、autoBackup.enabled、autoBackup.time、backgroundColor、backgrounColorController、backgroundlmageFileName、cui.commandPanrlOpen、currentMaterialLibrary、displayGamma、FileInGamma、FileOutGamma、DisplaySafeFrames、environmentMap、flyOffTime、globalTracks、hardwareLockID、hotspotAngleSeparation、Keyboard.ShiftPressed、Keyboard.ControlPressed、Keyboard.altPressed、LightLevel、LightevelController、Listener、LocalTime、Logsystem.quirtmode、MacroRecorder、MaxFileName、MaxFilePath、MeditMaterials、MumEffects、NumAtmospherics、numSubObjectLevels、PlayActiveOnly、

PreFerences、ConstantReferencSystem、Preferences.flyOffTIme、Preference.MAXiumGbuffer-Layers、Preferences.SpinnerWrap、Preferences.UseLargeVertex-Dots、Preferences.UseTransform-Gizmos、Preferences.UseVertexDots、realtimePlayback、renderer、renderDisplacements、renderEffects、renderHeight、renderPixelAspect、renderWidth、renerOutputFilename、rootNode、SceneMaterials、ScriptsPath、SelectionSets、ShowEndResult、SkipEenderedFrames、SliderTime、SnapMode.active、SnapMode.ype、SubObjectLevel、SysInfo.DesktopSize、Sysinfo.DesktopBpp、SysInfo.MaxPriority、tcksPerFrame、timeConfiguration、playActiveOnlty、TimeConFiguration、UseTackBar、Trackbar.filter、Trackbar.visible、TrackViewNodes、Units.DisplayType、Units.MetricType、Units.UsType、Units.USFrac、Units.CustomName、Units.CustomValue、Units.CustomUnit、Units.SystemScale、Units.SystemType、UseEnvironmentMap、VideoPostTracks、Viewport.activeViewport、Viewport.numViews。

（5）MAXSctipt 系统变量

MAXSctipt 系统变量用来在脚本程序中存取 MAXSctipt 系统的状态：currentTime、editorFont、editorFontSize、editorTabWidth、escapeEnable、HeapFree、HeapSize、inputTextColor、messageTextColor、outputTextColor、options.oldPrintStyles、stackLimit。

（6）变量的几个特性

对 MAXSctipt 的变量而言，有以下几个特性：类型自由、引用赋值、变量内存空间分配和空间释放及手工释放内存空间。

5.2.5 MAXScript 语言表达式

MAXScript 的基本结构就是表达式，表达式大致可分为简单表达式、关联表达式及控制程序流程。

1）简单表达式

简单表达式是由操作数和操作符组成；主要包括赋值和一些常规编程语句组成。

简单表达式可分为以下几类：数学表达式、比较表达式、逻辑表达式、函数调用表达式、块表达式等。

（1）数学表达式

MAXScript 里的数学表达式对应数学的运算表达式，如加、减、乘、除等。

MAXScript 数学运算符有：

+——数学中的加号；

-——数学中的减号；

*——数学中的乘号；

/——数学中的除号；

^——数学中的幂运算；

as——强制类型转换。

其构造方法有：

<math_operand>+<math_operand>——加法；

<math_operand>-<math_operand>——减法；

<math_operand>*<math_operand>——乘法；

<math_operand>/<math_operand>——除法；

<math_operand>^<math_operand>——指数运算；

<math_operand>as<class>——转换数据类型。

其中，<math_operand> 可以是操作数、调用函数表达式或数学表达式。

（2）比较表达式

比较表达式可以比较可比类型的值,其结果总是两个布尔值 true 和 false 之一(表 5-6)。

比较运算符 **表 5-6**

运算符	含义	示例	输出值
==	全等于	1 == 2	false
		1 == 1	true
!=	不等于	1 != 2	true
		1 != 1	false
>	大于	1 > 2	false
		2 > 1	true
<	小于	1 < 2	true
		2 < 1	false
>=	不小于	1 >= 2	false
		1 >= 1	true
		2 >= 1	true
<=	不大于	1 <= 2	true
		1 <= 1	true
		2 <= 1	false

比较表达式有下面几种形式：

<compare_operand>==<compare_operand>——恒等于；

<compare_operand>!=<compare_operand>——不等于；

<compare_operand>><ompare_operand>——大于；

<compare_operand><<compare_operand>——小于；

<compare_operand>>=<compare_operand>——不小于；

<compare_operand><=<compare_operand>——不大于。

其中，<compare_operand> 可以是数学表达式、操作数或调用函数表达式。

（3）逻辑表达式

逻辑表达式用来连接布尔表达式（如比较表达式）的结果，来构造复杂的条件表达式（表 5–7）。

布尔运算符 **表 5–7**

运算符	真判断条件	示例	示例输出
and	双方都为“真”	false and false	false
		true and false	false
		true and true	true
or	其中一方为“真”（右边带大写的 TRue 表示强调）	false or false	false
		true or false	true
		true or true	true
not	对条件进行反判断（是非颠倒）	not true	false
		not false	true

逻辑表达式形式有：

<logical_operand>and<logical_oprand>——其中任何一个逻辑操作数的值为 true 时，其结果为 true；

<logical_operand>or<logical_oprand>——两个操作数值为 true 时，其结果为 true；

[not]<logical_oprand>——操作数的值为 false 时，其结果为 true。

其中，<logical_oprand> 可以是操作数、比较函数、函数调用表达式或逻辑表达式。

（4）函数调用表达式

函数调用表达式把变量的值传递给 MAXScript 函数或用户自定义的函数，由函数返回的值称为调用结果，函数调用有以下几种格式：

<operand>{<argument>}——一个或几个实参；

<operand>（ ）——没有实参，将使用函数的缺省值。

其中，<argument> 可以为操作数、参数的操作数。

（5）块表达式

块表达式是编写脚本程序时的基本结构。我们可以将一系列表达式组成一个块，并按顺序执行它们。

其语法定义为：

（<expr>{（；|<eol>）<expr>}）——<eol> 表示换行。

即块表达式是用圆括号括起，通过换行或“；”隔开其子表达式的一系列表达式。在 MAXScript 里也允许用空块表达式：( )，有时我们可以在程序中放一个空块表达式，留待以后填充它，当求值时，空块表达式返回 undefined。

2）关联表达式

关联表达式与 3DSMAX 界面中的某些重要的工具时间按钮、时间滑块、坐标系统相对应。我们可以用关联表达式设置坐标系统，设置动画生成状态及指定时间位置上生成关键帧。

关联表达式可分为以下几类：坐标系关联表达式；about 关联表达式；animate 关联表达式；at time 关联表达式；at level、in 关联表达式等。

（1）坐标系关联表达式

坐标系关联表达式对应 3DSMAX 主工具栏的 Reference Coordinate System（当前引用坐标系）下拉列表。其格式为：

[in]coordsys<coordsys_spec>

用来强制执行指定坐标系里三维坐标。在指定坐标系为参照坐标系中可以在一个坐标系关联语句里执行对象移动，缩放，旋转操作以及设定转换有关的属性；属性；在坐标关联语句存取坐标属性是以指定坐标系作为原点，转角的坐标属性可以指定坐标系作为原点，也可以存取在坐标系关联语句里。

MAXScript 中常用的坐标系关联表达式：

[in]coordsys world——使用世界坐标系；

[in]coordsys local——使用局部坐标系；

[in]coordsys screen——使用当前视图坐标系；

[in]coordsys grid——使用指定的网格坐标系；

[in]coordsys parent——使用父物体的坐标系；

[in]coordsys <matrix3>——使用指定由矩阵表达式的坐标系；

[in]coordsys <node>——指定节点的局部坐标系，其作用相当于 3DSMAX 界面中使用“pick”来确定坐标系。

（2）about 关联表达式

关联语句 about 对应于 3DSMAX 主工具栏里 Rotate|ScaleTransformCenter 列表工具，其格式为：

about<center_spec>

用于指定缩放和旋转中心点。

MAXScript 中常用的 about 关联表达式：

about selection——以当前选择物体的中心为旋转和缩放中心。

about pivot——以指定物体的重心为旋转和缩放的中心。

about coordsys——围绕由坐标系关联表达式正确的坐标系的中心做旋转和缩放。

about<node>——用给定的节点的重心为旋转和缩放点。

about<matrix3>——以矩形表示的坐标系中心做旋转和缩放。

about<point3>——在当前坐标系内，以空间某点为中心做旋转和缩放。

（3）animate 关联表达式

关联语句 animate 对应 3DSMAX 界面 animate 按钮的设置，其格式为：

[with]animate<boolean_expr>

用于指定产生动画关键帧。

表达式、操作数或块表达式都可以放入动画关联表达式中；当表达式为 animate on 时，无论 3DSMAX 界面中的动画按钮是否激活只要改变 3DSMAX 对象的一个动画参数就可以产生关键帧；当表达式为 animate off 时，将不会产生关键帧。

（4）at time 关联表达式

关联语句 at time 对应 3DSMAX 用户界面的时间滑标，其格式为：

at time<time>

用于关键帧产生的时间。

MAXScript 中常用 at time 关联表达式。

Slidertime 为系统变量，用来查询 3DSMAX 时间滑标的当前时间值。

（5）at level、in 关联表达式

关联语句 at level 将指定节点对象作为关联语句里指定路径名或创建的场景对象的根节点，其格式为：

at level<node>

in<node>

系统将自动指定 <node> 作为关联语句里任何路径名的前缀，或作为关联语句里创建的场景对象的父对象。在顶级名称前加一个根路径符“/”，将告诉系统从对象树的根路径开始查找对象，而不是从当前工作级别开始。

3）控制程序流程

3DSMAX 脚本语言和其他的编程语言一样也有自己的控制流程的语句，可实现对控制程序流程的表达式类型有以下几种：If 表达式，case 表达式，While 循环和 do 循环，for 循环，Continue 语句，exit 语句。

（1）If 表达式

If 表达式通过是以基于一个布尔表达式的结果为条件，来执行一个表达式。

其语法结构有以下两种：

if<exprl>then<expr2>[else<expr3>]

if<exprl>do<expr2>

其中，<exprl> 为判断表达式，<exprl> 的判断结果必须是 true 或 false。若判断结果为 true 时，then 或 do 之后的表达式将被执行，其结果作为 if 表达式的返回值；若判断结果为 false 时，else 之后的表达式将被执行，其结果作为 if 表达式的返回值，但表达是中没有 else 或使用 do 形式，if 表达式将返回 undefined。

（2）case 表达式

case 表达式将一个测试表达式的结果和一系列标签表达式的标签进行比较，根据比较结果从中选择一个标签表达式进行求值，其语法结构为：

case[<expr>]of（<cases>）

其中 <expr> 是测试表达式，而 <cases> 是带标签的表达式序列，其语法为：

<factor>:<expr>

Default:<expr>

在 case 表达式里，当第一个标签与判断表达式相匹配的标签后面的表达式才会被执行，

所有的标签必须和条件表达式两者必须具有可比性；若 case 表达式中没有相匹配的选项，则 case 表达式会返回 undefined。

（3）While 循环和 do 循环

While 和 do 循环用来重复执行一个表达式，直到测试表达式的结果为 false。其语法结构为：

while<expr>do<expr>

do<expr>while<expr>

其中，<expr> 为判断表达式，只要 while 后表达式判断结果为 true，两种循环都将重复 do 后表达式；while 循环和 do 循环的区别在于：while 是先判断后执行 do 后表达式，而 do 是先执行后判断。

（4）for 循环

for 循环表达式是通过给定范围的数、时间或已经排序值的集合进行控制，多次重复执行的程序。for 循环语法结构为：

for <var_name>（in|=）<sequence>（do|collect）<expr>

其中，<var_name> 为循环索引变量名，<sequence> 为循环值的集合，可以为以下几种形式：

<expr>to<expr>[by<expr>][where<expr>]

<expr>[where<expr>]

第一种 <sequence> 是数的循环，第二个 <expr> 为循环变量赋初值，to<expr> 是循环变量的终值，by<expr> 的值为循环值的增量，若 by<expr> 的值没有给定，则使用缺省值 1。

第二种 <sequence> 形式是可排序的集合，通过循环迭代依次赋给循环变量。

这两种 <sequence> 中都有一个可选的 where<expr>，求值必须为 true 或 fasle；但 where 表达式在循环之前被求值，只要其结果为 true 时，才会继续执行循环。

（5）Continue 语句

在 Maxcript 中有一种用来直接跳过 for、do、while 循环，开始下轮循环的 continue 语句。其语法结构为：

continue

（6）exit 语句

在 Maxcript 脚本语言中用来提前打断 for、do、while 循环，无论循环判断表达式的结果是否为 true，都应直接退出循环。

其语法结果为：

Exit[with<expr>]

其中，任选项 with<expr> 用来指定循环提前退出的返回值；若未指定退出值，将返回值 undefined。

5.3 MAXScript 操作场景对象

3DSMAX 对象包含 Node（场景节点类）、Modifier（修改器类）、Material（材质类）。

MAXScript 脚本语言把它们归为 MAXWrapper 的子类。MAXWrapper 是代表 3DSMAX 所有对象的超级类。MAXWrapper 的值包含对与之相连的 3DS MAX 对象的引用，当一个 3DS MAX 对象被转换、删除或属性被修改时，MAXScript 会马上知道。

5.3.1 3DSMAX 的节点对象（创建 Node 对象）

节点可代表 3DSMAX 中的场景物体包括几何体、相机、线形等。

1）Node 类构造函数

<non_wild_card_pathname>——标示场景中一个节点

<objectset>[<Integer>]

<wild_card_pathname>[<Integer>]——索引路径名集合的元素。

```
<Node_constructor>[name:, string>][prefix:string>]\
                    [material:<material>][target:<node>]\
              [pos:point3>][posrtion:<point3.]\
              [rotation:<quat>][scalr:point3>]\
              [pivot:<point3>]transform:<matrix3>]\
[isSselected:<boolean>][dir:<point3>]\
```

一个 Node 类构造函数是在节点的某个子类中列出的一个子类，Node 的子类包括：Geometryclass（几何体）、Shape（线形）、Light（灯光）、Camera（相机）、Help（辅助体）、Spacewarp Object（空间扭曲）。

2）Node 类通用方法

```
IsValide<var>
move<node><point3>                        mapped，移动对象
scale<node><point3>                       mapped，缩放对象
rotate<node><angle><axis_point3>          mapped，旋转对象，角度单位为度
rotate<node><quate>                       mapped
rotate<node><eulerangle>                  mapped
copy<node>                                mapped
reference<node>                           mapped
instance<node>                            mapped
snapshot<node>                            mapped
delete<node>                              mapped
instanceReplace<dest_node><src_node>      mapped
erferenceReplace<dest_node><src_node>     mapped
attachObjiects <node1><node2>[move:<boolean>]
geTMController<node>
bindspaceWarp <node><spacewarp_node>
getPolygonCount<node>
```

isShapeObject <node>

numSurfaces<node>

isSurface<node>

issurfaceUVClosed<node><surface_index_integer>

invalidateTM<node>

invalidateTreeTM<node>

invalidateWS<node>

getNodeBYName<string>exact: <boolean>

snapshotASMesh<node>

getInheritanceFlages<node>

setInheritanceFlage<node>（#all|#none|<bitarray>）keepPos:<boolean>

getTransformLockFlags<node>

getTransformLockFlags<node>（#all|#none|<bitarry>）

3）Node 类通用属性

Node 通用属性可以由任意的 Node 子类存取（特别声明的除外），这些属性不能用做设置动画。

<node>name:string，默认值：不定；

<node>baseObject：Node 的子类，默认值：不定，只读；

<node>material：material，默认值：undefined；

<node>parent：Node，默认值：undefined；

<node>children：NodeChildrenArray，默认值：undefined；

<node>mesh：TriMesh。

5.3.2 SplineShape （可编辑曲线）

SplineShape（可编辑曲线）是由线形对象转换成的可编辑形式。是由线形物体被添加 Edit Spline 修改器或修改器做塌陷转换而成的物体。

在 MAXScript 脚本语言编辑可编辑曲线时，应注意以下内容：

（1）通过 conver To Spline Shape（）函数把 Shape 类对外转换成 SplineShape 类对象。

（2）在 Shape 对象被 3DSMAX 使用前或在 MAXScript 来改变线形前执行刷新操作，用 updateShape（）函数刷新 Shape 类对象的内部缓存和 3DSMAX 视窗。

（3）Bezier 曲线控制点的输入和输出矢量是以它们控制柄的坐标形式出现的，而不是真正的矢量。

（4）在 MAXScritp 中使用的坐标系统是 SplineShape-Local（可编辑曲线的局部）坐标系统。

（5）由于 updateShape（）函数运行时，不能在 Modify 模式下用脚本对对象进行修改，为了避免 3DSMAX 的崩溃，由系统自动控制取消对该对象的选择。

（6）在执行 updateShapr（）函数之前，spline 对象在 3DSMAX 中的构造状态不稳定。

如果在3DSMAX界面里修改或生成一条Spline而没有调用unpdateShape（）函数，当用户执行Spline最小化或最大化3DSMAX窗口时会造成3DSMAX系统崩溃。

（7）当一个SplineShape类对象被赋给一个Controller时，它的顶点和切线坐标属性就可以进行存取；也可以用animateVertex（）函数将Controller赋给顶点。

1）SplineShape属性

（1）<SplineShape>，angle

（2）<SplineShape>，thickness

（3）<SplineShape>，sides

（4）<SplineShape>，viewport_thickness

（5）<SplineShape>，viewport_sides

（6）<SplineShape>，viwwport_angle

（7）<SplineShape>，displayRenderMesh

（8）<SplineShape>，useViewportSettings

（9）<SplineShape>，displayRenderSettings

（10）<SplineShape>，numSplines

（11）<SplineShape>，steps

（12）<SplineShape>，optimize

（13）<SplineShape>，adaptive

2）Shape方法

（1）updateShape<shape>

（2）resetShape<shape>

（3）numSplines<shape>

（4）setFirstSpline<shape><spline_index_Intrger>

（5）hidesectedsplines<shape>

（6）hideselectedsegments<shape>

（7）hideselectedverts<shape>

（8）unhidesegmengts<shape>

（9）addAndWeld<TO_SHAPE>from_shape><weldthreshold_Float>

（10）binndKnot<shape><isEnd_boolean>splineId_Integer>\
<segIndex_Integer>slplineId_Integer>\

（11）unBindKnot<shape><splinr_index_Integer>isEnd_booleran>

（12）updateBindlist<shape>

（13）MaterialID<shape>spling_index_Integer><segment_index_Integer>

（14）animateVertex<shape>vertex_spec>

3）Spline方法

（1）addNewsplinr<shape>

（2）getSplineSelection<shape>

（3）setSplineSelection<shape.<spline_index_array>[keep:boolean>]

(4) deleteSpline<shape><spline_index_Integer>
(5) numSegmengts<shape><spline_index_Integer>
(6) nukKnots<shape>[<spline_index_Integer>]
(7) isClosed<shape><spline_index_Integer>
(8) close<shape><spline_index_Integer>
(9) open<shape><spline_index_Integer>
(10) reverse<shape><spline_index_Integer>
(11) sefFirstKnot<shape><spline_index_Integer><Knot_index_Integer>
(12) getSegLength<splinrShape><spline_index >[cum:<boolran>]\
[byVertex:<boolrean>][numArcSTEPS:<integer>]
(13) subdivideSegment<splineShape><spline_index>, seg_index><divisions>
(14) interpCurve3D< splineShape >< spline_index >\
< para_Float >[pathParam:<boolean>]
(15) tangentCurve3D<splineShape><spline_index>\
<para_Float>[pathParam:<boolean>]

4) Editable_Spline Modify 面板命令的操作方法

(1) splineOps.startUnon<editable_spline_or_linr_Node_or_Modifer>
(2) splineOps.startSubtract<editable_spline_or_linr_Node_or_Modifer>
(3) splineOps.intertsect<editable_spline_or_linr_Node_or_Modifer>
(4) splineOps.startAttach<editable_spline_or_linr_Node_or_Modifer>
(5) splineOps.startBind<editable_spline_or_linr_Node_or_Modifer>
(6) splineOps.startBreak<editable_spline_or_linr_Node_or_Modifer>
(7) splineOps.startChamfer<editable_spline_or_linr_Node_or_Modifer>
(8) splineOps.startConnect<editable_spline_or_linr_Node_or_Modifer>
(9) splineOps.startCreateLine<editable_spline_or_linr_Node_or_Modife>
(10) splineOps.startCrossInsert<editable_spline_or_linr_Node_or_Modifer>
(11) splineOps.startExtend<editable_spline_or_linr_Node_or_Modifer>
(12) splineOps.startFillet<editable_spline_or_linr_Node_or_Modifer>
(13) splineOps.startInsert<editable_spline_or_linr_Node_or_Modife>
(14) splineOps.startCreateLine<editable_spline_or_linr_Node_or_Modife>
(15) splineOps.startRefine<editable_spline_or_linr_Node_or_Modife>
(16) splineOps.startRefineConnect<editable_spline_or_linr_Node_or_Modife>
(17) splineOps.startTrim<editable_spline_or_linr_Node_or_Modife>
(18) splineOps.attachMultiple<editable_spline_or_linr_Node_or_Modife>
(19) splineOps.close<editable_spline_or_linr_Node_or_Modife>
(20) splineOps.cycle<editable_spline_or_linr_Node_or_Modife>
(21) splineOps.delete<editable_spline_or_linr_Node_or_Modife>
(22) splineOps.detach<editable_spline_or_linr_Node_or_Modife>

（23）splineOps.divide<editable_spline_or_linr_Node_or_Modife>
（24）splineOps.explode<editable_spline_or_linr_Node_or_Modife>
（25）splineOps.hide<editable_spline_or_linr_Node_or_Modife>
（26）splineOps.makeDirst<editable_spline_or_linr_Node_or_Modife>
（27）splinrOps.mirrorBoth<editable_spline_or_linr_Node_or_Modife>
（28）splinrOps. mirrorHoriz<editable_spline_or_linr_Node_or_Modife>
（29）splinrOps.mirrorVert<editable_spline_or_linr_Node_or_Modife>
（30）splinrOps.reverse<editable_spline_or_linr_Node_or_Modife>
（31）splinrOps.unbind<editable_spline_or_linr_Node_or_Modife>
（32）splinrOps.unhideAll<editable_spline_or_linr_Node_or_Modife>
（33）splinrOps.weld<editable_spline_or_linr_Node_or_Modife>

5.3.3 Editable_Mesh（可编辑网格）

1）Editable_Mesh 类构造函数

（1）Mesh[length:<Integer>][width:<Integer>]\
lengthsegs:<Integer>][widthsegs:<Integer>]

（2）Mesh[numverts:<number>][numfaces:<number>]

（3）mesh vertices:<array_of_point3s>faces:<array_of_point3s>\
[MaterialIDs:<array_of_Integers>][tverts:<array_of_point3s>]

（4）collapseStack<node> mapped

（5）snapshont<node> mapped

（6）convertToMesh<node> mapped

（7）convertTo<node>[TriMeshGeometry|Mseh]mapped

操作符

下面的操作符对 Mesh 对象执行布尔运算。这些运算对第一个 Mesh 操作对外的结构进行解构，来包含布尔运算的结果，正如 <node> 对象的布尔运算一样。

<mesh>+<mesh>（联合）
<mesh>−<mesh>（求异）
<mesh>*<mesh>（相交）

2）Editable_Mesh 通用方法

（1）update<mesh>[geometry:<boolean>][topology:<boolean>]\
[normals:<boolean>] mappded

（2）attach<mesh><node>

（3）meshop.attach{target_editable_mesh_Node>|<target_mesh>} \
[<source_Node>|source_mesh>] \
targetNode:Node=unsupplied> \
sourceNodr:<Node=unsupplied> \

attachMat:<{#neither|#MatToID|#IDToMat}=#neither

condenseMat:<boolean=True>\

deleSourceNode:<boolean>=Trur

（4）msehop.getUIParam<mesh><param_name>

Meshop.gerUIParam<node>[Modifier_or_index>]<param_name>

msehop.getUIParam<mesh><param_name>{<Float>|boolean?}

Meshop.gerUIParam<node>[Modifier_or_index>]\

<param_name>{number>|<boolean>

（5）Editable_Mesh Modify 命令的操作方法

① splineOps.startAttach<editable_mesh_ Node_or_Modife>

② splineOps.startBevel<editable_mesh_ Node_or_Modife>

③ splineOps.startChamfer<editable_mesh_ Node_or_Modife>

④ splineOps.startCreate<editable_mesh_ Node_or_Modife>

⑤ splineOps.startCut<editable_mesh_ Node_or_Modife>

⑥ splineOps.startDivide<editable_mesh_ Node_or_Modife>

⑦ splineOps.startExtrude<editable_mesh_ Node_or_Modife>

⑧ splineOps.startFlipNormalMode<editable_mesh_ Node_or_Modife>

⑨ splineOps.startSlicePlane<editable_mesh_ Node_or_Modife>

⑩ splineOps.startTurn<editable_mesh_ Node_or_Modife>

⑪ splineOps.startWeldTarget<editable_mesh_ Node_or_Modife>

⑫ splineOps.autoEdge<editable_mesh_ Node_or_Modife>

⑬ splineOps.break<editable_mesh_ Node_or_Modife>

⑭ splineOps.collapse<editable_mesh_ Node_or_Modife>

⑮ splineOpsShapeFromEdges<editable_mesh_ Node_or_Modife>

⑯ splineOps.delete<editable_mesh_ Node_or_Modife>

⑰ splineOps.detach<editable_mesh_ Node_or_Modife>

⑱ splineOps.explode<editable_mesh_ Node_or_Modife>

⑲ splineOps.flipNormal<editable_mesh_ Node_or_Modife>

⑳ splineOps.gridAlign<editable_mesh_ Node_or_Modife>

㉑ splineOps.hide<editable_mesh_ Node_or_Modife>

㉒ splineOps.invisibleEdge<editable_mesh_ Node_or_Modife>

㉓ splineOps.makePlanar<editable_mesh_ Node_or_Modife>

㉔ splineOps.remveIsolatedCerts<editable_mesh_ Node_or_Modife>

㉕ splineOps.selectOpenEdges<editable_mesh_ Node_or_Modife>

㉖ splineOps.slice<editable_mesh_ Node_or_Modife>

㉗ splineOps.tessellate<editable_mesh_ Node_or_Modife>

㉘ splineOps.unhideAll<editable_mesh_ Node_or_Modife>

㉙ splineOps.unifyNormal<editable_mesh_ Node_or_Modife>

㉚ splineOps.vewAlign<editable_mesh_ Node_or_Modife>
㉛ splineOps.visibleEdge<editable_mesh_ Node_or_Modife>
㉜ splineOps.weld<editable_mesh_ Node_or_Modife>

5.3.4 Material（材质）和 TextureMap（贴图）

1）Material 类通用属性和方法
Material 类通用属性
（1）<material>.name
（2）<material>.effectsChannel
（3）<material>.showInViewport
方法
（1）assignNewName<material>
（2）okMtlForScene<Material>
（3）getMTLMEditFlags（<Material>|<texture>）
（4）setMTLMEditFlags（<Material>|<texture>）<bitarray>
（5）getMTLMeditOBJtYPE（<Material>|<texture>）
setMTLMeditObjType（Mmaterial>|<texture>）<Integer>
（6）getMTLMeditTiling（<Material>|<texture>）
setMTLMeditTiling（<Material>|<texture>）<Integer>
（7）updateMTLInMedit（<Material>|<texture>）
2）Material 材质类型
下面列出了 3DSMAXJFD Material 类的全部子类：
（1）Aduanced_Lighting-Override（高级照明覆盖材质）
（2）Architectural（（建筑材质）
（3）Blend（混合材质）
（4）Composite（合成材质）
（5）DoubleSide（双面材质）
（6）InkNPaint（卡通材质）
（7）Lightscape_Mtl（Lightscape 材质）
（8）MatteShadow（不可见 / 投影材质）
（9）MorpherMaterrial（变形材质）
（10）MultiMaterial（多维材质）
（11）NoMaterial（无材质）
（12）Radiosity_Override（光能传递覆盖材质）
（13）RaytraceMaterial（光线跟踪材质）
（14）Shellac（ 胶合材质）
（15）Standard（标准材质）

(16) TopBottom（顶 / 底材质）

3）贴图类型

下面列出了所有 3DSMAX 里的贴图类型：

(1) Adobe_Photoshop_Plug_In_Filter

(2) Adobe_Premiere–Video_Filter

(3) BitmapTexture（位图贴图）

(4) Bricks（砖块贴图）

(5) Cellular（细胞贴图）

(6) Checker（方格贴图）

(7) Combustion（燃烧贴图）

(8) Composite（合成贴图）

(9) Cent（凹痕贴图）

(10) Falloff（衰减贴图）

(11) FallofffTexturMap（衰减纹理贴图）

(12) FlatMirror（平面镜贴图）

(13) Gradient（渐变贴图）

(14) Gradient_Ramp（渐变坡度贴图）

(15) Marble（大理石贴图）

(16) Mask（遮罩贴图）

(17) Mix（混合贴图）

(18) Noise（躁波贴图）

(19) NoTexture（无纹理贴图）

(20) Paint（绘制贴图）

(21) Particle_Age（ 粒子年龄贴图）

(22) Perlin_ arble（Perlin 大理石贴图）

(23) Planet（行星贴图）

(24) Raytrace（光线跟踪贴图）

(25) Reflect_Refeact（反射和折射贴图）

(26) RGB_Multiply（RGB 色彩贴图）

(27) Smoke（烟雾贴图）

(28) Speckle（斑点贴图）

(29) Splat（泼溅贴图）

(30) Stucco（灰泥贴图）

(31) Swirl（旋涡贴图）

(32) Thin_Wall_Refeaction（薄壁折射贴图）

(33) Vertex_Coler（ 顶点颜色贴图）

(34) Water（波浪贴图）

(35) Wood（木材贴图）

5.3.5 修改器

1）Modifier 通用属性和方法

属性

所有的 Modifier 都有下面的属性：

（1）<Modifier>.name:string

（2）<Modifier>.enabled:Boolean

（3）<Modifier>.enabledInViews:Boolean

相关方法

一个场景对象的 Modifier 堆栈可以用下面的方法进行操作：

validModifier（<Node>|<objectset>）<Modifier>

addModifier<Node><Modifier>[before:index] mapped

deleteModifier<Node><Modifier_or_index>

collapseStack<Node> mapped

getModContextTM<Node><Modifier>

getModContextBBoxMin<Node><Modifier>

2）Modifier 子对象转换属性

对象空间修改器分类

Bend: Modifier（弯曲修改器）（表 5-8）

构造函数

Bend…

BendMod…

弯曲修改器属性 **表 5-8**

属性名称	数据类型	默认值	说明
<Bend>.angle	Float	0.0	指定弯曲的角度。可动画
<Bend>.direction	Float	0.0	指定弯曲相对于水平面的方向。可动画
<Bend>.axis	Integer	2	指定弯曲操作依据的轴向，该轴向是弯曲网格对象的局部坐标系轴向，不是选择实体的坐标轴向：0:x；1:y；2:z
<Bend>.limit	Boolean	False	设置是否使用限定效果
<Bend>.upperlimit <Bend>.Upper_Limit	Float	0.0	指定弯曲操作的下限。可动画
<Bend>.lowerlimit <Bend>.Lower_Limit	Float	0.0	指定弯曲操作的下限。可动画
<Bend>.center	Point3	[0，0，0]	可以移动、旋转、缩放 gizmo 中心，还可以为 gizmo 中心指定变换动画。可动画
<Bend>.gizmo	subAnim		可以移动、旋转、缩放 gizmo，还可以为 gizmo 指定变换动画
<Bend.gizmo>.position	Point3	[0，0，0]	设置 gizmo 的位置。可动画
<Bend.gizmo>.rotation	Quat	（quat 0 0 0 1）	设置 gizmo 的旋转角度。可动画
<Bend.gizmo>.scale	Point3	[1，1，1]	设置 gizmo 的缩放因子。可动画

Bevel: Modifier（倒角修改器）（表 5–9）

构造函数

Bevel…

倒角修改器属性 **表 5–9**

属性名称	数据类型	默认值	说明
<Bevel>.Cap_Bottom	Integer	1	设置是否在结束端加底盖：0:Off；1:On
<Bevel>.Cap_Top	Integer	1	设置是否在开始端加顶盖：0：Off；1:On
<Bevel>.Cap_Type	Integer	0	设置封顶类型： 0：Morph（端面类型适合于变形编辑）； 1：Grid（创建网格类型的端面，其渲染效果比较好）
<Bevel>.Side_Type	Integer	0	设置边的类型： 0:LinearSides（指定在两个级别间的线段插补采用线性计算方式）； 1：CurvedSides 指定两个级别间的线段插补采用贝塞尔曲线的计算方式）
<Bevel>.segments	Integer	1	指定在每个层级之间的分段精度。可动画
<Bevel>.Smooth_Levels	Integer	0	当设置为 On 时，对倒角对象的边进行光滑处理，但是端面不被同时光滑处理：0：Off；1:On
<Bevel>.Produce_Mapping_Coords	Integer	0	设置是否为倒角编辑后的对象指定贴图坐标：0：Off；1:On
<Bevel>.Keep_Lines_From_Crossing	Integer	0	当设置为 On 时，可以防止尖锐的边角与其自身相交，该操作在尖角部位插入一个节点使尖角变平。0：Off；1:On
<Bevel>.Separation_Between_Lines	Float	1.0	设置边线之间保持的距离。可动画
<Bevel>.Starting_outline	Float	0.0	指定与原始图形的偏移距离，设置为 0，则以原始图形作为基础，正值使轮廓变大；负值使轮廓缩小。可动画
<Bevel>.Level_1_Height	Float	0.0	指定第一层与基准层之间的距离。可动画
<Bevel>.Level_1_Outline	Float	0.0	指定第一层与基准层的偏移距离。正值使轮廓变大；负值使轮廓缩小。可动画
<Bevel>.Use_Level_2	Integer	0	设置是否加入第二层：0：Off；1：On
<Bevel>.Level_2_Height	Float	0.0	指定第一层与第二层之间的距离。可动画
<Bevel>.Level_2_Outline	Float	0.0	指定第一层与第二层的偏移距离。正值使轮廓变大；负值使轮廓缩小。可动画
<Bevel>.Use_Level_3	Integer	0	设置是否加入第三层：0：Off；1:On
<Bevel>.Level_3_Height	Float	0.0	指定第三层与第二层之间的距离。可动画
<Bevel>.Level_3_Outline	Float	0.0	指定第三层与第二层的偏移距离。正值使轮廓变大；负值使轮廓缩小。可动画

Bevel_Profile: Modifier（倒角截面修改器）（表 5–10）

构造函数

Bevel_Profile…

倒角截面修改器属性 **表 5-10**

属性名称	数据类型	默认值	说明
<Bevel_Profile>.Produce_Mapping_Coords	Integer	0	是否设置为轮廓倒角编辑后的对象指定贴图坐标：0：Off；1:On
<Bevel_Profile>.Cap_Botton	Integer	1	设置是否在结束端加底盖：0：Off；1:On
<Bevel_Profile>.Cap_Top	Integer	1	设置是否在开始端加顶盖：0：Off；1:On
<Bevel_Profile>.Cap_Type	Integer	0	设置封顶类型： Morph：端面类型适合于变形编辑； Grid：创建网格类型的端面，其渲染效果比较好
<Bevel_Profile>.Keep_Lines_From_Crossing	Integer	0	当设置为 On 时，可以防止尖锐的边角与其自身相交，该操作在尖角部位插入一个节点使尖角变平：0：Off；1:On
<Bevel_Profile>.Separation_Between_Lines	Float	1.0	设置边线之间保持的距离。可动画
<Bevel_Profile>.profile_gizmo	SubAnim		可以移动、旋转、放缩 gizmo，还可以为 gizmo 指定变换动画
<Bevel_Profile.Profile_Gizmo>.Ppsition	Point3	[0，0，0]	设置 gizmo 的位置。可动画
<Bevel_Profile.Profile_Gizmo>.Rotation	Quat	(quat0001)	设置 gizmo 的旋转角度。可动画
<Bevel_Profile.Profile_Gizmo>.scale	Point3	[1，1，1]	设置 gizmo 的缩放因子。可动画

Edit_Mesh:Modifier（编辑网格修改器）

构造函数

Edit_Mesh…

属性

除通用属性外，Edit_Mesh 类没有额外的属性。

Edit_Spline:Modifier（编辑面片修改器）

构造函数

Edit_Patch…

属性

除通用属性以外，Edit_Patch 类没有额外的属性。

Edit_Spline:Modifier（编辑样条线修改器）

构造函数

Edie_Spline…

属性

除通用属性外，Edit_Spline 类没有额外的属性。

Extrude:Modifier（挤出修改器）（表 5-11）

构造函数

Extrude…

挤出修改器属性 **表 5-11**

属性名称	数据类型	默认值	说明
<Extrude>.amount	Float	25.0	设置挤压出的厚度。可动画
<Extrude>.segs <Extrude>.segments	Integer	1	设置挤压后厚度方向的精度。可动画
<Extrude>.capStart	Boolean	True	当设置为 On 时，在挤压的开始端创建一个顶盖：0：Off；1：On
<Extrude>.capEnd	Boolean	True	当设置为 On 时，在挤压的结束端创建一个顶盖：0：Off；1：On
<Extrude>.capType	Integer	0	设置封顶类型： Morph: 端面类型适合于变形编辑； Grid: 创建网格类型的端面，其渲染效果比较好
<Extrude>.output	Integer	1	设置挤压对象的输入类型： 0：Patch（面片对象）； 1：Mesh（网格对象）； 2：NURBS（NURBS 对象）
<Extrude>.matIDs	Boolean	True	当设置为 On 时，为挤压生成的对象指定 ID 号码，顶盖的材质 ID 号码为 1；底面的材质 ID 号码为 2；侧面的材质 ID 号码为 3
<Extrude>.useShapeIDs	Boolean	False	当设置为 On 时，使用二维图形的材质 ID 号码作为被挤压生成对象材质的 ID 号码
<Extrude>.smooth	Boolean	True	当设置为 On 时，对挤压生成对象表面进行自动光滑处理
<Extrude>.mapCoords	Boolean	False	当设置为 On 时，为挤压生成对象自动指定贴图坐标

Face_Extrude:Modifier（面挤出修改器）（表 5-12）

构造函数

Face_Extrude…

面挤出修改器属性 **表 5-12**

属性名称	数据类型	默认值	说明
<Face_Extrude>.amount	Float	0.0	设置挤压出的厚度。可动画
<Face_Extrude>.scale	Float	100.0	设置挤压端面的中心对挤压面进行放缩。可动画
<Face_Extrude>.extrude_center <Face_Extrude>.extrudeFromCenter	Point3	[0，0，0]	设置从中心点的放射方向进行面挤压。可动画

Lathe：Modifier（撤销修改器）（表 5-13）

构造函数

Lathe…

撤销修改器属性 **表 5-13**

属性名称	数据类型	默认值	说明
<Lathe>.degrees	Float	360.0	指定对象沿轴车削的角度。单位为度。可动画
<Lathe>.weldCore	Boolean	False	当设置为 On 时，将旋转轴方向的重合节点进行自动焊接，减少造型的几何复杂程度
<Lathe>.flipNormals	Boolean	False	设置是否反转车削对象面法线的方向

续表

属性名称	数据类型	默认值	说明
<Lathe>.segs <Lathe>.segments	Integer	16	指定在车削开始点与结束点之间的分段精度。可动画
<Lathe>.capStart	Boolean	False	设置是否为车削对象开始端增加顶盖
<Lathe>.capEnd	Boolean	False	设置是否为车削对象结束端增加顶盖
<Lathe>.capType	Integer	0	设置封顶类型： 0：Morph（端面类型适合于变形编辑）； 1：Gird（创建网络类型的端面，其渲染效果比较好）
<Lathe>.output	Integer	1	设置车削对象的输入类型： 0：Patch（面片对象）； 1：Mesh（网格对象）； 2：NURBS（NURBS 对象）
<Lathe>.mapCoords	Boolean	False	当设置为 On 时，为车削对象自动指定贴图坐标
<Lathe>.matIDs	Boolean	True	当设置为 On 时，为车削对象指定 ID 号码，顶盖的材质 ID 号码为 1；底面材质 ID 号码为 2；侧面的材质 ID 号码为 3
<Lathe>.useShapeIDs	Boolean	False	当设置为 On 时，使用二维图形的材质 ID 号码作为车削对象材质 ID 号码
<Lathe>.smooth	Boolean	True	当设置为 On 时，对车削对象表面进行自动光滑处理
<Lathe>.axis	SubAnim		在层次级结构下可以变换动画车削对象的轴
<Lathe.axis>.position	Point3	[0，0，0]	设置车削对象的轴位置。可动画
<Lathe.axis>.rotation	Quat	默认值：（quat-0.707107000.707107）	设置车削对象的轴旋转角度。可动画
<Lathe.axis>.scale	Point3	[1，1，1]	设置车削对象的轴放缩因子。可动画

MaterialModifier：Modifier（材质修改器）（表 5-14）

构造函数

MaterialModifier…

材质修改器属性 **表 5-14**

属性名称	数据类型	默认值	说明
< MaterialModifier >.Materialid < MaterialModifier >.Material_ID	Integer	1	指定材质 ID 号码。如果输入对象为 Face 级子对象选集，指定材质 ID 号码仅应用在被选择的 Face 上，否则应用在整个对象上。可动画

NoiseModifier：Modifier（噪波修改器）（表 5-15）

构造函数

NoiseModifier…

噪波修改器属性 **表 5-15**

属性名称	数据类型	默认值	说明
<NoiseModifier>.seed	Integer	0	指定噪波修改编辑器的随机根值。可动画
<NoiseModifier>.scale	Float	100.0	设定噪波效果的尺寸（不是长度），高的数值产生平滑的噪波，低的数值产生锯齿状的噪波

续表

属性名称	数据类型	默认值	说明
<NoiseModifier>.fractal	Boolean	False	设置是否对噪波进行分型处理。可动画
<NoiseModifier>.Roughness <NoiseModifier>.rough	Float	0.0	指定重复进行分型处理的次数，较低的数值可以产生更为平滑的效果，设置为 1 时等同于关闭分型处理。可动画
<NoiseModifier>.iterations	Float	6.0	指定重复进行分型处理的次数，较低的数值可以产生略为平滑的效果，设置为 1 时等同于关闭分型处理。可动画
<NoiseModifier>.point3	Point2	[0，0，0]	指定三个轴向上的噪声作用强度。可动画
<NoiseModifier>.animate4e	Boolean	False	开 / 关动画噪波的设定
<NoiseModifier>.frequency	Float	0.25	指定噪波变化的频率，较高的数值产生一个快速变化的噪波；较低的数值产生一个缓慢变化的噪波
<NoiseModifier>.phase	Time	of	指定噪波动画初始相位。可动画
<NoiseModifier>.center	Point3	[0，0，0]	在次级结构层级，可以移动、旋转、放缩噪波编辑器 gizmo 的中心对象，还可以为噪波编辑 gizmo 的中心对象指定变换动画。可动画
<NoiseModifier>.gizmo	SubAnim		在次级结构层级，可以移动、旋转、放缩噪波编辑器 gizmo，还可以为 gizmo 指定变换动画
<NoiseModifier.gizmo>.Position	Point3		设置噪波编辑器 gizmo 的位置。可动画
<NoiseModifier.gizmo>.rotation	Quat	默认值：（quat0 0 0 1）	设置噪波编辑器 gizmo 的旋转角度。可动画
<NoiseModifier>.scale	Point3	[1，1，1]	设置噪波编辑器 gizmo 的放缩因子。可动画

Optimize：**Modifier**（优化修改器）（表 5–16）

构造函数

Optimize…

优化修改器属性 **表 5–16**

属性名称	数据类型	默认值	说明
<optimize>.renderLOD	Integer	0	设置渲染细节级别：0:L1；1:L2
<optimize>.viewLOD	Integer	0	设置当前视力显示的细节级别：0:L1；1:L2
<optimize>.facethresholdl <optimize>.Face_Threshold_L1	Float	4.0	设置面法线之间的角度阈值。面阈值越小优化效果越小，面阈值越大优化效果越粗糙。可动画
<optimize>.edgethresholdl <optimize>.Edge_Threshold_L1	Float	1.0	设置开放边的角度阈值。较低的边保护开放边
<optimize>.bias1 <optimize>.Bias_L1	Float	0.1	用于在优化过程中排除多余的小三角面，较高的数值保持三角面，取值范围在 0~1.0 之间。可动画
<optimize>.Max_Edge–Length_1	Float	0.0	指定在优化过程中的最大连长 ，比最大边长长的边在优化之后不再被延伸。可动画
<optimize>.preservematl	Boolean	False	当设置为 On 时，保护所有的材质边界不被优化
<optimize>.presesrvesmooth1	Boolean	False	当设置为 On 时，保护所有的光滑组的边界不被优化，只在光滑组之间进行
<optimize>.facethreshold2 <optimize>.Face_Threshold_L2	Float	4.0	设置面法线之间的角度阈值。面阈值越小优化效果越小，面阈值越大优化效果越粗糙。可动画

续表

属性名称	数据类型	默认值	说明
<optimize>.edgethreshold2 <optimize>.Ege_Threshold_L2	Float	1.0	设置开放边的角度阈值。较低的边保护开放边。可动画
<optimize>.bias2 <optimize>.Bias_L2	Float	0.1	用于在优化过程中排除多余的小三角面，较高的数值保持三角面，取值范围在 0~1.0 之间。可动画
<optimize>.Max_Edge_Length_2	Float	0.0	指定在过程中的最大边长，比最大限度边长长的边在优化之后不再被延伸。可动画
<optimize>.preservemat2	Boolean	False	当设置为 On 时，保护所有的材质边界不被优化
<optimize>.Preservesmooth2	Boolean	False	当设置为 On 时，保护的光滑组的边界不被优化，优化只在光滑组之间进行
<optimize>.manualUpdate	Boolean	False	当设置为 On 时，指定单击 Update 按钮后进行手动更新
<optimize>.autoedge	Boolean	False	当设置为 On 时，指定优化过程中关闭法线在面阈值范围之内的边

smooth：Modifier（平滑修改器）（表 5–17）

构造函数

Smooth…

平滑修改器属性 **表 5–17**

属性名称	数据类型	默认值	说明
<smooth>.autosmooth	Boolean	False	当设置为 On 时，为对象表面施加自动光滑操作。自动光滑操作相信面的面法线之间的角度，如果该角度小于阈值，则该相邻面被指定为同一个光滑组
<smooth>.preventIndirect	Boolean	False	当设置为 On 时，可以避免由于间接光滑的指定，使自动光滑过程产生漏洞
<smooth>.threshold	Float	30.0	指定相邻面法线之间角度的阈值，如果面法线夹角小于阈值，则这两个面被指定为同一个平滑组。可动画，Angle
<smooth>.smoothingBits	Integer	0	为选择的面指定平滑组

Turn_to_Mesh：Modifier（转化为网格修改器）（表 5–18）

构造函数

Turn_to_Mesh…

转化为网格修改器属性 **表 5–18**

属性名称	数据类型	默认值	说明
<Turn_to_Mesh>.UseInvisible3dges <Turn_to_Mesh>.Use_Invisible_Edges	Boolean	True	当设置为 On 时，使用不可见边来表示多边形。否则，会产生一个完整的三角风格，其所有边都可见。可动画
<Turn_to_Mesh>.selectionConversion <Turn_to_Mesh>.Selection_Conversion	Integer	0	
<Turn_to_Mesh>.useSoelection <Turn_to_Mesh>.Use_Soft_Selection			当设置为 On 时，对置疑变形选中子对象的未选择中顶点应用一个变形样条曲线。这会通过一个球体围绕变形的影响来提供一个类似磁体的效果。例如，如果在选择中可编辑多边形上的顶点时启用软选择，并且应用旋转至网格同时用软选择，那么同样的的软选择会应用于网格顶点

续表

属性名称	数据类型	默认值	说明
<Turn_to_Mesh>.selectionLvevl <Turn_to_Mesh>.Selection_Lvevl			设置子对象选择层级来传递堆栈的其余部分：0：FromPipeline（使用输入对象所使用的任何对象来传递堆栈。例如，如果创建一个长方体，将其在面片模式转换为可编辑面片，并对它进行应用研究，旋转至网格修改器，3DSMAX会将面片模式中的子对象选择向上传输进堆栈，旋转至网格自发器会考虑了对象面片的选择，并选中来源于面片选择的风格面）。 1：Object（使用对象作为选择层级来传递堆栈的其余部分）； 2：Edge（使用作为子对象选择层级来传递堆栈其余部分）； 3：Vertex（使用顶点作为子对象层级来传递堆栈的其余部分）； 4：Face（使用面作为子对象选择层级来传递堆栈的其余部分）

Turn_to_Patch：**Modifier**（转化为面片修改器）（表5-19）

Turn–to_Patch…

ConverToPatch…

转化为面片修改器属性 **表5-19**

属性名称	数据类型	默认值	说明
<Turn_to_Patch>.quadsToQuads <Turn_to_Patch>.Quads_to_Quad_Patches	Boolean	True	当设置为On时，将四边形曲面转换为风格或将多边形转换为四边形面片。可动画
<Turn_to_Patch>.selectionConversion <Turn_to_Patch>.Seletion_Conversion	Integer	0	
<Turn_to_Patch>.useOoftSelection <Turn_to_Patch>.Use_Ooft_Selection	Integer	1	当设置为On时，对围攻变形选中子对象的未选中顶点应用一个变形样条曲线
<Turn_to_Patch>.selectionLevel <Turn_to_Patch>.Selection_Level	Integer	0	设置子对象选择层级来传递协调堆栈的其余部分： 0：From pipeline（使用相当于输入对象所使用的任何对象）； 1：Object（使用对象作为选择层级来传递堆栈的其余部分）； 2：Edge（使用边作为子对象选择层级来传递堆栈的其余部分）； 3：Vertex（使用顶点作为子对象选择层级来传递堆栈的其余部分）； 4：Patch（使用曲面作为子对象选择层级来传递堆栈的其余部分）

Turn_to _Poly：**Modifier**（转化为多边形修改器）（表5-20）

构造函数

Turn_to_Poly…

转化为多边形修改器属性　　表 5-20

属性名称	数据类型	默认值	说明
<Turn_to_poly>.keepConvex <Turn_to_poly>.keep_Convex	Boolrean	False	设置是否保持多边形为凸面。如果多边形不为凸面则对边不会相结合。凸面意味着可以用一条线连接多边形的任意两点而不会超出多边形以外。如果可以以一条线连接多边形两点而这条线位于多边形外部，则此多边形不是凸面。对非凸面多边形的操作会出现问题，这包括改变输入对象几何体会导致与转换至多边形结果不同的拓扑，可动画
<Turn_to_poly>.limitPolySize <Turn_to_poly>.Limit_Poly_Size	Boolean	False	设置是否限制多边形大小。对多边形限制侧面的数量使曲面更易于定义。可动画
<Turn_to_poly>.maxPolySize <Turn_to_poly>.Max_to_Poly	Integer	4	设置多边形侧面的最大数量。可动画
<Turn_to_poly>.requirePlanar <Turn_to_poly>.Require_Planar_Polygons	Boolean	False	创建包含平面的多边形。如果边上有一超过阈值的锐角，此操作不会将面横跨该边合成。可动画
<Turn_to_poly>.planarTheesh <Turn_to_poly>.Planar_Threshold	Float	15.0	控制多边形平面之间的角度阈值。可动画
<Turn_to_poly>.removeMidEdgerVertices <Turn_to_poly>.Remove_Mid_Edge r_Vertices	Boolern	True	
<Turn_to_poly>.selectionConversion <Turn_to_poly>.Selection_Conversion	Integer	0	
<Turn_to_poly>.useOsftSelection <Turn_to_poly>.Use_Soft_Selection	Boolean	Trun	影响子对象的移动、旋转和缩放的操作功能。当设置为 On 时，对围绕变形选中子对象的未选择中顶点应用一个变形样条曲线
<Turn_to_poly>.selectionLevel <Turn_to_poly>.Selection_Level	Integer	0	设置子对象 选择层级来传递堆栈的其余部分： 0：From pipeline（ 使用相当于输入对象所使用的任何对象，面片层级变为面层级等）； 1：Object（使用对象作为选择层级来传递堆栈的其余部分； 2：Edge（使用边作为子对象选择层级来传递堆栈的其余部分）； 3：Vertex（使用顶点作为子对象选择层级来传递堆栈的其余部分）； 4：Face（使用面作为子对象选择层级来传递堆栈的其余部分）

***uvw*——*xform*:Modifier**（*uvw* 变换变修改器）（表 5-21）

构造函数

***uvw*——*xform*…**

uvw **变换变修改器属性**　　**表 5-21**

属性名称	数据类型	默认值	说明
<*uvw*_*x*form>.*u*_Tile	Float	1.0	设置沿 *u* 轴的贴图重复次数。可动画
<*uvw*_*x*form>.*u*_Flip	Integer	0	设置是否沿 *u* 轴的反转贴图：0:off；1:On
<*uvw*_*x*form>.*v*_Tile	Float	1.0	设置沿 *v* 轴的贴图重复次数。可动画
<*uvw*_*x*form>.*v*_Flip	Integer	0	设置是否沿 *v* 轴反转贴图：0：off；1:On

续表

属性名称	数据类型	默认值	说明
<*uvw*_xform>.*w*-Tile	Float	1.0	设置沿 *w* 轴的贴图重复次数。可动画
<*uvw*_xform>.*w*_Flip	Integer	0	设置是否沿 *w* 轴反转贴图：0:off；1:On
<*uvw*_xform>.*u*_Offset	Float	0.0	设置沿 *u* 轴的偏移量。可动画
<*uvw*_xform>.Map_or_Vertex_Color	Integer	0	设置用于贴图的通道是使用Map通道还是使用CertexColor通道：0：Map通道；1:VertexColor通道
<*uvw*_xform>.Map_Channel	Integer	1	指定一个 *uvw* 通道用做贴图，并且使用它右侧的微调查器来设置通道数目
<*uvw*_xform>.Rotation_Angle	Float	0.0	设置旋转角度。可动画，Angle
<*uvw*_xform>.Rotation_Center	Integer	0	设置贴图是否将绕着对象中心旋转

***uvw*map**：**Modifier**（*uvw* 贴图修改器）（表 5-22）

构造函数

***uvw*map**…

属性

uvw 贴图修改器 **表 5-22**

属性名称	数据类型	默认值	说明
<*uvw*map>.maptype	Integer	0	设置贴图坐标的类型： 0：Plannar（平面图贴图方式）； 1：Cylindeidcal（柱面贴图方式）； 2：Spherical（ 球面贴图的方式 ）； 3：Shrink Wrap（收缩包裹的贴图方式）； 4：Box（从长方体的六个面向对象表面投射贴图，每个面采用平面贴图）； 5： Face（为对象表面的每个面复制一个贴图）； 6：*xyz* To *uvw*
<*uvw*map>.cap	Boolean	False	设置是否为圆柱体的端面指定平面贴图
<*uvw*Wmap>.length	Float	1.0	设置贴图 gizmo 的长度。可动画
<*uvw*map>.width	Float	1.0	设置贴图 gizmo 的宽度。可动画
<*uvw*map>. height	Float	1.0	设置贴图 gizmo 的高度。可动画
<*uvw*map>.utile <*uvw*map>..*u*_Tile	Float	1.0	设置沿 *u* 轴的贴图重复次数。可动画
<*uvw*map>.uflip	Boolean	False	设置沿 *u* 轴反转贴图：0:Off；1:On
<*uvw*map>.vtile <*uvw*map>.*v*_Tile	Float	1.0	设置沿 *v* 轴的贴图重复次数。可动画
<*uvw*map>.vflip	Boolean	False	设置是否沿 *v* 轴的反转贴图：0:Off；1:On
<*uvw*map>.wtile <*uvw*map>.Wz-Tile	Float	1.0	设置沿 *w* 轴的贴图重复次数。可动画
<*uvw*map>.wflip	Boolean	False	设置是否沿 *w* 轴的转贴图：0:Off；1:On

续表

属性名称	数据类型	默认值	说明
<*uvw*map>.channel	Integer	0	设置贴图通道。*uvw* 贴图修改器默认为通道 1，所以贴图具有默认行为方式（即早期版本软件中的方式），除非用户更改到另一个通道。 0:Map 通道；1：颜色通道
<*uvw*map>. mapChannel	Integer	1	设置使用贴图转换的贴图通道
<*uvw*map>.axis	Integer	2	指定 gizmo 的哪一轴向与对象的 Local 坐标系的 *z* 轴：0：*x*；1:*y*；2:*z*
<*uvw*map>.gizmo	SubAnim		可以移动、旋转、放缩 gizmo，还可以为 gizmo 指定变换
<*uvw*map.Gizmo>. position	Point3	[0，0，0]	设置 gizmo 的移动位置。可动画
<*uvw*map.Gizmo>. Rotation	Quat	默认值：（quat 0 0–I 0）	
		设置 gizmo 的旋转角度。可动画	
<*uvw*map.Gizmo>. scale	Point3	[1，1，1]	设置 gizmo 的放缩因子。可动画

5.3.6 动画控制器

1）Controller（控制器）类

在 3DSMAX 里所有动画都是通过一种叫 Controller（控制器）的类来实现的，用户可以在 Track View 视窗和 Motion（运动）命令面板里看到这些类，还可以在按下 Animate 按钮给对外设置关键帧时由 3DSMAX 版赋给。大多数可以制作关键帧的 controller 类将动画值存储在其属性 .key 里。

Controller 类的组织层次分超类（SuperClass）和类（Class）两种。每种超类里包含的全部都使用同一种数据（如 Float 或 Point3）。在 3DSMAX 里每一个可动画的属性都有它自己的数据类型，如果某一超类里包含的类使用的数据类型与这个属性的灵气类型一致，我们就可以把这种 Controller 赋给这个属性。例如：超类 Float 的下类型 Linear_float 和 Noise_float 都可以被告赋给 Box 对象的属性 .height，因为该属性的数据类型也为 Float。我们可以用函数 apropose（）来列出所有控制器超类，其调用格式如下：

apropos “controller:super”

我们还可以用函数 showClass（）来列出所有可用的 Controller 类名，其调用格式如下: showClass”*:*controller*”

控制器通用属性见表 5–23。

控制器通用属性 **表 5–23**

属性名称	数据类型	说明
<controller>.keys	MAXKeyArray	返回控制器 <controller> 的关键帧数组。只读
<controller>.value	不定	存取控制器 <controller> 的当前值
<controller>.Ease_Curve	Float	控制器 <controller> 的 Ease Curver 值。如果控制器被赋给一个 Ease Curver，该子属性可以被存取
<controller>.Muptiplier–Cure	Float	控制器 <controller> 的 Multiplier Curve 值。如果控制器被赋给一个 Multiplier Curve，该子属性可以被存取

相关属性见表 5–24。

相关属性　　　表 5–24

属性名称	数据类型	说明
<property>.controller		属性的控制器
<property>.track		与属性 controller 一样
<property>.isAnimated	Boolean	返回指定属性是否有动画
<property>.keys	MAXKeyarray	获取属性控制器的关键帧数组，只读
<property>.supportsKeys	Boolean	如果控制器能够创建关键帧，返回 True。只读
<property>.keyable	Boolean	如果控制器能够创建关键帧，返回 True。只读
<property>.isHSV	Boolean	如果控制器表示 HSV 颜色，返回。只读

2）控制器通用方法

（1）getPointController{<editable_mesh_node>|<editable_spline _node>}

（2）getPointController<editable_mesh_node>|<vertex_index _integer>

（3）getPointController<editable_mesh_node> \
<spline_index _integer><verex_index_integer>

与控制器时间有关的方法

supportsTinmeOperations<ctrl>

如果指定控制器 <ctrl> 支持下面的时间操作，返回 True；否则，返回 False。

deleteTime<controller><interval>[#incLeft][#incRight][#noSlide]

从指定控制器里删除一个时间段，半角该项时间段里的所有关键帧清除，并且在默认情况下，将时间段右边的关键帧左移至时间段的起点。可选参数有以下几种选项：

#incLeft 包括时间段起始处的任何关键帧；

#incRitht 包括时间段结尾处的任何关键帧；

#noSlide 不将时间段后面的关键帧左移以填补清除的空缺，而是仅仅删除时间段内的关键帧；

#<interval> 可以按 Interval 类值的格式来指定：用两个数值或 Time 类值指定起始和终止时间。如果说用数值，其单位为帧。

reverseTime<controller><interval>[#incLeft][incRight]

反转指定时间段实际上是将时间段内的关键帧进行交换。有关变量的说明参见函数 deleteTime（）.

scaleTime<controller><interval><float_scale>

将指定时间段里关键帧的时间进行缩放。变量 <interval> 的说明详见函数 deleteTime( ).

inserTime<controler><at_time><amount_tiam>

在指定时间处插入一段时间，这样可以将后面的关键帧向后移一段时间。变量 <at_time> 和 <amout_time> 数据类型可以为 Number 或 Time 类值。如果为数值,其单位为帧。

getTimeRange<controller>[#selOnly][#allKeys][#chidren] 返回一个时间段，这个时间段涵

盖了指定范围的关键帧。可选的参数有：

#selOnly——返回 Track View 视窗里当前选定的关键帧涵盖的时间段；

#allKeys——默认值，Controller 里全部关键帧涵盖的时间段；

#children——返回时间段包括所有子 Controller 关键帧涵盖的时间段。

setTimeRange<controller>[<interal>][#linkToKeys]

3）与控制器关键帧有关的方法

（1）addNewKey<controller><time>[#select]

（2）deleteKeys<controller>[#allKeys][#selection]

（3）deleteKey<controller><index>

（4）selectKeys<controller>[<interval>|<time>]

（5）deselectKeys<controller>[<interval>|<time>]

（6）selectKey<controller><index_integer>

（7）sKeySelected<controller><index_integer>

（8）deselectKey<controller><index_integer>

（9）moveKeys<controller><time>[#selection]

（10）moveKey<controller><index_integer><time>

（11）numKeys<controller>

（12）getKey<controller><index_integer>

（13）getKeyTime<controller><index_integer>

（14）getKeyIndex<controller>< time>

（15）numSelKeys<controller>

（16）sortKeys<controller>

（17）createLockKey<controller><time><rot_or_pos_integer>

4）与控制器 ORT 有关的方法

（1）getBeforeORT<controller>

（2）getAfterORT<controller>

（3）setBeforeORT<controller><ORT_type _name>

（4）setAfterORT<controller><ORT_type _name>

（5）enableORTs<controller><boolean>

5）与控制器 Ease 曲线和 Multiplier 曲线有关的方法

（1）.addEaseCurve<controller>[<float_controller>]

（2）deleteEaseCurve<controller><index_integer>

（3）numEaseCurves<controller>

（4）applyEaseCurve<controller><time>

（5）addMultiplierCurve<controller>[<float_controller>]

（6）deleteMUtiplierCurve<controller><index_integer>

（7）numMultiplierCurves<controller>

（8）getMultiplierValue<controller><time>

6）与控制器关键帧衰减有关的方法

reduceKeys<controller><threshold><step?[<range>]

将指定 <controller> 的指定时间段内的关键帧进行衰减。

其中参数 <threshold> 为衰减后的关键帧与原来关键帧的接近程度；参数 <step> 为采样的步长；可选参数 <range> 定义了要进行关键帧衰减的时间段，可以用两个时间值或一个 Interval 值来定义，默认值为当前活动的动画时间段。

7）与对象层级有关的时间和关键帧方法

下面这些控制器时间和关键帧方法的参数 <controller.> 不仅可以是个控制器，还可以是任何 3DSMAX 对象或对象集合。使用后一种方式调试时，这些方法会逐一作用于指定对象和子对象的控制器以及这些对象所包含的子控制器。从这一点看，其工作方式和 Track View 里的 Object 级轨道类似，两者均可以操作其下面所有子对象和子控制器的关键帧和时间。

deleteTime

reverseTime

scaleTime

insertTime

setTimeRange

addNewKey

deleteKeys

selectKeys

deselectKeys

moveKeys

sortKeys

reduceKeys

addEaseCurve

deleteEaseCurve

setBeforeORT

setAfterORT

enableORTs

5.3.7 渲染效果

1）渲染效果通用属性和方法：

Render Effects 类有下面的通用属性和方法。

（1）属性

<renderEffect>.name:String 默认值：不定。

指定对象显示在 Rendering|Effects 对话框里的名字。当创建一个 renderEffect 对象时，如果没有指 name 参数，系统使用类名作为默认的对象名。

（2）方法

① addEffect<renderEffect>

向 Rendering|Effects 对话框的清单里添加一个 RenderEffect。

② setActive<renderEffcet><boolean>

将指定 Render Effect 设置为活动的或不活动的。

用户可以使用下面的全局变量和函数来管理 Rendering|Effects 对话框里的 Render ffects 清单。

① IsActive<renderEffect>

如果 Render Effect 当前状态为活动的，返回 Ture；否则，返回 False。

② numEffects

获取 Rendering|Effects 对话框清单里指定 Render Effect 的序号，只读的全局变量。

③ getEffect<index_integer>

获取 Rendering|Effects 对话框清单里指定序号的 Render Effect，序号从 1 开始。

④ editEffect<renderEffect>[gizmo:<node>]

打开 Rendering|Effects 对话框，并打开指定 renderEffect 的卷展栏（如果他已被添加到对话框清单里），如果指定了可选参数 gizmo:，而且该指定 Node 对象是 RenderEffect 的一个 gizmo，该 gizmo 会被选中。

① setEffect<index_integer><renderEffect>

将 Rendering|Effects 对话框的 Render Effect 清单指定序号位置设为指定 Render Effect，如果调用本方法时 Rendering|Effects 对话框正被打开，清单不会被刷新。

② deleteEffect<index_integer>

删除 Rendering|Effects 对话框清单里指定位置的 RenderEffect。

2）Brightness_and_Contrast:RendeEffect

（亮度和对比度渲染效果）

构造函数

Brightness_and_contrast

亮度和对比度渲染效果属性 **表 5–25**

属性名称	数据类型	默认值	说明
<Brightness_and_Contrast>.Brightness	Float	0.5	指定压缩或扩展纯黑与纯白之间的亮度范围，取值范围为 0~1.0。可动画
<Brightness_and_Contrast>.contrast	Float	0.5	设置对比度，增加或减少输出图像的对比度，取值范围为 0~1.0。可动画
<Brightness_and_Contrast>.ignoreBack <Brightness_and_Contrast>.Ignore_background	Boolean	False	如果设为 True，只对场景中对象进行亮度或对比度处理，而不对背景图像或背景动画进行处理。可动画

3）Depth_of_Field:RenderEffect（景深渲染效果）

构造函数

depth_of_field···

景深渲染效果属性　　表 5-26

属性名称	数据类型	默认值	说明
<Depth_of_Field>.AffectAlpha <Depth_of_Field>.Affect_Alpha	Boolean	True	如果设为 True，景深渲染效果将作用于输出图像的 Alpha 通道
<Depth_of_Field>.CamNodeIndex <Depth_of_Field>.Camera_Index	Integer	-1	指定景深渲染效果使用 Cameras 下拉列表中的哪一个摄像机。作为被选摄像机如果指定为 -1，表示未指定摄像机，摄像机序号从 0 开始
<Depth_of_Field>.focalNodeIndex <Depth_of_Field>. Focal_Index	Integer	-1	指定景深渲染效果使用 FocalPoint 下拉列表里哪一个摄像机被选择作为焦点对象。如果指定为 -1，表示未选择焦点对象，序号从 0 开始
<Depth_of_Field>.FocalPoint <Depth_of_Field>.Focal_Point	Integer	0	设置焦点类型： 0：使用焦点对象；1：使用摄像机
<Depth_of_Field>.FocalType <Depth_of_Field>.Focal_Type	Integer	0	0：Custom（自定义）； 1：Use Camera（使用摄像机）
<Depth_of_Field>.HorizFocalLoss <Depth_of_Field>.Horiz_Focal_Loss	Float	10.0	水平焦点损失，指定沿图像水平轴向的虚化程度。可动画
<Depth_of_Field>.ertFocalLoss <Depth_of_Field>.Vert_Focal_Loss	Float	10.0	垂直焦点损失，指定沿图像垂直轴向的虚化程度。可动画
<Depth_of_Field>.FocalRange <Depth_of_Field>.Focal_Rangr	Float	100.0	焦点范围，指定场景 z 轴向的一段距离，在焦点前后的指定距离范围内，保持清晰对焦的效果。可动画
<Depth_of_Field>.FocalLimit <Depth_of_Field>.Focal_Limit	Float	200.0	焦点限制，指定场景 z 轴向的一段距离，在焦点前后的指定距离范围内，虚化达到最大的效果。可动画

4）Motion_Blur：RenderEffect（运动模糊渲染效果）

构造函数

Motion_Blur…

imageMotionBlur…

运动模糊渲染效果属性　　表 5-27

属性名称	数据类型	默认值	说明
<Motion_Blur>.duration	Float	1.0	指定虚拟快门打开的时间。设置为 1.0 时，虚拟快门在一帧和下一帧之间的整个持续时间保持打开。值越大，运动模糊效果越明显。可动画
<Motion_Blur>.Transparency	Boolean	True	当设置为 On 时，运动模糊效果会应用于透明对象后面的对象。否则，透明对象后面的对象不会应用运动模糊效果。禁用此开关可以加快渲染速度

5.4 MAXScript 语言在模拟结构工程中的编程应用

随着计算机及网络技术的发展，计算机技术在工程设计中的应用已经越来越广泛，尤其在结构工程中的计算机辅助设计、平面制图等方面发展尤为突出。其最具代表性的计算机辅助制图软件 AutoCAD，已将辅助设计、二维平面出图等功能发挥到极致。但随着社会的发展，计算机二维辅助设计已不能满足越来越复杂的工程结构设计。此时三维设计软件的问世，给如今的复杂结构工程设计带来了新的方法新的手段，使设计变得更加简便，大大地提高了工作效率。其中主流的三维设计软件有 3DSMAX，Pro/E，Maya.，Rhino，UG，SolidWorks，Inventer 等。但由于 3DSMAX 外挂资源较多且其价位适中，更适于在结构工程中应用，所以在这里我们选择使用 3DSMAX 进行工程结构建模。

下面将用 3DSMax 脚本语言 MAXScript 制作结构工程中常用的 T 形梁。

设计步骤如下：

第一步，建立一个可编辑网格的长方体。根据设计要求，先创建梁的最大外部轮廓，然后创建翼缘下部两个长方形，并将其设置为可编辑网格的长方体。

第二步，将两个高度为梁的翼缘高度的长方体移动到左右两侧的指定位置。

第三步，对三个长方体进行布尔运算。

第四步，删除多余的两侧多余的物体，形成 T 形梁。

第五步，为 T 形梁添加材质颜色。

第六步，为 T 形梁制作更改名称的控件按钮。

MAXScript 脚本制作程序代码

```
box01=convertToMesh（box length:5000 width:300 height:300）
-- 创建第一个长方体并指定其长、宽、高。
box02=convertToMesh（box length:5000 width:100 height:230）
-- 创建第二个长方体并指定其长、宽、高。
box03=convertToMesh（box length:5000 width:100 height:230）
-- 创建第三个长方体并指定其长、宽、高。
move box02 [100，0，0]
-- 沿 x 轴的正方向移动第二个长方体。
move box03 [-100，0，0]
-- 沿 x 轴的负方向移动第三个长方体。
box01-（box02+box03）
-- 对三个长方体做布尔运算。
delete box02
-- 删除第二个长方体。
delete box03
-- 删除第三个长方体。
box01.wirecolor=color 80 80 80
-- 为第一个长方体添加颜色。
select box01
-- 选择第一个长方体。
rotate box01（eulerAngles 0 0 120）
-- 旋转第一个长方体。
rollout myrollout "rename" width:200 height:100
```

```
-- 创建一个卷展栏并制定其宽、高。
editText edt_name "name： " pos:[5， 7] width:152 height:22
-- 创建一个编辑文本并制定其宽、高。
button btn_rename "rename" pos:[25， 45] width:107 height:22
-- 创建一个按钮并制定其宽、高。
on btn_rename pressed  do
-- 单击按钮。
if edt_name.text != "" then
-- 若编辑框不为空就执行下面命令。
for i in selection do i.name = uniquename edt_name.text
-- 重命名。
createdialog myrollout
-- 创建对话框。
```

最后得出的 T 形梁效果图如图 5-7 所示。

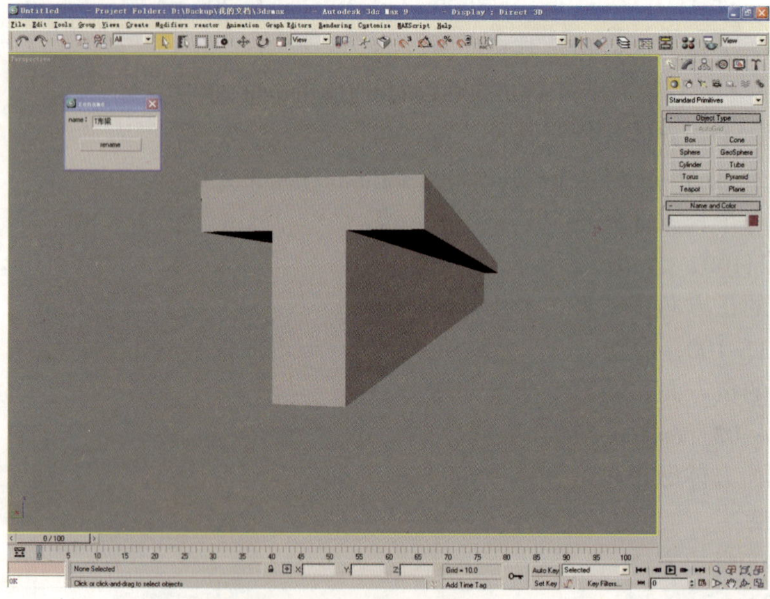

图 5-7　T 形梁效果图

第二部分

可视化仿真的应用实例

第 6 章　应用实例——坝陵河特大钢桁桥梁可视化三维建模技术及工程详图

本项目是基于交通运输部西部交通建设科技项目——坝陵河特大桥架设关键技术研究子课题 9 基础上，采用 Vb 语言编制设计的可视化数据查询演示系统，包括大型钢结构桥梁施工过程中的监控数据管理以及现场构件的校核工作，是对有限元建立的三维实体模型在各架设阶段计算结果进行的数据集成存储和应用。

6.1　坝陵河特大桥工程概况

沪瑞国道主干线（GZ65）镇宁至胜境关高速公路是该线在贵州省境内的重要路段。拟建的坝陵河大桥是其关键工程，它距镇宁至胜境关高速公路起点约 21km，距离黄果树风景区约 7km，位于关岭县境内，大桥跨越坝陵河峡谷（图 6–1），峡谷两岸地势陡峭，地形变化急剧，起伏很大，峡谷宽约 2000 m，深达 600m。经初步设计和技术设计阶段的多方案桥型方案论证，最终确定坝陵河大桥选用主跨为 1088m 的钢桁加劲梁悬索桥桥型方案。桥址区位于我国西南地区康滇地带的东部边缘，该地区岩溶高度发育、张节理和溶蚀裂隙对岩体完整性均有影响，在西部岩溶化高山峡谷中修建跨径超过千米的大跨径钢桁梁悬索桥在国内尚属首次。这个“五纵七横”国道主干线镇胜段的控制性大桥工程建成后，将是“中国第一，世界第七”的大跨径钢桁悬索桥。

坝陵河大桥的结构设计及施工特点：

图 6–1　坝陵河大桥效果图

（1）设计为国内最大跨度的钢桁加劲梁悬索桥

坝陵河大桥作为国内首座跨度超过千米的钢桁加劲梁悬索桥，工程规模大、建设条件复杂、技术难度高，其架设过程的仿真模拟将对大桥的施工提供必要的数据参考，对可能出现的问题提前作出判断，以采取必要措施，避免在架设过程中出现强度破坏或产生过大的变形造成结构的失稳破坏。

（2）采用预设临时施工铰的方法以减小施工过程部分杆件内力过大

由于在施工阶段悬索桥加劲梁往往具有很大的一期恒载内力，加劲梁的内力和位移可能超限，在架设阶段采用了刚、铰混合的方法对悬臂桁架加劲梁进行施工。因此，对架设阶段的仿真模拟分析，以达到为各施工过程可能出现的杆件内力过大或位移产生过大，故应提前作出判断，从而提前采取必要措施，避免施工过程中构件破坏或失稳。

（3）桁架架设过程流程图

施工过程采用从两边向中间逐段拼接，除端部为一跨一施工段外，其他每两跨为一个施工段，各段采用刚结法进行连接，施工流程见图 6–2。

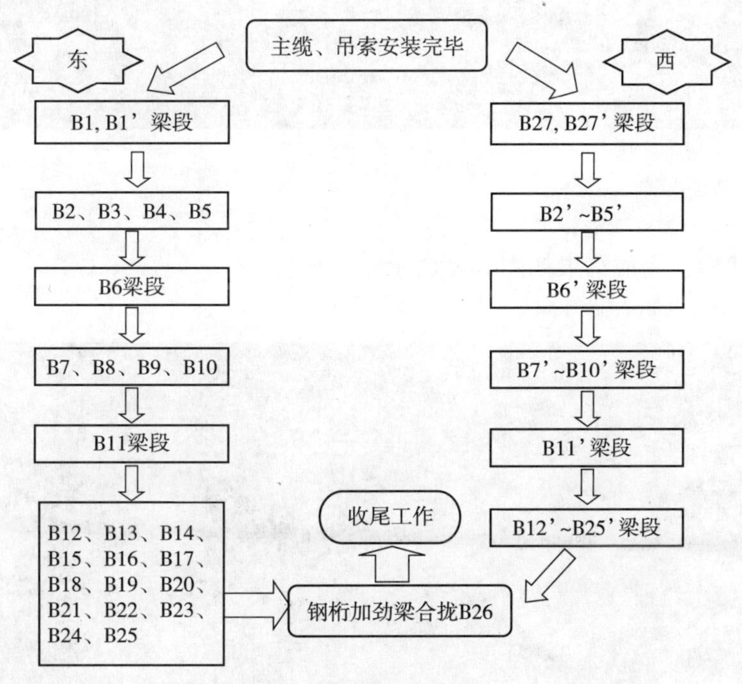

图 6–2　架设流程图

6.2　钢桁桥梁结构建模技术细节

钢桁加劲梁桥的设计和施工是一项复杂和庞大的专业系统工程，平面图的抽象性和效果图视角的局限性对业主方和决策者往往是一种限制，结合坝陵河特大钢桁加劲梁桥工程，以 CAD 为平台对其建立三维精细模型，对桥各杆件的连接部位进行预拼装，进行一对一的截面尺寸对接校核。同时，对模型进行数据转换，直接生成可视化的虚拟现实模型，建立的直观、精细的坝陵河特大钢桁桥梁空间模型，为决策者提供可视化的分析平台，对作出科学的决策提供技术保证和支持。

本工程使用 Autodesk Civil3D 软件作为建模平台，根据如图 6-3 所示的设计图纸建模。

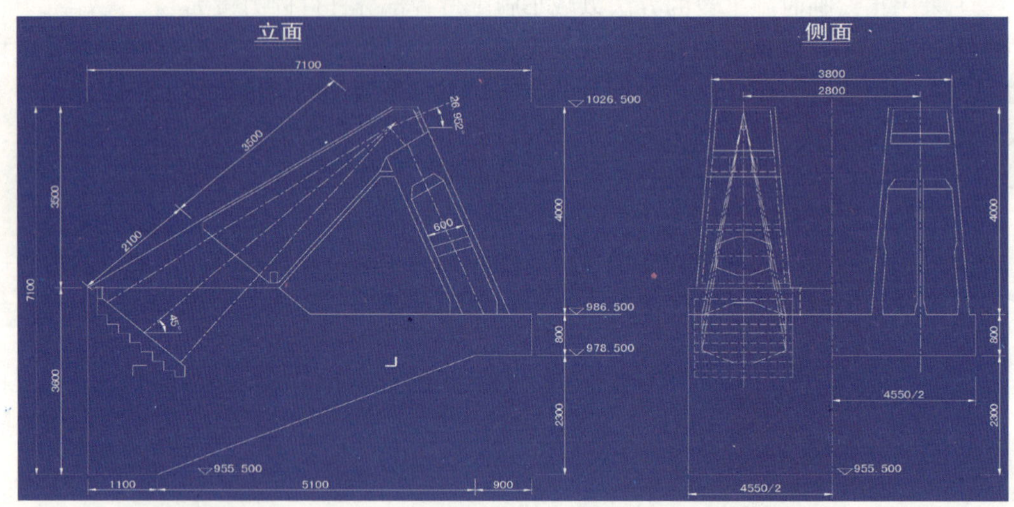

图 6-3　东锚碇设计图

进行三维建模，完成结果如图 6-4 所示。

图 6-4　东锚碇三维模型

以上只是一个局部实例，接下来我们大致对大桥各个部分的细部构造特点进行一下描述，而建模就是根据这些特征完成的。

钢桁加劲梁包括钢桁架和正交异性钢桥面板两部分。

钢桁架由主桁架、主横桁架和上、下平联组成。主桁架采用了整体节点技术，为带竖腹杆的华伦式结构，该结构由上、下弦杆、竖腹杆和斜腹杆组成。主桁架的桁高为 10m，标准节间长为 10.8m，两片主桁架左右弦杆中心间距与主缆间距相同，为 28m。上弦杆、下弦杆及斜腹杆均选用闭口箱形断面; 竖腹杆在加劲梁端部及中央扣处采用闭口箱形断面，其余均采用 H 形断面。主横桁架采用单层桁架结构，见图 6–5 和图 6–6 所示，由上横梁、下横梁、外侧斜腹杆、竖腹杆和内侧斜腹杆组成，外侧斜腹杆选用 H 形断面，其余均选用闭口箱形断面。上、下平联采用 K 形体系，均选用闭口箱形断面。

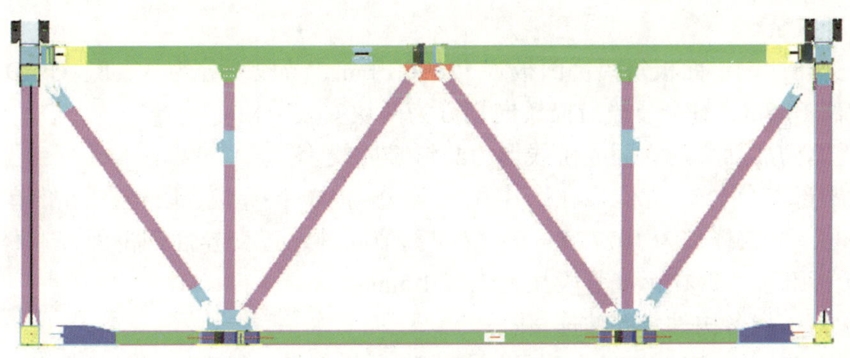

图 6–5　主横桁架立面图

图 6–6　节点三维立体图

正交异性钢桥面板由桥面板、U 形加劲肋、纵向板肋、横隔梁和倒 T 形纵梁组成，倒 T 形纵梁与主横桁架上横梁的上翼缘板之间设置盆式橡胶支座。正交异性钢桥面板在横桥向分为左右两幅，两幅桥面板之间净距为 600mm。每幅桥面板在端部每 10 个节段作为一联，中部每 20 个节段作为一联，全桥共设置 6 联，每两联之间安装伸缩缝（图 6–7）。

1）钢桁架及正交异性钢桥面板的节段划分

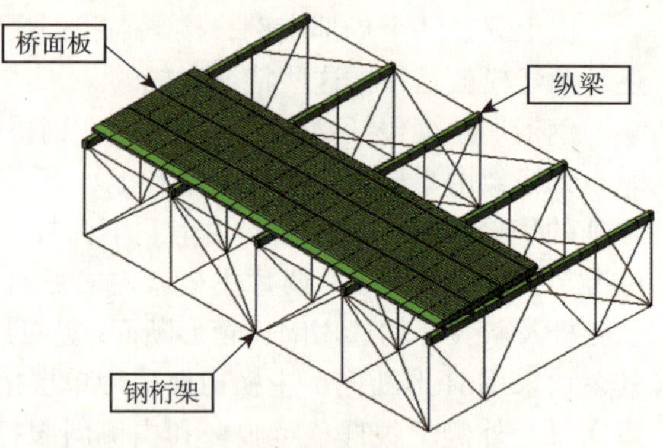

图 6-7　钢桥面板示意图

钢桁加劲梁采用从两侧索塔向跨中架设的方案。主桁架的端节间作为第一个架设节段，然后每两个节间作为一个架设节段，全桥共设置 51 个架设节段（分为 53 种类型），其中跨中节段作为合拢段，主桁架的各节段均采用平面构架法拼装，主横桁架每个桁架片作为一个架设节段，全桥共有 101 个主横桁架节段。主横桁架各节段均采用平面构架法拼装。上、下平联采用单杆拼装。

正交异性钢桥面板每幅桥面板宽 12896.1 mm，节段划分为 A、B、C、D、E 五种类型，标准段长 10.8m，每个节段沿横桥向划分为两块安装节段。

2）钢桁加劲梁的立面成桥线形为凸形竖曲线

除端部节间外，主桁架在跨中区域等分为 98 个标准节段，在标准节段上弦杆长为 10781mm，下弦杆长为 10777.8mm。除端部节间外，正交异性钢桥面板在跨中区域也等分为 98 个标准节段，在标准节段长为 10801.5mm。

3）钢桁架各构件之间的连接

主桁架的上、下弦杆设置了整体节点板，竖腹杆和斜腹杆通过整体节点板与上、下弦杆连接。主桁架的弦杆与主横桁架的横梁、平联之间通过焊接节点板连接。主横桁架的上、下横梁设置了竖向焊接节点板，主横桁架的竖腹杆、斜腹杆通过竖向焊接节点板与上、下横梁连接（图 6-8）。

主横桁架的上、下横梁设置了水平整体节点板，上平联、下平联分别通过水平整体节点板与上横梁、下横梁连接。在节点板处，各构件之间均采用高强度螺栓连接。

4）正交异性钢桥面板各构件之间的连接

正交异性钢桥面板的桥面板与 U 形加劲肋、纵向板肋、横隔梁、纵梁之间通过焊接连接。

（*a*）　　（*b*）

图 6-8　桁架连接部件图

（*a*）主桁架上弦杆；（*b*）主横桁架上弦杆；

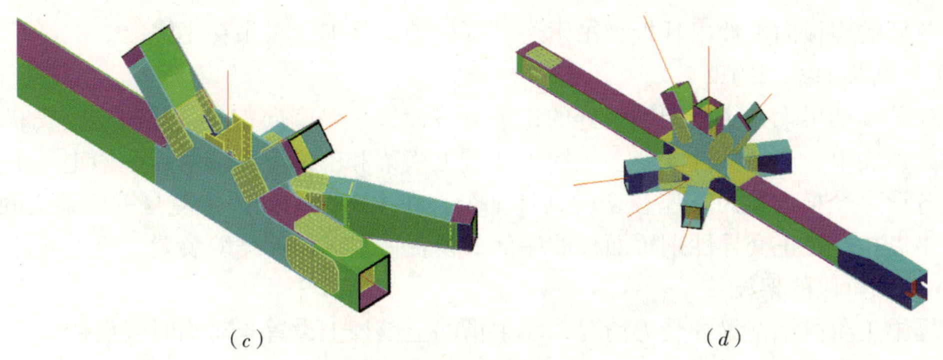

图 6–8　桁架连接部件图（续）
（c）主桁架下弦杆；（d）主横桁架下弦杆

在顺桥向两块正交异性钢桥面板之间，桥面板通过焊接连接；U 形加劲肋、纵向板肋和纵梁通过高强度螺栓连接。正交异性钢桥面板每种类型的节段（A、B、C、D、E），在横桥向均划分为 5 块，其中内侧 3 块桥面板在拼装场焊为一个吊装节段，外侧 2 块桥面板在拼装场焊为一个吊装节段。在两块吊装节段之间，桥面顶板通过焊接连接，横隔梁通过高强度螺栓进行连接。在正交异性钢桥面板的桥面板、U 形加劲肋和横隔梁的相交处，由于承受反复作用的车轮荷载，应力非常复杂，为提高此处的抗疲劳性能，将此处的横隔梁局部先加工成 12mm × 10mm 的倒角，待各板件就位后，将横隔梁与桥面板和 U 形肋的焊接采取连续焊过倒角的方式，将此处填实（图 6–9）。

图 6–9　桥面图
（a）桥面板；（b）桥面内部构造

5）正交异性钢桥面板各联之间的连接

正交异性钢桥面板在两端每 10 个节段作为一联，在跨中区域每 20 个节段作为一联，全桥共设置为 6 联，每两联之间设置一道伸缩缝，伸缩缝宽 40cm。

6）钢桁架与正交异性钢桥面板之间的连接

正交异性钢桥面板的纵梁下面设置盆式橡胶支座，全桥共计 848 个，盆式橡胶支座放置在主横桁架上横梁的上翼缘板上。

7）钢桁架与主缆之间的连接

上弦杆的腹板向上伸出耳板，吊索通过耳板销接将加劲梁吊在主缆上。

8）加劲梁的梁端约束

在加劲梁的梁端，主桁架端竖杆的正下方各设置一个竖向支座，竖向支座安装在索塔的下横梁顶面上，全桥共计 4 个。主横桁架端上横梁和下横梁两端对应主桁上、下弦杆的外侧，各设一个横向抗风支座，全桥共计 8 个。在主跨跨中处，主缆与钢桁架之间设置 3 对柔性中央扣。在正交异性钢桥面板的端部各设置一组纵向伸缩缝装置，全桥共计 2 组。

9）施工阶段的架设铰

根据施工阶段钢桁梁的受力情况，在主桁的上弦杆上设置 4 对临时架设铰。

基本模型的大致效果如图 6-10 所示。

图 6-10　基本模型大致效果

根据平面图纸设计，通过对钢桁桥的各个组件进行三维精细建模，完成之后便可以对各个组件进行预拼装，对所设计接头部位的构件连接和尺寸进行一对一的空间预安装进行校核，检验各构件是否满足施工安装要求。

各个模型组件的完成，也就意味着虚拟现实模型库的建立，这为以后与数据库的链接和调用打下了第一步基础。

6.3　钢桁架桥梁的结构设计与图形处理技术

上文提到本工程的三维造型采用了 Autodesk Civil3D 软件作为建模平台，在建模过程中通过内置的开发语言 VBA，结合 SQLServer 数据库技术来建立钢结构构件三维特征库，形成一套快捷、准确、智能的建模方法。

计算机图形处理技术指利用计算机通过算法和程序在显示设备上构造出图形的一种技术。图形处理技术构成了 CAD 技术的基础，尤其是计算机辅助几何设计技术（Computer

Aided Geometric Design，CAGD）构建了 CAD 技术的核心。

Autodesk Civil3D 软件的建模平台事实上就是通过驱动和软件而将几何图形绘制呈现在屏幕上的。通过了解和掌握计算机图形处理技术的一些基础知识和相关的基本概念与术语，来加深对 CAD 软件图形处理的认识是非常有益和重要的。

图形处理的数学基础包括向量运算、矩阵运算，二维图形的基本变换，齐次坐标，以及后边出现的投影计算等，这里不再详细说明，具体请参照计算机图形学相关书籍。

6.3.1 设备驱动程序与图形程序库

图形处理是 CAD 系统所具有的基本功能。通用图形处理软件一般由设备驱动程序和图形程序库两部分组成。采用各种高级语言开发的 CAD 应用程序，通过直接使用设备驱动程序或使用构建在设备驱动程序之上的图形程序库来控制图形的显示处理。

1）设备驱动程序

设备驱动程序是一系列与设备相关的代码，它直接控制图形设备的显示处理单元（图形适配卡或显卡）。

设备驱动程序是与设备相关的，由各个图形设备厂家用低级语言（或专用语言）编写并固化于显示处理单元中。因此，一台图形设备的显示处理单元由一个特定的设备驱动程序驱动。

直接用设备驱动程序代码编写图形程序的缺点有：（1）图形设备不同，图形处理程序所使用的设备驱动程序命令也不同，从而造成图形程序的可移植性差；（2）由于图形处理程序是用低级语言编写的，程序编写工作量大，且程序的可读性差。

2）图形程序库

图形程序库（Graphic Library）可以认为是“一种到图形硬件的软件接口”，是一种过程性的图形 API（Application Programming Interface，应用程序接口）。

图形程序库实际上是一系列图形处理子程序，而且每个子程序都具有特定的用途。如 CAD 中“line”是命令调用绘线的子程序，“circle”是命令调用绘圆的子程序。

图形程序库构建在设备驱动程序之上，图形程序库中的每个子程序都采用支持它的设备驱动程序命令创建。例如，一个绘圆的子程序可以有一系列绘短直线的设备驱动命令组成。

目前流行的图形设备厂家的设备驱动程序一般都支持标准及流行的图形程序库（图 6-11）。

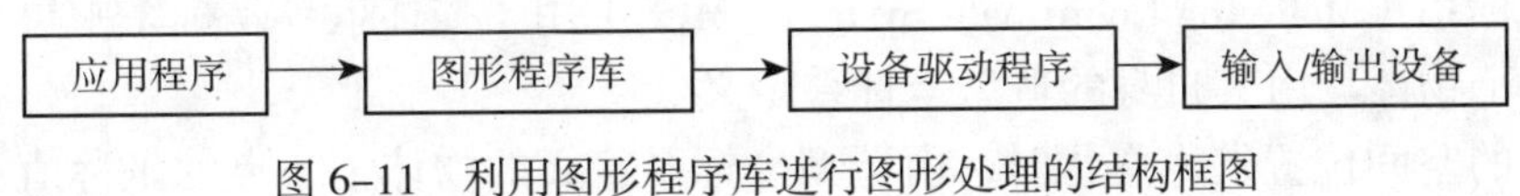

图 6-11　利用图形程序库进行图形处理的结构框图

图形程序库中子程序的使用与传统编程中数学函数库的使用方式相类似，即由主程序调用所需子程序，就像使用数学函数库中的 SIN、COS 函数一样。因此，构造一个统一、标准、能驱动所有图形设备（或被各图形设备厂家的设备驱动程序所支持）的图形程序库，可大大加强图形程序的与设备无关性和可移植性。

目前，通用的图形程序库主要包括 CORE 图形系统、GKS 和 GKS-3D、PHIGS、OpenGL、ACIS、ParaSolid 等。

6.3.2 坐标系

1）设备坐标系

设备坐标系（Device Coordinate System，DCS）用于在图形显示设备上定义图形或窗口的位置。设备坐标系通常由水平方向的 x 轴和沿垂直方向的 y 轴组成，其坐标原点可以任意选择。由于图形显示是将真实图形投影于显示屏幕上，故设备坐标系的 z 轴垂直于坐标系的 xoy 平面，但通常不予定义。

设备坐标系也是定义像素和位图的坐标系。对于相同的图形信息，当采用设备坐标系编写图形程序时，由于坐标系的原点位置、坐标轴方向以及图形窗口的显示范围不同，在不同显示设备上显示出的图形是不同的。

2）虚拟设备坐标系（规格化的设备坐标系）

为了避免由于设备坐标系与设备的相关性影响应用程序的可移植性，在编写图形程序时，应采用虚拟设备坐标系（Virtual Device Coordinate System，VDCS）。虚拟设备坐标系的原点通常位于显示器的左下角，其轴的正方向分别指向右方和上方，且取值范围均为 0 ~ 1。

因此，用虚拟设备坐标系定义的点，在不同的图形设备上占据相同的位置而与设备无关，编写图形程序时也不必考虑某个特定的设备坐标系。当图形程序在某台图形设备上运行时，图形程序将虚拟设备坐标发送给设备驱动程序，由该程序将虚拟设备坐标转换成与该设备一致的设备坐标系。

虚拟设备坐标系也称之为规格化的设备坐标系（Normalized Device Coordinate System，NDCS），主要用于定义视图区。

3）世界坐标系、造型坐标系和观察坐标系

设备坐标系和虚拟设备坐标系提供了在二维显示屏幕上定义几何图形的坐标系。在三维空间中定义几何形体时可采用 3 种坐标系：世界坐标系、造型坐标系和观察坐标系。

（1）世界坐标系

世界坐标系（World Coordinate System，WCS）又称用户坐标系，用于描述现实世界的整体布局，即何种类型的对象存在于我们所描述的世界之中及其如何定位。

（2）造型坐标系

造型坐标系（Modeling Coordinate System，MCS）用于描述世界坐标系中每个具体物体的形状，每个物体均由其自身的造型坐标系定义。

当物体的空间位置发生变化时，由造型坐标系定义的物体上各点的坐标值不变。造型坐标系与世界坐标系是整体与局部的关系。

在许多 CAD 系统中，用造型坐标系定义基本图形元素，如圆柱体、球体等。这些基本图形元素被调用后，应用相关的变换矩阵将其置于世界坐标系的指定位置。因此，造型坐标系又称为局部坐标系，而世界坐标系又称为整体坐标系。

（3）观察坐标系

如同将现实世界的景物投影到人的视网膜上一样，为了将三维物体投影到显示屏幕（或观察平面）上，需要建立观察坐标系（View Coordinate System，VCS）。在计算机图形处理中，通常采用透视投影和平行投影两种方式，如图 6–12 所示。

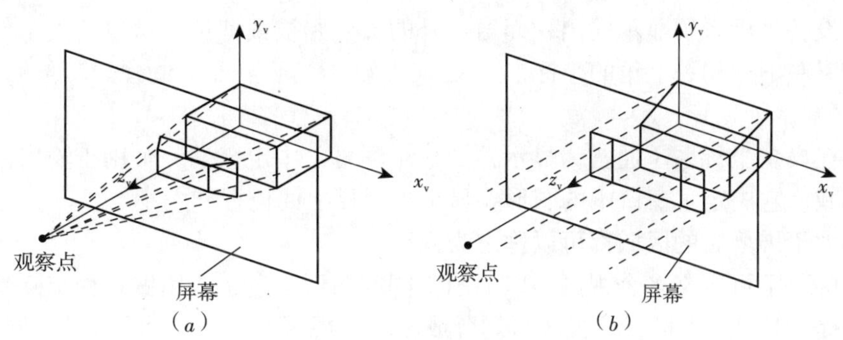

图 6–12　两种投影方式

（a）透视投影；（b）平行投影

（4）坐标变换

不同的坐标系之间通过变换矩阵建立联系，每个造型坐标系的位置和方位可通过变换矩阵由世界坐标系确定。同样，观察坐标系也可通过世界坐标系定义的一系列数据由与世界坐标系相关的变换矩阵确定，如图 6–13、图 6–14 所示。

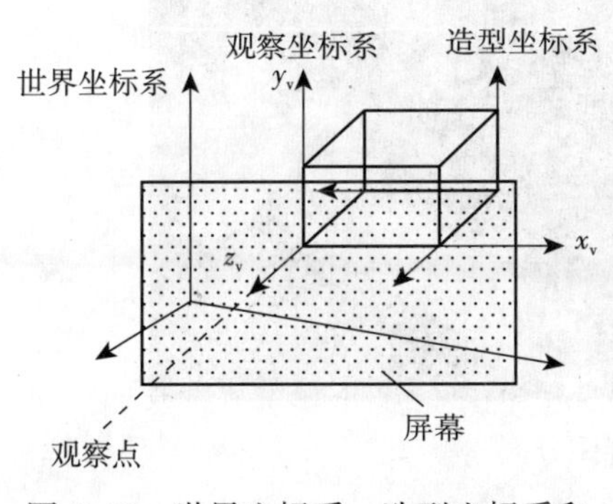

图 6–13　世界坐标系、造型坐标系和观察坐标系之间的关系

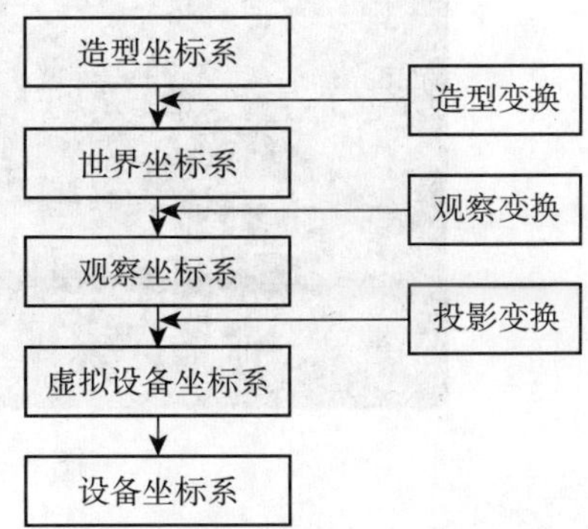

图 6–14　坐标系间的坐标变换过程

6.3.3　窗口与视区

1）窗口

“窗口”一词在计算机图形处理中是一个形象且贴切的词汇，在日常生括中也经常遇到。例如，某人坐在房间里通过窗户观察外面的世界，此时所能看到的只是无限世界的一小部

分，其余均被窗户周围的墙壁所遮挡。在这里，窗户就是一个窗口。

在工程设计中，有时为了详细表达图形的某部分，而将该部分单独放大画出，即所谓的局部视图。在计算机图形学中，采用窗口技术可将指定的局部图形从整体中分离出来，并显示于视区之中，即通过窗口操作观察感兴趣的图形部分。窗口技术应用的典型示例是在各种 CAD 系统中经常用到的框选放大操作。

窗口是在世界坐标系中定义的，确定显示内容的一个矩形区域，只有在这个区域内的图形才能在设备坐标系下显示输出，而窗口外的部分则被裁剪掉。窗口的大小与位置可以通过确定矩形左下角和右上角的坐标来定义。

2）视区

视区是在设备坐标系（通常为显示器的显示屏幕）中定义的一个用于输出窗口中的图形的矩形区域，它决定了窗口中的图形要显示于屏幕上的位置和大小。

任何不大于屏幕域的区域都可以称之为视区。

在同一屏幕上可定义多个视区，以显示不同的图形信息，或用做各种交互处理的功能选项及信息提示处理，也可以将视区再划分成多个子视区，用于表示零件的不同投影显示，并在需要时进行主、子视区的状态转换，如图 6–15、图 6–16 所示。

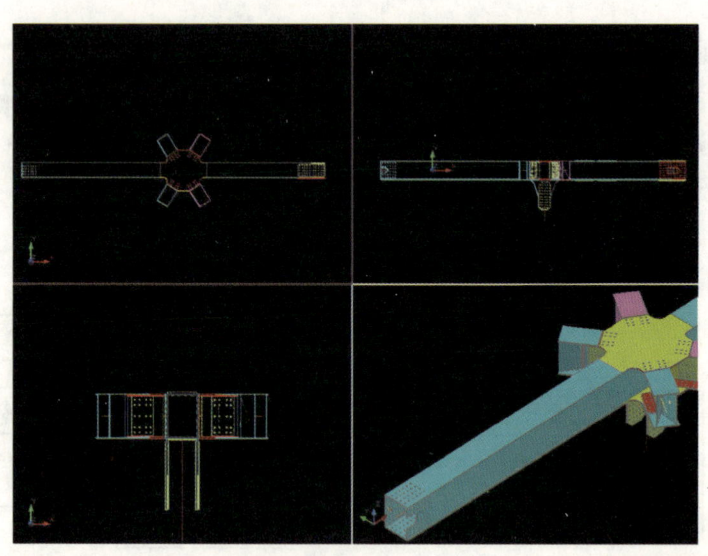

图 6–15　视图分区

注意图 6–15、图 6–16 中视图分区与视区所表示的概念的不同。

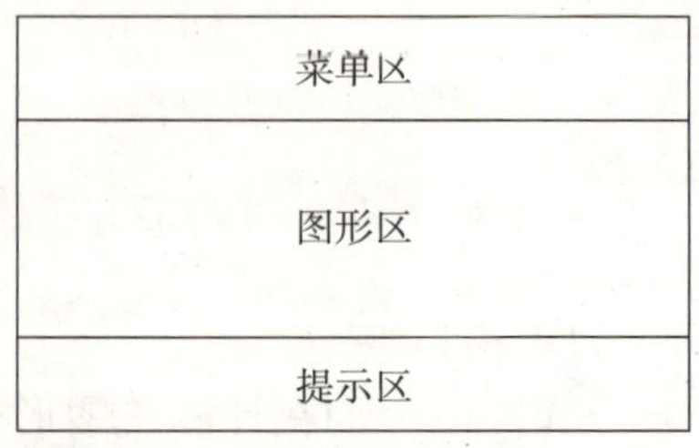

图 6–16　视区的定义

3）窗口—视区变换

窗口和视区是在不同的坐标系下定义的。因此，如果将窗口中的图形信息传送到视区来输出显示，必须把世界坐标系中定义的坐标值转化为设备坐标系下的坐标值，这样的变换称之为窗口—视区变换（图 6–17）。

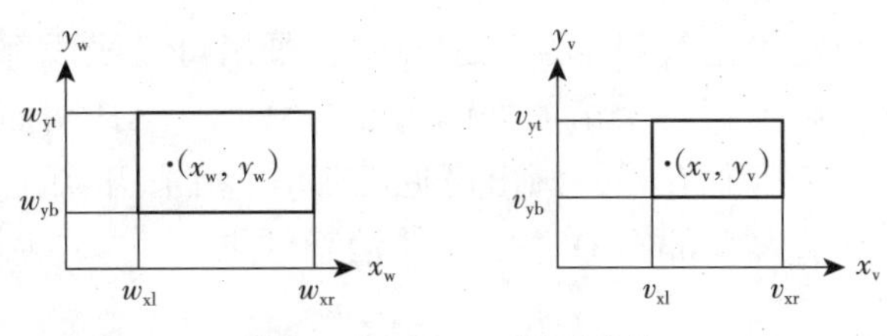

图 6–17　窗口—视区变换

6.3.4　图形的裁剪与消隐

图形的裁剪和消隐是计算机图形处理技术中的两个重要问题，前者是为了得到所需要的局部图形，后者则用于实现三维图形的真实感显示以及消除图形显示的二义性。

1）图形的裁剪

一般来说，图形就是要映像现实或想象中的物体的外表的形状。在现实或想象的空间中，图形可以有任意的，甚至是无限大的尺寸。当我们借助计算机处理图形时，我们总是处理有一定大小限制的图形，最简单的也最经常要处理的问题是要在显示器上显示图形，而显示器是有限的。甚至现在计算机中经常采用的窗口技术是我们只能在比满屏更小的显示器的部分区域内显示图形。因此被显示的图形有落入所指定的窗口之内部分，同样也会有落在窗口之外的部分。由于这部分窗口之外的图形是不应被显示的，有必要对这些不能显示的部分图形进行舍弃。

决定图形的哪部分在窗口内，哪部分在窗口外，这样的一个过程就称为对图形的裁剪，它是确定在窗口内可见图形部分的一种处理过程。

对一个图形的裁剪过程实际上就是需要逐个判定构成图形的基本的图形元素，如点、线段、文字等是否包含在指定的窗口区域内，对线段、文字还要判定是否仅其部分在指定窗口区域内。由于图形经常包含大量的点或线段，甚至文字等，裁剪的运算量非常大，裁剪算法的效率就显得十分重要。而裁剪的方法很多，其效率的高低常和图形的特点、计算机功能等因素有关，因此要根据实际情况来选择裁剪方法。在用软件实现常达不到实时应用环境所提出的对图形的速度要求时，要考虑由相应的硬件实现。

当然，为适应某种特殊需要也可剪裁掉位于窗口内的图形，而留出窗口的空白区域，以用于文字说明或其他用途，我们称这种处理方法为“覆盖”。

裁剪技术是计算机图形处理的基本问题之一，其核心问题是通过对裁剪边界和被裁剪对象进行求交，裁剪位于裁剪边界外的图形，保留所需要的部分。

裁剪边界通常是矩形窗口，也可是任意的多边形。被裁剪的对象经常是点、直线、多边形、文本等。

裁剪算法是计算机图形处理领域中一个非常活跃的分支，不断有新的算法涌现。有关裁剪方面的详细算法，可参考有关计算机图形学方面的书籍。

2）图形的消隐

消隐指消除隐藏线和隐藏面，其目的是消除物体显示的二义性。

消隐处理是三维物体的计算机图形显示技术中的一个基本问题，其原理并不复杂。对于消去隐藏线，只要把表示三维物体的每一条线与每一个组成物体的不透明面进行可见性判断，把不可见线段部分与可见线段部分区别开来，画出可见线段部分，不画不可见线段部分。对于消去隐藏面，则把每一个组成物体的面与每一个不透明面进行可见性判断，把不可见面部分与可见面部分区别开来，画出可见面部分，不画不可见面部分。

图 6–18、图 6–19 所示为 AutoCAD 中的实体消隐效果。

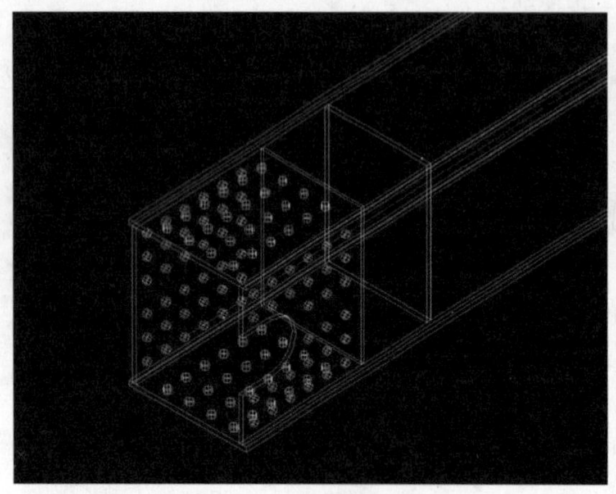

图 6–18　消隐前图形

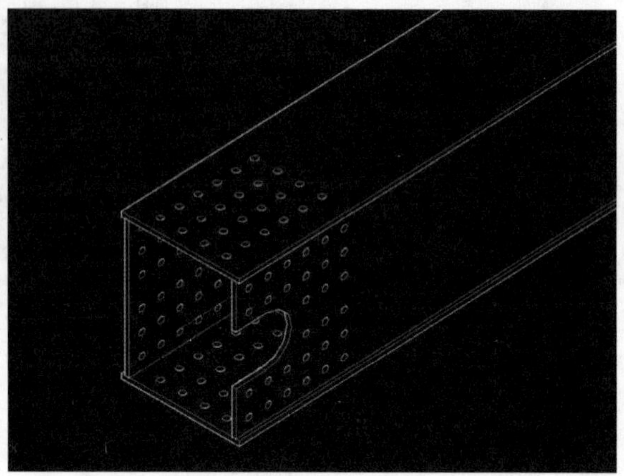

图 6–19　消隐后图形

虽然消隐的原理很简单，但实际上消隐算法却是十分复杂的。特别是在大多数情况下，我们可能需要观察物体的不同的侧面。随着要观察的物体侧面的不同，物体的不可见部分，即隐藏线和隐藏面也在不断变化，并且这种变化一般是前后没有明显关联规律的。因此每改变一个侧面，就需要重新查找相应的隐藏线和隐藏面，这导致了消隐处理常常需要耗费较多的时机。

消隐是计算机图形处理最具挑战性的问题之一，也是其核心问题之一，众多研究人员为此付出了巨大的努力。

目前，消除隐藏线主要通过求交计算来判断其可见性，隐藏面的消除主要采用画家算法、向深度缓冲区算法、扫描线算法和区域采样算法等，其中，向深度缓冲区算法是原理最简单、算法最优越的一种隐藏面消隐算法。

有关消隐算法的详细介绍，可参考计算机图形学方面的相关书籍。

6.4　三维结构图形转化为二维工程图的处理技术

虽然三维模型有着可以直观形象地反映复杂工程设计的优点，但具体到施工方，还是需要大量准确的二维平面施工图。三维结构图形转化为二维工程图处理技术的开发研制，为高效、准确地完成设计施工详图的产生提供了有力的手段。所有工程图从三维模型中直接产生输出，大大减少设计人员的设计工作量和劳动强度。该技术的应用将会提升设计院的设计水平，缩短设计周期，降低成本。使设计向深层次专业化发展走出了关键的一步。

6.4.1　三维到二维的图形学基础

三维投影变换的概念

现实世界的物体常常是三维的， 即立体的， 如工程设计中产品几何模型， 实际的景物的几何外观等， 用立体的图形去描述它们当然是最合适的了 . 但我们描述和观察图形常常却只能在二维介质， 即平面物体上来进行， 如计算机的显示器平面， 绘图机输出的纸平面等。投影变换就是帮助我们来解决这一问题的，它把三维空间中的立体图形变换为二维空间中的平面图形， 从而使我们可以在二维平面介质上显示或输出立体图形。

三维图形实际上是点的集合体，投影变换可以直观地看做是由一个投影中心发射出的多条光线给出的投影射线定义的。这些投影射线过图形的每一点并相交于给定的投影平面，从而构成三维图形的投影。空间中一点投影变换的结果就是要求解出过这个点的投影线与投影平面的交点，图 6–12 表示同一线段两种不同的投影。由于直线段的投影仍然是直线段，所以实际上是对直线段的端点做投影变换就可以了。

由投影图 6–12 定义的投影称之为平面几何投影，其特点是投影面为平面，投影线为直线。但是，工程制图领域也有非平面或非直线的投影。

如果投影中心与投影面的距离是无限的，则投影线相交于无限远点， 因此相互平行，这时称投影变换为平行投影。如果其间的距离是有限的，则投影线相交于有限远点， 相互不平行， 这时称投影变换为非平行投影， 通常称为透视投影。

平面几何投影就分为平行投影和透视投影这两种基本类型。当定义透视投影时，需要定义其投影中心。而平行投影只需定义其投影方向即可。

1）平行投影

平行投影根据它们的投影方向和投影平面法线矢量是否平行， 即投影方向和投影平面是否垂直分为正（平行）投影和斜（平行）投影两类。在正平行投影中，投影方向和投影平面的法线矢量方向是平行的，而斜平行投影的投影方向与投影平面法线矢量方向是不平行的。

（1）正（平行）投影

最常见的正投影图实例是工程制图中的主（前）视图、俯（顶）视图和侧视图三种投影图， 合称三视图。正投影的特点是，投影平面垂直于某一个坐标轴，亦即该坐标轴给出投影方向，因而投影平面平行于相应的坐标平面。而三视图更是以三个坐标平面本身作投影平面。正投影被广泛应用于工程制图和构造产品的几何模型。主要的优点是利用这些类型的投影图可以精确测量出立体图中一些真实的距离和角度等几何尺寸。

正（平行）投影公式：

正平行投影的变换公式是简单的，当设定 $z = 0$ 的平面为投影平面时，正投影的方向和投影平面的法线矢量方向相同。因此，p（x，y，z）在投影平面上的投影点 p_0（x_0，y_0，z_0）由式（6–1）给出：

$$x'=x，y=y'，z=0 \tag{6–1}$$

这一投影变换的变换矩阵是：

$$\begin{bmatrix}1&0&0&0\\0&1&0&0\\0&0&0&0\\0&0&0&1\end{bmatrix} \tag{6-2}$$

同理，可以分别写出以 $x=0$，$y=0$ 为投影平面时的正平行投影变换公式和变换矩阵：

$$x'=0,\ y'=y,\ z'=z \tag{6-3}$$

$$x'=x,\ y'=0,\ z'=z \tag{6-4}$$

$$\begin{bmatrix}0&0&0&0\\0&1&0&0\\0&0&1&0\\0&0&0&1\end{bmatrix} \quad \begin{bmatrix}1&0&0&0\\0&0&0&0\\0&0&1&0\\0&0&0&1\end{bmatrix} \tag{6-5}$$

一幅立体图的这三种投影变换图就是最常见工程制图中的俯（顶）视图、主（前）视图和侧视图三种投影图。

（2）正轴测投影变换

正投影的另一种应用是生成正轴测投影（axonometric orthographic –projection）。轴测投影所用的投影平面一般不垂直于某个坐标轴，因此，一个图形的几个主要侧面可以同时显示出来（在此有一个潜在的假设，即选取坐标系时尽可能使坐标平面为图形表示的物体的主要侧面）。这种投影与投影中心的距离无关，投影线保持平行，但投影角度可改变，而且沿着每个坐标轴线方向的距离是可以度量的。

等轴测投影（isometric projection）是最常用的轴测投影，其特征是投影平面的法线和每个坐标轴的夹角相等。如果投影平面的法向量设为（a，b，c），则三个分量应满足要求 $|a|=|b|=|c|$，即 $\pm a=\pm b=\pm c$， 考虑投影平面的法向量只是用来指定投影方向的，向量长度的改变不影响其方向， 因而可以认为投影平面的法向量为单位向量，于是有 $a^2+b^2+c^2=3a^2=1$，$a=\pm\frac{1}{\sqrt{3}}$。这样就只有 8 个方向的向量满足这一条件即在每一个$\frac{1}{8}$三维坐标卦限区域内有一个方向向量，但是实际上仅有 4 个不同的等轴测投影［除非考虑消除隐藏线问题方向，（a，a，a）和（$-a$，$-a$，$-a$）与同一个投影平面相垂直］。故只剩下（a，a，a），（$-a$，a，a），（a，$-a$，a）和（a，a，$-a$）是仅有的满足要求的法向量，其中$a=\pm\frac{1}{\sqrt{3}}$。

等轴测投影具有一些特点，如沿 3 个坐标轴方向具有相等的变形系数（沿坐标轴方向的量度具有相同的放大缩小的比例系数），此外，主轴（即坐标轴）方向的投影之间具有相等的角度。

对等轴测投影变换（包括一般的投影变换）， 其投影公式和变换矩阵可通过如下步骤求解：

①把坐标系原点平移到投影平面上， 得一平移变换矩阵；

②旋转坐标系， 使投影平面重合于坐标平面 xy; 实现这一变换结果一般情况下需要绕两个坐标轴做两次基本旋转变换， 产生两个基本变换矩阵；

③做以坐标平面 xy 为投影平面的正平行投影变换， 得一投影矩阵；

④反序做反向旋转变换，可得两个旋转变换矩阵；

⑤把坐标系原点平移回原来的坐标系原点，得一平移变换矩阵；

⑥把上述各个变换矩阵依序相乘，就可得到一般的正平行投影变换矩阵。

（3）斜平行投影

斜平行投影变换也可分为斜等轴投影和一般的斜平行投影变换，对于斜平行投影变换，不仅要给出其投影平面，还要给出其投影方向。

我们首先给出投影平面为坐标平面 xy，即平面 $z=0$，投影方向为向量 $\vec{V}=(v_x,v_y,v_z)$ 所指定的投影变换公式和变换矩阵，对点 P（x，y，z），它的投影点 P'（x'，y'，z'）就是过点 P，且与投影方向向量 $\vec{V}$ 平行的直线和投影平面 $z=0$ 的交点。而直线的参数方程为

$$\begin{cases} x'=x+v_x t \\ y'=y+v_y t \\ z'=z+v_z t \end{cases} \tag{6-6}$$

于是可求得相应的斜投影变换公式为

$$\begin{cases} x'=x-\dfrac{v_x}{v_z}z \\ y'=y-\dfrac{v_y}{v_z}z \\ z'=0 \end{cases} \tag{6-7}$$

相应的变换矩阵为

$$\begin{bmatrix} 1 & 0 & 0 & 0 \\ 0 & 1 & 0 & 0 \\ -\dfrac{v_x}{v_y}z & \dfrac{v_y}{v_z} & 1 & 0 \end{bmatrix} \tag{6-8}$$

其他两个坐标平面的斜平行投影变换与次斜投影变换相似；斜等轴侧投影变换可用类似于正等轴侧投影的分析的方法得到，这些斜平行投影变换的变换公式及变换矩阵都不难求出，在此不再一一介绍。

2）透视投影

为了得到三维物体几何模型的透视投影，如图 6–20 所示，首先要定义投影中心和投影平面。投影中心可以选择任何位置，投影平面可为任意平面。

轴负方向到坐标平面 xy 的透视投影变换：

我们先考虑一个简单情况：投影平面取为坐标平面 xy，即平面 $z=0$. 投影中心点设置在 z 轴负方向上，距离投影

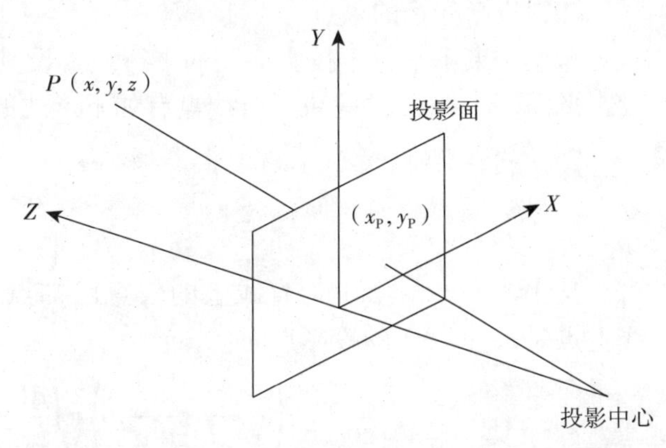

图 6–20　透视投影原理图

平面为 d（>0）的位置，因此有坐标（0，0，$-d$）。

透视投影原理图：

通过点 P（x，y，z）和投影中心（0，0，$-a$）的直线参数方程为：

$$\begin{cases} x' = x - xt \\ y' = y - yt \\ z' = z - (z+d)t \end{cases} \tag{6-9}$$

这一直线与投影平面 $z'=0$ 的交点坐标为：

$$\begin{cases} x' \dfrac{d}{z+d} x = \dfrac{1}{\dfrac{z}{d}+1} x \\ y' = \dfrac{d}{z+d} y = \dfrac{1}{\dfrac{z}{d}+1} y \\ z' = 0 \end{cases} \tag{6-10}$$

这个交点就是点 P 透视投影变换后的投影点 P'。此式也就是透视投影变换公式。这个透视变换的齐次坐标变换矩阵表示为：

$$[x_h\ y_h\ z_h\ h] = [x\ y\ z\ 1]\begin{bmatrix} 1 & 0 & 0 & 0 \\ 0 & 1 & 1 & 0 \\ 0 & 0 & 0 & \dfrac{1}{d} \\ 0 & 0 & 0 & 1 \end{bmatrix} \tag{6-11}$$

这里需要注意式中的

$$h = \frac{z}{d} + 1 \neq 1 \tag{6-12}$$

齐次坐标不是按规范化形式给出的，因此，投影点 P' 的坐标和由透视投影变换矩阵给出的齐次坐标的规范化转换关系：

$$x' = \frac{x_h}{h},\ y' = \frac{y_h}{h},\ z' = \frac{z_h}{h}$$

由上述公式，当 $d \to \infty$ 时，将得到平行投影。这与几何直观是相符的。

透视投影变换的灭点：

考察一束不平行于投影平面的平行线，设其方向向量为 $\vec{v} = (v_x, v_y, v_z)$，由于 $\vec{v}$ 不平行于投影平面，$v_z \neq 0$。这一束平行线具有如下形式的表达式：

$$\begin{cases} x = x_0 + tv_x \\ y = y_0 + tv_y \\ z = z_0 + tv_z \end{cases} \tag{6-13}$$

其中（x_0，y_0，z_0）为直线上的任意已知点，根据透视变换的投影公式（6–11），直线上点（x，y，z）的投影点为：

$$\left(\frac{\mathrm{d}x}{z+d}, \frac{\mathrm{d}y}{z+d}, 0\right) = \left(\frac{\mathrm{d}(x_0 + tv_x)}{z_0 + tv_z + d}, \frac{\mathrm{d}(y_0 + tv_y)}{z_0 + tv_z + d}, 0\right) \tag{6-14}$$

当 $d \to \infty$ 时，我们有

$$\left(\frac{\mathrm{d}x}{z+d},\frac{\mathrm{d}y}{z+d},0\right) \to \left(\frac{\mathrm{d}v_x}{v_z},\frac{\mathrm{d}v_y}{v_z},0\right) \tag{6-15}$$

只与这一束平行线的方向有关，与具体的某一条直线无关。这说明将立体几何模型用透视投影变换公式投影在投影平面上时，任何一束不平行于投影平面的平行线将相交于一点，这个点称为灭点。不难理解，当取（x_0，y_0，z_0）为投影中心点时，就得到了这一束平行线中过投影中心的那一条直线，这条直线上所有点的投影点为同一点：这条直线与投影面的交点。所以这个交点与这一束平行线的灭点为同一点。

根据上述公式也不难推断，平行于投影面的平行线（这时相应的 v_z=0）将仍然保持平行，即它们只会在无限远处相交，于是在无限远处存在一个灭点。

如果直线束平行于某一个坐标轴，则此时的灭点称为主灭点。对上述透视投影变换而言，主灭实际上就是 z 坐标轴和投影平面的交点（0，0，0）。对一般的透视投影，随着投影面的不同，不平行于投影平面的坐标轴的个数（等于坐标轴和投影平面的交点的个数），也就是主灭点的个数也不同，可为 1 个、2 个或 3 个，因而透视投影变换可以相应地划分为一点透视、两点透视或三点透视。

一般的透视投影变换可按如下步骤求得：

（1）投影中心向投影平面作垂线，求出这条直线和投影平面的交点，标记为 P_2，把投影中心标记为 P_1，采用三维复合变换一节中使图形绕选定的任何轴旋转的三维旋转变换的方法，可把坐标系原点平移到 P_1，并且使 z 轴重合于 P_1P_2。然后再平移坐标系原点到 P_2。这时投影平面就是 xy 平面，并且 P_1，即投影中心点在 z 轴负方向上。

（2）求出投影中心点到投影平面的距离，利用前面的简单透视投影变换进行透视投影变换，可得到一个透视投影变换矩阵。

（3）反序进行平移、旋转等变换，把坐标系变换回原来的位置。

（4）把各个变换矩阵依序相乘，即可得一般的透视投影变换矩阵。

当然也可以利用直接求解过投影中心的投影线与投影平面交点的方法，得到一般透视投影变换的变换公式和变换矩阵。

一般的三维变换矩阵参数含义：

一般而言，三维变换矩阵为一 4×4 方阵，可记为：

$$\begin{bmatrix} a & b & c & p \\ d & e & f & q \\ g & h & i & r \\ T_x & T_y & T_z & s \end{bmatrix} \tag{6-16}$$

根据变换功能不同，可以将其元素划分为四部分：

$$\begin{bmatrix} 3\times3 & 3\times1 \\ 1\times3 & 1\times1 \end{bmatrix} \tag{6-17}$$

其中，3×3 矩阵元素用以对图形实施比例、旋转、反射、剪切等变换，1×3 矩阵元素用以对图形实施平移变换，3×1 矩阵元素用以对图形实施透视变唤，1×1 矩阵元素用以对图形实施总体比例变换。

对于位置矢量利用上述 4×4 矩阵实施运算，并将已变换的位置矢量规范化而获得的总变换称之为双线性变换，这个变换给出了一个局部比例变换、旋转、反射、平移、透视、剪切和总体比例变换的组合（模型的层次，在视口中的开关、层次、景深）。

投影技术是由三维模型到二维视图的基础，但是只投影是无法清楚表示出模型的层次，景深关系的。这就需要在建模的同时对模型赋予层次的属性，用来控制以后它们在二维视图中的开关，从而清楚表示所需要的二维图形。

6.4.2 Autodesk Civil3D 中视图视口处理技术

在三维可视化设计与制图软件系统——图形输出模块中，采用了 Autodesk Civil3D 特有的布局空间进行视口视图布置以及剖切标注，其算法流程如图 6–21 所示。三维可视化设计与制图软件系统——图形输出模块中，存在两种类型视图，一种为含有明确的投影方向信息的视图，如某坝段某高程区间平面图为典型的俯视图，其视图矢量为（0,0,1）；一种为剖切视图：是指用一个平面切开三维实体，然后在指定方向上投影并进行剖面填充所生成的视图。这些相交平面（又称剖切平面）可以由用户在三维设计环境中创建，也可以用户直接在二维视图内创建剖切线生成剖视图。

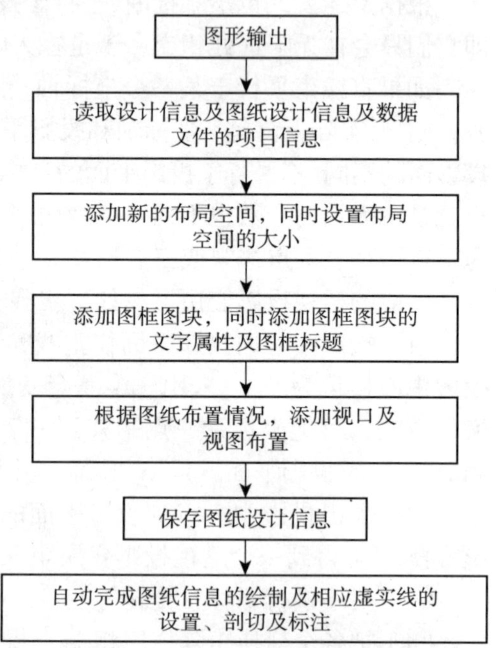

图 6–21 图形输出设计流程

在 Autodesk Civil3D 中，布局选项卡为用户提供了一个称为图纸空间的区域。在图纸空间中，可以放置标题栏、创建用于显示视图的布局视口、标注图形以及添加注释。

视口是显示用户模型的不同视图的区域。使用模型选项卡，可以将绘图区域拆分成一个或多个相邻的矩形视图，称为模型空间视口。在大型或复杂的图形中，显示不同的视图可以缩短在单一视图中缩放或平移的时间。而且，在一个视图中出现的错误可能会在其他视图中表现出来。也可以在布局选项卡上创建视口。使用这些视口（称为布局视口）可以在图纸上排列图形的视图，也可以移动和调整布局视口的大小。通过使用布局视口，可以对显示进行更多控制。例如，可以冻结一个布局视口中的特定图层，而不影响其他视口。

一般来说，从三维模型自动生成二维视图的基本原理是：三维实体信息模型在某一个观察方向上经过剖切和投影变换后，转换到二维视图坐标中，再将二维视图坐标变换到布局空间坐标，进行图纸信息设置及相应的尺寸标注设置。其算法流程如图 6–22 所示。

6.4.3 标注自动生成技术

三维实体信息模型一般也会包含尺寸、公差、粗糙度等标注的数字信息，这些参数和几何信息、位置信息同等重要。图形输出时用户不必再去重复这些枯燥的标注操作，系统提供自动生成标注的能力。

生成自动标注的基本思路为：剖切变换、标注赋值、符合样式。剖切变换是指将剖切三维实体信息模型产生的剖面经由世界坐标系到视图坐标系变换，再从视图坐标系到布局空间坐标系的变换；标注赋值是指对剖切剖面的标注方式的判断以及对标注控制点的求解，合理标注。由于图纸中的各种标注必须符合样式，因此标注赋值过程中系统还必须进行一些标准化（主要是指符合某一设计单位的出图习惯要求）处理和调整才能达到生产要求。

由于标注尺寸的数量一般相对较多，在投影和标准化处理后还要考虑综合布局及出图习惯，使得尺寸间尽量无重叠、无干涉、分布清晰合理。

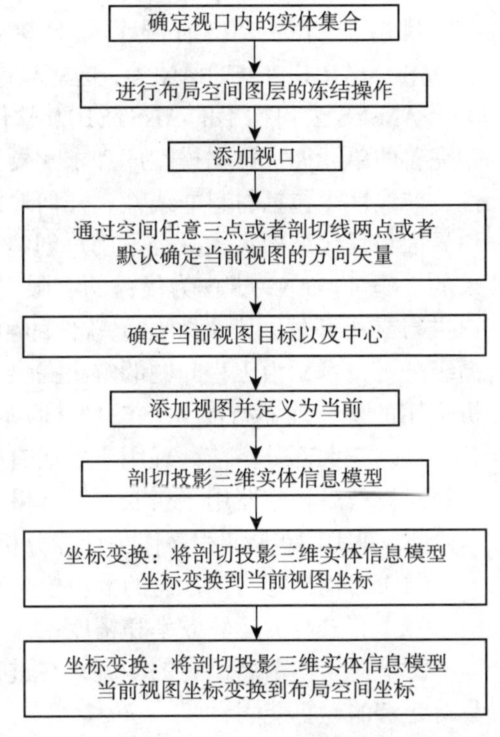

图 6–22 图形输出添加视口及视图

6.4.4 属性标注技术

属性值主要指三维实体信息模型的类别、钢筋的材料等参数。这些参数在标注的过程中赋值。虽然属性值的生成方法比较简单，而且对用户来说一般也是透明的，系统充分利用三维实体信息模型的属性信息，对于自动生成配筋钢筋表、生成钢筋用量表以及标注钢筋强度等级也是非常重要的。

6.5 三维模型与有限元结构计算的结合与成果分析

本章将已经建好的精细三维模型导入大型有限元计算软件，施工过程模拟采用倒拆法，在充分考虑结构本身重量及临时设备重量的条件下，通过有限元软件对大桥架设过程中结构的分析和计算，可以得出各架设阶段节点的位移、杆件的应力、应变等数据，确认各构件上的内力大小是否满足安全要求。

采用 ANSYS 有限元方法对空缆状态进行反演分析，比较有限元法得到的成桥线形与设计线形，为以后各种计算模型的建立提供可靠保证。

6.5.1 有限元程序的比较选取

由于自己编制程序是一件十分繁琐的工作，同时编写的程序无论在前处理还是在后处理上都无法与现有商用软件程序相比拟。而当前商用有限元软件已相当成熟，可模拟各类复杂边界条件和受载情况，因此拟采用商用有限元程序进行分析。

目前流行的大型有限元软件如：ABAQUS，ADINA，ANSYS，ALGOR，COSMOS，LUSAS，MARC，NASTRAN 等，这些软件功能强大而且各具特色。在众多的有限元软件中，美国 ANSYS 公司推出的 ANSYS10.0 软件是最为通用和有效的软件之一，它不仅拥有丰富和完善的单元库、材料模型库和求解器，可以高效解决各类结构的静力、动力、稳定、线性、非线性（包括材料非线性、几何非线性和接触非线性）等问题，而且其友好的图形用户界面和程序结构大大减轻了用户创建工程模型、生成有限元模型以及分析和评价计算结果的工作量。ANSYS 作为优秀的有限元软件，提供了与其他 CAD 软件的接口，并可供用户进行二次开发，大大加强了软件的生命力。ANSYS 支持子结构、子模型、单元生死等高级分析技术，为工程问题的解决提供了有力的工具。目前对钢框架抗震性能的有限元分析采用的是目前盛行的 ANSYS10.0 版本。ANSYS 程序最基本的模块包括前处理、求解器和后处理三大部分。前处理用于生成有限元模型，求解器用于施加边界条件及荷载，完成求解运算；后处理器用于获取求解结果，对结果进行分析和对模型作出评价。

本文采用 ANSYS 程序作为计算分析的主要工具，也归因于 ANSYS 程序具有下述优点：

（1）对钢框架力学性能的数值模拟很方便；

（2）有较高的运算效率和精度；

（3）对于本节所研究的问题，在进行单元定义时具有足够的单元类型，在进行计算时具有足够的运算能力；

（4）具有很强大的前处理、后处理功能。

6.5.2 有限元模型的实现过程

1）本构模型和单元选取

几何模型的建立可以通过输入实体关键点的三维坐标完成。关于材料应力—应变关系（本构模型），ANSYS 程序中提供了多种模型：经典双线性随动强化（BKIN）、双线性等向强化（BISO）、多线性随动强化（MKIN）和多线性等向强化（MISO）。其中，经典双线性随动强化适用于遵守 Mises 屈服准则，初始为各向同性的小应变问题；双线性等向强化一般用于初始为各向同性材料的大应变问题；多线性随动强化模型使用多线性应力—应变曲线模拟随动强化效应，用于使用双线性模型不能足够表示应力—应变曲线的小应变分析；多线性等向强化使用多线性来表示使用 Mises 屈服准则的等向强化的应力—应变关系，它适用于比例加载的情况和大应变分析。

计算中单元分别选用了 link8、link10 和 beam189 单元，这是根据实际受力构件与单元之间的共同特性决定的。接下来分别介绍所选取单元的性能。

（1）Beam189 单元

Beam189 单元适合于分析从细长到中等粗短的梁结构，该单元是基于铁木辛哥梁结构理论之上，考虑了剪切变形影响的一种单元结构形式。

Beam189 是三维二次（3 节点）梁单元，示意图见图 6-23。每个节点有六个或者七

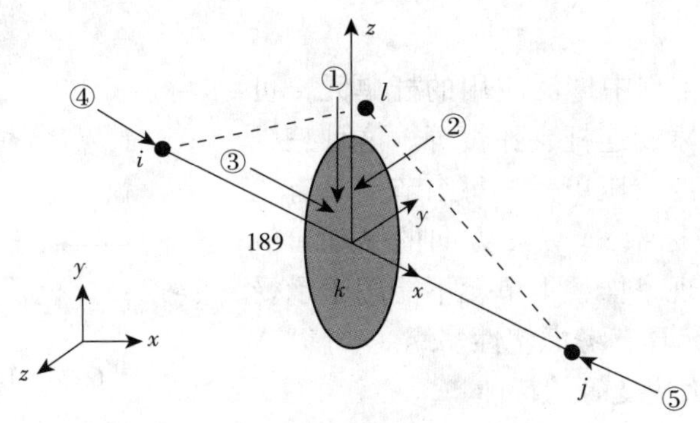

图 6-23　Beam189 单元示意图

个自由度，自由度的个数取决于 KEYOPT（1）的值。当 KEYOPT（1）＝0（缺省）时，每个节点有六个自由度，节点坐标系的 x、y、z 方向的平动和绕 x、y、z 轴的转动。当 KEYOPT（1）=1 时，每个节点有七个自由度，这时引入了第七个自由度（横截面的翘曲）。这个单元非常适合线性、大角度转动以及非线性大应变问题的计算分析。

当进行大变形分析的时候（即：NLGEOM，ON），Beam189 的应力刚化效应在进行分析时都是默认考虑的。应力刚化选项为本单元提供了分析弯曲、横向及扭转稳定问题（用弧长法分析特征值屈曲和塌陷）。

Beam189 也可以采用 sectype、secdata、secoffset、secwrite 及 secread 定义横截面。本单元支持弹性、蠕变及塑性模型（不考虑横截面子模型）。

该单元的几何形状、节点位置、坐标体系如上图所示，beam189 由整体坐标系的节点 i 和 j 定义。

节点 K 是定义单元方向的所选方式，Beam189 也可以在没有方向节点的情况下被定义。在这种情况下，单元的 x 轴方向为 i 节点指向 j 节点。对于两节点的情况，默认的 y 轴方向按平行 x–y 平面自动计算。单元的 y 轴的方向平行与整体坐标的 y 轴。用第三个节点的选项，用户可以定义单元的 x 轴方向。如果两者都定义了，那么第三节点的选项优先考虑。第三个节点（K），如果采用的话，将和 i、j 节点一起定义包含单元 x 轴和 z 轴的平面。如果该单元采用大变形分析，需要注意这个第三号节点仅在定义初始单元方向的时候有效。

梁单元是一维空间线单元，截面与单元用已定义的截面，截面号是独立的单元属性，梁单元基于铁木辛哥梁理论，这个理论是一阶剪切变形理论；横向剪切应力在横截面是不变的，也就是说变形后横截面保持平面不发生扭曲。Beam189 是铁木辛哥梁单元，沿长度用了一个积分点，用默认的 KEYOPT（3）设置。因此，在 i 和 j 节点要求 SMISC 数值的时候，中间数值在两端节点均输出。当 KEYOPT（1）设置为 2，两个积分点作为延长的线性变量被运用。

Beam189 单元支持一致质量矩阵和集中质量矩阵。用 LUMPM，ON 命令来激活集中质量矩阵，一致质量矩阵默认使用。每单位长度的附加质量用截面控制来输入，而需要设置节点在那些需要施加力的位置。压力可能被作为单元表面力被输入，正的压力指向单元内部，水平压力作为单元长度的力来输入。

（2）LINK8 单元

LINK8 单元是在工程中广泛应用的杆单元，可以用于模拟桁架、缆索、连杆、弹簧等。这种三维杆单元是杆件轴方向的拉压单元，每个节点具有三个自由度：沿节点坐标系 x、y、z 方向的平动。就像在铰接结构中的表现一样，本单元不能用于承受弯矩作用。LINK8 单元具有考虑塑性、蠕变、膨胀、应力刚化、大变形、大应变等的特性。

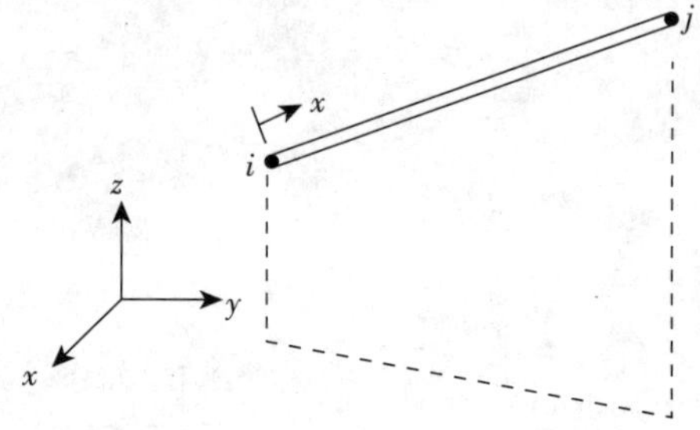

图 6–24　LINK8 的单元示意图

图 6–24 给出了单元的几何图形、节点坐标及单元坐标系。单元通过两个节点、横截面面积、初始应变及材料属性来定义。单元的 x 轴是沿着节点 i 到节点 j 的单元长度方向。单元的初始应变（ISTRN）由 Δ/L 给出，这里 Δ 是单元长度 L（由节点 i 和 j 的位置来定义的）和零应变长度之间的差值。

LINK8 的定义过程：

单元名称：LINK8；

节点：i，j；

实常数：AREA（横截面面积），ISTRN（初始应变值）；

材料特性：EX（弹性模量），DENS（密度）；

特殊特性：塑性、蠕变、膨胀、应力刚化、大变形、单元生死；

LINK8 单元进行结果输出时可以通过图片或文本的方式进行，比如对计算结果的全部节点位移、轴力等。单元假定为一直杆，轴向荷载作用在末端，自杆的一端至另一端均为同一属性。杆长必须大于零，即节点 i 和 j 不重合，面积也必须大于零。位移函数暗含着在杆上具有相同的应力。

（3）Link10 单元

LINK10 单元具有独一无二的双线性刚度矩阵特性，使其成为一个轴向仅受拉或仅受压杆单元。使用只受拉选项时，如果单元受压，刚度就消失，LINK10 单元在每个节点上有三个自由度：沿节点坐标系 x、y、z 方向的平动，不管是仅受拉（缆）选项，还是仅受压（裂口）选项，本单元不包括弯曲刚度。本单元具有应力刚化、大变形功能。

LINK10 单元的几何、节点位置以及坐标系见图 6–25，单元通过两个节点、横截面、初始应变或间隙以及各项同性材料特性来定义。单元的 x 轴是沿着节点 i 到节点 j 的单元长度方向。单元的初始应变（ISTRN）由 Δ/L 给出，这里 Δ 是单元长度 L（由节点 i 和 j 的位置来定义的）和零应变长度 l_o 之间的差值。

LINK10 的定义过程和选项与 LINK8 相同，只是在对实常数 ISTRN（初始应变值，如果为负值则为每单位长度间隙）定义时，如果 ISTRN 小于 0 并且 KEYOPT（3）= 0，则缆索表面最初是松弛的。如果 ISTRN 大于 0 并且 KEYOPT（3）= 1，表面裂口最初是打开的。LINK10 单元的长度必须大于 0，即节点 i 和 j 不能重合，面积也必须大于 0。

2）定义分析类型和求解选项

（1）非线性求解设置

ANSYS 程序通过使用全牛顿—拉斐逊法（Full Newton–Raphson Method）方法（图 6–26）

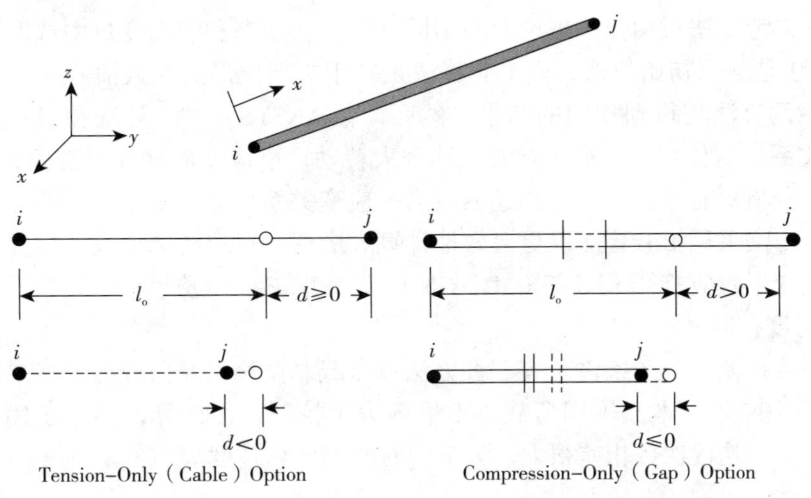

图 6-25　LINK10 的单元示意图

进行非线性迭代求解，克服了非线性求解时的漂移，它迫使在每一个载荷增量的末端解达到收敛（在某个容限范围内）。在每次求解前，NR 方法估算出残差矢量，这个矢量是恢复力（对应于单元应力的载荷）和所加载荷的差值，然后使用非平衡荷载进行线性求解，且核查收敛性。如果不满足收敛准则，重新估算非平衡荷载，修改刚度矩阵，迭代直至问题收敛。依据缺省设置，程序将对不平衡力 SRSS 与 VALUE × TOLER 的值进行比较，来对力或力矩进行收敛检查，VALUE 的缺省值是所加荷载的 SRSS，TOLER 的缺省值，为 0.001。该方法不但克服了纯增量求解方法的误差积累（图 6-27）问题，而且计算速度快。采用 ANSYS 程序提供的条件共扼梯度法（Preconditioned Conjugate Gradient，简称 PCG）求解有限元联立方程组，PCG 最适合于实体单元的大型模型，尤其当模型自由度大小为 50000~1000000 之间，求解速度很重要。

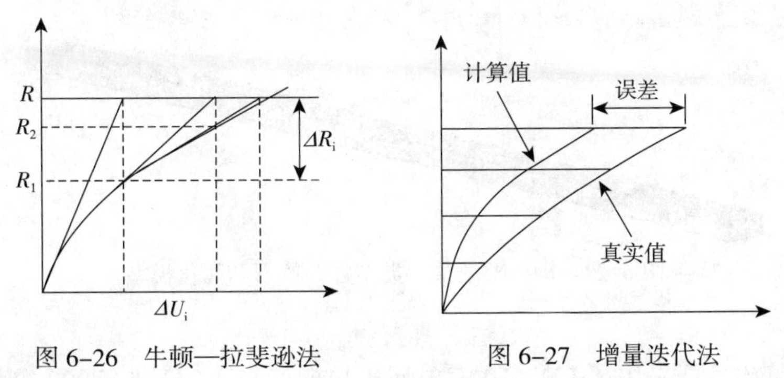

图 6-26　牛顿—拉斐逊法　　　图 6-27　增量迭代法

（2）*P-Δ* 效应的考虑

由于实际中节点存在柱轴力作用，应在程序中进行大位移分析以考虑 *P-Δ* 效应，在 ANSYS 中提供了两个选项进行大位移计算分析：全拉格朗日法（T.L）和修正的拉格朗日法（U.L）。二者算法很相似，理论上的不同之处仅在动态和静态变量中选取不同的参考位形，T.L 算法是基于初始位形，而 U.L 算法是基于更新位形。在数值解中，若采用合适的本构张量，两算法将得到相同的结果，然而，在 ANSYS 中 T.L 算法和 U.L 算法定义了不同的本构关系，这使得 T.L 算法对大位移、大转动、小应变的计算更有效；相反，U.L 算法对大应变分析更有效，因它所描述的应力—应变关系是基于更新位形的。考虑到节点变形的特性，本文采用 U.L 算法以更有效地计算大应变。在求解选项设置过程中，荷载步选项首先将大变形效应打开（NLGEOM， ON），以考虑 $P\text{-}\Delta$ 效应。

（3）精度控制

计算精度控制（收敛条件）有三种方法：荷载、位移以及荷载与位移混合控制，精度一般为 10^{-8}~10^{-4} 倍。本文采用荷载（不平衡力）控制，经试算，10^{-4} 与 10^{-8} 的计算结果区别非常小，但迭代次数相差很大，为节约时间，计算精度取 10^{-4}。

6.5.3 初始有限元模型的建立

1）结构各部分模拟

在 ANSYS 里建模，采用三维实体单元进行有限元计算，大桥钢桁架上杆件种类数量众多,而且还有一部分是变截面杆件,在不影响整体受力的前提下,为了减小建模的工作量,变截面杆件简化为等截面。在网格划分过程中，为了得到最合适的网格划分尺寸，对模型进行了不同网格划分尺寸的试算，对于受力比较大的杆件，进行了局部细化（图 6–28）。

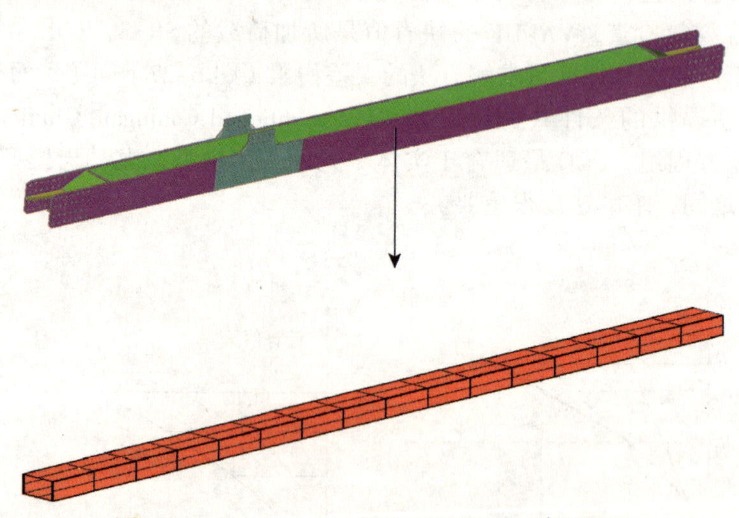

图 6–28 钢桁架上某一类型杆件原形和简化模型

模型中主缆和吊杆采用了 LINK10 索单元（单向受拉），分别有 202 个和 198 个单元，钢桁架选用 LINK8 杆单元和 Beam189 梁单元，主横桁架的上、下横梁及外侧竖腹杆选用了 Beam189 梁单元，其他部位杆件全部采用 LINK8 杆单元。

2）边界条件的模拟

坝陵河大桥模型和边界条件作如下假定：

（1）主缆和吊索为理想柔性索，单向受拉，不能受压和抗弯；

（2）主缆两端采用铰接，约束竖向、横桥向方向位移，为使桥塔弯矩为零，纵桥向自由；

（3）吊索以集中力的形式传递到主缆；

（4）模型中约束了主缆两端与钢桁架桥面东底端的 x，y，z 三个方向自由度，同时在桥面一端底部采用理想铰接，另一端约束其 y，z 方向自由度、x 方向（纵桥向）自由度，其他部位完全处于漂浮状态。保证边界条件的设置和实际工程受力基本一致。

3）各材料参数

主缆为高强度镀锌钢丝，弹性模量为 2.0E+11Pa，吊索为镀锌钢丝绳，弹性模量 1.1E+11Pa，加劲梁采用钢材为 Q235C、Q345C 和 Q345D，钢材的弹性模量取为 2.06E+11Pa。具体参数见表 6–1 所示。

材料特性表 **表 6–1**

名称	泊松比	弹性模量（Pa）	密度（kg/m^3）
主缆	0.3	2.00E+11	7850
吊索	0.3	1.10E+11	7850
加劲梁	0.3	2.06E+11	7850

图 6–29　截面面积计算示意图

根据设计图纸的数据，杆单元则仅考虑的截面面积如表 6–2 所示。梁单元的截面按照箱形截面梁的设计，如图 6–29 所示，选用不同的截面形式。

杆单元截面参数 **表 6–2**

杆件名称	代号	截面面积（m^2）
主缆	R1	0.0402
吊索	R2	0.00363
主桁架上、下弦杆（ZS1–10、ZX1–7）	R3	0.075264

续表

杆件名称	代号	截面面积（m^2）
主桁架斜腹杆（ZF10）	R4	0.057376
主桁架斜腹杆（ZF2）	R5	0.05524
主桁架斜腹杆（ZF9）	R6	0.048784
主桁架斜腹杆（ZF4、5、6）	R7	0.040896
主桁架斜腹杆（ZF7）	R8	0.040208
主桁架斜腹杆（ZF8）	R9	0.036112
下平联（PX1、2、3、8、9）	R10	0.030584
上平联（PS1、2、3、4、9、10）	R11	0.030328
主横桁架斜腹杆（HF6）	R12	0.029432
主横桁架斜腹杆（HF3）	R13	0.029248
主横桁架斜腹杆（HF5）	R14	0.028432
主横桁架斜腹杆（HF1–2）	R15	0.028056
上平联（PS5–8）	R16	0.025256
主桁架斜腹杆（ZF11）	R17	0.025208
主横桁架斜腹杆（HF4）	R18	0.024296
上平联（PS11）	R19	0.023368
下平联（PX4–7）	R20	0.022312

4）坝陵河大跨悬索桥空间有限元模型

坝陵河大桥空间有限元模型及其细部构造如图 6–30~ 图 6–33 所示。

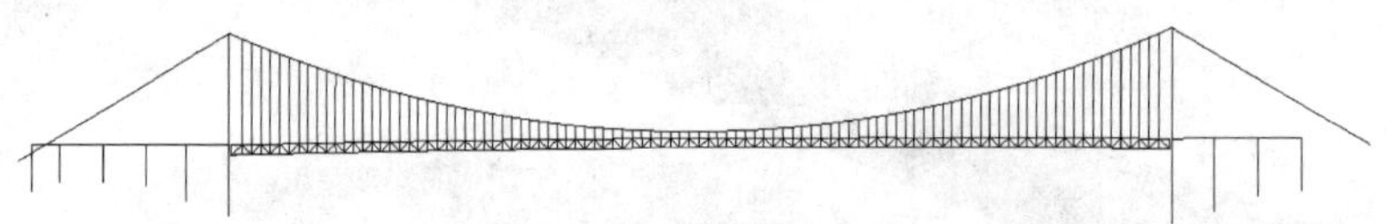

图 6–30　全桥立面图

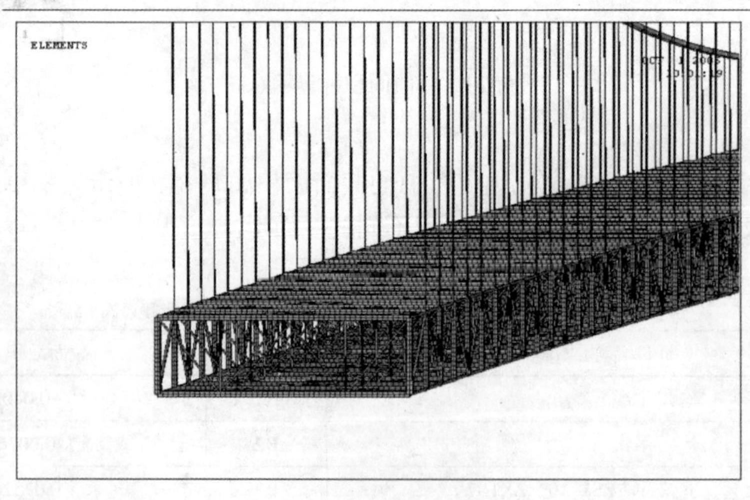

图 6–31　桥梁轴侧图

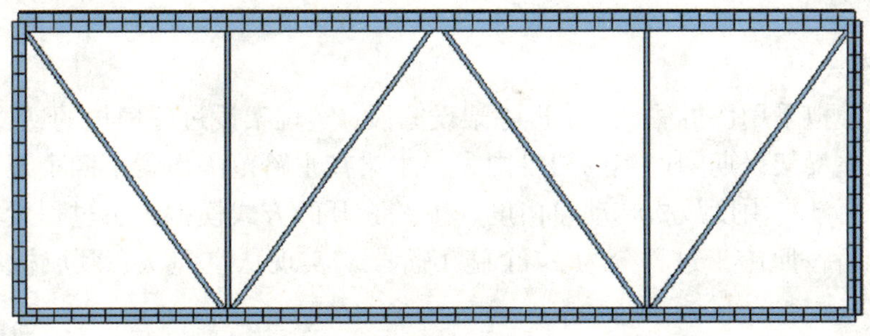

图 6-32　主横桁架单元示意图

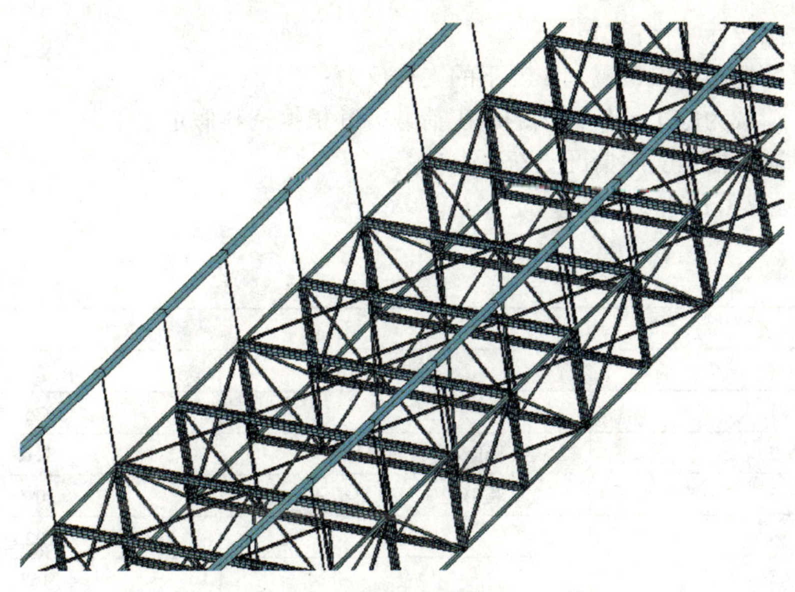

图 6-33　主跨部分结构模型立面图

6.5.4　有限元仿真模拟——倒拆计算方法的有限元数值分析

1）基本思路

为准确掌握架设状态下结构的受力情况，应在充分考虑结构本身重量及临时设备重量的条件下进行架设阶段分析计算（倒拆计算），确认各构件上的内力大小是否满足安全要求。

从成桥后的结构状态开始，分析每次卸除一个梁段的影响。大跨度桥梁的设计目标只给出最终成桥状态的设计线形和设计内力，并未确定各施工中间状态的几何线形和内力状况，为了确定分段施工初始状态和各施工中间状态的理想目标，就要从设计目标的最终成桥状态开始，逐步倒退跟踪计算出各个施工中间状态的理想目标。因而从成桥状态开始的这种以寻求各施工阶段结构理想状态为目标的倒退分析，又称理想倒退分析。从理论上来讲，只有严格按照理想倒退分析所确定的各施工阶段结构理想状态进行施工实践，才能确保结构成桥状态符合设计要求、达到设计目标。

通过采用单元生死设置对成桥状态进行了迭代计算，使有限元模型在一期恒载和二期恒载作用下的线形和设计成桥状态线形吻合，依此状态作为理想倒退分析的初始状态进行卸荷计算。

2）计算模式

施工过程模拟采用倒拆法，逐步拆除架设梁段，实现架设过程模拟的逆过程分析方法。

为了降低主梁架设期间产生的架设内力，主梁在主跨范围设置了四个架设铰，计算中采取上弦耦合平动自由度放松转动自由度、下弦断开的方式模拟施工过程梁段间在铰接点处的转动。全桥按照施工过程分为 27 个施工阶段，实现从空缆状态到成桥状态的全过程分析模拟。

计算采用有限元分析软件 ANSYS，建立空间杆单元模型和空间梁单元模型。

计算参照：

（1）施工图设计文件；

（2）提供的桥面吊机最不利工况下的支点反力；

（3）施工荷载为施工单位提供的施工荷载，并根据资料假定了部分将要出现在施工过程中的荷载，需要根据实际情况更新。

3）主要荷载（表 6–3）

主要荷载表 **表 6–3**

成桥状态		
次序	项目	重量（t）
1	钢桁架	9760
2	正交异性钢桥面板	8216
3	检修道 + 气动翼板等	2090
4	防撞护栏	1020
5	检查车	168
6	桥面板支座	50
7	电缆线	218
8	桥面铺装	3303
9	涂装	227
10	照明设施	40
11	检修道塑胶	210
12	桥面伸缩缝	80
全桥总重量（t）		25382
架设阶段		
次序	项目	重量（t）
1	钢桁架	9760
2	正交异性钢桥面板	4108

续表

架设阶段		
次序	项目	重量（t）
3	检修道+气动翼板等	2090
4	防撞护栏	0
5	检查车	120
6	桥面板支座	50
7	电缆线	0
8	桥面铺装	0
9	涂装	227
10	照明设施	0
11	检修道塑胶	0
12	桥面伸缩缝	80
架设总重量（t）		16435

总体计算采用的成桥阶段荷载数据：

主　缆：7850kg/m^3（包括主缆自重、扶手钢丝绳、缠丝、索夹、索套）；

加劲梁：7850kg/m^3（包括桥面系、桁梁和附属设施等一二期恒载）。

在施工架设时，实际桥面板架设荷载为中间部分，以集中力施加在球形支座处，在合拢完毕后施加两边桥面板荷载。

架设过程临时荷载：

工作平台：21t / –2t；

桥面吊机轨道：4t/10m（只存在桥面吊机附近的四个节间，随着架设过程推进逐步前移）；

运梁平车轨道：2t/10m；

运梁平车：68t；

桥面吊机工作状态：按照杠杆原理得到最不利工况（70t × 22m）下。

控制工况吊车腿压：

$V_{a1} = 160.6t$　　　$V_{c1} = -54.2t$

$V_{b1} = 93.4t$　　　$V_{d1} = 13.1t$

猫道：1.33kN/m

吊索张拉装置：14t

4）架设过程分析

坝陵河大跨悬索桥加劲梁架设过程的数值分析是采用倒拆分析法进行，它是按照桥梁结构实际施工加载顺序进行结构内力、位移计算，进而确定出结构各施工阶段的内力、位移等值，作为施工控制的理论轨迹。在分析过程中，需要针对各个施工阶段分别建立分析模型，整个施工过程的模拟十分繁琐，不利于分析结果的整理，而且在分析中需要将各阶段求出的内力和位移结果层层向前传递，这在一般的有限元软件中处理起来比较困难，从而使得架设过程分析更加复杂，因此需要对此方法改进。本文将“单元生死技术”引入到过程模拟分析当中，通过控制单元的“生死”属性来模拟架设过程。

在普通的有限元分析中，任何单元 i 的结点力 $\{f_i^e\}$ 与结点位移 $\{s_i^e\}$ 之间都会存在以下关系：

$$\{f_i^e\}=[k_i^e]\{s_i^e\} \tag{6-18}$$

式中 $[k_i^e]$——单元刚度矩阵；

下标 i——第 i 个单元。

当结构有限元模型中共有 n 个单元时，可以写出 n 个力和位移的关系式，把这些关系式列成如下形式：

$$\begin{Bmatrix} \{f_1^e\} \\ \{f_2^e\} \\ \vdots \\ \{f_n^e\} \end{Bmatrix}=\begin{bmatrix} [k_1^e] & & & & \\ & [k_2^e] & & & \\ & & \ddots & & \\ & & & [k_i^e] & \\ & & & & \ddots \\ & & & & & [k_n^e] \end{bmatrix}\begin{Bmatrix} \{s_1^e\} \\ \{s_2^e\} \\ \vdots \\ \{s_i^e\} \\ \vdots \\ \{s_n^e\} \end{Bmatrix} \tag{6-19}$$

即

$$\{f\}=[k]\{s\} \tag{6-20}$$

通过位移变换矩阵 $[A]$ 将式（6-20）转换成结构有限元平衡方程：

$$[K]\{\delta\}=\{P\} \tag{6-21}$$

式中 $[K]$——经组合过的整体刚度矩阵，$[K]=[A]^T[K][A]$；

$\{\delta\}$——结点位移矢量，$\{\delta\}=[A]^{-1}\{S\}$；

$\{P\}$——结点荷载矢量，$\{P\}=[A]^T\{f\}$。

可以对式（6-20）局部修整，通过在刚度矩阵 $[k_i^e]$ 前面乘以一个刚度因子 λ_i，由 λ_i 来控制单元“生死”性质，经修整过的结点力和结点位移的关系式为：

$$\{f_i^e\}=\lambda_i[k_i^e]\{s_i^e\} \tag{6-22}$$

则全体结构单元所组成的未经组合的刚度矩阵相应变为：

$$[k]=\begin{bmatrix} \lambda_1[k_1^e] & & & & & \\ & \lambda_2[k_2^e] & & & & \\ & & \ddots & & & \\ & & & \lambda_i[k_i^e] & & \\ & & & & \ddots & \\ & & & & & \lambda_n[k_n^e] \end{bmatrix} \tag{6-23}$$

因此，通过 λ_i 可以使结构的每个单元“生死” 自如，如果要达到让单元 i 死掉的效果，程序中并不需要将“死”单元 i 真正移走，只要将 i 单元前面的刚度因子 λ_i 取为 0 即可，同时将和这个“死”单元相联系的单元荷载（集中力、均布力、初始应力、温度荷载等）、质量、阻尼、比热和其他类似影响统统设置为 0。与此相似，当需要 i 单元“活”的时候，

也不需要将单元 i 真正地添加到模型中，只是一种简单的重新激活，将 i 单元前面的刚度因子 λ_i 取为 1 即可，同时将单元的荷载和其他一些属性全部激活。

从上可以看出，“死”单元对计算模型不提供任何刚度，而“活”单元能提供完全刚度，所以单元的“生死”相当于桥梁结构单元的施工与否。在加劲梁架设过程的分析时，引入“单元生死”技术后，就可以将成桥状态的全桥有限元模型一次性建完，在施工分析前先“激活”所有单元，然后按照桥梁结构倒拆顺序将已参与计算的结构单元逐次“杀死”，由此可以使架设分析的建模过程变得十分简单。而且在 ANSYS 软件中使用单元生死技术后可以通过局部处理将各个施工工况的单元内力和结点位移随时保存，供下一计算过程使用，从而解决了分析中数据传输的难题。

本文中对坝陵河大桥的架设过程数值分析采用倒拆法，以成桥状态为初始计算模型，悬索桥的主缆随着钢桁架加劲梁段的逐段架设，主缆的几何状态不断改变，当只有数目不多的梁段架设到位时，这些梁段在上横梁段相互挤压，而在下横梁处相互分离，如用强制力使之过早闭合，结构或连接有可能因强度不够而破坏。通常的做法是在吊梁的开始阶段，只是让各梁段在相邻两个架设段的上横梁为铰接，对于下横梁处让它们张开，等到绝大部分的加劲梁段已架设到位，梁段之间下面的张口就会闭合，然后对梁段间进行永久性刚结。

悬索桥钢桁加劲梁的架设从两边靠近索塔的跨开始，全桥共有 100 跨，由两边向中间合拢，第一跨单独为一个架设段，即 B1、B27 梁段（其中 B1 为东边第一跨，B27 为西边第一跨），之后以每两跨为一个架设段，第二、三跨为一个架设段，即 B2、B2’梁段（其中 B2 为东边第二、三跨，B2’为西边第二、三跨），依此类推，到最后合拢段，即第 26 架设段，这一架设段只包括大桥中间两跨。

下面是坝陵河大桥钢桁加劲梁施工组图（图 6–34~ 图 6–41）。

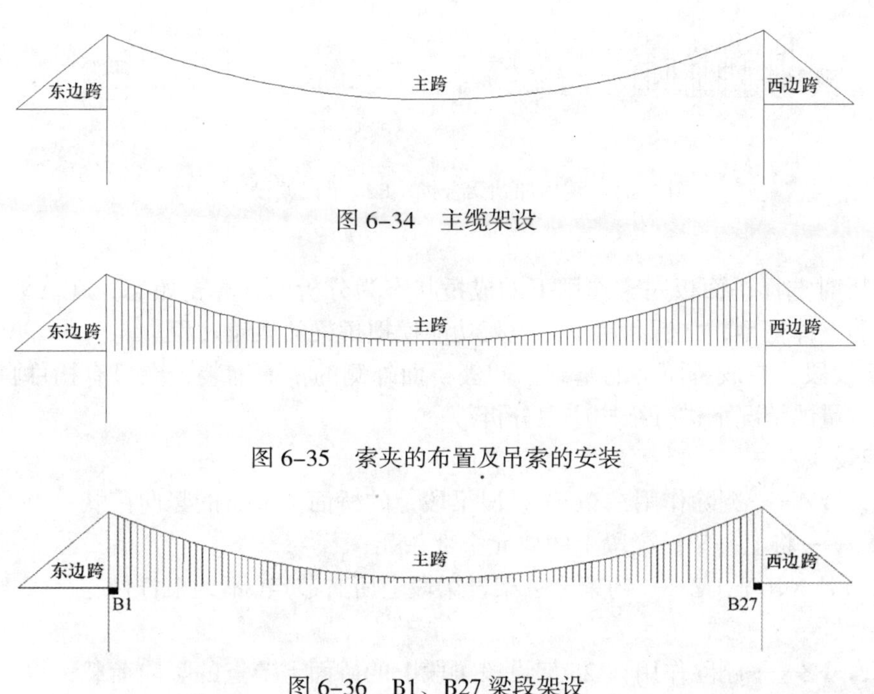

图 6–34　主缆架设

图 6–35　索夹的布置及吊索的安装

图 6–36　B1、B27 梁段架设

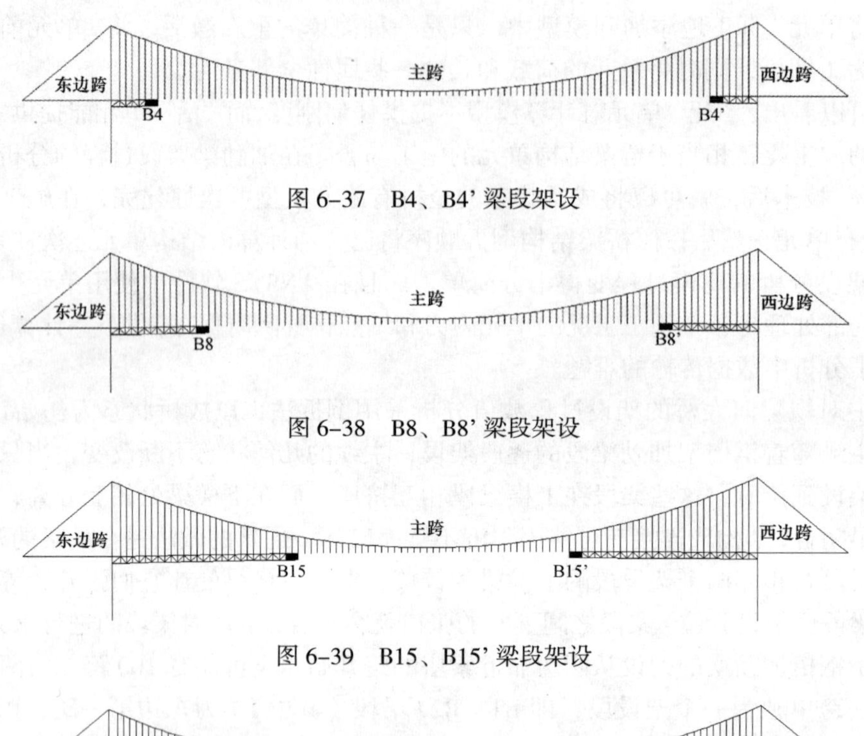

图 6-37　B4、B4’ 梁段架设

图 6-38　B8、B8’ 梁段架设

图 6-39　B15、B15’ 梁段架设

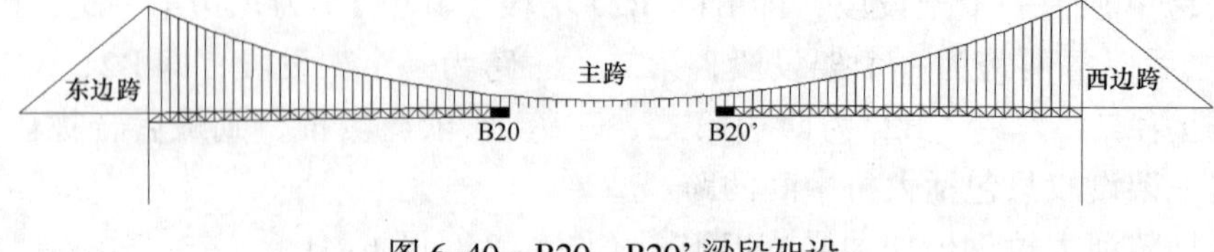

图 6-40　B20、B20’ 梁段架设

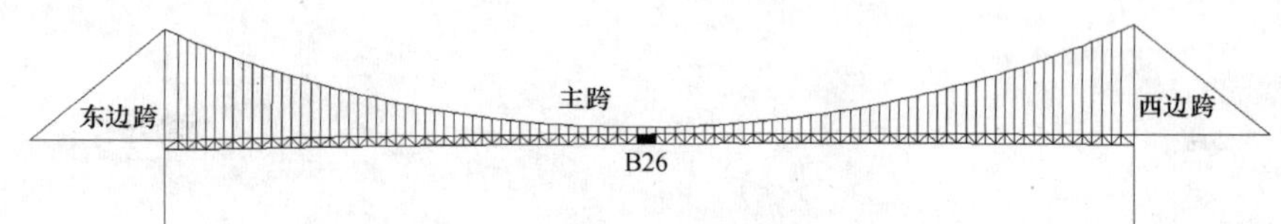

图 6-41　钢桁加劲梁合拢（B26 梁段架设）

倒拆分析时选择桥面板完全作用下的成桥状态为分析的计算初始态，在 ANSYS 中先建立好桥梁的整体模型，之后利用单元生死功能模拟桥梁的架设过程。

第 26 架设段：在成桥模型的基础上卸去桥面外侧的桥面铺装，在只有构件自重以及内侧桥面板重量的情况下进行结构应力分析；

第 25 架设段：

FDELE，，FZ——删除作用在 26 架设段梁段上的桥面上节点的竖向荷载；

EKILL，——将上一架设梁段上的单元全部杀死；

D，，，0，，，，UX，UY，UZ——约束上一架设梁段上所有节点（不约束杆件与吊索连接点）。

第 24 架设段：

FDELE，，FZ——删除作用在 25 架设段梁段上的桥面上节点的竖向荷载；

EKILL，——将上一架设梁段上的单元全部杀死；

D,,,0,,,,UX,UY,UZ——约束上一架设梁段上所有节点（不约束杆件与吊索连接点）。

主缆和吊索架设：

FDELE,，FZ——删除作用在一架设段梁段上的桥面上节点的竖向荷载；

EKILL，——将一架设梁段上的单元全部杀死；

D,,,0,,,,UX,UY,UZ——约束上一架设梁段上所有节点（不约束杆件与吊索连接点）。

主缆架设：

EKILL，——将吊索单元全部杀死；

D,,，0,,,，UX，UY，UZ——约束吊索与杆件的连接点。

以上架设过程数值模拟可以在ANSYS中一次建模完成，思路清晰，若在计算中遇到难点，可以分析相关命令流找到不足和缺陷，这样极大地提高了工作效率。

5）空缆线形确定

根据悬索桥的特点，主缆是承受桥梁自重及各种荷载的主要构件，它必须保证能按照设计要求满足设计缆索的形状和承载能力。大跨径悬索桥的主缆一旦形成后，施工过程中，不可能靠施工阶段的跟踪调整来实现设计的主缆线形即无法对主缆线形进行调整，因此，确定空缆状态的形状和相应的参数，是悬索桥建设过程中至关重要的，本节采用ANSYS有限元方法对空缆状态进行了反演分析，力求探索出合适的计算方法，以提供可靠的计算参数，采用精确的分析程序，计算出施工状态线形，再通过严格的制造和施工质量的控制，由最初的空缆状态承受各种荷载变形中达到最终的桥梁悬索状态，满足设计要求，本书采用解析分析和有限元分析进行了有益的探讨。

目前的悬索桥计算，都是将悬索桥主缆作为理想的索，在以下假定下建立计算方法与计算过程。

假定主缆与丝股是理想的柔性索，只能受拉，不能受压和抗弯；

假定主缆与丝股的材料是理想弹性的，不考虑非弹性变形的影响；

假定加劲梁的重量等通过吊索传到主缆上的力可作为集中力处理。

解析的计算模式：

对于图6-42所示的柔性索段AB，其沿索自重均布荷载为W，弹性模量为E，横断面积为A，索段两端点跨度为l，高差为h，索段的无应力长度为s_0，s_0不一定大于$\sqrt{l^2+h^2}$，s为变形后的形状长度。索段A端的水平张力为H，竖向反力为V。索段上一点p在索段变形前的无应力索长轮廓线上的拉格朗日坐标为S（笛卡儿坐标系和拉格朗日坐标系原点都为索段的左端点）；在自重W作用下索段变形后，这一点移动到笛卡尔坐标（x，y）和

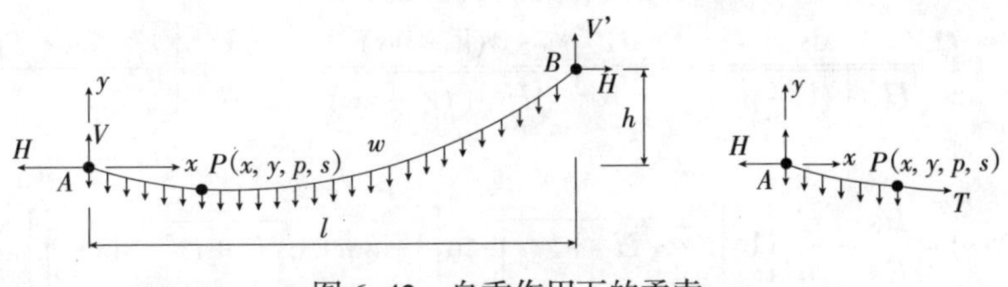

图6-42　自重作用下的柔索

索段轮廓线的拉格朗日坐标 P。

根据上述定义，索段需满足的几何约束条件为：

$$\left(\frac{\mathrm{d}x}{\mathrm{d}p}\right)^2+\left(\frac{\mathrm{d}y}{\mathrm{d}p}\right)^2=1 \tag{6–24}$$

在索段端点 A、B 需满足的边界条件为：

$$\left.\begin{aligned} s=0\text{时}，x=0,y=0,p=0 \\ s=s_0\text{时}，x=l,y=h,p=s \end{aligned}\right\} \tag{6–25}$$

根据质量守恒定律和水平、竖向的力平衡条件得：

$$T\frac{\mathrm{d}x}{\mathrm{d}p}=H \tag{6–26}$$

$$T\cdot\left(-\frac{\mathrm{d}y}{\mathrm{d}p}\right)=V-W \tag{6–27}$$

$$W=ws \tag{6–28}$$

式（6–27）和式（6–28）中 W 为索段在区间（0，s）的重量。

根据虎克定律，应力应变关系如下：

$$T=EA\varepsilon=EA\left(\frac{\mathrm{d}p-\mathrm{d}s}{\mathrm{d}s}\right)=EA\left(\frac{\mathrm{d}p}{\mathrm{d}s}-1\right) \tag{6–29}$$

需要求解坐标 x（s）、y（s）、θ（s）、张力 T（s）、张力的竖向分量 V（s）、伸长量 Δ（s）和变形后的索段长 p（s），这些量表征了悬索上任一点的内力、线形与拉格朗日坐标关系。

（1）求解 V（s）、T（s）

将式（6–28）代入式（6–27）得：

$$V(s)=T\cdot\left(-\frac{\mathrm{d}y}{\mathrm{d}p}\right)=V-ws \tag{6–30}$$

将式（6–30）和式（6–26）两端平方相加后代入几何约束方程式（6–24）得到

$$T(s)=\left[H^2+(V-ws)^2\right]^{0.5} \tag{6–31}$$

（2）求解 x（s）

利用式（6–26）、式（6–29）和式（6–31），可以得到下列推导：

$$\frac{\mathrm{d}x}{\mathrm{d}s}=\frac{\mathrm{d}x}{\mathrm{d}p}\cdot\frac{\mathrm{d}p}{\mathrm{d}s}=\frac{H}{EA}+\frac{H}{\sqrt{H^2+(V-ws)^2}}$$

或

$$\mathrm{d}x=\frac{H}{EA}\mathrm{d}s+\frac{H\mathrm{d}s}{\sqrt{H^2+(V-ws)^2}}$$

将上式两端在（0，s）区间内直接积分，并注意到

$$\int_0^s\frac{\mathrm{d}s}{\sqrt{H^2+(V-ws)^2}}=-\frac{1}{w}\int_0^s\frac{\mathrm{d}(V-ws)}{\sqrt{H^2+(V-ws)^2}}=-\frac{1}{w}\ln\left[\frac{V-ws+T(s)}{H}\right]_0^s$$

即得：

$$x(s)=\frac{Hs}{EA}+\frac{H}{W}\left\{\ln\left[V+\sqrt{H^2+V^2}\right]-\ln\left[V-ws+\sqrt{H^2+(V-ws)^2}\right]\right\} \tag{6–32}$$

上式表达了无应力索长上任意一点在变形后的横向位置，这里已经考虑了式（6–25）的边界条件。

（3）求解 $y(s)$

利用式（6–27）、（6–29）和式（6–31），可以得出下列推导：

$$\frac{dy}{ds}=\frac{dy}{dp}\cdot\frac{dp}{ds}=-\frac{V-ws}{EA}-\frac{V-ws}{\sqrt{H^2+(V-ws)^2}}$$

或

$$dy=-\frac{V-ws}{EA}ds-\frac{(V-ws)ds}{\sqrt{H^2+(V-ws)^2}}$$

类似于 $x(s)$ 的推导，将上式两端在（0，s）区间内直接积分则得：

$$y(s)=\frac{ws^2-2Vs}{2EA}-\frac{1}{W}\left[\sqrt{H^2+V^2}-\sqrt{H^2+(V-ws)^2}\right] \tag{6–33}$$

上式表达了无应力索长上任意一点在变形后的竖向位置，这里已经考虑了式（6–25）的边界条件。

（4）求解 $\Delta(s)$、$p(s)$ 和 $\theta(s)$

利用式（6–29）和式（6–31），得到索段在（0，s）区间的伸长量和变形后的长度：

$$\Delta(s)=\int_0^s\frac{T(s)}{EA}ds=\frac{1}{2EAW}$$

$$\left\{V\sqrt{V^2+H^2}-(V-ws)\sqrt{(V-ws)^2+H^2}+H^2\left[\ln(V+\sqrt{V^2+H^2})-\ln(V-ws+\sqrt{(V-ws)^2+H^2})\right]\right\} \tag{6–34}$$

$$p(s)=s+\Delta(s) \tag{6–35}$$

$$\theta(s)=\text{arctg}\left(-\frac{V-ws}{H}\right) \tag{6–36}$$

（5）求末端点的内力和位置

根据式（6–30）~式（6–36），末端点的张力和位置如下：

$$V(s_0)=V-wS_0$$

$$T(s_0)=\left[H^2+(V-wS_0)^2\right]^{0.5}$$

$$l=\frac{H_{S_0}}{EA}+\frac{H}{W}\left\{\ln\left[V+\sqrt{H^2+V^2}\right]-\ln\left[V-wS_0+\sqrt{H^2+(V-wS_0)^2}\right]\right\}$$

$$\Delta(s_0)=\frac{1}{2EAW}$$

$$\left\{V\sqrt{V^2+H^2}-(V-wS_0)\sqrt{(V-wS_0)^2+H^2}+H^2\left[\ln(V+\sqrt{V^2+H^2})-\ln(V-wS_0+\sqrt{(V-wS_0)^2+H^2})\right]\right\}$$

$$s=s_0+\Delta(s_0)$$

$$\theta(s_0)=\text{arctg}\left(-\frac{V-wS_0}{H}\right)$$

可以看出，一条索段只要无应力长度（或跨度、两端点高差）和一个端点的 H、V 确定，通过上式就可以计算出索段的内力和线形。实际应用中，索段的内力往往在悬索的内力分析中通过各索段的几何相容条件和力学平衡条件得出，在索段的分析中主要是求索段的线形。

本节通过ANSYS模型对空缆状态进行了反演分析，采用循环前进分析法计算悬索桥空缆线形，依据设计方提供的成桥线形，通过反推法计算出空缆上的节点坐标，如果经多次循环误差仍不能满足要求，就应该按最后一次有限元计算的结果反推空缆线形重新计算。这种方法力学概念明确，考虑了恒载均由主缆和加劲梁共同承担的实际情况，能够比较方便地模拟各工况下的主缆、主梁的位移受力情况。实践证明这是一种行之有效的方法。

通过反推法计算出空缆线形，再根据推导出的空缆线形计算成桥线形，主缆上部分节点的竖向坐标值与设计值的比较，如表6-4所示。从表中可以看出，有限元法算出的结果与设计值的误差大约为5mm左右，最大误差不超过1cm，其中中跨主缆的无应力长度为1173.042m，吊索的长度变化范围在10 ~ 100m之间，通过算例表明，ANSYS有限元法得到的成桥线形与设计线形基本一致，说明此种计算方法得出的空缆线形是可以作为下一步计算的参考依据的，为以后各种模型的建立提供了可靠保证（图6-43）。

有限元解和数值解比较 **表6-4**

		设计值	有限元			设计值	有限元
节点编号	x（m）	z（m）	z（m）	节点编号	x（m）	z（m）	z（m）
961	–544.000	1155.666	1155.666	1013	21.460	1055.589	1055.571
965	–497.519	1138.253	1138.248	1017	64.580	1057.093	1057.102
969	–454.032	1123.887	1123.867	1021	107.712	1059.862	1059.854
973	–410.604	1110.975	1110.970	1025	150.863	1063.904	1063.912
977	–367.231	1099.478	1099.469	1029	194.039	1069.230	1069.241
981	–323.911	1089.363	1089.352	1033	237.246	1075.848	1075.852
985	–280.638	1080.601	1080.612	1037	280.491	1083.793	1083.790
989	–237.406	1073.167	1073.148	1041	323.779	1093.069	1093.072
993	–194.209	1067.041	1067.026	1045	367.114	1103.708	1103.701
997	–151.043	1062.208	1062.202	1049	410.503	1115.742	1115.742
1001	–107.899	1058.653	1058.659	1053	453.948	1129.204	1129.211
1005	–64.772	1056.369	1056.353	1057	497.452	1144.139	1144.140
1009	–21.654	1055.348	1055.340	1061	544.000	1162.194	1162.194

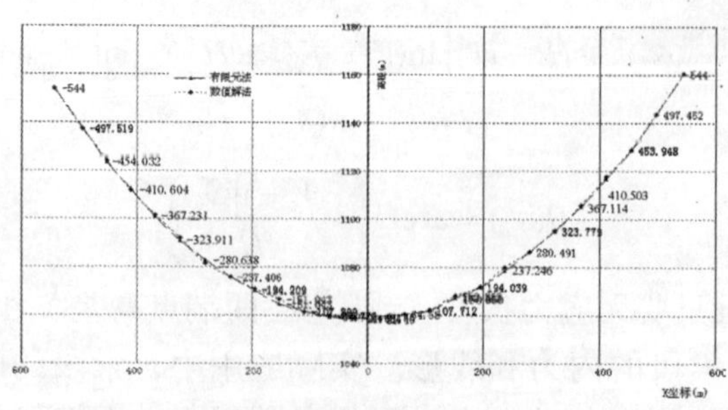

图6-43　主缆有限元和数值解线形比较（差值放大了50倍）

6）主要计算结果

通过单元生死实现架设过程空间单元模型，施工过程主要杆件轴力、应力包络图如图6-44~ 图 6-49 所示，包络值加表 6-5 所示。

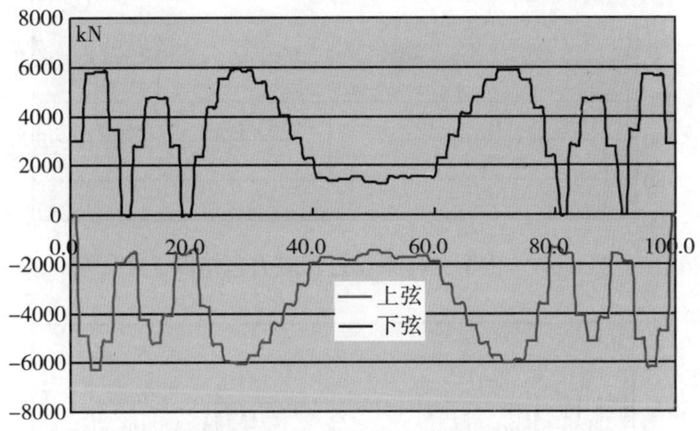

图 6-44　上下弦杆架设过程轴力包络图（kN）

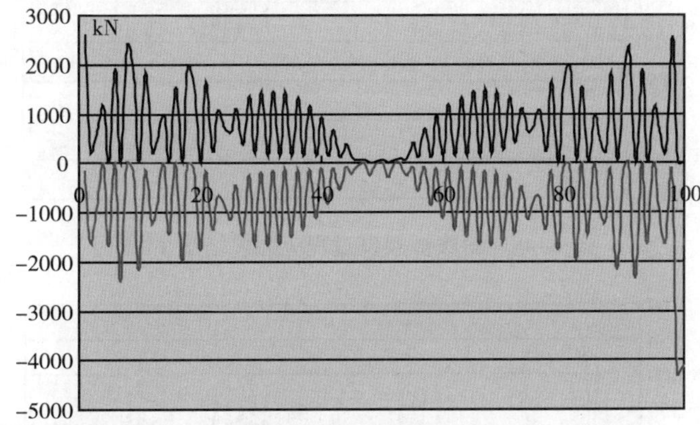

图 6-45　斜腹杆架设过程轴力包络图（kN）

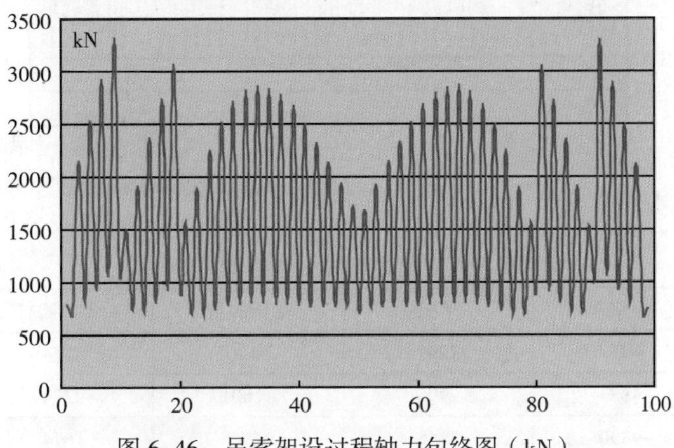

图 6-46　吊索架设过程轴力包络图（kN）

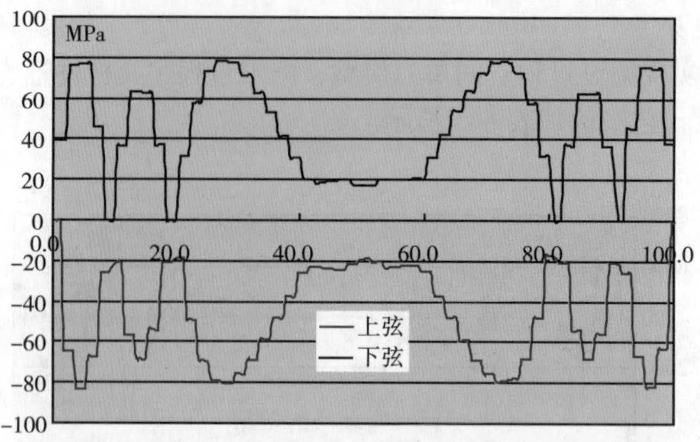

图 6–47　上下弦杆架设过程应力包络图（MPa）

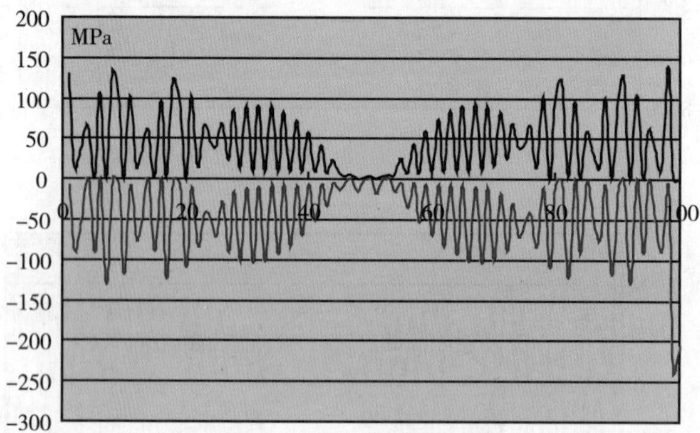

图 6–48　斜腹杆架设过程应力包络图（MPa）

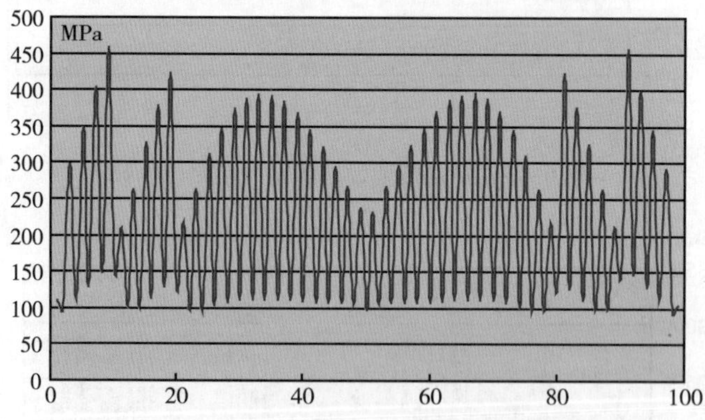

图 6–49　吊索架设过程应力包络图（MPa）

各主要杆件架设过程轴力包络值（kN）　　**表 6–5**

编号	上弦	下弦	受压腹杆	受拉腹杆	吊索
1	–43	2992	–170	2590	792
2	–4883	2995	–1601	274	698
3	–4890	5758	–919	674	2160

续表

编号	上弦	下弦	受压腹杆	受拉腹杆	吊索
4	−6268	5764	0	1156	813
5	−6278	5788	−1693	0	2540
6	−5105	5793	0	1941	924
7	−5112	3463	−2397	0	2940
8	−1945	3472	0	2369	1060
9	−1936	3	−170	1829	3330
10	−1937	3	−2172	0	1070
11	−1577	2757	−163	1858	1510
12	−4259	2764	−1190	238	734
13	−4266	4745	−856	489	1920
14	−5161	4764	0	972	728
15	−5173	4694	−1460	25	2380
16	−4084	4707	−2	1565	801
17	−4094	2783	−1999	46	2750
18	−1575	2797	−30	1971	917
19	−1589	0	−109	1560	3070
20	−1587	0	−1772	0	927
21	−1404	2364	−169	1637	1570
22	−3711	2373	−1340	237	699
23	−3724	4344	−697	1068	1910
24	−5211	4360	−826	733	698
25	−5231	5497	−1134	646	2260
26	−5951	5515	−465	1105	733
27	−5972	5883	−1452	378	2530
28	−6045	5899	−254	1350	772
29	−6066	5838	−1641	213	2720
30	−5699	5854	−159	1446	791
31	−5718	5366	−1696	154	2820
32	−5174	5380	−130	1478	799
33	−5192	4704	−1652	149	2870
34	−4448	4716	−122	1455	797
35	−4462	4019	−1520	153	2850
36	−3628	4028	−122	1332	794
37	−3639	3118	−1339	156	2790
38	−2824	3124	−135	1147	789
39	−2830	2300	−1129	143	2680
40	−1933	2306	−115	933	774

续表

编号	上弦	下弦	受压腹杆	受拉腹杆	吊索
41	–1932	1490	–828	145	2510
42	–1754	1493	–104	672	765
43	–1755	1380	–534	132	2330
44	–1802	1384	–89	380	762
45	–1801	1451	–230	121	2140
46	–1853	1456	–39	70	766
47	–1849	1532	0	78	1940
48	–1651	1536	–242	0	771
49	–1635	1303	0	34	1730
50	–1437	1303	0	74	700
51	–1423	1280	–276	0	1690
52	–1556	1282	0	70	763
53	–1542	1526	–6	92	1940
54	–1763	1524	–249	98	765
55	–1742	1528	–69	403	2150
56	–1726	1525	–557	115	764
57	–1706	1528	–87	697	2350
58	–1690	1525	–851	132	765
59	–1671	1565	–103	959	2530
60	–1922	1564	–1122	144	773
61	–1919	2330	–110	1182	2700
62	–2809	2326	–1352	149	784
63	–2801	3198	–114	1345	2800
64	–3618	3193	–1530	152	792
65	–3607	4087	–119	1474	2860
66	–4473	4079	–1671	143	798
67	–4461	4803	–126	1498	2880
68	–5209	4793	–1690	179	800
69	–5193	5464	–180	1435	2820
70	–5702	5452	–1606	262	788
71	–5685	5876	–284	1329	2700
72	–5991	5862	–1434	402	765
73	–5973	5877	–472	1100	2520
74	–5881	5862	–1133	647	728
75	–5862	5497	–825	730	2260
76	–5138	5481	–693	1070	696
77	–5122	4343	–1338	233	1910

续表

编号	上弦	下弦	受压腹杆	受拉腹杆	吊索
78	−3638	4329	−164	1635	697
79	−3630	2362	−1770	0	1570
80	−1319	2358	−105	1557	927
81	−1351	8	−25	1972	3070
82	−1594	1	−1990	52	905
83	−1582	2797	−3	1557	2740
84	−4087	2785	−1452	38	799
85	−4079	4702	−9	953	2370
86	−5138	4690	−804	522	709
87	−5129	4734	−1201	250	1920
88	−4201	4722	−123	1824	714
89	−4200	2781	−2167	26	1540
90	−1549	2782	−136	1826	1060
91	−1618	5	0	2319	3310
92	−1926	5	−2348	0	1060
93	−1943	3401	0	1911	2900
94	−5041	3395	−1663	0	916
95	−5036	5690	0	1123	2510
96	−6170	5687	−875	693	808
97	−6162	5647	−1622	229	2130
98	−4745	5642	−155	2556	687
99	−4738	2894	−4268	17	751
100	−43	2892	−4126	16	792

6.6 三维模型的信息存贮与数据库的连结技术

通过有限元软件对大桥架设过程的建模、分析和计算，已经得出了各架设阶段节点的位移、杆件的应力、应变等数据。计算数据贯穿整座桥施工架设的26个过程，数据繁多。而直接输出的计算结果由于编排的毫无规律性，给建设和使用人员对于数据结果的读取带来了很大的不便。基于这种情况，利用编程语言，编制了面向用户的动态可视化数据查询演示系统，建立友好的人机交互界面，从根本上改变了以往对大量控制数据的管理方法。从而完全抛开了过去的图纸和数据表，对复杂海量数据结合可视化模型进行形象的结果输出，与现场观测数据进行实时比较，从而指导施工，是一项值得在其他工程特别是具有大量复杂数据项目中采用和推广的先进数据处理方法。

6.6.1 数据库的介绍与选择

数据库作为20世纪60年代初开始发展起来的一门数据管理自动化的综合性新技术，它的应用领域已相当广泛，从一般事务处理，到各种专业化数据的存储与管理，都可以建立不同类型的数据库。并且建立数据库的功能已不仅是为了保存数据，扩展人的记忆，更主要的发展是为了帮助人们去管理和控制与这些数据相关的事物。

数据库系统已从第一代层次数据库、网状数据库，第二代的关系数据库系统，发展到第三代以面向对象模型为主要特征的数据库系统。关系数据库理论和技术在20世纪七、八十年代得到长足的发展和广泛而有效的应用。20世纪80年代，关系数据库成为应用的主流，几乎所有新推出的数据库管理系统（Data Base Management System，DBMS）产品都是关系型的，它是计算机数据管理发展史上的一个重要的里程碑，这种数据库具有数据结构化、最低冗余度、较高的程序与数据独立性、易于扩充、易于编制应用程序等优点，目前较大的信息系统都是建立在关系数据库系统理论设计之上的。

当前数据库技术呈现出与多种学科知识相结合的趋势，凡是有数据（广义的）产生的领域就可能需要数据库技术的支持，它们相结合后即刻就会出现一种新的数据库成员而壮大数据库家族，如数据仓库是信息领域近年来迅速发展起来的数据库技术，数据仓库的建立能充分利用已有的资源，把数据转换为信息，从中挖掘出知识，提炼出智慧，最终创造出效益；工程数据库系统的功能是用于存储、管理和使用面向工程设计所需要的工程数据。

结合本项目在悬索桥设计、施工管理中，需要处理大量的设计参数和施工控制数据。其中通过Treeview目录树的控制菜单仅涵盖设计构件信息、施工控制数据的节点信息就有15571个单元组，而且每个节点所对应的数据组又有数十个子客体。因此数据量非常庞大，若不能处理和保存好，极易造成遗漏或数据丢失，因而结合数据库技术和图形图像技术来管理施工数据是必然选择。

当前主要的数据库管理系统有Oracle、Sybase、Informix、Microsoft SQL Server、Microsoft Access、Visual Foxpro等产品，各有自己特有的功能。SQL Server是基于服务器端的中型的数据库，适合大容量数据的应用，在功能上管理上也要比Access强得多，在处理海量数据的效率，后台开发的灵活性，可扩展性等方面比较强大。因为现在数据库都使用标准的SQL语言对数据库进行管理，SQL Server还有更多的扩展功能，可以存储过程，并且数据库大小无极限限制。根据悬索桥施工管理特征，选取Microsoft SQL Server作为数据库管理系统。

在模型建立时考虑施工需要，坐标系的选用采用以东西方向为坐标轴的x轴方向，西方向为坐标轴的正方向，南北方向为坐标轴的y轴方向，南方向为坐标轴的正方向，见图6–50（a）。竖直方向为z轴方向，其中x的零点在坝陵河大桥东索塔轴线，z方向坐标采用设计图纸所给出的坐标，见图6–50（b）。

缆索和桁架梁截面参数的查询校核也是施工中一项重要工作，因此，程序中对各施工段梁的截面形式和参数也进行了汇总，其中缆索截面为圆形，桁架梁的截面为箱形和工字形，分别见图6–51所示。

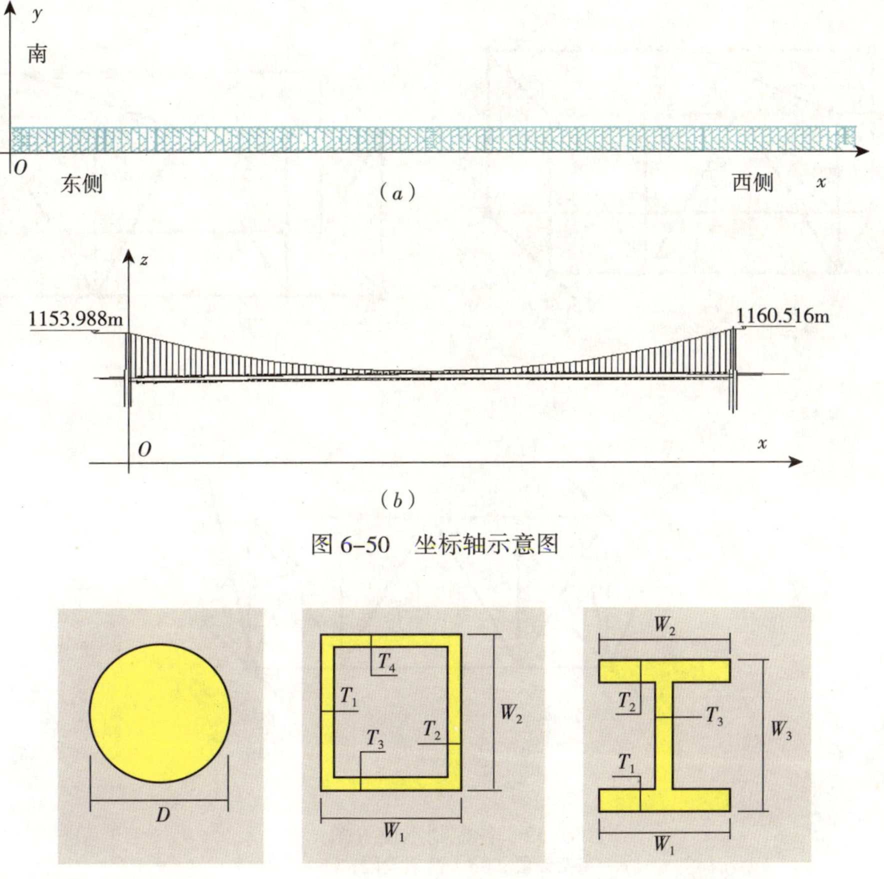

图 6–50　坐标轴示意图

图 6–51　截面形式

坐标控制点为每架设段桁架的标志性点如图 6–52 所示，每架设段取点 16 个，其中角点 8 个，球形铰支座位置处 8 个，整跨钢桁架桥控制点为 808 个，经各架设段计算之后，数据总计为 12016 组坐标。

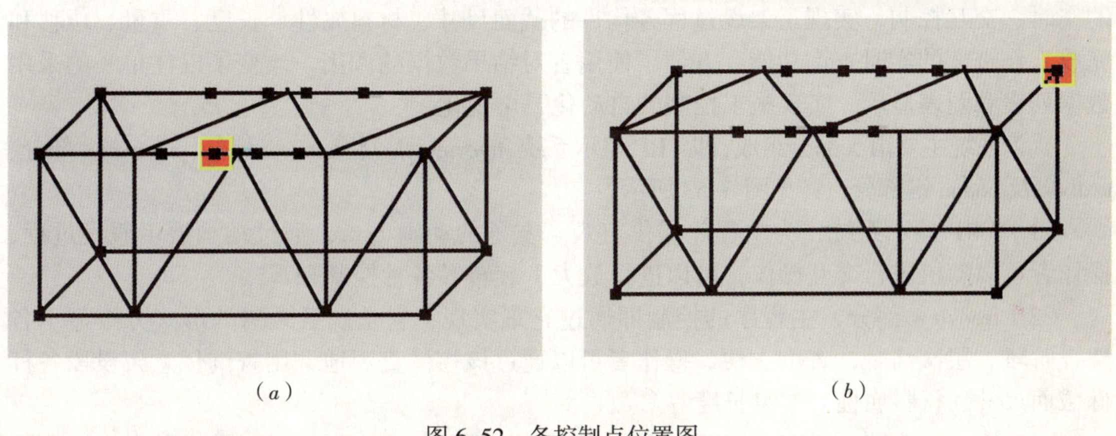

图 6–52　各控制点位置图

(a) 东边跨；(b) 西边跨；

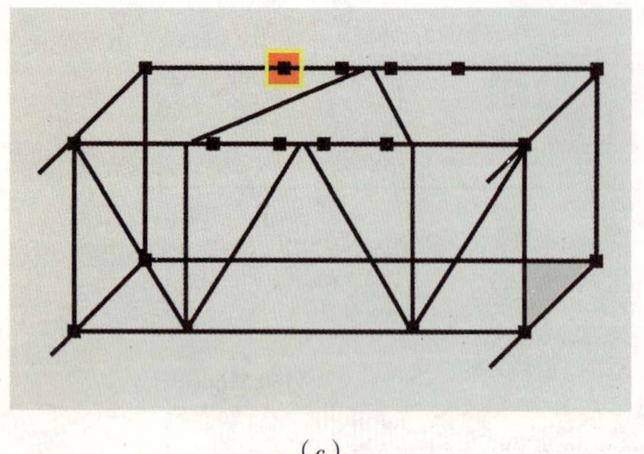
（c）

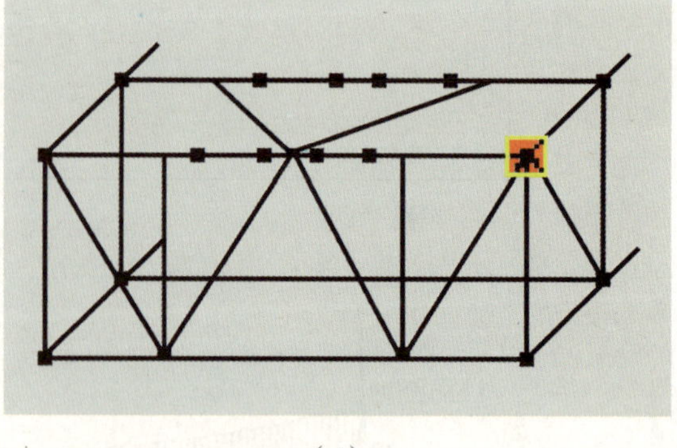
（d）

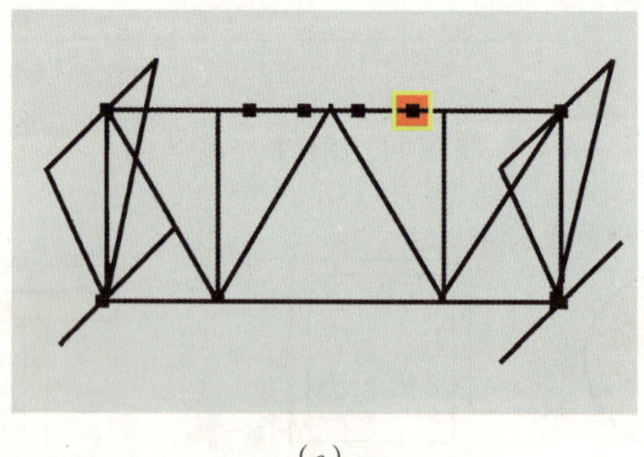
（e）

图 6–52 各控制点位置图（续）
（c）东架设段；（d）西架设段；（e）合拢段

6.6.2 数据库查询系统的功能介绍

完成后的本系统完成了虚拟现实模型和数据库接口的无缝对接，实现了数据库分类数据对虚拟现实模型的联动控制，将数据附着于虚拟现实模型，复杂数据通过虚拟现实模型形象地呈现出来。同时通过 Treeview 节点对虚拟现实模型的实时控制，数据库与图像操作的实时、交互控制，实现了架设过程各构件的截面尺寸、材料属性、长度、重量、位移和完成工作进度的实时查询功能，方便了使用者对结果数据的调用，改变了以往单一的采用数据列表和图表显示，实现施工控制的自动化、可视化。

查询系统主要由 5 部分组成，即 VRP 显示系统、treeview 部分、listview 部分、picturebox 部分、textbox 及 button 键部分，详见图 6–53 所示。

（1）VRP 显示系统，为主程序提供直观、友好的动画场景，通过动画展示假设过程，操作者可以随机进行交互操作，可以进行放大、旋转等各种控制和观察。

（2）treeview 部分，主程序的控制即通过它来实现，它是以目录树的形式分级显示各架设阶段，层次清楚，查询方便，操作者可以通过该控件直观地调用查询任意架设段各杆件截面尺寸、材料属性、重量长度等参数；

（3）listview 部分，它的作用是进行结果输出，通过 treeview 目录树结点的激发，调用

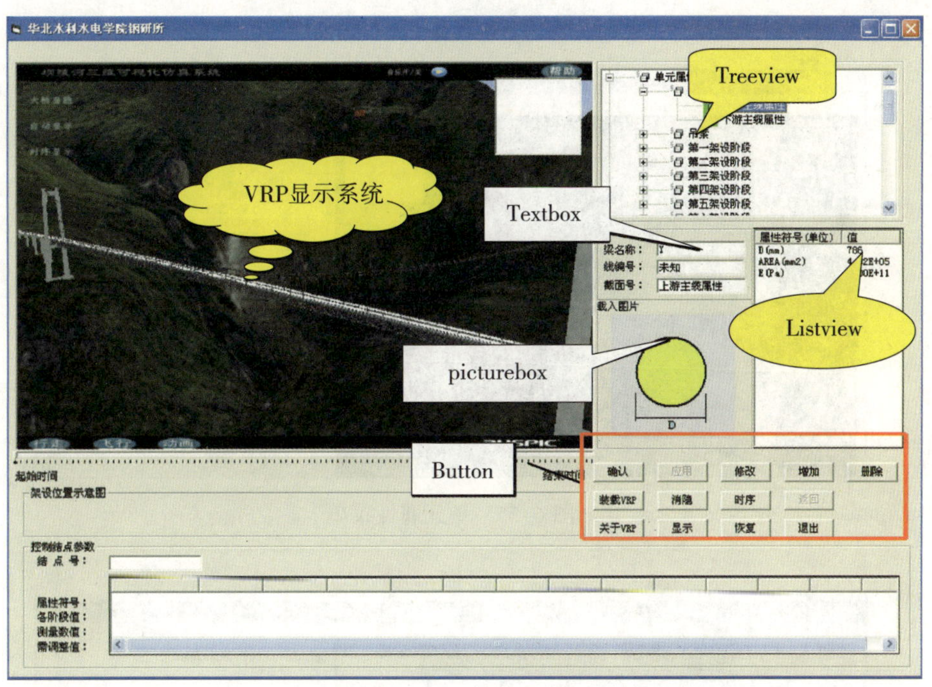

图 6-53　操作界面

的结果数据在 listview 内呈现出来。

（4）picturebox 部分，为了给操作者提供更直观的数据查询图片，设计中充分运用图片提供出桁架的架设位置、控制结点的位置以及缆索和梁的截面形式。

（5）textbox 和 button 键，实现对主程序的操作功能和信息显示。

本查询系统一方面可以详细地列出各施工阶段各梁的截面尺寸、面积、长度、重量和实时完成百分比，以及提供详细的施工动画演示等，为施工单位进行梁截面的施工和校核工作提供了很大方便；二是给出了各架设过程控制点的坐标值，其中桁架桥上共 808 个控制点，经过 26 个架设过程的受力后合计 12016 组数据，极大地方便了操作者对结果数据的调用，既简化了查询步骤，又提高了精度，目录菜单见图 6-54~ 图 6-58。

图 6-54　根目录菜单

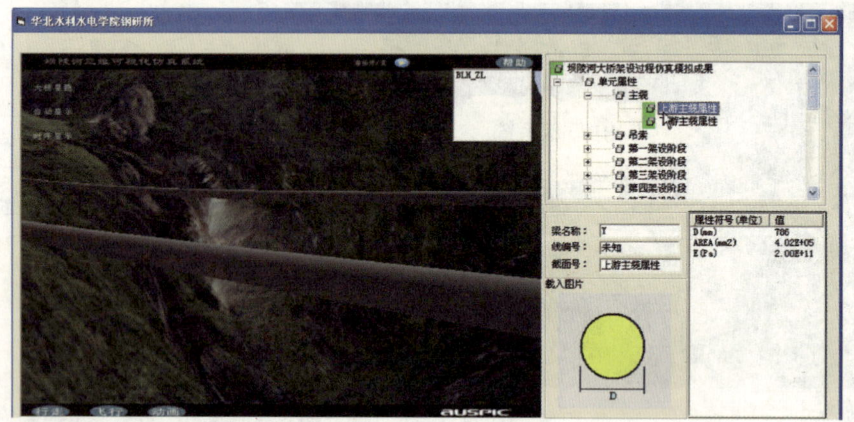

图 6–55　单元属性菜单

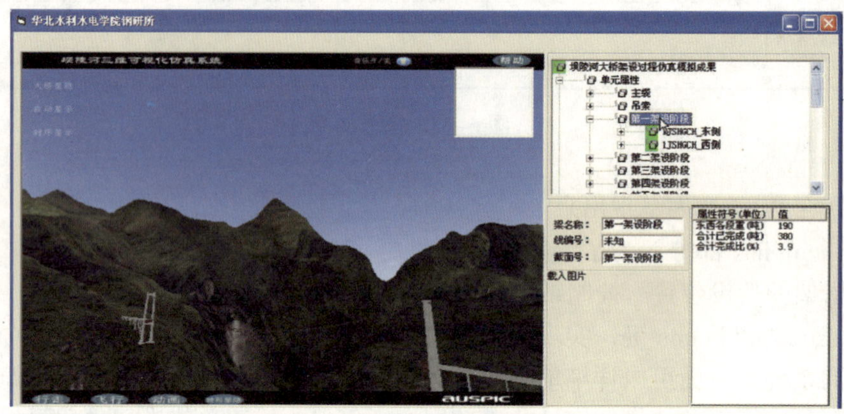

图 6–56　完成工程量查询（1）

图 6–57　完成工程量查询（2）

图 6-58　结点坐标菜单

6.7　坝陵河特大大桥桥梁的仿真可视化分析

以上分别介绍了坝陵河特大大桥桥梁的精细建模，三维模型到二维设计图的转换，有限元模拟分析以及三维模型信息在数据库中的存储。

为了智能化的全面操作，现在我们可以使用编程语言通过编写可视化仿真系统操作界面，将以上几个功能整合为一体。

Vb 及 Vb.Net 是一种可视化的、面向对象和采用事件驱动方式的结构化高级程序设计语言，与 VRP 平台（三维虚拟现实平台）结合后，我们开发出面向桥梁工程可视化仿真系统界面（以下简称 VB-VRP)，集合了计算机图像学、数据库技术、人机交互技术于一体，实现了真正意义上的人机交互式的虚拟现实在钢结构桥梁工程上的的具体应用。

下面对结合了数据库平台、虚拟现实模型、施工管理控制三大特色的坝陵河特大桥桥梁的可视化仿真数据查询系统进行整体介绍。

6.7.1　本程序编制的背景、目的及意义

项目中应用虚拟现实和三维可视化仿真技术为国内最大的钢桁架桥梁坝陵河大桥架设过程，提供了安装全过程的动态可视化虚拟现实模型和动画。把整个工程作为一个大的系统，综合考虑系统工程中各个单项工程之间的相互影响、相互制约及整体的施工进度、施工强度、流程程度等关键问题，获得更为真实的施工情况，在虚拟模型中充分进行模拟预演，从而达到为施工组织提供科学的依据和措施，实现对桥梁的施工过程随时多角度细致查看和准确查询，把现代化施工管理的工作内容做到图像化、具体化和简单化。

建立本系统所要面对的使用对象主要是钢结构桥梁工程施工建设与设计单位相关管

理、设计人员。通过该系统的设计，最终达到：（1）用户可以直接在操作界面内获取桥梁钢桁架任意杆件的截面尺寸、材料属性，并结合动态的可视化模型标示出杆件所对应的节段位置信息，以及在任一施工过程中查询任意施工段控制点的位移坐标值；（2）通过对复杂分部工程的工艺编制施工动画和施工预演，形象直观地指导工人施工；（3）操作简单，使用方便；（4）硬件要求低，普通电脑即可实现对该系统的使用。

6.7.2 可视化数据查询系统的概况

1）动态查询演示系统架构

悬索桥施工管理系统平台建立在共享数据库的基础上，由数据库平台系统、虚拟现实模型系统、施工管理控制系统三大模块构成，能够对系统图形输出和数据输出进行规范化处理，具有形象的图像和数据输出功能，其功能结构框架图见图 6–59 所示。

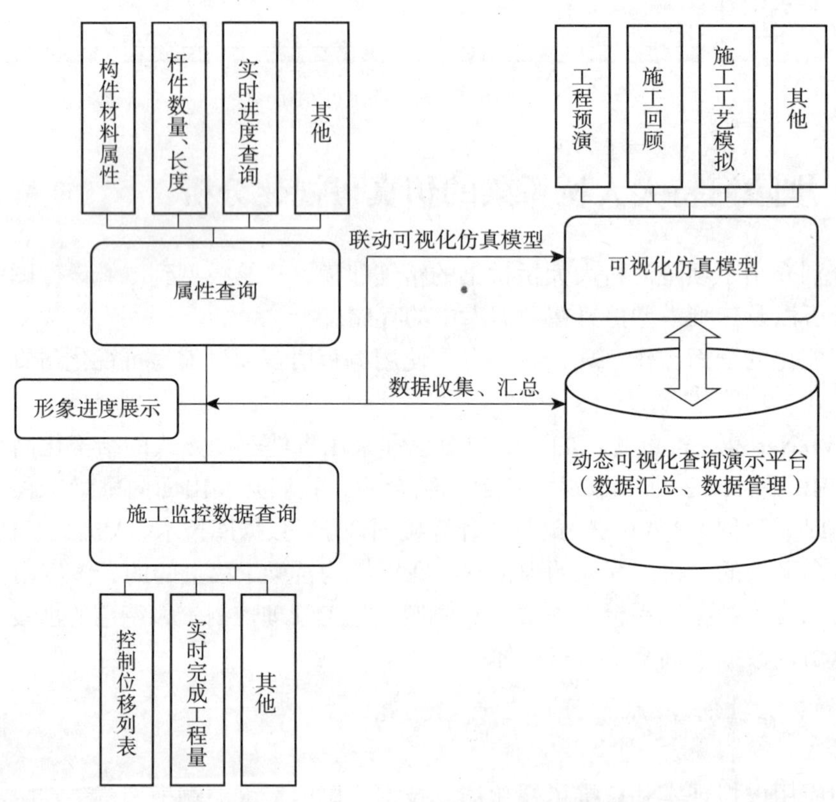

图 6–59 动态查询演示系统框架图

2）系统性能要求

基于该系统使用对象为钢结构桥梁设计部门和施工单位的工程技术人员，对于专业的有限元计算软件和动态可视化仿真软件的掌握十分有限，因此，在系统性能上首先必须做到将有限元计算的大量复杂数据和动态可视化仿真模型进行高度集成。最终使系统在性能上实现：（1）友好的操作界面，采用导向式的目录菜单，结合开阔的动态可视化窗口，使用起来使人对系统的操作一目了然，用户不必具有较多方面技巧就能够方便地进行信息查询。因此，系统专门开发出简便的点击式查询方式，便于用户使用；（2）稳定性，即可靠性。在 ArcView3.2 平台与 Windows2000 以上操作系统支持下，以及 Microsoft Office 系列办公软件下，软件可以在任何计算机之间进行拷贝操作。图 6-60 为软件运行界面。

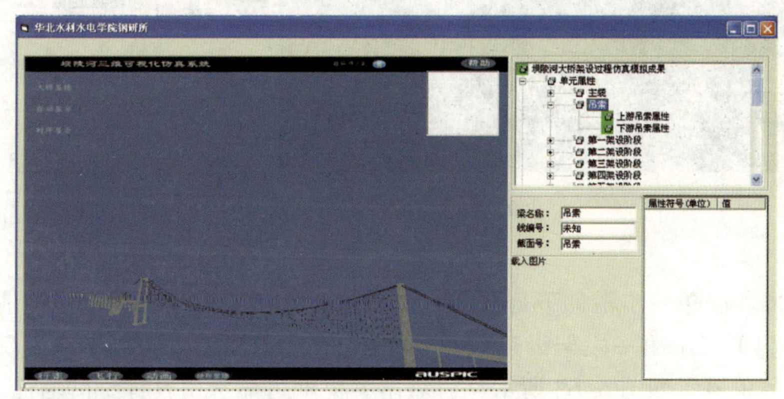

图 6-60　软件运行界面

6.7.3　数据库查询系统的功能介绍

本系统首先需要加载 vrp 虚拟现实模型，如图 6-61 所示。

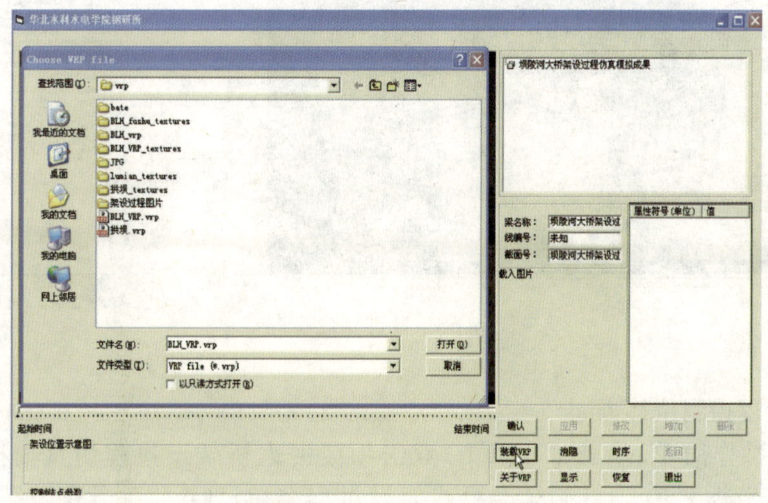

图 6-61　虚拟现实模型的加载

然后便可以进行大桥架设过程的模拟和各种数据的查询了（图 6-62）。

1）桁架各杆件属性查询

图 6-62　完成工程量显示

功能实现操作简单，步骤如下：（1）双击坝陵河大桥架设过程仿真模拟成果；（2）双击单元属性；（3）双击第一段架设过程；（4）双击 1JSHGCH_ 东侧；（5）双击第 1 段梁属性；双击后菜单显示如图 6-63 所示，再双击各梁即可显示出其详细的截面参数。

图 6-63　杆件属性查询

2）架设过程控制位移查询

功能实现操作简单，步骤如下：（1）双击坝陵河大桥架设过程仿真模拟成果菜单；（2）双击结点坐标菜单；（3）双击第八架设过程菜单；（4）双击东段结点；（5）双击第 6 段结点坐标。其对应界面图框见图 6-64 所示。

3）复杂工艺的动画模拟及工程预演

根据实际施工组织安排，通过虚拟仿真技术编制施工动画和复杂工艺的施工预演，并可进行施工回顾，输入各分项工程的开工时间，还能真实生动地再现不同阶段的施工场景。其中可视化虚拟仿真的施工动画和复杂工艺的施工预演截画面见图 6-65。

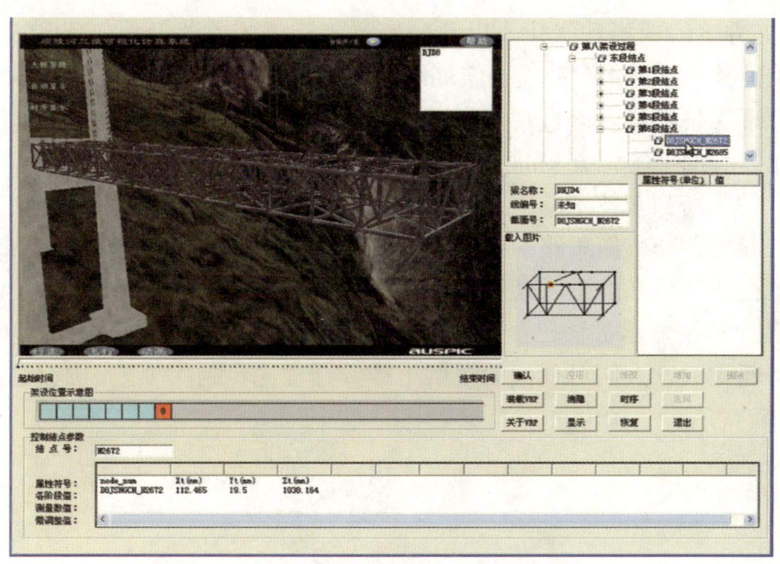

图 6-64　控制位移查询

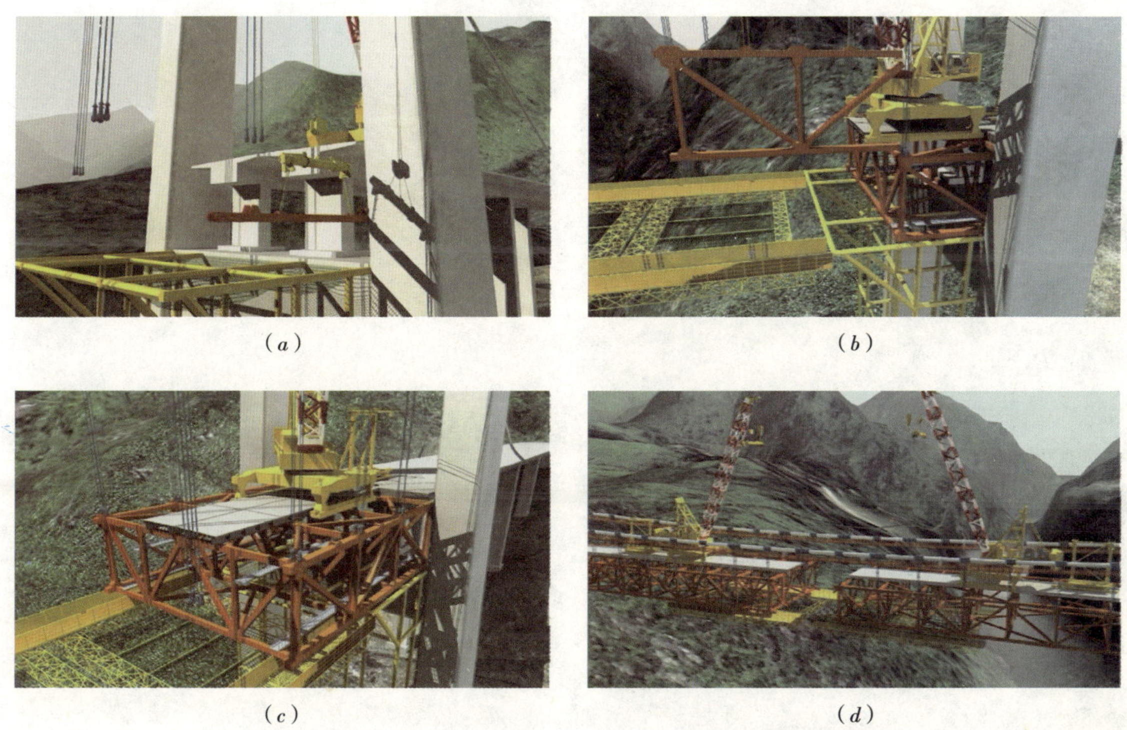

图 6-65　悬索桥加劲梁桁架施工安装虚拟现实模型示意

（*a*）端部桁架吊装；（*b*）主桁架吊装；（*c*）桥面板铺设；（*d*）桥面合拢

同时，该平台的建立还对确定合理可行的施工方案提供技术保证，对提高生产效率具有的现实意义包括：

（1） 桥梁施工方案的选择和优化。以往的桥梁工程施工方法及施工组织选择和优化主要是建立在施工经验的基础上，存在一定局限性，同时，桥梁工程施工具有不可重复性。使用该平台的虚拟现实技术将可以直观、科学地展示不同施工方法的效果，可以定性地完成施工方案的对比，有助于施工方案的选择和优化，实现真正最优施工。

（2）施工技术的革新和新技术的引入，使施工模拟技术一方面能使广大施工技术人员低成本地试验施工新工艺和革新思路，有助于充分发挥创造性。同时能真实地展示新技术的成效，缩短桥梁行业新技术的引入期和推广期，降低新技术、新工艺的试验风险。虚拟现实与可视化仿真计算及显示方法已经成为现代钢结构桥梁设计、施工优先考虑的手段。随着工程规模的不断扩大，人们对现代的桥梁工程设计理论、制作工艺、施工组织设计将提出更高的要求。

第 7 章　应用实例二——北盘江特大桥梁仿真分析与虚拟现实模型及施工过程可视化

7.1　北盘江特大钢桁架桥梁工程概述

7.1.1　工程简介

沪瑞国道主干线是“五纵七横”国道主干线系统中的一横（GZ65），是西南地区通往华东地区的主要通道之一。镇宁至胜境关公路是 GZ65 公路在贵州省境内的一段，也是贵州“两纵两横四联线”公路主骨架的重要组成部分。该路段起于安顺市镇宁县城北，东接清镇至镇宁高速公路，途经安顺、黔西南、六盘水三个地州市，穿越黄果树风景名胜管理区、关岭、晴隆、普安和盘县特区，终点为滇黔省界处的胜境关。

北盘江大桥位于贵州省晴隆县光照镇以东约 7km 的北盘江深度侵蚀切割区，从北盘江大小盘江之间河段跨越北盘江大峡谷，是沪瑞国道主干线贵州省镇宁至胜境关公路上跨越北盘江大峡谷的一座特大型桥梁。桥址区地表风化，基岩裸露，地貌上属岩溶峰丛及河流侵蚀区，临江两岸地形陡峻，起伏较大，高程变化从 +572.2m~+893.1m，相对高差达 321m，是典型的 V 形峡谷。

北盘江大桥的主桥为 636m 单跨双铰钢桁加劲梁悬索桥，东岸为 4m × 45m 的简支 T 形梁，西岸为 3m × 45m 连续预应力箱梁。大桥起止桩号 K64+389.5 ~ K65+409.5，全桥长 1020m。

7.1.2　地貌、地质

1）地质剖面图（图 7–1）

场区地层总体呈单斜产出：

镇宁岸岩层产状 138°　∠ 30° ~35°

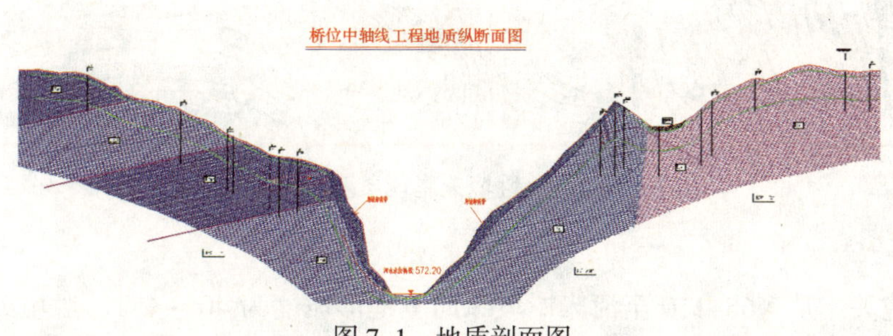

图 7–1　地质剖面图

胜境关岸岩层产状 85° ∠ 30°~45°

背斜南翼产状为 170° ∠ 45°~50°

2）镇宁岸地质剖面图（图 7–2）

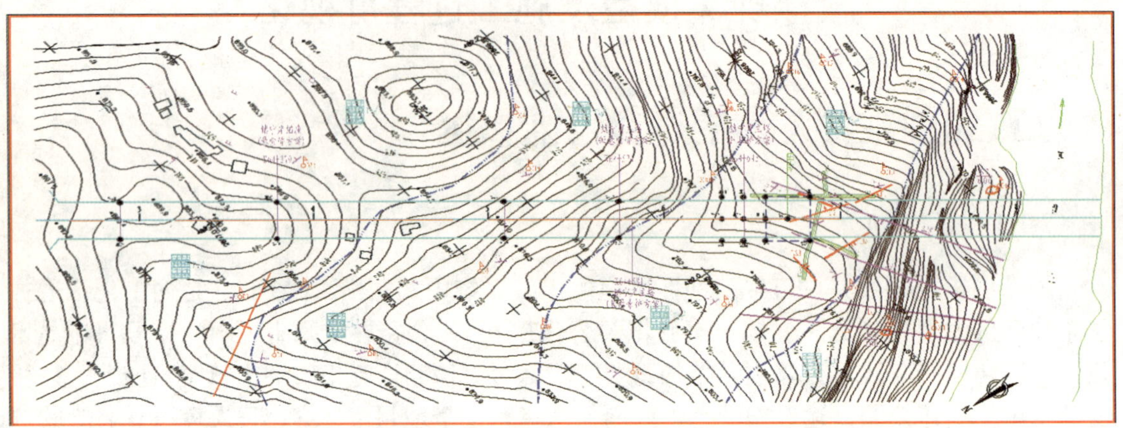

图 7–2 镇宁岸地质剖面图

（1）受巴岗背斜影响，岸坡发育有多条陡倾角张裂缝 L4，L5，L6，L26，L31，少数裂缝已切至河床，近河床一带沿裂隙发育有大小不等的溶洞。

（2）镇宁岸纵向上地形坡度 25°~30°，临河岸坡为陡崖，地形上形成三级走向为 230°~240° 方向的陡岸或地形小陡坎。

3）胜境关岸地质剖面图（图 7–3）

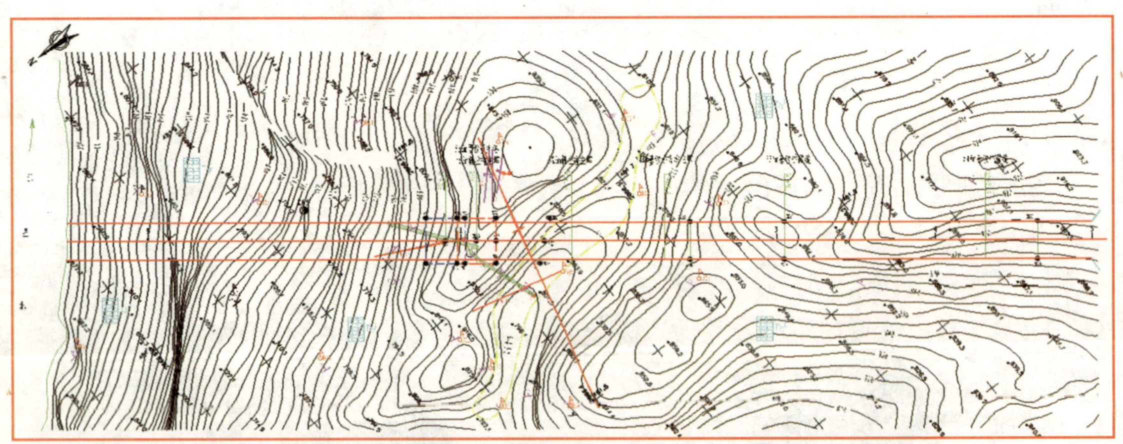

图 7–3 胜境关岸地质剖面图

（1）胜境关岸从 K65+110 至河床岸坡纵向上地形坡度为 40°~45°。胜境关岸山坡及山顶上发育一系列岸坡卸荷裂隙，靠河边侧陡壁岩体受此组岸坡卸荷裂隙切割较为破碎，其稳定性较差。

（2）胜境关岸 K65+140 桩号位置山顶上发育一走向为 N40° W 的短轴背斜，受此小背斜的影响，桥轴线左侧岩层陡倾。

（3）K65+180 桩号为早期溶蚀形成的一近南北向的深切沟槽，槽深 40~45m，长约 180m，宽 20~40m。

7.1.3 工程地质评价

1）边坡及地基稳定性评价

专题研究表明大桥两岸自然边坡处于稳定状态，可以进行桥梁工程建设。

2）工程特性及持力层选择

（1）强风化层深度为 3.5~7.5m，不宜作为持力层。

（2）中风化层厚度一般为 30~35m，白云岩中发育有溶蚀裂隙和溶蚀晶孔，岩体完整性和岩体质量相对较好，可作为锚碇基础和引桥墩或引桥桩基持力层。

（3）微风化层岩体完整性和质量较好，是良好的建筑地基。

（4） 两岸主塔分别位于 1 号、2 号冲沟两侧，建议将主塔桩尖置于微风化岩体中 5m 以上。

3）岩体物理力学指标选择

（1）中风化

白云岩允许承载力 $[\sigma_0]$=1.0~1.8MPa；R_a=20~30MPa

泥质白云岩允许承载力 $[\sigma_0]$=0.6~1.2MPa；R_a=10~15MPa

（2）微风化

白云岩允许承载力 $[\sigma_0]$=2.5~3.0MPa；R_a=30~35MPa

泥质白云岩允许承载力 $[\sigma_0]$=1.5~1.7MPa；R_a=15MPa

锚碇基底摩擦系数：白云岩为 0.5~0.6；泥质白云岩为 0.4~0.5

锚碇基底容许承载力：白云岩为 $[\sigma_0]$=1.5MPa；

泥质白云岩为 $[\sigma_0]$=1.0MPa

7.1.4 主要工程量

本合同段的主要工程量见表 7–1 所示。

主要工程数量表 **表 7–1**

工程项目	单位	数量
主索鞍安装（含鞍罩）	套	4
索塔塔顶鞍罩预埋件	t	2.6
主索鞍除湿机采购（暂定金额）	元	500000
主索鞍除湿机的安装	套	4
散索鞍安装	套	4

续表

工程项目	单位	数量
锚室内除湿机采购（暂定金额）	元	1200000
锚室内除湿机安装	套	4
索股架设	束	182
紧缆	延米	2194
主缆防护	m^2	3580
索夹安装（含缆套）	套	274
吊索安装（每组吊索 1 根）	组	178
钢桁加劲梁安装	m	634
正交异性钢桥面板安装	m	634
下检修道	m	1268
中央稳定板	m	634
竖向支座采购（暂定金额）	元	280000
竖向支座安装	套	4
抗风支座采购（暂定金额）	元	100000
抗风支座安装	套	8
盆式橡胶支座安装（不含采购）	套	455
阻尼器采购（暂定金额）	元	1600000
阻尼器安装	套	4
主缆检修道安装（含制作、采购）	m	2116
主桥中央防撞护栏安装（不含制作、采购）	m	636
主桥边缘防撞护栏安装（不含制作、采购）	m	1272
引桥中央防撞护栏安装（不含制作、采购）	m	325
引桥边缘防撞护栏安装（不含制作、采购）	m	650
上检修道栏杆安装（不含制作、采购）	m	1272
泄水管安装（不含制作、采购）	套	92
过桥电缆线的管道安装（含制作、采购）	m	1922

7.1.5 工程重点和难点

（1）结构件运输难度大。两岸桥位位置距离国道较远，且现有施工便道过于简陋，且受地形条件限制，纵坡大、弯道急，难于满足大型构件的运输；桥位位置处于峡谷两侧，地形陡峭，不便于构件的堆放和转运。

（2）钢桁梁的架设难度大。吊装总量为 135t，加上主跨达 636m，采用缆索吊装，这在国内也不多见，对吊装设备和施工技术的要求较高，需要经过精心的设计。

（3）施工场地狭小。由于两岸地势陡峭，场地狭小，主缆索股、钢桁梁存放困难，主缆放索区布置、钢桁梁拼装场布置难度大。

（4）施工风荷载环境复杂。北盘江大桥横跨北盘江大峡谷，峡谷的切割深度达 300 多 m，根据历年来的风力观测，风力达 7 级以上，钢桁节段吊装受风力的影响，增加了吊装过程的风险。

（5）高空作业多，施工安全管理难度大。需采取各种措施，确保施工安全。

（6）加强施工测量控制，并配合监控单位做好悬索桥施工全程监控工作。

（7）施工协调难度大。该桥涉相邻的标段、下部施工的各参建单位、主索及钢桁的各加工厂家、施工便道的协调等，施工中应加强各单位的协调。

7.2 北盘江大桥的虚拟现实模型介绍

北盘江大桥作为山区大跨度桥梁，建设时从适用、安全、经济、和谐、美观等多方面进行评估和认证，考虑到当地的运输条件主梁采用钢桁梁；施工时结合工地现场实际，考虑施工难度、工程进度等因素，经过施工方案比选，决定采用缆索吊装安装。先将钢桁梁分节段在两岸路基上进行拼装，拼完后用龙门吊和运梁平车转运到主塔前端的起吊平台，通过缆索吊装系统逐节起吊，从中跨向两边对称安装，钢桁节段间先采用上弦固定铰连接，待所有钢桁节段及桥面板单元吊装、安装完毕，对全桥进行二恒等代加载，使之线形与设计线形一致后，再连接下弦和上、下平联及焊接桥面板。本节主要从主塔施工、锚钉施工、缆索系统安装、钢桁架架设和主缆防护五个部分，介绍北盘江大桥的虚拟现实模型。

7.2.1 主塔施工模型介绍

1）桩基开挖模型

镇宁岸每个承台下设 6 根直径 2.5m 的群桩，胜境关岸每个承台下设 5 根直径 2.5m 的群桩，平均桩长 50m，采用人工挖孔。桩基共用 C35 混凝土 6656m^2，桩基模型如图 7–4 所示。

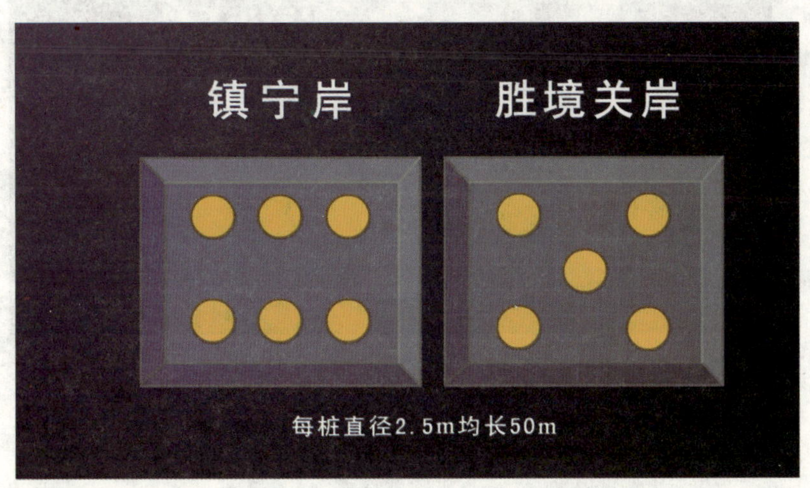

图 7–4 桩基模型

工程地质经桩底地质雷达及超声波检测，桩底地质情况满足要求后，进行桩基开挖施工，桩基开挖模型如图 7–5 所示。

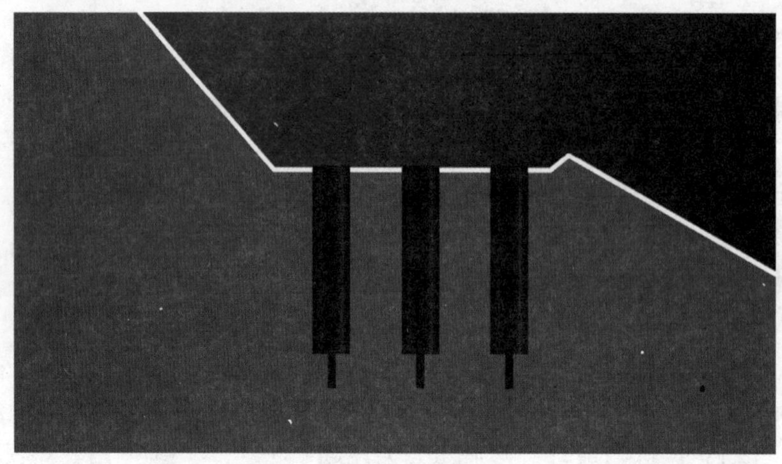

图 7–5　桩基开挖模型

2）桩基混凝土浇筑模型

桩基开挖完成后，进行钢筋笼的吊装，待钢筋笼吊装完成后进行桩基混凝土的浇筑，混凝土为非水下混凝土浇筑，采取在竖向导管上每隔 10m 设置一个混凝土降落缓冲装置防止混凝土发生离析，保证混凝土浇筑质量。混凝土达到强度后进行桩身混凝土质量检测，检测结果均为 I 类桩。桩基混凝土浇筑的模型如图 7–6 所示。

图 7–6　桩基混凝土浇筑模型

3）承台施工模型

桩头混凝土凿除后，承台混凝土按大体积混凝土施工分 2 层浇筑。首先进行承台钢筋制作、安装，其次安装冷却水管，再次进行模板架设，最后进行承台混凝土浇筑，承台施工模型如图 7–7 所示。

图 7–7　承台施工模型

承台采用分离式承台，单个承台平面，镇宁岸为 10.6m × 16.4m × 6.5m，胜境关岸为 12.2m × 13.6m × 6.5m。共用 C35 混凝土 4267m^2。

4）桥塔施工模型

两岸桥塔均按大体积混凝土进行施工，采用翻模施工。

安装劲性骨架—钢筋制作安装—模板安装—混凝土拌合—混凝土浇筑—混凝土养护—拆、提升模板—进入下一阶段施工循环。桥塔施工模型如图 7–8 所示。

图 7–8　桥塔施工模型

索塔采用钢筋混凝土门形框架结构，为适应地形，两岸索塔的两塔柱均不等高，共用 C50 混凝土 1.4 万 m^2。索塔模型如图 7–9 所示。

图 7–9　索塔模型

5）主索鞍吊装模型

主索鞍采用铸焊结合，单件运输、吊装最大重量约 18t；全桥 4 个主索鞍共用钢材 290.9t，主索鞍模型如图 7–10 所示。

图 7–10　主索鞍模型

在塔顶安装吊装门架，利用卷扬机提升主索鞍就位，主索鞍纵向分成 2 块，吊至塔顶后用高强度螺栓拼接；按要求设置 938mm 的预偏量，根据施工过程仿真分析的结果对主索鞍设置初始预偏量，并在后续施工过程中，根据主索塔受力及塔偏情况，按施工控制指令要求进行分级索鞍顶推，主索鞍吊装模型如图 7–11 所示。

图 7–11　主索鞍吊装模型

7.2.2　锚碇施工模型

两岸锚碇均为重力式锚碇、明挖扩大基础，由锚体、散索鞍支墩、前锚室及基础四部分组成。

镇宁岸锚碇：宽 41m，长 52.76m，锚体高 25.528m，散索鞍支墩高 17.68m，基础厚 6m，共用混凝土 3.14 万 m^2。胜境关岸锚碇宽 41m，长 49.127m，锚体高 25.528m，散索鞍支墩高 16.185m，基础厚 4m，共用混凝土 2.88 万 m^2。图 7–12、图 7–13 分别为镇宁岸锚碇模型和胜境关岸锚碇模型。

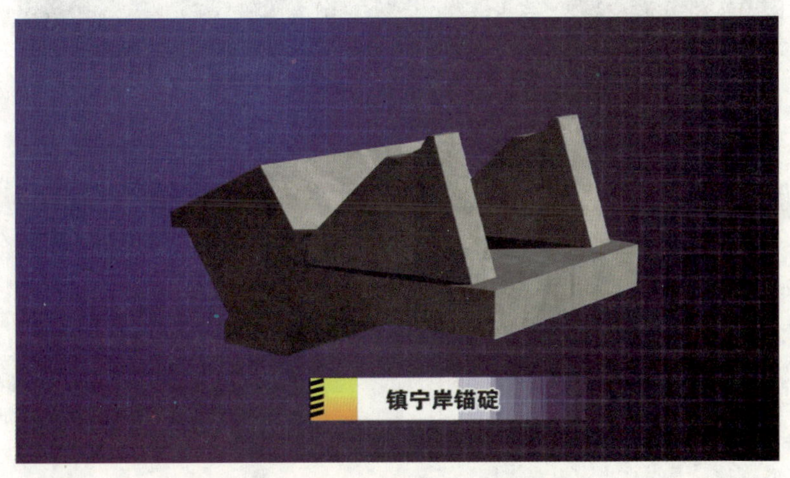

图 7–12　镇宁岸锚碇模型

1）基坑开挖模型

镇宁岸锚碇基坑开挖方共计 7.8 万 m^3，胜境关岸锚碇基坑开挖共计 13.1 万 m^3，基坑开挖模型如图 7–14 所示。

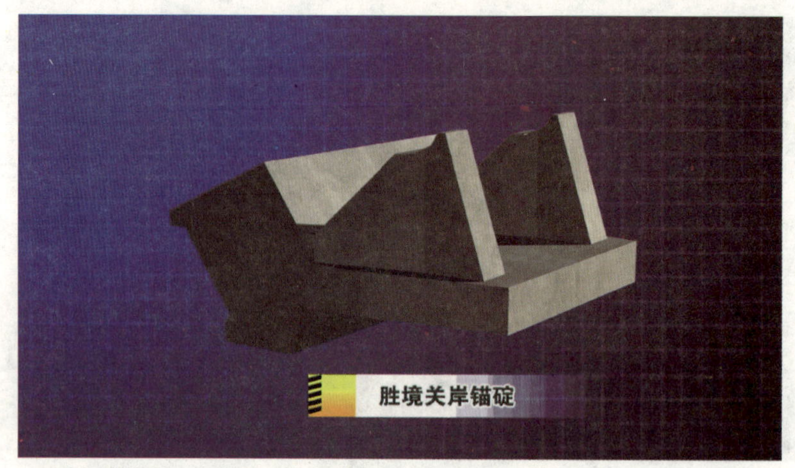

图 7–13　胜境关岸锚碇模型

图 7–14　基坑开挖模型

2）锚体混凝土浇筑模型

分层分块浇筑锚体和基础混凝土：浇筑过程中根据监控要求控制混凝土入模温度、内外温差及混凝土最高温度。

后浇段填筑：待先浇筑的混凝土冷却到保持稳定温度以后，绑扎后浇段钢筋，采用微膨胀混凝土浇筑后浇段并养生；基坑回填土石方至标高 863.13m，并分层夯实。最终浇筑的锚体混凝土模型如图 7–15 所示。

3）散索鞍吊装模型

散索鞍安装在锚碇散索鞍支墩顶部，其主要作用是将主缆经散索鞍后在水平、竖向两个方向转向分散并与锚碇锚固系统相连。全桥共设有 4 套散索鞍系统，每套散索鞍系统的总重量为 38.21t，单件构件最大重量为 26.61t。散索鞍由鞍体、鞍座和底座等组成，鞍体铰支于底座之上，与主索鞍相似，鞍槽用铸钢铸造，鞍体由钢板焊成。散索鞍模型如图 7–16 所示。

图 7–15　锚体混凝土浇筑模型

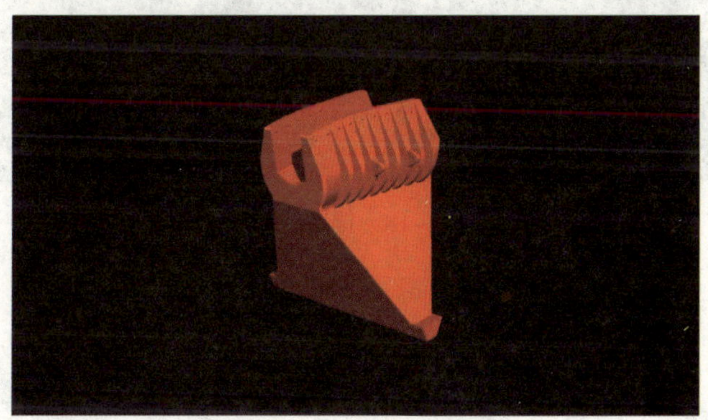

图 7–16　散索鞍模型

在锚碇散索鞍支墩散索鞍位置处浇筑混凝土时，应准确埋设散索鞍预埋件，预留格栅安装混凝土槽口，并在混凝土表面设置纵、横向中心标志。

鞍体单件吊装重约 28t，用汽车吊提升散索鞍就位，并按要求设置 0.958° 散索鞍预偏角，随着钢箱梁的吊装和桥面铺装的完成，鞍体逐渐转动至成桥设计位置，鞍体吊装模型如图 7–17 所示。

图 7–17　散索鞍吊装模型

4）锚固系统安装模型

锚固系统安装包括：后锚室浇筑、前锚室浇筑。前锚室浇筑又包括浇筑锚室底、侧板，形成槽形断面。最后浇筑的锚固系统模型如图 7–18 所示。

图 7–18　锚固系统模型

7.2.3　缆索系统安装模型

1）牵引索架设模型

牵引系统是悬索桥上部结构施工的重要组成部分，它主要用于猫道架设、主缆索股的架设、索夹和吊索的安装。在牵引系统设计中，我们采用 PPWS 工法施工，架设顺序如下：

（1）先导索架设。先用卷扬机牵引至塔底，再用塔吊机将先导索翻越塔顶，两岸由人工牵拉至河边，用小船将一岸索头牵引至对岸连接后，用卷扬机张紧完成先导索架设，先导索架设模型如图 7–19 所示。

图 7–19　先导索架设模型

（2）牵引索架设。牵引索架设系统由东、西锚碇后的主副卷扬机、Φ32 牵引索、拽拉器、锚碇门架导轮组、主塔顶门架导轮组以及滑轮、滚筒组成。首先将 Φ32 牵引索从位于西锚的副卷扬机拉出，经西散索鞍支墩顶滚筒拉至锚碇前，与 Φ21 先导索用拽拉器连接，启动卷扬机牵引至东锚碇缠在东岸主卷扬机上，然后将先导索移至缆索吊装系统索鞍位置，作为缆索主承重索的牵引，这样就将 Φ32 先导索换成 Φ32 牵引索。利用相同方法架设 Φ52 的工作承重索，并锚固在东、西锚碇上，至此，基本构成往复式牵引系统。架设模型如图 7–20 所示。

图 7–20　牵引索架设模型

2）猫道安装模型

猫道结构为 3 跨分离式猫道，上下游猫道承重索采用 6 根直径为 52mm 钢丝绳，猫道宽 4m，猫道模型如图 7–21 所示。

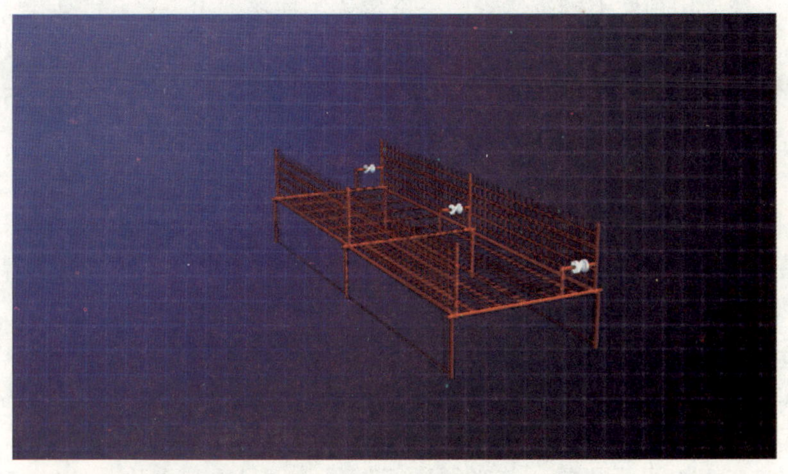

图 7–21　猫道模型

利用牵引索的往复运动逐根架设承重索及扶手绳，承重索及扶手绳的空载架设线形由计算确定，承重索及扶手绳架设完成后从两岸桥塔向两边铺设猫道面网和架设主缆用的托轮等，架设的承重索及扶手绳的模型如图 7–22 所示。

图 7–22　承重索及扶手绳模型

3）主缆架设模型

北盘江大桥主缆跨度为 192m+636m+192m，设计成桥状态下跨中理论垂度为 60.571m，垂跨比为 1 : 10.5。空缆状态下跨中理论垂度为 53.445m，垂跨比为 1 : 11.9，主缆采用预制平行钢丝索股。

两根主缆的中心间距为 28.0m，每根主缆由 91 束 91 根 Φ5.1mm 的高强钢丝组成，每根主缆共 8281 根钢丝，考虑 20%的空隙率，主缆束股挤紧后外径为 518.9mm。主缆钢丝采用极限抗拉强度为 1770MPa 的高强镀锌钢丝。单束主缆采用 91 根 Φ5.1mm 的高强度钢丝组成，为规则的正六边形截面，锚头采用热铸锚，单根长约 1098m，运输重量约 17t。

主缆锚固系统采用预应力钢绞线索与合金钢锚固连接器组合形式，主缆索股经散索鞍散开后，由合金钢锚固连接器连接到锚体内的预应力钢束上。分单锚杆连接器和双锚杆连接器，单锚杆对应一根 13–Φj15.24 预应力钢绞线，双锚杆对应一根 27–Φj15.24 预应力钢绞线。

主缆架设首先完成 1# 基准索股空缆架设，基准索股的空缆线形由施工过程仿真分析计算确定，并根据温度、塔偏等误差情况进行现场修正后确定，其他索股采用跟随法架设。主缆的空缆线形的准确施工定位是悬索桥施工中的关键和难点工序。主缆架设模型如图 7–23 所示。

4）缆索吊系统安装模型

缆索吊系统最大起吊能力按（180）t 设计，由承重索、起吊系统、牵引系统组成，缆索吊模型如图 7–24 所示。

在吊装第一个钢桁梁吊装单元前必须进行试吊，试吊重量分别为 20t、50t、120t，以检验缆索吊系统的安全性和可靠性。

图 7–23　主缆架设模型

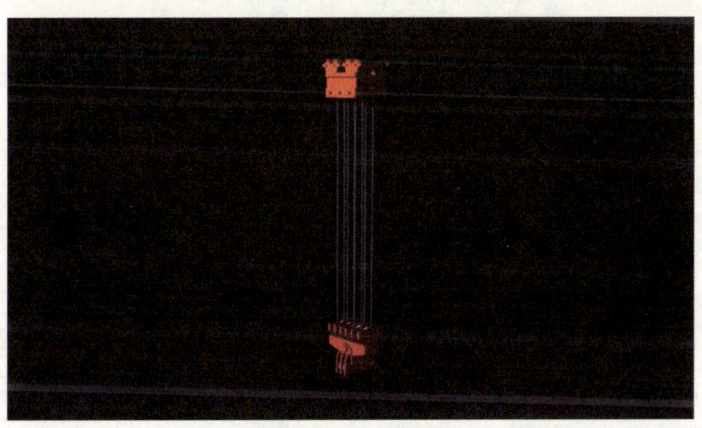
图 7–24　缆索吊模型

5）索夹及吊索安装

悬索桥吊索是将加劲梁悬吊于主缆并将加劲梁的荷载（包括一、二期恒载、车辆荷载和风荷载等）传递到主缆的构件，索夹是连接吊索与主缆，并将吊索索力传递到主缆的重要部件。

北盘江大桥悬索桥主缆索夹采用销接式，分上、下两半对合的形式，通过 M27 的高强螺杆相连。索夹采用 ZG270—500 铸钢铸造。

吊索与索夹采用销接式，吊索采用平行钢丝束，利用锚头上的叉形耳板与索夹下部的耳板销接。

（1）索夹安装

索夹安装工艺流程如图 7–25 所示。

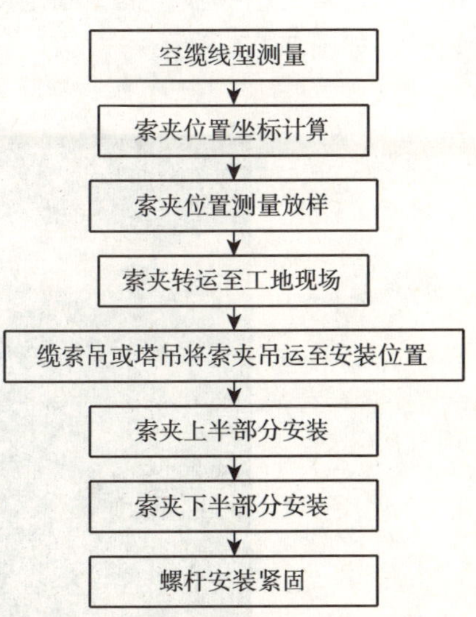

图 7–25　索夹安装工艺流程

索夹安装按施工监控指令要求进行索夹空缆定位

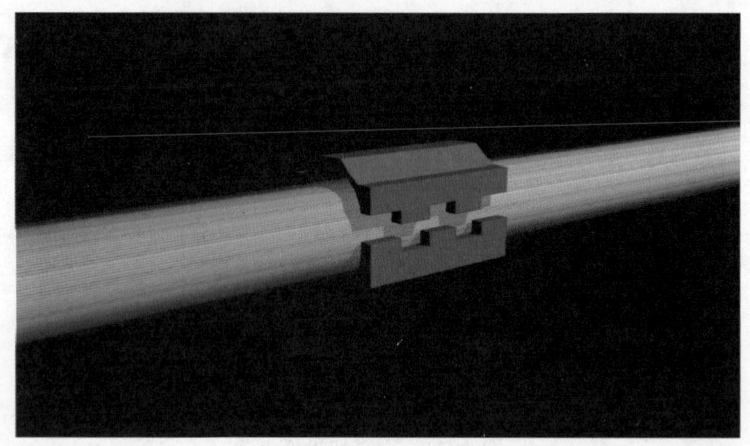
图 7–26　索夹安装模型

安装，索夹安装模型如图 7–26 所示。

（2）吊索安装

吊索安装工艺流程如图 7–27 所示。

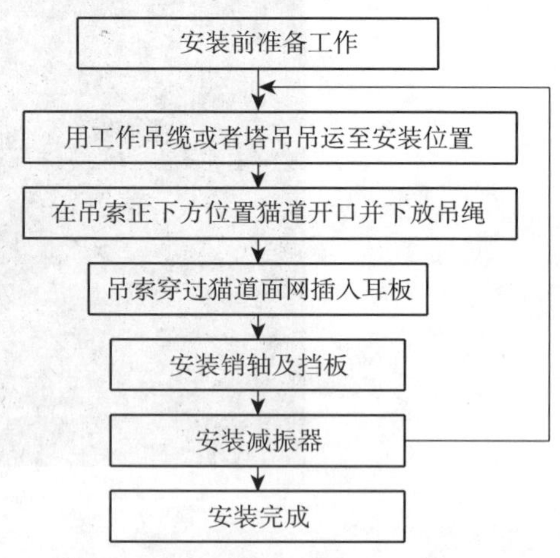

图 7–27　吊索安装工艺流程

吊索架设方法是先在猫道上铺设滚筒，在安装位置下放的猫道面层钢丝网开出工作口，用边吊缆将吊索吊放在猫道面层，再将吊索上端挂在边吊缆跑车上，用跑车牵引吊索在滚筒上移动至吊索下端到达安装位置，将吊索下端放下钢丝网工作口，跑车吊挂吊索上端退回安装位置，人工配合将吊杆从猫道开口徐徐放下直至由跑车吊挂自由下垂，调整跑车起重索将吊索上端处于安装位置，将吊杆上端销板插入索夹销夹板，插销固定即告完成。吊索安装模型如图 7–28 所示。

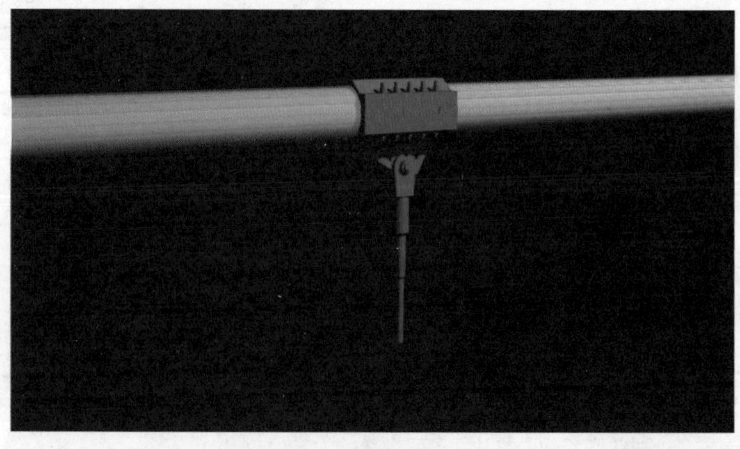
图 7–28　吊索安装模型

7.2.4 钢桁架架设模型

主梁采用钢桁加劲梁，由主桁、横梁、桥面板和上、下平面纵向联系等组成。加劲梁通过吊索与主缆相连，吊索标准间距为 7m，吊索锚于主桁上弦节点锚箱上。主梁桁高 5.0m，桁宽 28.0m。

钢桁梁有 4 种吊装节段，吊装节段长度分别为 13.46m、14.00m、14.00m、19.08m，全桥共 45 个吊装节段，最大吊装重量为 135t。

钢桁架架设的主要步骤分为以下几个方面：

（1）拼装钢桁梁吊装单元。引桥箱梁铺设运梁轨道，安装运梁小车，主塔横梁处安装墩旁托架。在引道上拼装钢桁梁吊装单元：下弦、下平联、横桁、腹杆、上弦、上平联，并选取其中的四个阶段进行钢桁梁拼装应力的监测工作。钢桁梁吊装单元模型如图 7–29 所示。

图 7–29 钢桁梁吊装单元模型

（2）吊装钢桁梁单元。将在引道上拼装好的 1 号梁段钢桁梁吊装单元由运梁小车运至主塔墩旁托架上，准备吊装。利用缆索吊机将 1 号梁段钢桁梁吊装单元运至指定位置进行安装，在安装 1 号梁段钢桁梁吊装单元的同时，将 2 号梁段钢桁梁吊装单元运至主塔墩旁托架处准备吊装，吊装模型如图 7–30 所示，从跨中向两侧索塔依次对称吊装其余梁段钢桁梁吊装单元。吊装过程中，由于主缆不断变形，先行安装的各梁段钢桁梁不能完全连接，在钢桁梁上弦接头处安装固定铰，下弦接头不连接。

（3）安装桥面板吊装单元。当钢桁梁梁段全部吊装就位后即可开始桥面板吊装单元的安装，在路基上拼装焊接成长 14m、宽 27.2m 的标准吊装单元后运至桥塔前进行吊装。利用缆索吊机将 1 号梁段桥面板吊装单位运至指定位置进行安装，利用缆索吊机依次将 2 号、3 号、4 号、5 号梁段桥面板吊装单位对称进行吊装，桥面板吊装单元模型如图 7–31 所示。

图 7-30　吊装模型

图 7-31　桥面板吊装单元模型

桥面板吊装完成后，按照二期恒载进行预压，根据预压的结果进行桥面的线形调整和钢桁梁节段拼装连接位置的下弦杆的安装。

（4）桥面板吊装单元的连接。桥面二期恒载堆载完成后，即可从跨中向两岸索塔对称将钢桁梁节段接口向下弦逐段连接。钢桁梁节段下弦拼接后，进行桥面板吊装单元的连接，其连接模型如图 7-32 所示。

图 7-32　桥面板吊装单元连接模型

7.2.5 主缆防护施工模型

北盘江大桥主缆直径索夹内为 ϕ512.5mm，索夹间为 ϕ518.9mm，采用 ϕ4.1mm 软质钢丝缠绕、涂装进行主缆防护。

主缆防护采用多层防护系统，其施工程序为：主缆表面清理、涂抹磷化底漆、涂抹不干性防护腻子、缠丝、涂抹磷化底漆、涂抹环氧底漆、涂抹聚硫密封剂、防护面漆施工，主缆防护施工模型如图 7–33 所示。

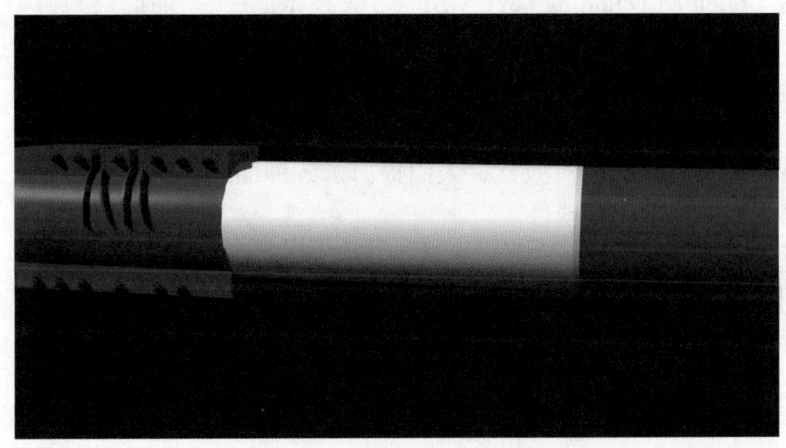

图 7–33　主缆防护施工模型

7.3 钢构桥梁运输吊装过程中安全检测的图形分析

7.3.1 安全检测的图形分析的简介

随着计算机和信息技术的发展，虚拟现实技术广泛应用到军事、医学、建筑等领域。虚拟现实技术的主要目标之一是允许用户以尽可能自然的方式与虚拟世界中的物体直接交互，虚拟现实系统的用户希望虚拟物体给人的感觉是“物理存在”的。所以虚拟现实系统必须能够实时、准确地判断虚拟物体之间是否发生碰撞，即进行安全检测的图形分析。碰撞监测系统的输入模型是构成几何对象的基本几何元素（通常是多边形）的集合，其任务是确定在某一时刻 2 个模型是否发生干涉，即它们的交集是否不为空。如发生碰撞，还需确定碰撞部位（参与碰撞的基本几何元素）。

近些年，在虚拟现实中，碰撞检测技术得到了广泛而深入的研究，碰撞检测算法种类繁多，但它们常常被划分为两类：离散法和连续法。

（1）离散法

大多数碰撞检测算法都属于此类通过检测物体在各个时间点的碰撞情况，来判断其在整个运动过程中有无碰撞，但是此类方法会遗漏一些碰撞情况，一种典型的解决办法就是采用自适应步长法和预测技术，缺点就是速度太慢，不适用于时间要求较高的实时系统，还有离散法通常需要采用回退技术来计算物体之间的初始碰撞点。由于各种碰撞情况和物体表面复杂度的难预测性，导致了回退运算代价无法估量。

（2）连续法

为了克服离散法的不足，连续法对物体的运动过程进行建模，构造出一条连续的运动路径，再基于该路径判断物体之间的碰撞情况。可以采用任意间隔的运动插值技术来规划物体的运动，通过用户界面或动态模拟器确定物体运动过程中的几个位置，再在几个位置之间做运动差值，把物体复杂的运动过程简化为一系列简单的刚体运动，这种技术有效地降低了碰撞检测计算的复杂度。也可以采用结合任意间隔的运动插值技术、间隔计算和层次定向包围盒（oriented bounding box．OBB）3 大技术的一种快速连续碰撞检测算法，该算法需要借助间隔计算，计算出物体在哪个时间区间刚好处于碰撞状态，通过对目标时间区间逐渐地迭代分割，直到所得时间区间的长度小于一个给定的容差值为止，因此该算法是不精确的。

为了提高碰撞检测算法的有效性，人们提出了各种加速算法，这些算法可分为两类：基于空间数据结构和基于图形硬件。

（1）基于空间数据结构

包括空间分割法和层次包围树（Bounding Volume Hierarchies，BVH），几种最常用的 BVH 是包围球、AABB 层次包围树、OBB 层次包围盒树、6-dop 层次包围体树、凸包包围体树，如图 7-34 所示，它们可以个别除在环境中明显不发生碰撞的物体，加快碰撞检测计算的速度。

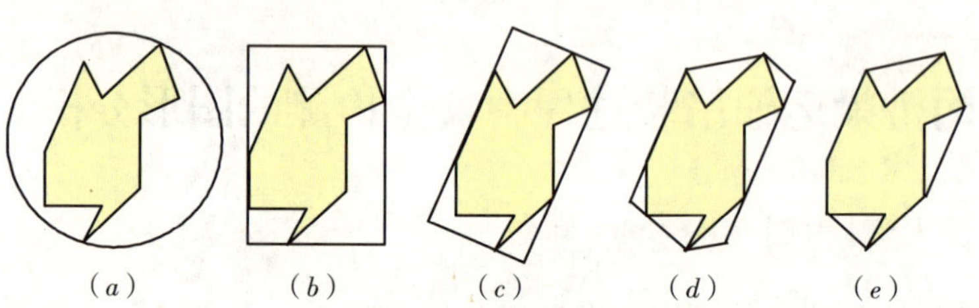

图 7-34　层次包围树分类

（a）包围球；（b）AABB 包围盒；（c）OBB 包围盒；
（d）6-dop 包围体；（e）凸包包围体

（2）基于图形硬件

不需要做任何的预处理操作，直接在图形处理器（Graphic Process Unit，GPU）上做碰撞检测，由于要受控于图像空间的精度，其结果往往是不精确的。

7.3.2　安全检测的图形分析的过程

总体而言，碰撞检测算法在处理包含大量物体的复杂场景时，或者首先将多数明显不相交的物体对进行快速排除，然后再对可能相交的物体对进行进一步检测，或者采用场景空间剖分（如场景八叉树）来快速确定可能存在物体相交的区域，然后在这些潜在的相交区域中进行下一步操作。我们把这个过程统称为碰撞检测算法的初步检测阶段。而对于初步检测阶段的后继阶段，我们称之为碰撞检测算法的详细检测阶段。在详细检测阶段中，基于层次包围体树的碰撞检测算法，首先会同时遍历物体对的层次树，递归检测层次树节点之间是否相交，直到层次树叶子节点，进而精确检测叶子节点中所包围的物体多边形面片或基本体素之间是否相交。而基于空间剖分的碰撞检测算法在详细检测阶段则逐步地对潜在相交区域进行细分，并检测细分后的子区域内是否有物体相交，直到细分子区域中发现有不同物体的基本体素或多边形面片之间发生精确相交。

分析这些算法在详细检测阶段的步骤，可将其划分为两个层次，一是逐步求精层；二为精确求交层。在逐步求精层算法中进行层次树的遍历或者逐步细分潜在的相交区域。而精确求交层中算法主要处理多边形面片或基本体素之间的精确相交检测。由此可归纳出一个统一的碰撞检测算法框架，如图 7–35 所示。

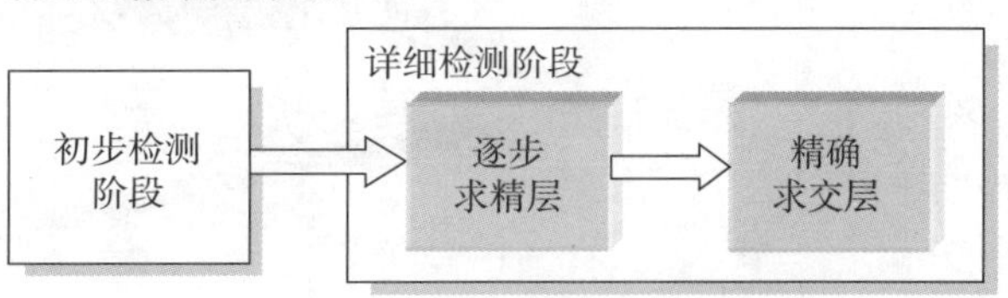

图 7–35　碰撞检测算法的一般框架

1）初步检测阶段

当动态场景中物体的个数超过两个，碰撞检测遇到的最明显的问题就是需要对所有 n 个物体进行两两求交检测，其时间复杂度达到 O（n^2）。这个问题也被称为“完全物体对检测问题”。很明显，这是任何碰撞检测算法在处理多物体的场景时都会遇到的严重影响算法效率的问题。因此，当场景中物体个数较多时，非常有必要利用一些优化策略或方法来快速排除明显不发生碰撞的物体，找出潜在的相交区域或潜在的相交物体对。初步检测阶段所采用的技术主要有两种：一种是空间剖分法；另一种是基于插入捧序的“掠扫和裁剪”法（Sweep and Prune）。

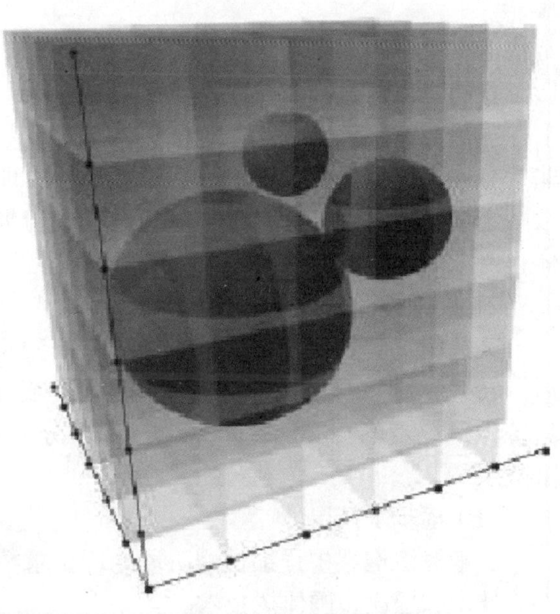
图 7–36　空间剖分实例

空间剖分法将场景均匀剖分成一个小方块区间，检查这些小方块内是否有物体存在，否则将不包括物体的区间剔除，从而快速判断出潜在的相交区域。空间剖分方式如图 7–36 所示。

另一种初步检测的方法是 Cohen 等提出的“掠扫和裁剪”法。掠扫和裁剪法将场景中所有物体的 AABB 包围分别投影到 x，y，z 三个坐标轴上，并对每个物体在各坐标轴投影区间的边界值进行排序。两个物体包围盒在所有坐标轴的投影区间均有重叠时，表明这两物体的包围盒相交。图 7–37 给出了物体包围盒在一个轴向的投影情况。由于时间连贯性，场景中物体发生移动时每帧之间的物体的相对位置不会发生明显的改变，它们的包围盒在各坐标轴的投影位置也就不会有明显的变化。插入排序法在处理基本有序的队列排序时非

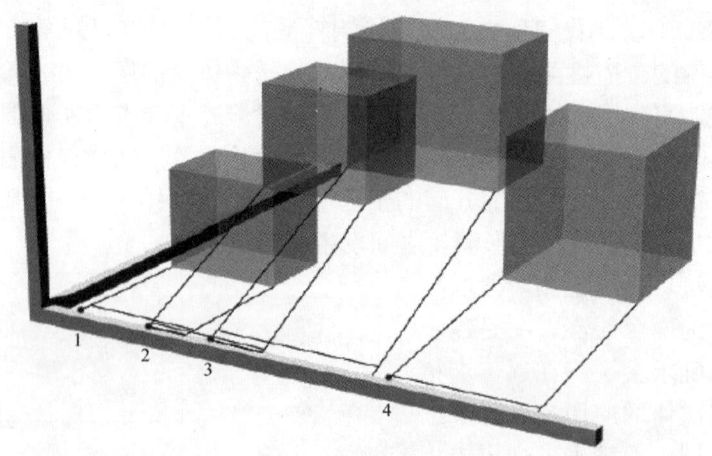

图 7–37　掠扫与裁剪方法中物体包围盒在一个轴向的投影情况

常快速有效，因此算法采用插入排序法，有效保持各轴上的区间边界表有序，同时检查投影位置的变化情况。当发现物体 AABB 包围盒有重叠时才触发算法详细检测阶段的运行。

“掠扫和裁剪”方法的时间复杂度为 O（n^2），因此用其处理“完全物体对检测问题”非常有效，计算负荷也很小。它虽然不能处理固定步长所引起的刺穿问题，但对于物体个数一定的场景可以确保在常数时间内完成初步碰撞检测。这就使得它在处理有大量运动物体且要求稳定帧率的动态场景中的碰撞检测时具有一定的优势。

2）详细检测阶段

碰撞检测算法经过初步检测阶段确定了潜在的相交区域或潜在的相交物体对集合之后，转入详细检测阶段。详细检测阶段已经确定的潜在的相交区域或潜在的相交物体对集合做进一步的相交测试。这个过程又分为两个层次，一个是逐步求精层；一个是精确求交层。

（1）逐步求精层

一般算法框架中详细检测阶段的逐步求精层通常采用两种典型的加速技术：空间层次剖分技术和层次包围体树技术。

空间剖分技术与初步检测阶段的空间剖分技术相类似，但要把潜在的相交区域子空间继续剖分下去，直到找到相交物体的多边形面片。

层次包围体结构树技术是指算法利用预先建构好的物体层次包围体树，通过同时遍历物体对的层次包围体树，递归检测它们层次包围体树上的各层节点包围体之间的相交情况，直到各个层次树的叶子节点，最终获取物体对的相交检测结果的技术。不同层次树叶子节点所包含的多边形之间的相交检测，则由精确求交层的相交检测过程来完成。作为示例，下面给出了一个遍历层次包围体二叉树的递归算法伪代码。构建层次包围体树的好处就是物体包围体之间的相交测试极为简单，能够排除不交情况。层次包围体树在每一层中不断逼近物体，这本质上也是一种用层次细节（Level Of Detail，LOD）表示物体的方法。但又不同于在快速绘制复杂物体或山脉地形表面时采用多分辨率方法中使用的多边形层次细节。在实时绘制中使用层次细节技术的目的是为了在加快绘制速度的前提下，尽可能地保证绘制结果与初始模型近似。而在碰撞检测的逐步求精层采用LOD技术总是尽量保守地逼近原物体模型，选择包围体的首要准则不是如何更逼近原模型，而是保证包围体之间的相交检测速度。

层次包围体二叉树的递归遍历算法：

```
// 输入：a，b 两物体的层次包围体二叉树 BVTa、BVTb
// 输出布尔值。true 为相交，false 为不相交。
bool Detec_recursive（BVTa，BVTb）
{
  if（检测到 BVTa 与 BVTb 两个包围体之间不相交）
  {返回两物体不发生碰撞的结果：}
  if（BVTa，BVTa 均为叶子节点）
 {精确检测 BVTa，BVTb 所包围的多边形面之间是否相交；
  返回精确求交检测的结果；
 }else if（BVTa 为非叶子节点，BVTb 为叶子节点）{
  Detect_recursive（BVTa，BVTb 的左子节点）；
  Detect recursive（BVTa，BVTb 的右子节点）；
 }else if（BVTa 为非叶子节点，BVTb 为叶子节点）{
  Detect_recursive（BVTa 的左子节点，BVTb）；
  Detect recursive（BVTa 的右子节点，BVTb）；
 }else{//BVTa，BVTb 均为非叶子节点
  Detect_recursive（BVTa， BVTb 的左子节点）；
  Detect recursive（BVTb，BVTb 的右子节点）；
  Detect_recursive（BVTa 的左子节点，BVTb）；
  Detect_recursive（BVTa 的右子节点，BVTb）；
  }
}
```

（2）精确求交层

如前所述，任何碰撞检测算法都要依赖于物体的表示模型。详细检测阶段的精确求交层便极大地依赖于物体所采用的表示方法。在精确求交层中，碰撞检测算法主要处理多边形面片或基本体素之间的精确相交检测。

基于多边形表示的碰撞检测算法在精确求交层中需要进行多边形与多边形之间的相交检测。由于多边形均可转化为三角形，并且三角形之间的相交检测更简单，因而有很多研究工作集中于三角形之间的快速相交检测。

精确求交并不一定总是通过三角形的相交检测来实现。对于凸体之间的碰撞检测可以通过计算两者之间的距离或刺穿深度来实现。例如Lin和Canny所提出的基于特征的碰撞检测算法就是通过找出最邻近特征的距离来判断两物体是否精确相交。类似算法还有Gilbert等提出的基于单纯形的碰撞检测算法。该算法也是通过计算物体之间的距离来判断物体是否相交。

第 8 章　应用实例三——矮寨特大钢构桥梁的工程动画制作

8.1　矮寨特大钢桁桥梁概况

8.1.1　工程简介

吉首至茶洞高速公路是国家规划的八条西部公路大通道中长沙至重庆公路通道的重要组成部分。矮寨特大桥（C6A 合同段）为本高速公路的控制性工程，桥位距吉首市区约为 20km，跨越矮寨镇附近的山谷。德夯河流经本山谷谷底，在桥位下游 800m 处汇入峒河，德夯河为不能利用作为运输、航行用的小型河流。桥位谷底标高约为 +240m，桥面设计标高位置与地面高差达 330m 左右，山谷两侧悬崖距离从 900~1300m 之间变化。吉首岸山崖位于矮寨镇背后，只有崎岖小路绕行约 5km 至距山顶桥位 100m 的位置。茶洞岸山崖位于矮寨镇对面，有 G209 上中国著名的公路景观建筑——矮寨盘山公路可通至山顶桥位附近。

本项目段起止桩号为 K14+000.00 ~ ZK15+073.657。

矮寨特大悬索桥全长约为 1073.65m，主缆的孔跨布置为 242m+1176m+116m。主缆采用以平面索方式布置的两根主索，主缆通过 68 对吊索对主跨梁进行悬吊支承。主梁全长为 1000.5m，采用钢桁加劲梁梁体。主梁梁高（主桁中心线处）为 7.5m，全宽为 27m，桥面系宽为 24.5m。在两岸山体上设置桥台对主梁两端进行支承和约束，主梁桥台处设竖向支座和横向抗风支座。主缆索在吉首岸采用混凝土重力式锚碇体进行锚固，在茶洞岸采用隧道式混凝土锚碇体进行锚固。缆索在两岸采用混凝土索塔进行支承。索塔、桥台均采用扩大基础形式。矮寨特大悬索桥的桥效果图见图 8–1 所示，桥型总体布置见图 8–2 所示。

图 8–1　矮寨特大悬索桥效果图

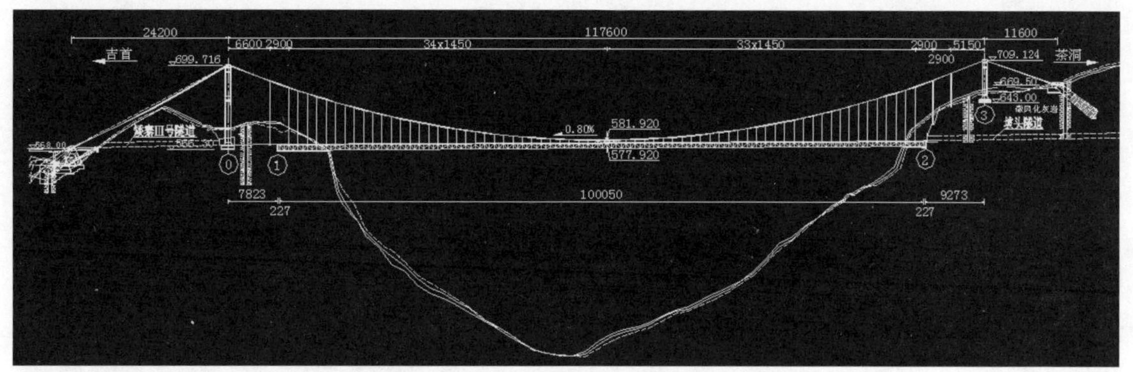

图 8-2　矮寨特大悬索桥桥型总体布置图

8.1.2　地形地貌情况

桥位区为峡谷悬崖地貌，地形起伏极大，相对高差达 500m，茶洞岸山顶最高处地面标高为 +736.9，吉首岸山顶最高处地面标高为 +649.92m，峡谷底部最低处地面标高为 +236.1m，谷底宽约为 60m。

吉首岸锚碇场地：吉首岸重力锚碇座落在半山腰中的斜坡冲沟上，锚碇左侧为半山腰中的一处小台阶，地形较平坦，地面标高为 +539.80 ~ 554.75m，锚碇底部往右侧为横向冲沟，右锚边缘冲沟切割深度约为 12m，沟底地面标高为 520.00m，坡度约为 27° 。

吉首岸桥塔场地：塔基位于悬崖上部的山坳处，地形起伏相对较小，地面标高为 +594.40 ~ 610.11m，塔基离最近悬崖距离约为 26m。

茶洞岸桥塔场地：茶洞岸桥塔位于悬崖顶部斜坡上，塔基部位地面坡度约为 26°，地面标高为 +645.0 ~ 665.0m，塔基边缘距最近悬崖距离约为 75m。

茶洞岸隧道锚碇场地：茶洞岸锚碇处为较平缓的山坡，地面坡度约为 26°，锚洞出口位于平坦的冲沟边缘，冲沟内地面标高为 +664.5m，锚洞末端对应的地面标高为 +690.0 ~ 700.7m。

8.1.3　水文、地质情况

两岸山体地下水主要赋存于基岩裂隙和地下岩溶通道内，直接接受大气降水的补给。地下水对混凝土无腐蚀性影响。

桥位场地发育的地层主要为第四系的黏土、块石，寒武系上统的灰岩，中统的白云岩，下统的灰岩、砂质页岩。其中黏土层主要分布在两岸山坡表层、冲沟及溶沟内，厚度一般在 5m 以内，系坡积而成。块石层主要分布在茶洞岸的山坡上，厚度较大。两岸山体覆盖层薄，大部分地段基岩裸露。桥位场地岩层内均发育有陡倾角的裂隙。桥位场地发育的不良地质现象主要为岩堆、岩溶、裂隙和危岩体。

1）吉首岸不良地质及处理

吉首岸桥塔基础位置的溶蚀裂隙 L2 和小溶洞，按设计要求采用开挖竖井和灌浆孔后灌混凝土、砂浆的方法进行处理。

2）茶洞岸不良地质及处理

茶洞岸桥塔前方（吉首侧）的溶蚀裂隙 L4，按设计要求采用沿裂隙发育方向布置灌浆孔（钻孔深 70m）后灌砂浆和混凝土浆的方法进行处理。

茶洞岸桥塔前方（吉首侧）的落水洞 3，按设计要求采用 C30 片石混凝土回填的方法进行处理。

茶洞岸隧道锚右锚洞锚固端口位置的落水洞 4，按设计要求先在洞壁设置交叉锁口砂浆锚杆，再灌 C20 混凝土回填进行处理。

茶洞岸隧道锚右锚洞锚固段上方的落水洞 5，按设计要求采用 C20 混凝土回填进行处理。

茶洞岸桥塔位置的勘探平硐 PK1，按设计要求在裂隙 L4 位置设置 20m 长的 C30 钢筋混凝土地梁，其他部分采用 C30 片石混凝土回填进行处理。

茶洞岸隧道锚位置的勘探平硐 PK2，按设计要求采用 C20 混凝土回填进行处理。

茶洞岸锚碇和桥塔基础基坑根据开挖后的情况，拟采用大范围压浆的方式进行处理（预案）。

8.1.4 气候情况

桥位区属亚热带季风湿润气候，具有明显的大陆性气候特征，夏半年受季风控制，降水充沛，气候温暖湿润；冬半年受季风控制，降水减少，气候较寒冷干燥。历年平均气温为 17.2 ~ 17.6℃；多年平均年降水量为 1367 ~ 1432mm，全年无霜期为 275 ~ 288 天。吉首 NNE 向 10min 平均风速为 13.3m/s，吉首 NW 向瞬间风速为 25m/s、花垣 NW 向瞬间风速为 31.9m/s。

8.1.5 地震烈度

地震峰值加速度为 0.05g，地震反应谱特征周期为 0.35s。

8.2 矮寨特大钢桁桥梁的 CAD 模型制作

8.2.1 CAD 图形整理

1）大桥平面布置图及垂向布置图

大桥平面布置图整理如图 8-3 所示。

垂向布置图整理如图 8-4 所示。

2）地形 CAD 图整理

矮寨特大悬索桥桥位区为峡谷悬崖地貌，地形起伏极大，相对高差达 500m，茶洞岸山顶最高处地面标高为 +736.9m，吉首岸山顶最高处地面标高为 +649.92m，峡谷底部最低处地面标高为 +236.1m，谷底宽约为 60m。如图 8-5 所示。

吉首岸地形图如图 8-6 所示。

在 3DS MAX 中，精确的地形模型可根据 CAD 中给出的等高线的具体参数生成，但必须在满足一定的精度要求下对 CAD 地形进行简化和修改，以达到减少工作量和满足 3DS

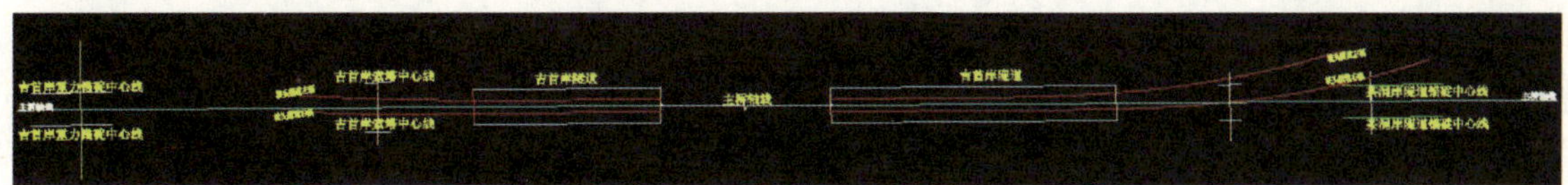

图 8–3　大桥平面布置图

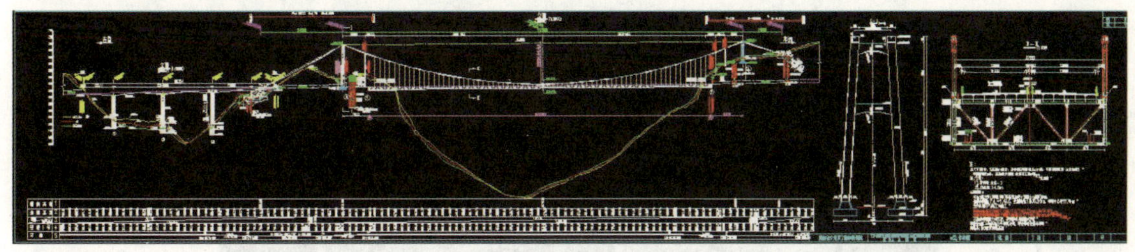

图 8–4　垂直布置图

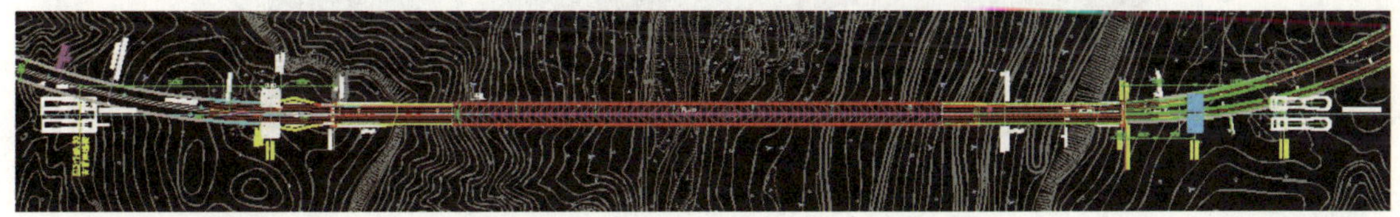

图 8–5　大桥地形图

图 8–6　吉首岸地形图（未整理）

MAX 使用的要求。如果场景对地形的要求不太严格，也可利用 3DS MAX 自动生成或者根据提供的现场照片手动制作。

在本项目中为使动画地形场景尽量与实际的地形相一致，采用精确的方法来制作 3DS MAX 地形，然后根据提供的现场照片对细部进行更加具体的调节，务求逼真。

现对原地形文件进行整理：

删除与地形无关的图形、文字及符号，地面建筑如两岸索塔、锚碇也应予保留，以便确定大桥位置和对山体细部进行调节。

为减少工作量可以对大桥周围的地形图详细整理，对于远处地形近似模拟即可，这部分工作主要是闭合等高线。

吉首岸整理后结果如图 8–7 所示。

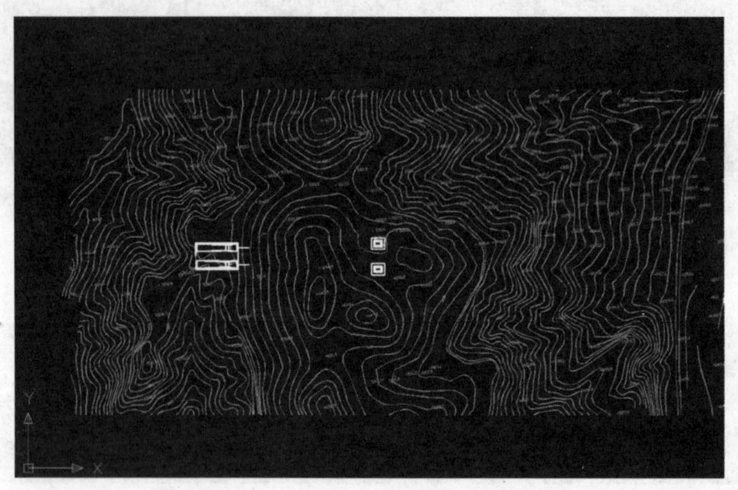

图 8–7　吉首岸地形整理结果

8.2.2　大桥各构件三维模型制作（以重力锚碇为例进行详细讲解）

1）重力锚碇平面图整理

重力锚平面图整理如图 8–8 所示。

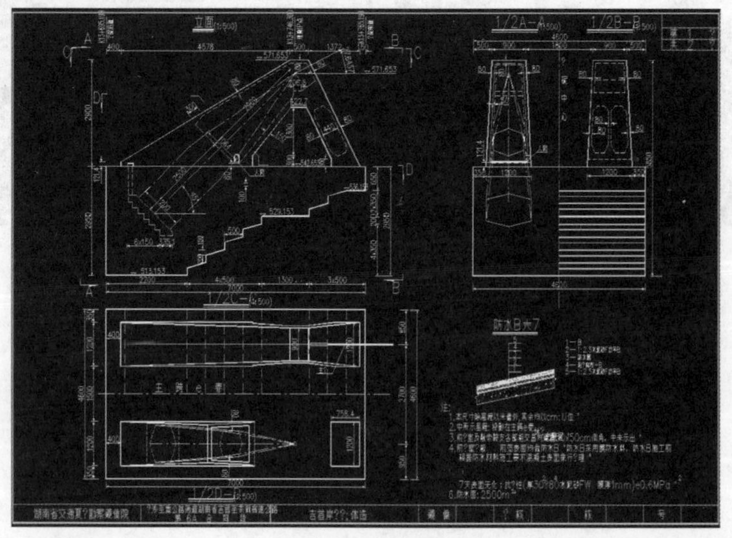

图 8–8　重力锚平面图

2）重力锚碇三维模型制作

（1）根据重力锚绘制三维模型如图 8-9 所示。

（2）将模型不同构件付以不同颜色，最后得出的重力锚 CAD 三维模型整理图如图 8-10 所示。

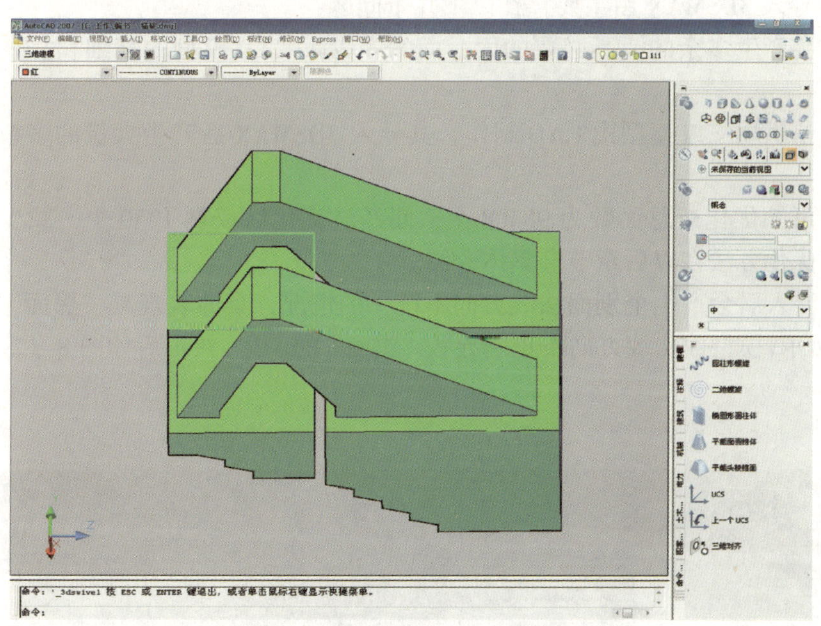

图 8-9　重力锚 CAD 三维模型

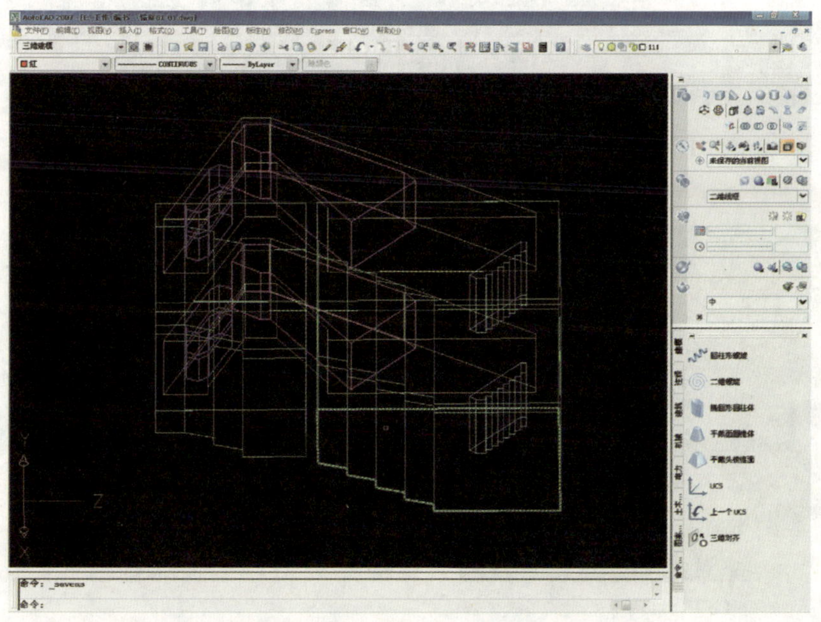

图 8-10　重力锚 CAD 三维模型整理图

8.3 矮寨特大钢桁梁悬索桥 3DSMAX 模型制作

8.3.1 导入构件 CAD 三维模型

1）CAD 三维模型导入 3DSMAX 存在的问题及解决方法

CAD 模型导入 3DSMAX 后主要存在以下几个问题：

（1）模型会产生多余的、不必要的面，面的多少跟 CAD 模型的精细和复杂程度密切相关。

例如某电站拱坝三维模型由 CAD 制作，其导入 3DSMAX 后产生大量的多余面，见图 8-11 所示。

经过比较可知优化前总面数为 98408 个，而经过优化后仅剩 1250 个，减少至原来的 1.2%。具体的优化方法在以后章节会具体介绍。

（2）模型导入后会产生个别面法线方向不统一的情况，具体表现是"黑面"现象，如图 8-12（*a*）所示，模型面法线方向不正确导致"黑面"的产生，纠正后如图 8-12（*b*）所示。

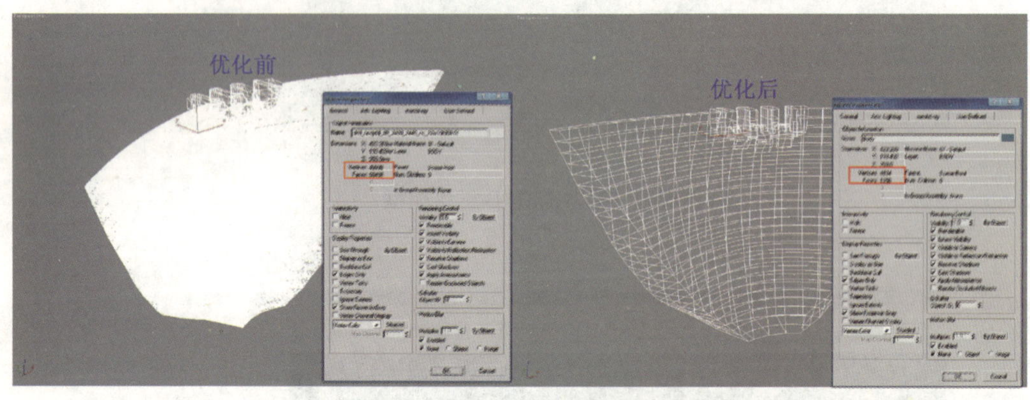

图 8-11 坝体 3DS MAX 三维模型优化前后对比

（*a*）

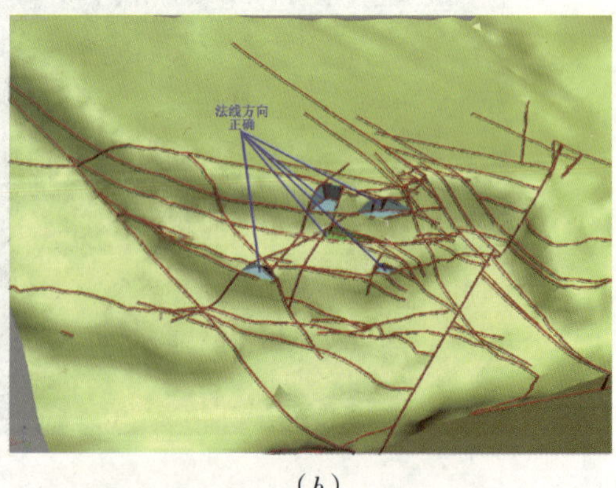

（*b*）

图 8-12 某山体滑动面法线调整前后对比

2）以重力锚碇的 CAD 三维模型为例导入 3DSMAX 制作 3DSMAX 模型

将重力锚 CAD 三维模型导入 3DSMAX 得到其 3DSMAX 模型，其过程如下：

（1）“file → import”，文件类型选择“Legacy AutoCAD（*.DWG）”然后点“打开”（图 8-13）。

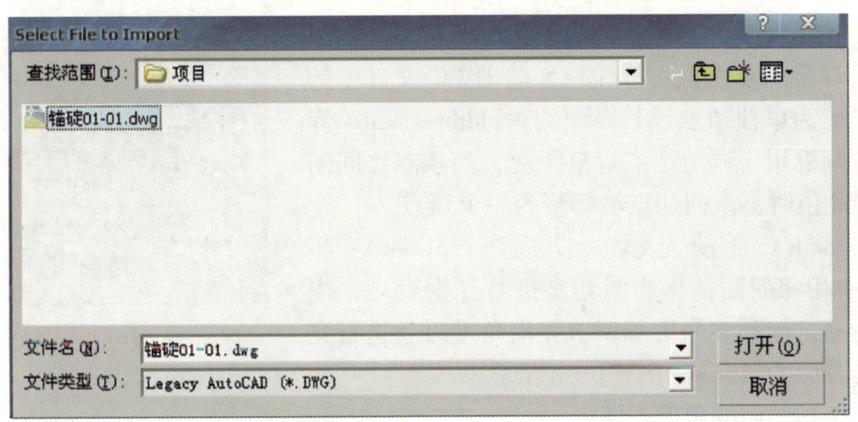

图 8-13　DWG 文件导入 3DSMAX 对话框

（2）点“打开”后即出现如图 8-14 所示的对话框。

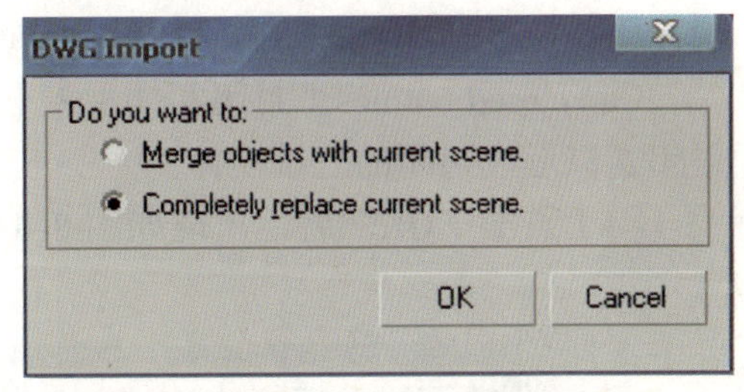

图 8-14　DWG 文件导入

若选择第一个选项，则将导入模型与当前场景进行合并；

选第二个选项，则将重置场景后再导入 CAD 三维模型。

（3）点击“OK”后，随即出现如图 8-15 所示的对话框。

各参数含义如下：

① Derive Objects By（“物体导出”方式）

Layer：进入 3DSMAX 时保留层名，一个层中的物体在 3DSMAX 中为同一个物体。

Color：按 AutoCAD 中的颜色转换物体，一种颜色是一个物体。

Entity：按 AutoCAD 中的实体进入 3DSMAX，3DSMAX 自动给物体赋名编号，较常用的方法是将同一类物体（如表面要贴同一种材质的物体）放在 AutoCAD 同一层中，并给予易辨认的层。

② General Options（总体选项）

Convert to single objects（转化为单个对象）复选框：3DSMAX 将 DWG 文件中的多重对象进行组合，转换为一个单独的对象。

Convert blocks to groups（将块转换为组）复选框：3DSMAX 将 DWG 文件中的块转换为组。

Skip off and frozen layers（忽略关闭或冻结的图层）复选框：3DSMAX 将 DWG 文件中的关闭或冻结的图层忽略，不进行转换。

Skip hatches and points 复选框：3DSMAX 将 DWG 文件中的填充点不进行转换。

Group common objects（编组相同特性的对象）复选框：3DSMAX 将 DWG 文件中相同特性的对象编为一组。

③ Geometry Options（几何选项）：包含 4 个复选框和 2 个微调框：

Weld（焊接）复选框：3DSMAX 将 DWG 文件中的重合顶点焊接为单独顶点，其右面的 Weldthreshold（焊接阀值）微调框用于调节顶点焊接距离，当顶点之间的距离不大于此值时，该两端点被焊接为一个顶点。

Auto-smooth（自动光滑）复选框：3DSMAX 将 DWG 文件中相邻的面依据光滑角度进行光滑处理，当两个相领的面之间的夹角大于调节光滑角度时就进行光滑处理。其右面的微调框用于调节光滑。

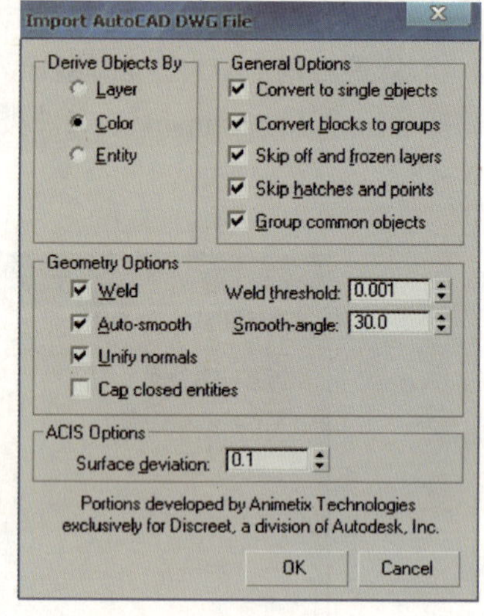

图 8-15　DWG 文件导入对话框

④处理相领的面的角度阀值：

Unify normals（统一法线）复选框：3DSMAX 将 DWG 文件中的对象所有表面向外，此设置会使 DWG 文件中的对象获得最佳的表面转换效果，但也可能发生少量的面转化错误，该错误可在 3DSMAX 中利用 Normal 命令进行矫正。

Cap closed entities（封闭实体）复选框：3DSMAX 将 DWG 文件中实体开口的两端进行封闭，以形成封闭的三维实体。

（4）点击“OK”后，出现如图 8-16 所示的界面。

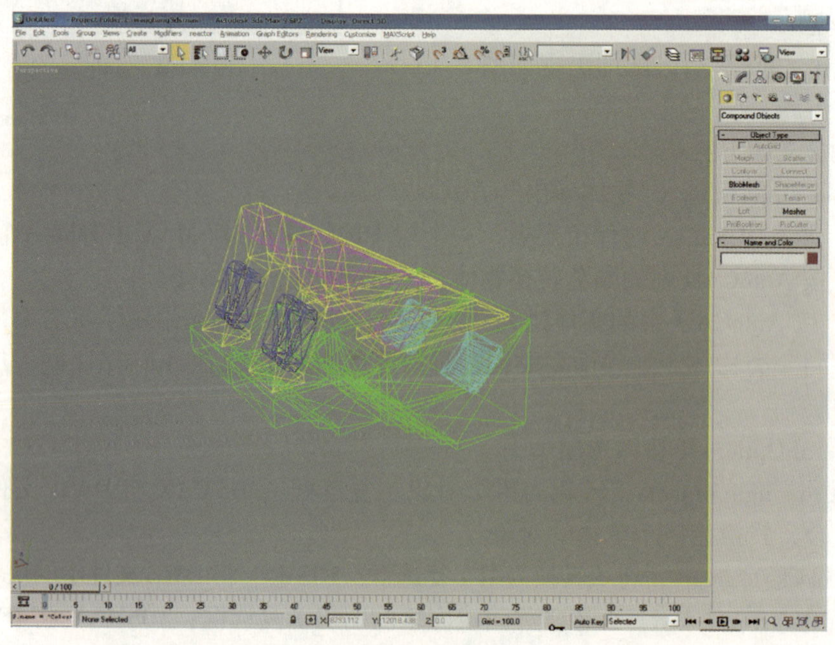

图 8-16　由 DWG 文件生成的 3DSMAX 模型

（5）对模型整理、优化

由于 CAD 模型导入 3DSMAX 后存在如下问题：

不同构件需进行“Boolean”（布尔运算），合并为整体。

导入后的 3DSMAX 模型会出现多余的面，需要对模型进行优化，精简面数。

模型“基础”面数精简前，如图 8-17 所示。

精简后如图 8-18 所示。

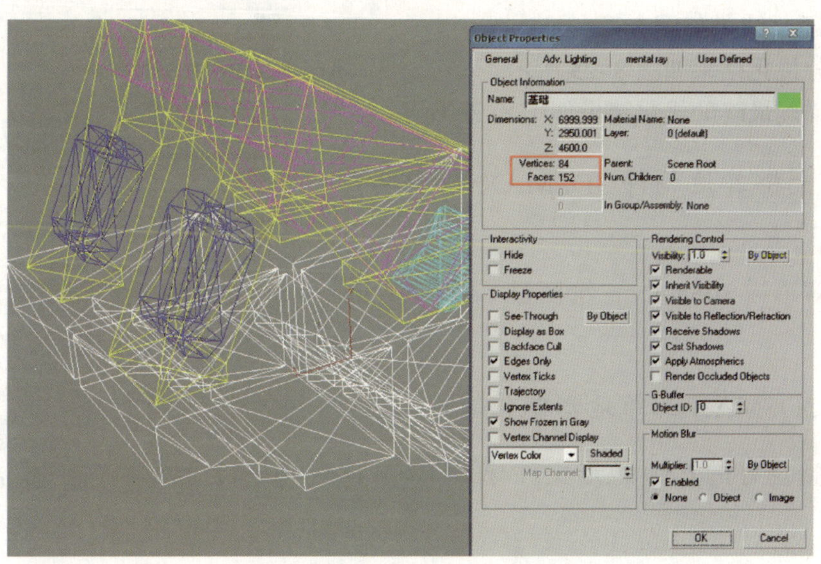

图 8-17　模型优化前（面数为 152）

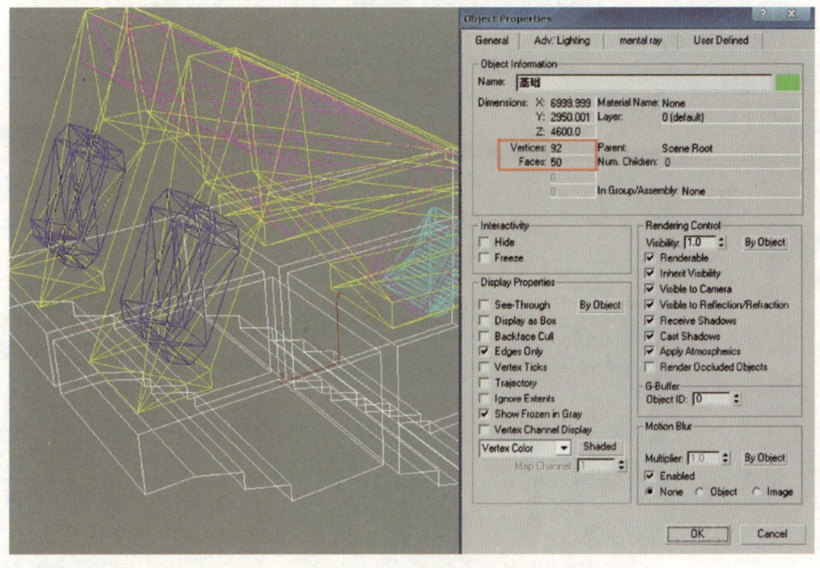

图 8-18　模型优化后（面数为 50）

简化的方法是：可以给模型添加一个优化修改器“Optimize”，设置如图 8-19 所示。

勾选 Auto Edge，优化后的模型如图 8-20 所示。

（6）模型合并，以基础与后锚室为例（图 8-21）。

对基础与后锚室进行 Boolean（布尔）运算并对模型进行“collapse to”塌陷，生成 mesh 物体（网格物体），如图 8-22、图 8-23 所示。再次对模型进行优化处理，结果如图 8-24 所示。

支墩部分优化结果如图 8-25 所示。

重力式锚碇最终的优化结果如图 8-26 所示。

8.3.2 大桥其他构件 3DSMAX 模型制作简介

茶洞岸隧道锚 3DSMAX 三维模型（图 8-27~ 图 8-31）

8.3.3 3DSMAX 三维地形制作

（1）将整理好的 CAD 地形文件导入 3DSMAX

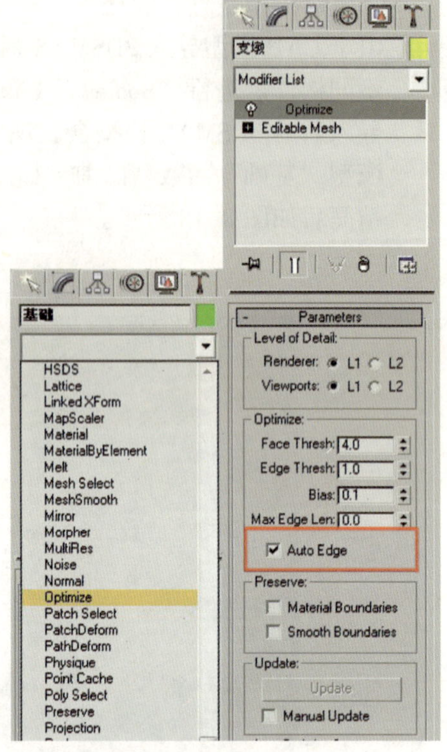

图 8-19 给模型添加“Optimize”修改器

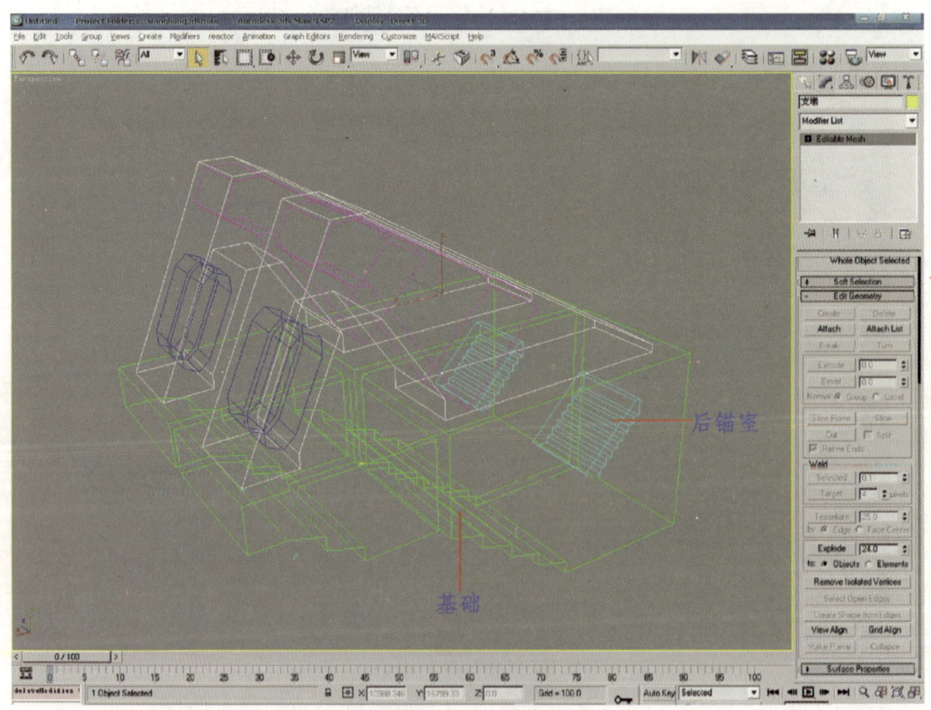

图 8-20 模型优化结果

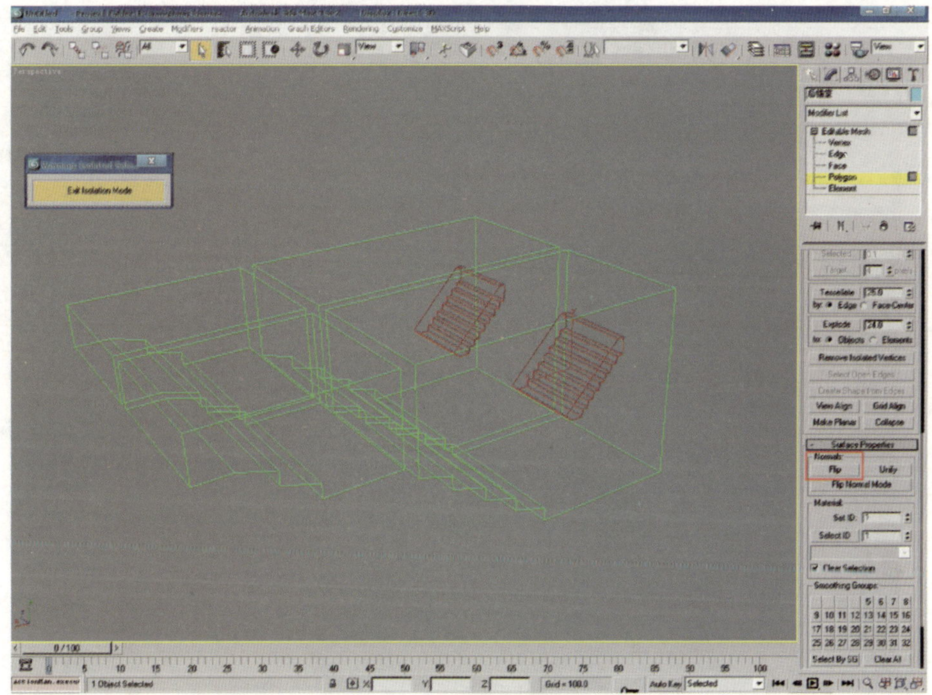

图 8-21　基础与后锚室模型

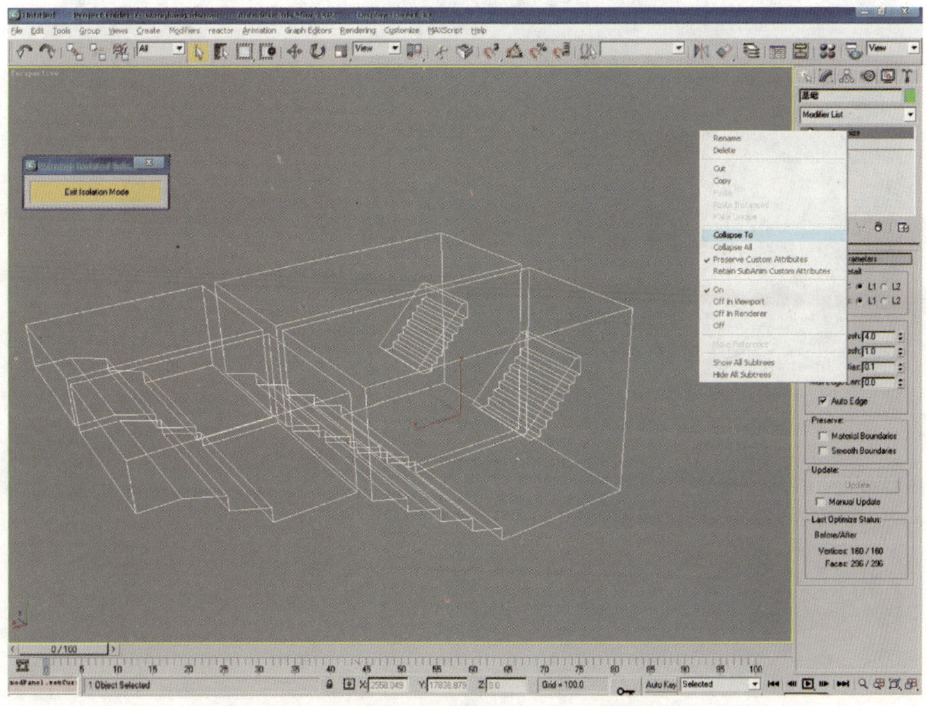

图 8-22　对合并后的模型进行“collapse to”塌陷

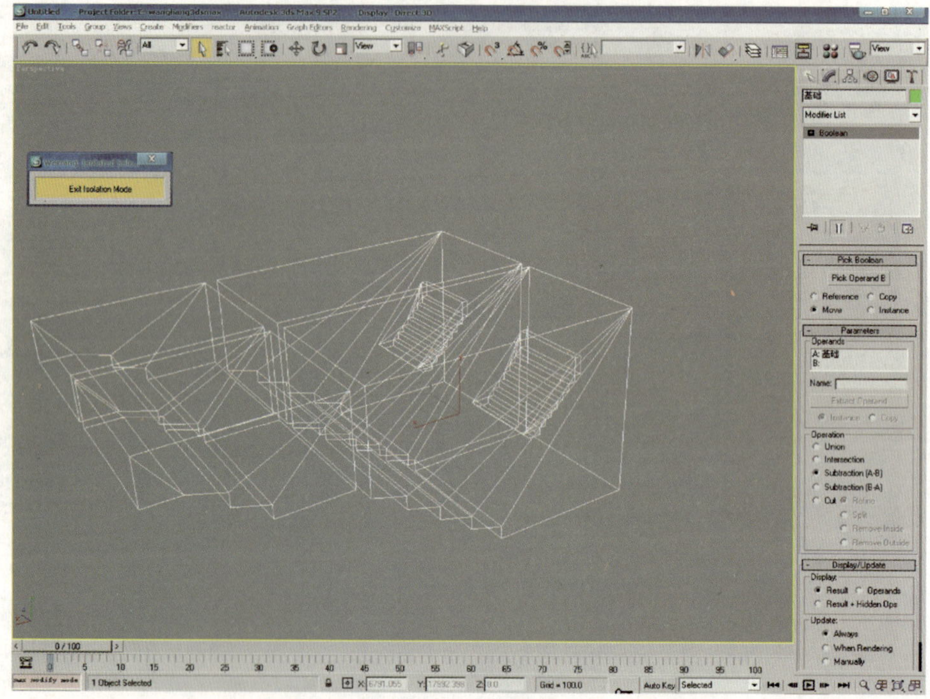

图 8-23　模型塌陷后

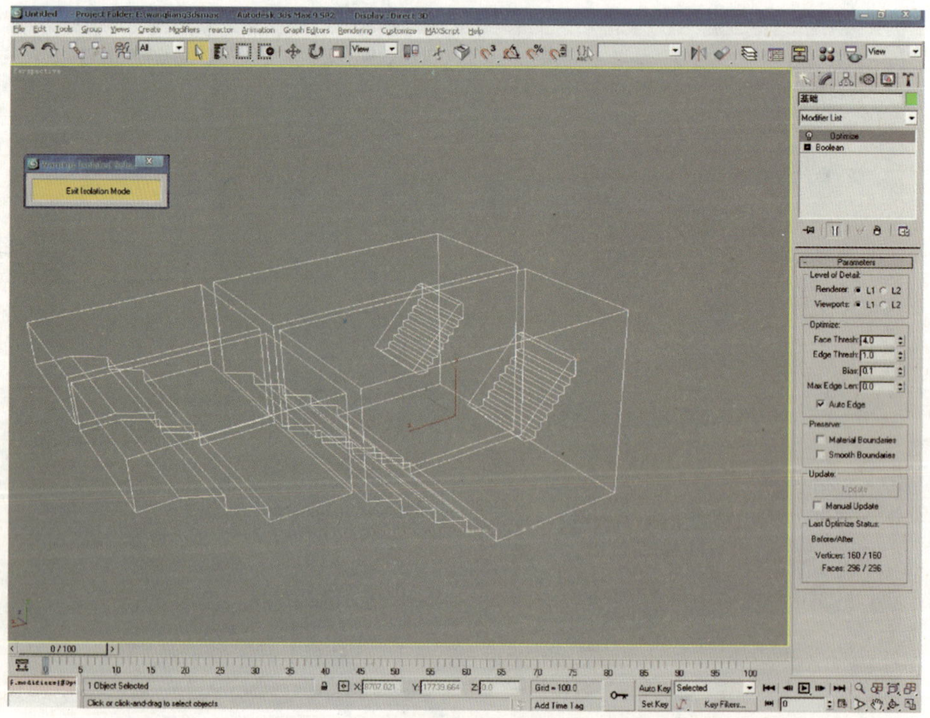

图 8-24　再次对模型进行“Optimize”优化最终结果

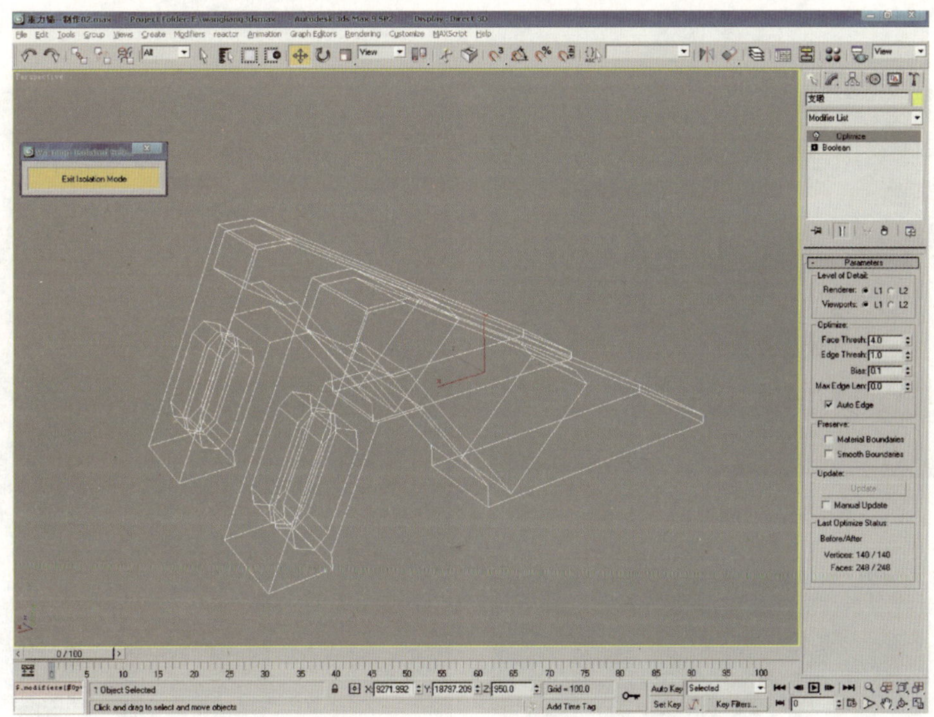

图 8-25　支墩等部分的最终优化结果

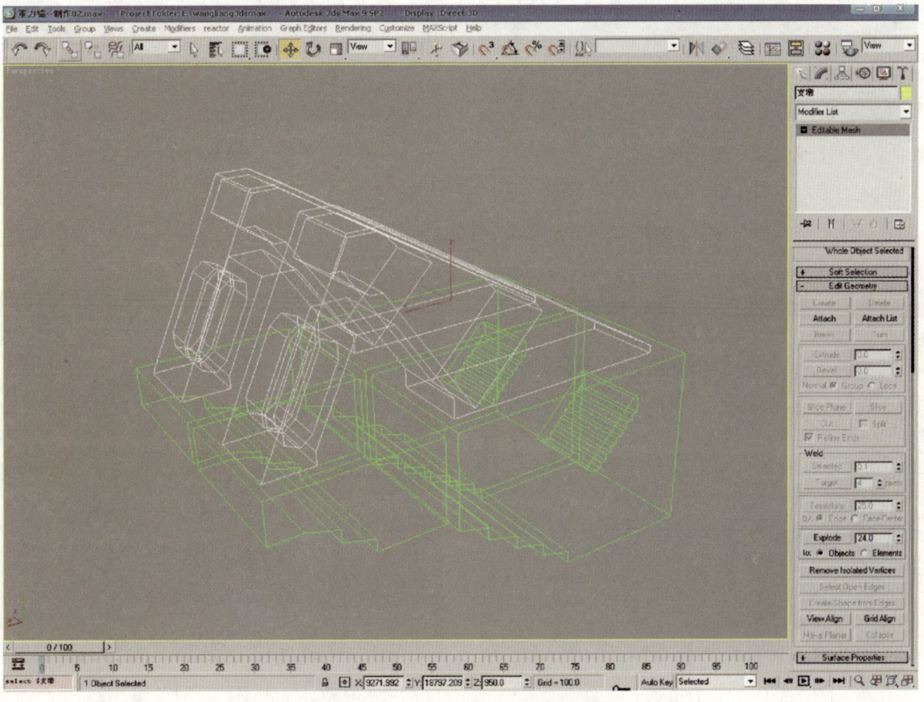

图 8-26　重力锚最终优化模型

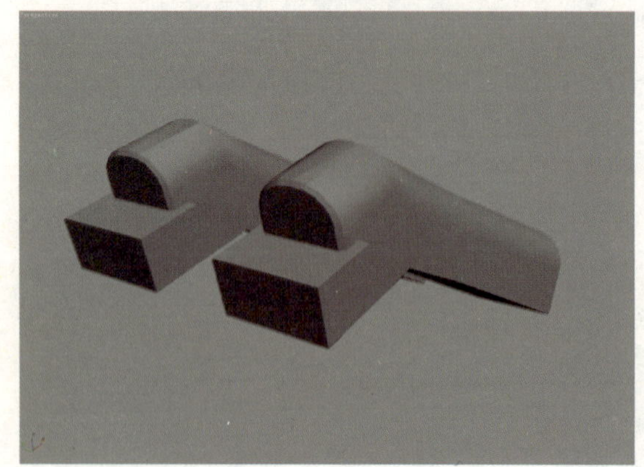

图 8-27　隧道锚

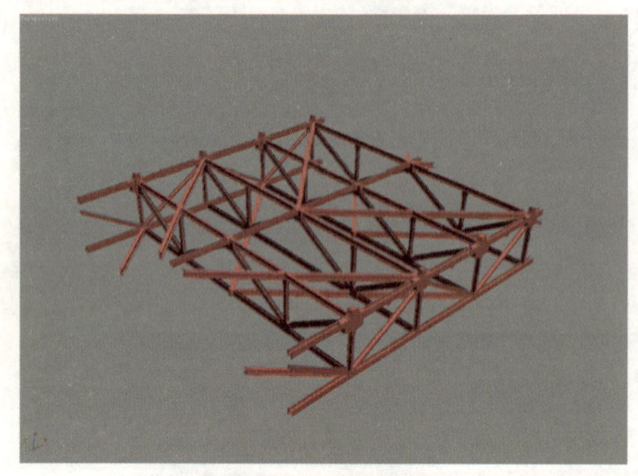

图 8-28　钢桁架

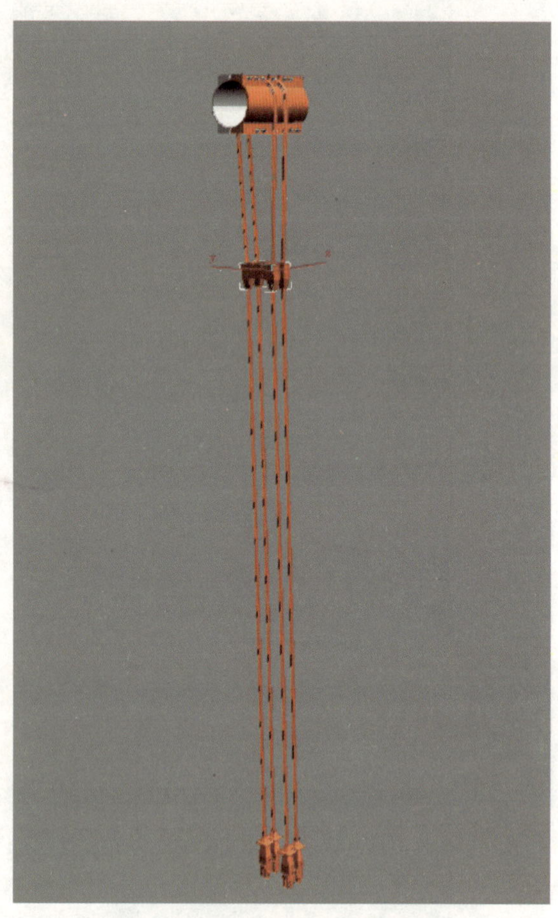

图 8-29　吊索

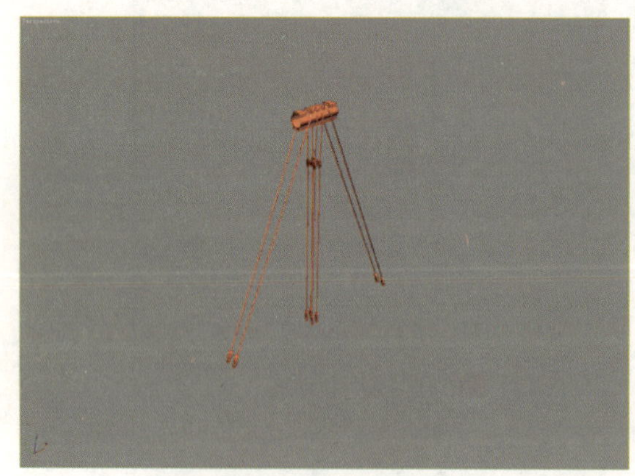

图 8-30　中央扣

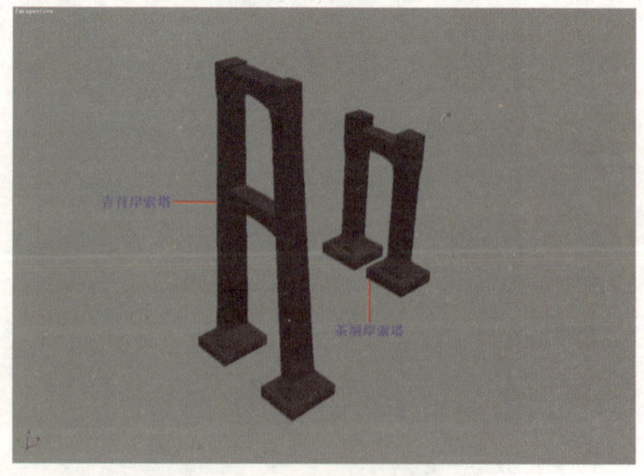

图 8-31　索塔

图 8-32　DWG 格式地形图导入 3DSMAX

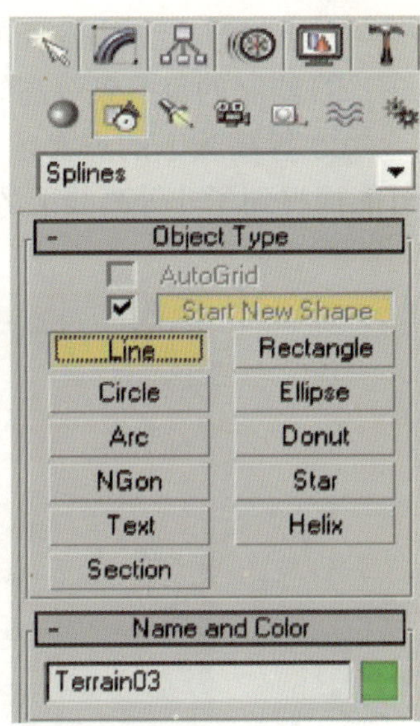

图 8-33　等高线描绘线形选择

得到如图 8-32 所示图形。

（2）DWG 格式地形图导入 3DSMAX 后，使用 splines → line 线，如图 8-33 所示，并利用捕捉工具对地形图进行描点绘制等高线，捕捉设置如图 8-34 所示。

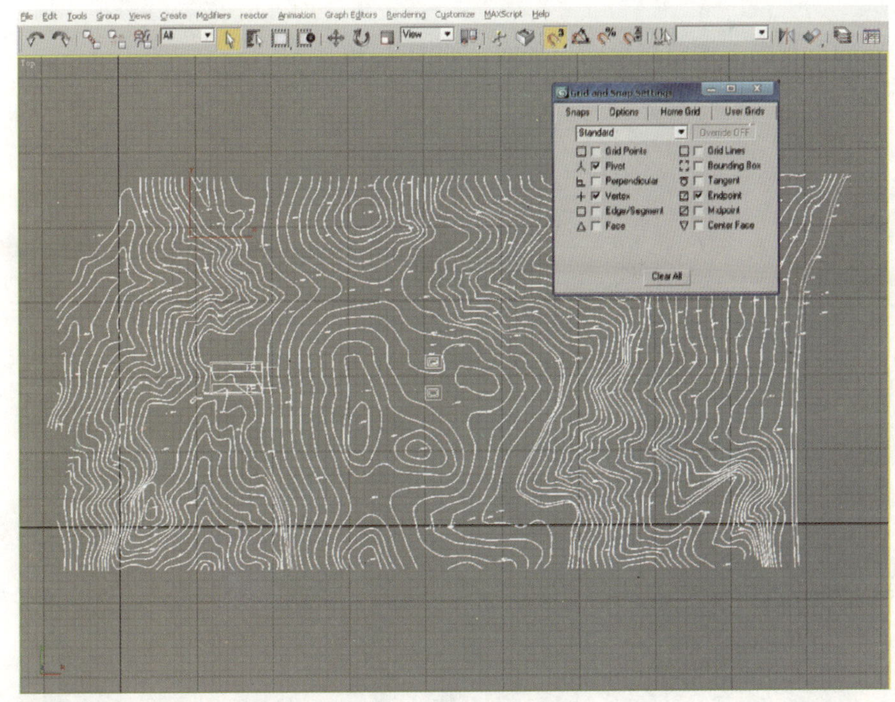

图 8-34　捕捉参数设置

在绘制等高线时必须满足以下两点：

① 绘制的每一条等高线必须是闭合的曲线。

② 等高线上的点必须在同一平面上，由于在描点绘制等高线启用了捕捉命令，所以可能捕捉到了非等高线上的点，因此需在其他视图上进行调整。操作如图 8-35 所示。

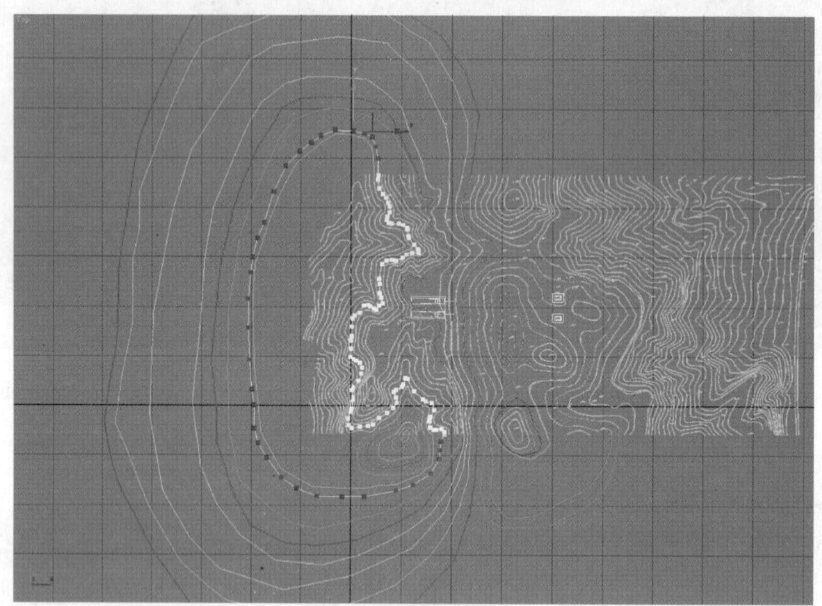

图 8-35　等高线绘制图

在“Front”视图上调整点至同一平面，如图 8-36 所示。

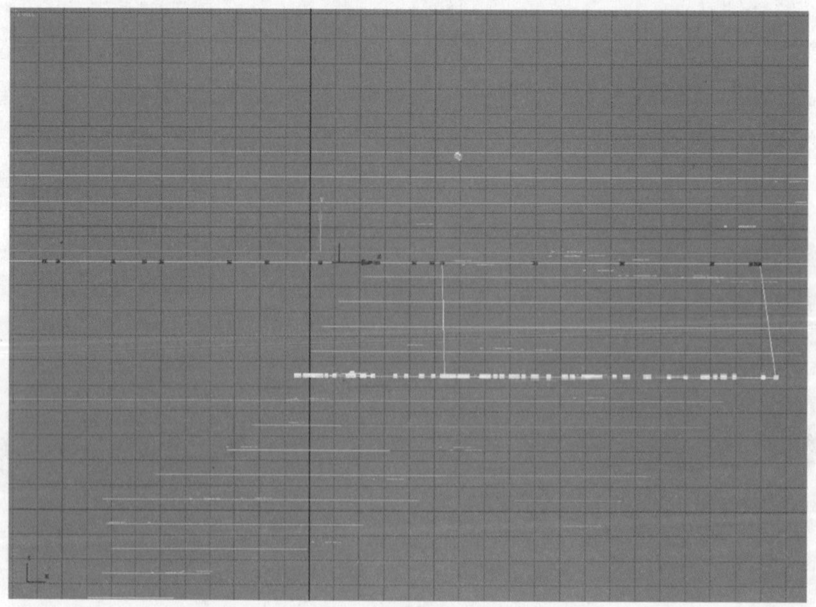

图 8-36　在“Front”视图上调整点至同一平面

等高线全部绘制完成后如图 8–37 所示。

图 8–37　完成全部等高线的绘制

（3）把绘制好的每一条等高线转换为平滑曲线具体操作如图 8–38 所示。

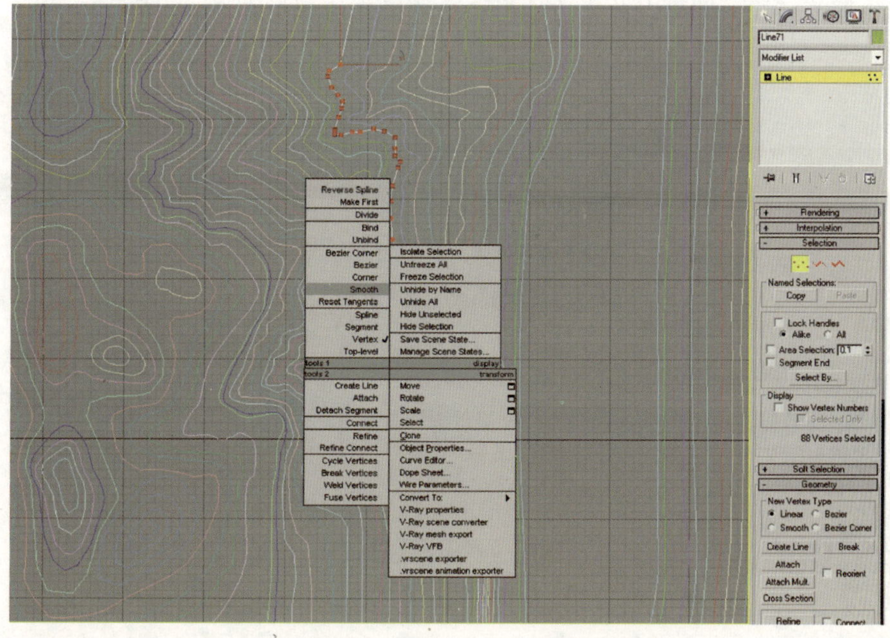

图 8–38　将折线转化为平滑曲线

如果在绘制等高线起始是对“line”设置如图 8-39 所示，可以不必进行此次操作。最终绘制的等高线图如图 8-40 所示。

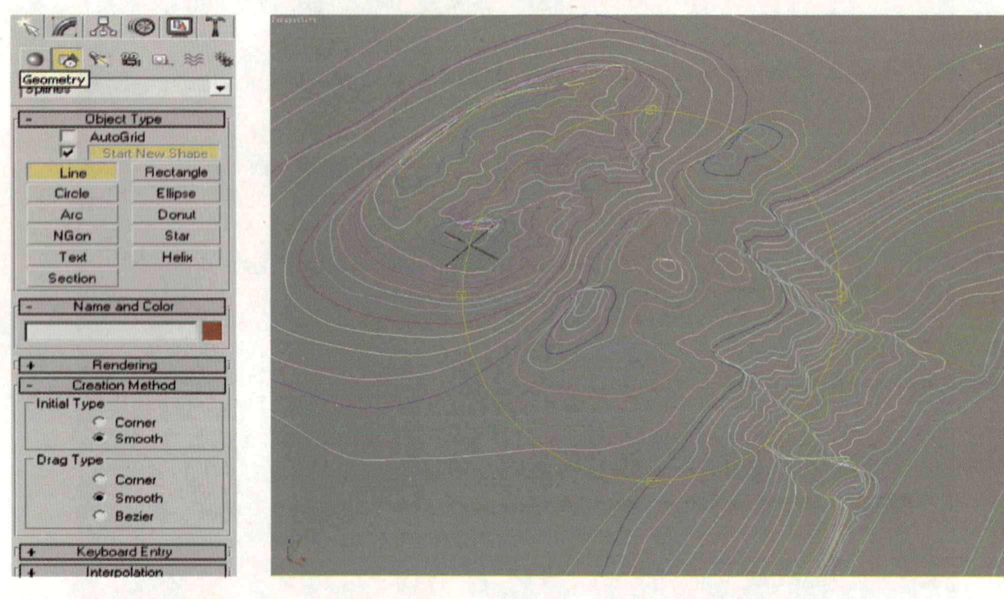

图 8-39 “line”参数设置面板

图 8-40 最终绘制的等高线图

（4）选中高程最低的等高线然后点击“Geometry”按钮，在其下拉菜单中选择“Compound Objects”选项，接着选择“terrain”，然后在其参数面板中使用“Pick Operand”一次点选临近等高线，即可以此生成地形。具体操作流程见图 8-41 所示。

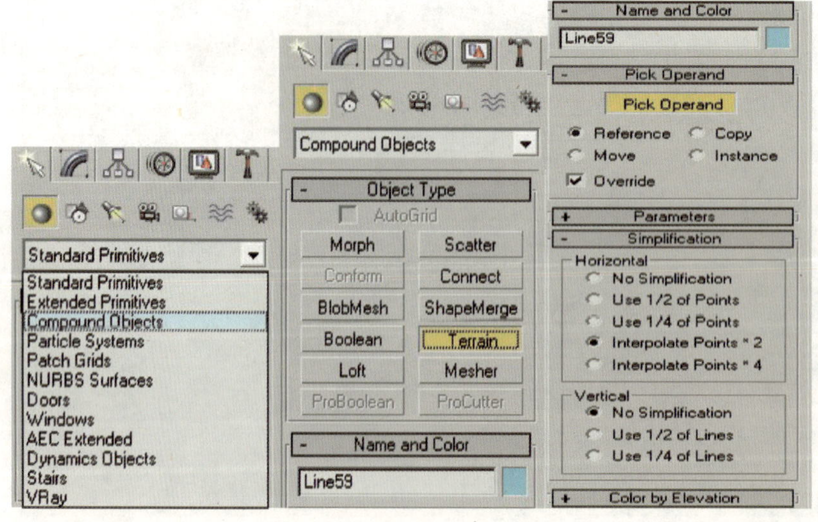

图 8-41 地形生成流程图

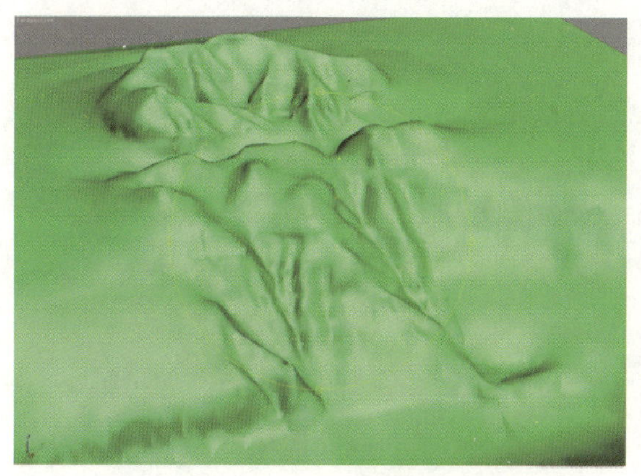

图 8-42　生成的吉首岸原始地形图

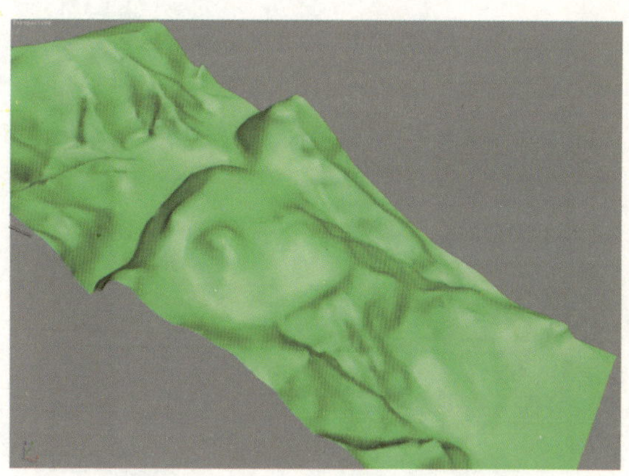

图 8-43　与图 8-5 相对应的地形图

由此生成的吉首岸原始地形图如图 8-42 所示。

与图 8-5 相对应的地形图如图 8-43 所示。

（5）根据此种方法最终生成的 3DSMAX 地形图如图 8-44 所示。

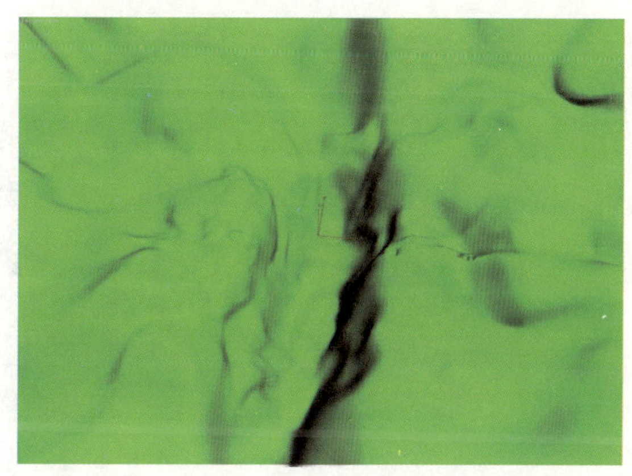

图 8-44　动画场景最终使用的地形模型

8.3.4　模型拼装

在大桥整个构件 MAX 模型及地形制作完成时，开始对模型进行拼装。在拼装模型时需参考先前整理好的图 8-4 和图 8-3。

模型拼装过程以吉首岸索塔与重力锚为例，简介如下：

（1）将大桥的中心线导入 3DSMAX，首先进行水平位置调整，在 CAD 中心线图单位为 m，3DSMAX 模型单位为 mm，导入后需注意模型与中心线单位及场景系统单位的统一。3DSMAX 场景系统单位设置方法如图 8-45~ 图 8-47 所示。

（2）合并（merge）并调整重力锚及索塔模型中心轴至其中心位置（图 8-48、图 8-49）。

（3）利用对齐命令（align）将模型与中心线在水平面上对齐，选中重力锚模型后按“Alt+A”（对齐命令）组合键，然后点击大桥中心线，之后便出现如图 8-50、图 8-51 所示对话框，按其设置。

索塔水平位置对齐，如图 8-52、图 8-53 所示。

水平位置拼装完成后如图 8-54 所示。

（4）根据垂向布置图调整模型垂向位置

在调整模型的垂向位置时需选定基准坐标，本例以索塔底面为垂直方向零点。根据图 8-55，可以确定索塔与锚碇垂直方向上相对位置关系。其他模型垂向均以此为基准点进行

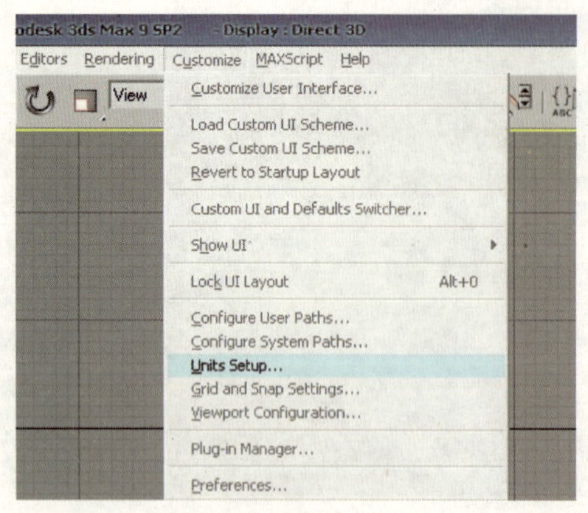

图 8-45　在“customize”下拉菜单中选择“Unites Setup”

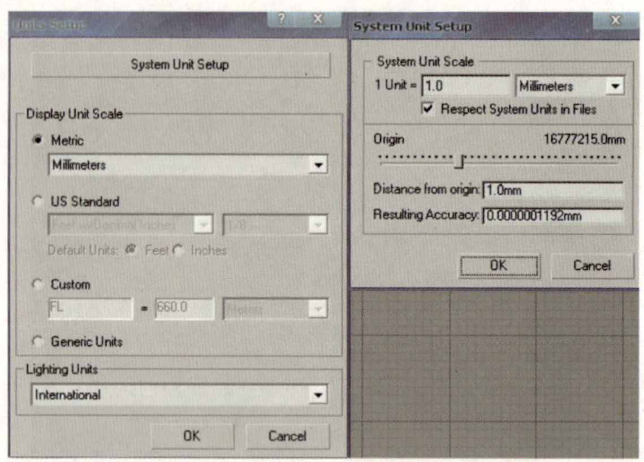

图 8-46　在出现的对话框中如上设置即可把场景系统单位设置为“mm”

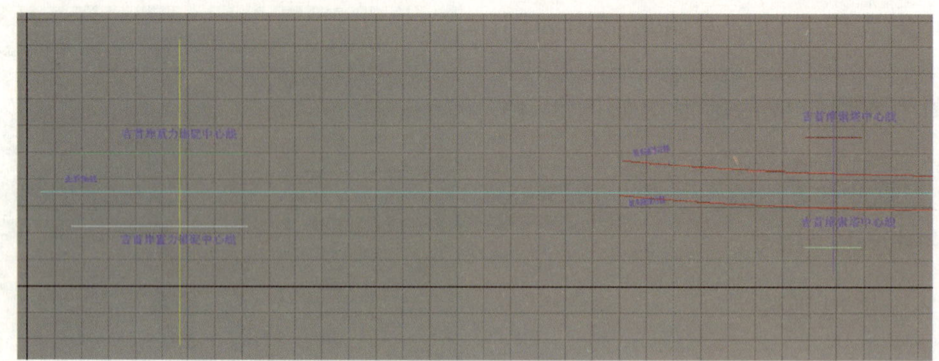

图 8-47　吉首岸大桥中心线

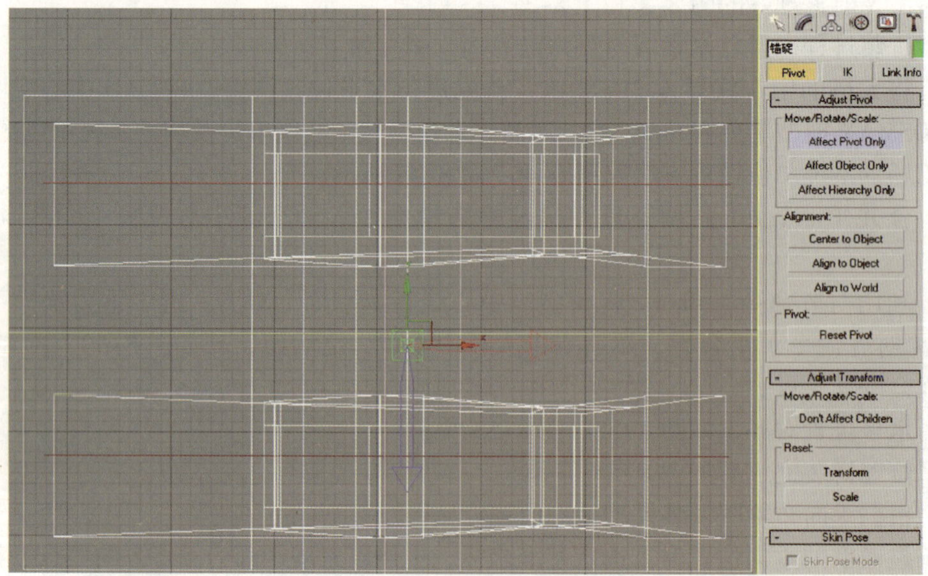

图 8-48　调整重力锚轴心

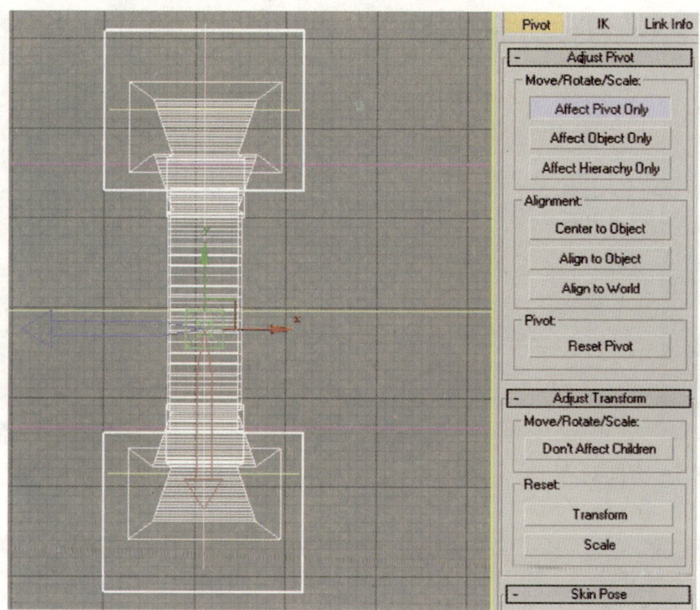

图 8–49　调整索塔轴心

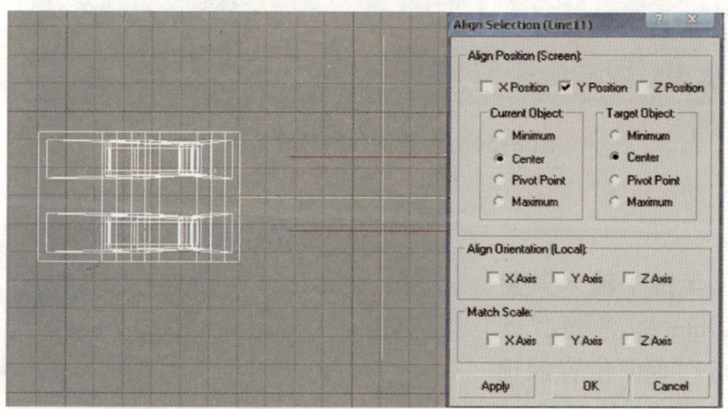

图 8–50　重力锚 y 方向对齐

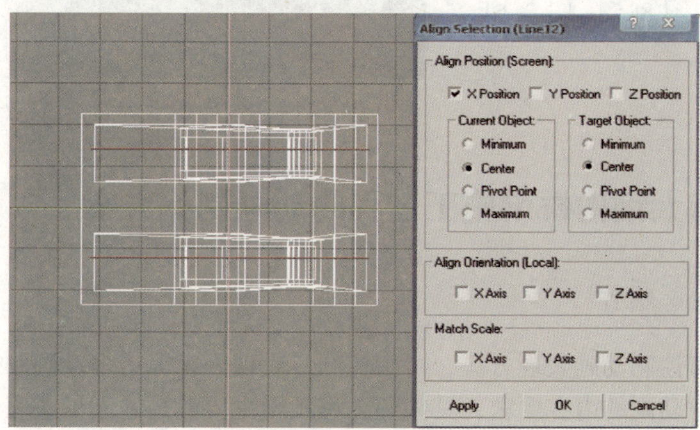

图 8–51　重力锚 x 方向对齐

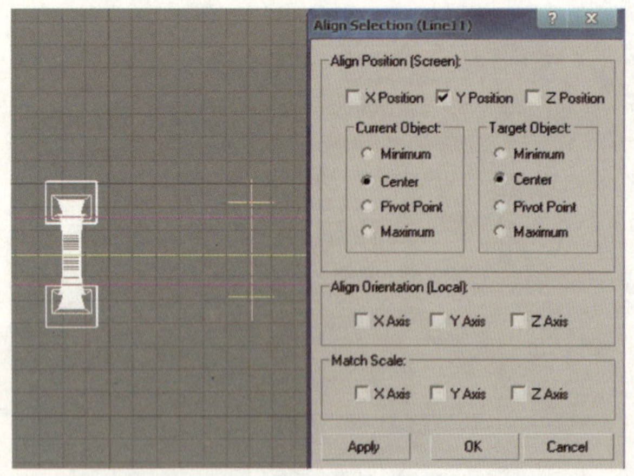

图 8-52 索塔 y 方向对齐

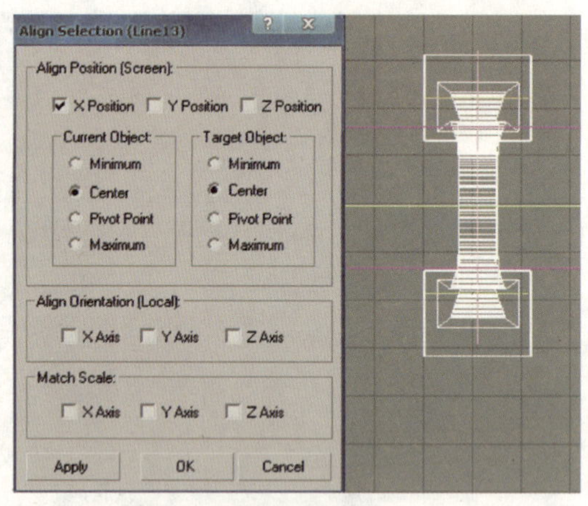

图 8-53 索塔 x 方向对齐

图 8-54 水平位置拼装完成

垂向拼装。

在透视图中在 z 坐标中输入其重力锚坐标值（1700.0mm）。注意，此前必须确保其轴心点在垂向位置的顶点处（图 8-56、图 8-57）。

（5）其他模型拼装均可依次完成，最终完成的效果如图 8-58~ 图 8-61 所示。

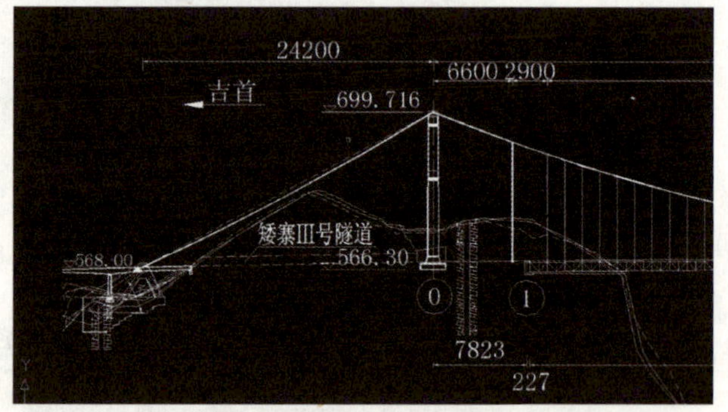

图 8-55 吉首岸索塔与重力锚相对位置关系

8.4 矮寨特大钢构桥梁施工过程的动画制作方案

8.4.1 动画脚本制作

动画脚本，起着控制动画表现方法、时间控制、表现内容等诸多动画制作部分。其制作首先要体现业主对动画的内容要求，具体到工程领域主要就是施工工艺表现、建筑物模型、施工流程等方面。动画的表现方法，由动画制作人员控制。

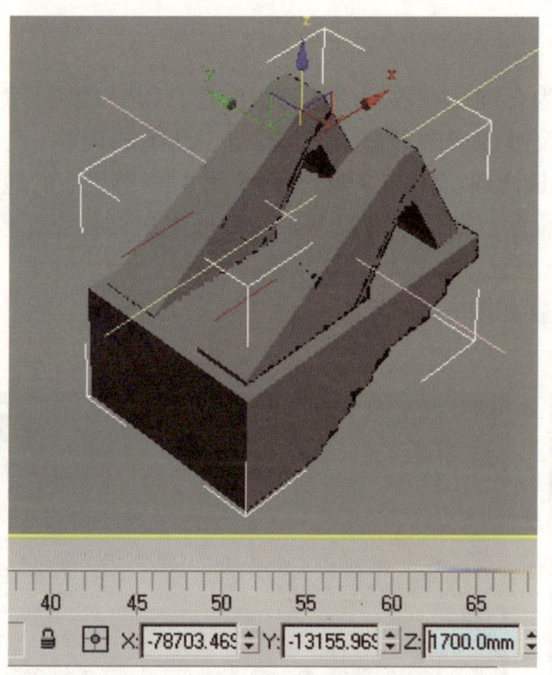

图 8-56 重力锚垂向位置调整

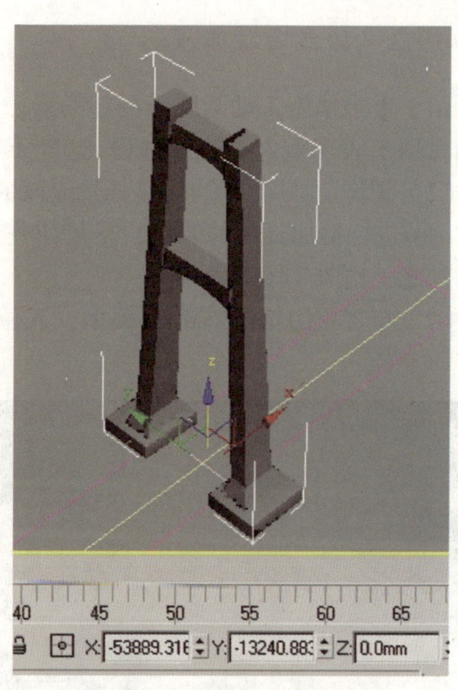

图 8-57 索塔垂向位置调整

图 8-58 吉首岸附近

图 8-59 中央扣附近

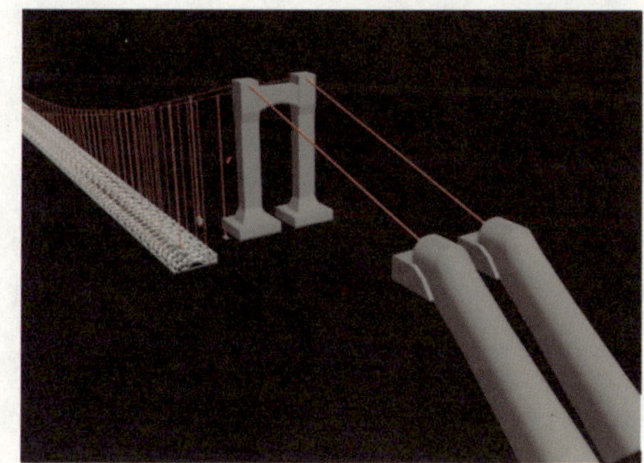

图 8-60 茶洞岸附近

图 8-61 全桥

8.4.2 动画场景布置

由于重力锚施工动画属于局部场景，为合理、有效利用计算机内存、CPU 等需另做一小场景用于表现重力锚施工过程，这样不仅可加快图形渲染，也更便于动画的调整、设置。

（1）制作动画局部场景，该场景应该尽量详细、丰富。当然也可采用 8.3.3 节生成的地形，再对细节进行更加具体的调节，尽量使其逼真。场景中可以加入一些施工机械模型，模拟繁忙的施工情景（图 8–62）。

（2）布置重力锚 3DSMAX 模型，其位置如图 8–63 所示。

图 8–62　局部场景制作

图 8–63　重力锚布置

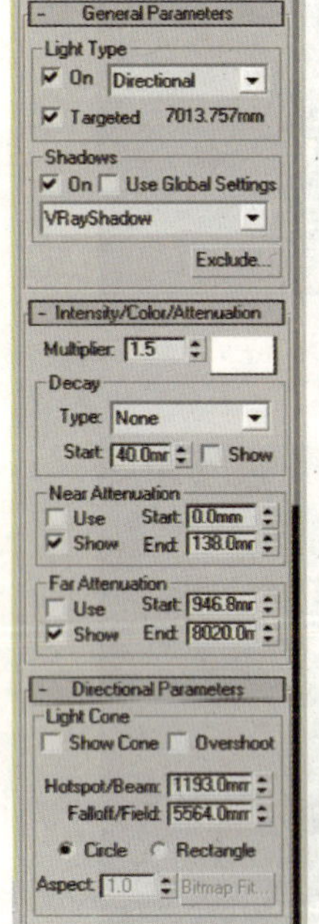

图 8–64　主光源参数设置

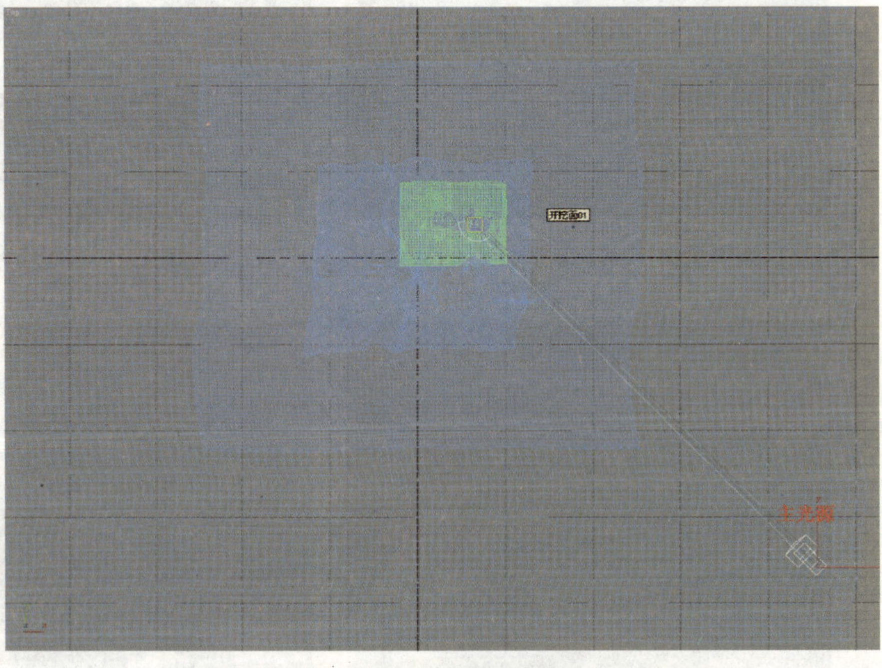

图 8–65　主光源位置布置

8.4.3 灯光布置

在布置场景灯光时，应遵循以下原则：

（1）灯光应该尽量精简，不宜布置过多。

（2）遵循由整体到局部、由简到繁的过程。

（3）要有层次感。

根据以上原则对场景布光。

第一步：设置主光源，本场景设一个一个标准灯光平行光（Target Direct）来作主光源，其参数设置如图 8-64、图 8-65 所示。

图 8-66　主光源渲染测试效果

要反复调节，进行渲染测试来确定主光源灯光强度及其他参数。

其测试效果如图 8-66 所示。

第二步：设置辅光源，辅光源才有一盏聚光灯（pot lights）来模拟。其强度和位置如图 8-67、图 8-68 所示。

第三步：分配背景光，背景光在场景中的布置如图 8-69 所示。

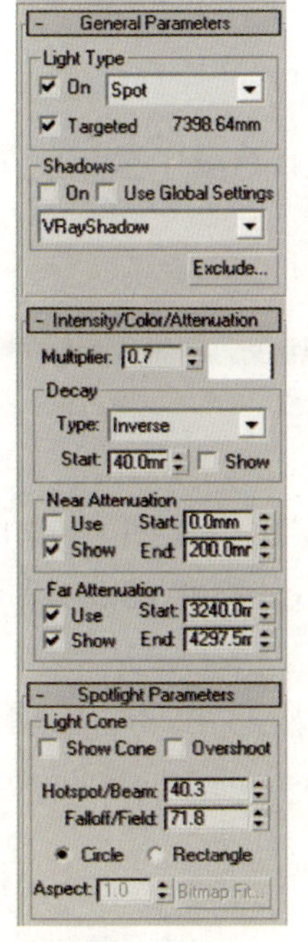

图 8-67　辅光源参数设置

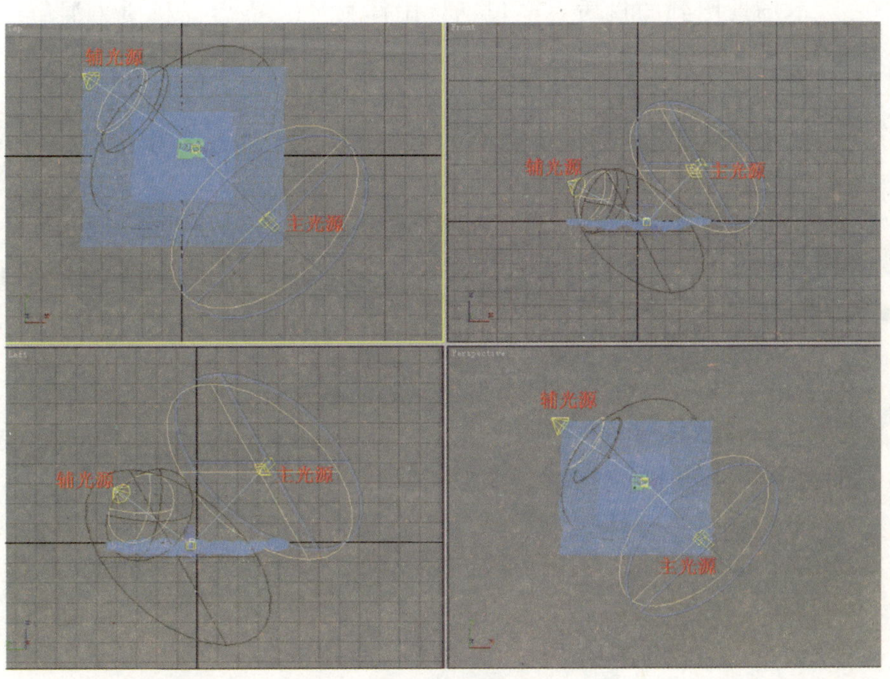

图 8-68　辅光源位置设置

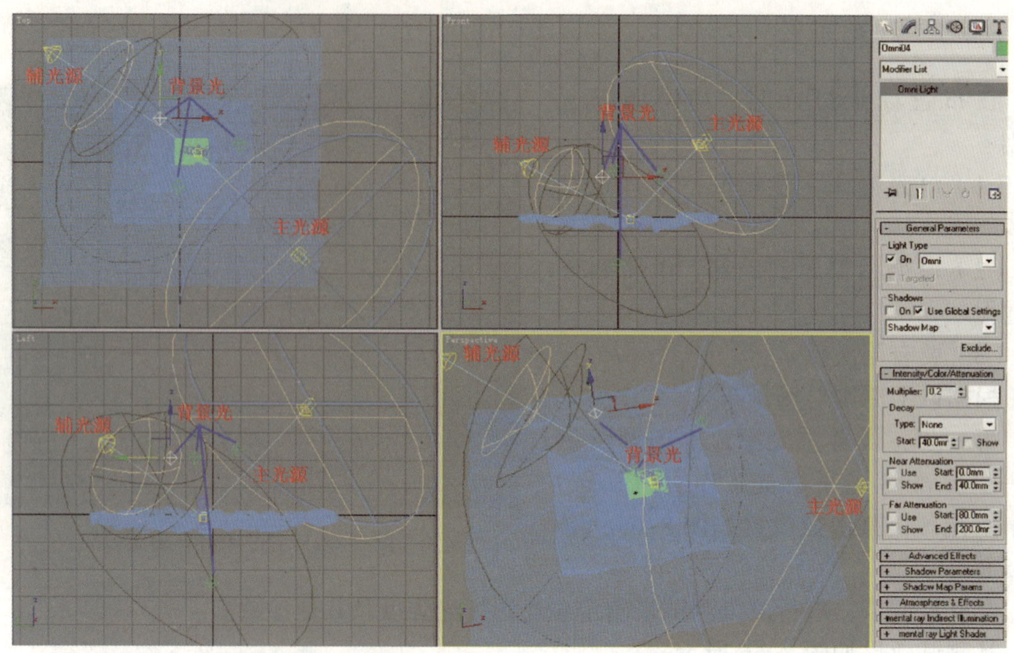

图 8-69　背景光位置设置

8.4.4　模型材质制作

本场景用到的材质主要包括：山体材质、重力锚材质（混凝土）、基坑开挖面材质（岩石）。

1）山体材质设定

（1）按 M 键打开材质编辑器，命名材质为“山体”，选用标准材质并在 Diffuse（漫反射）通道中添加一张 bitmap 位图（图 8-70~ 图 8-72）。

（2）将 Diffuse color 通道拖拽至 Bump 通道中并选择 instance（关联模式）。至此山体材质初涉完成，把材质付给山体模型。并给模型添加 UVWmap 贴图坐标（图 8-73）。

2）重力锚材质（混凝土）设定

（1）选择一空白材质球，在其 Diffuse（漫反射）通道中添加一张 Noise 贴图（图 8-74）

（2）在 Noise 参数面板中设置 type 为 fratcal（分形），size 为 75，然后分别在 color1 和 color2 中贴图通道中添加相应的位图，如图 8-75 所示。

（3）返回上一级，分别设置 specular level 和 glossiness 的值分别为 28 和 7；拖动 Diffusie color（漫反射）贴图通道至 Bump（凹凸）贴图通道，关联方式选择 instance，如图 8-76 所示。

3）基坑开挖面材质（岩石）设定

（1）选择一空白材质球，在其 Diffuse（漫反射）通道中添加一张 Bitmap 位图 specular level 和 glossiness 的值分别为 23 和 5（图 8-77）。

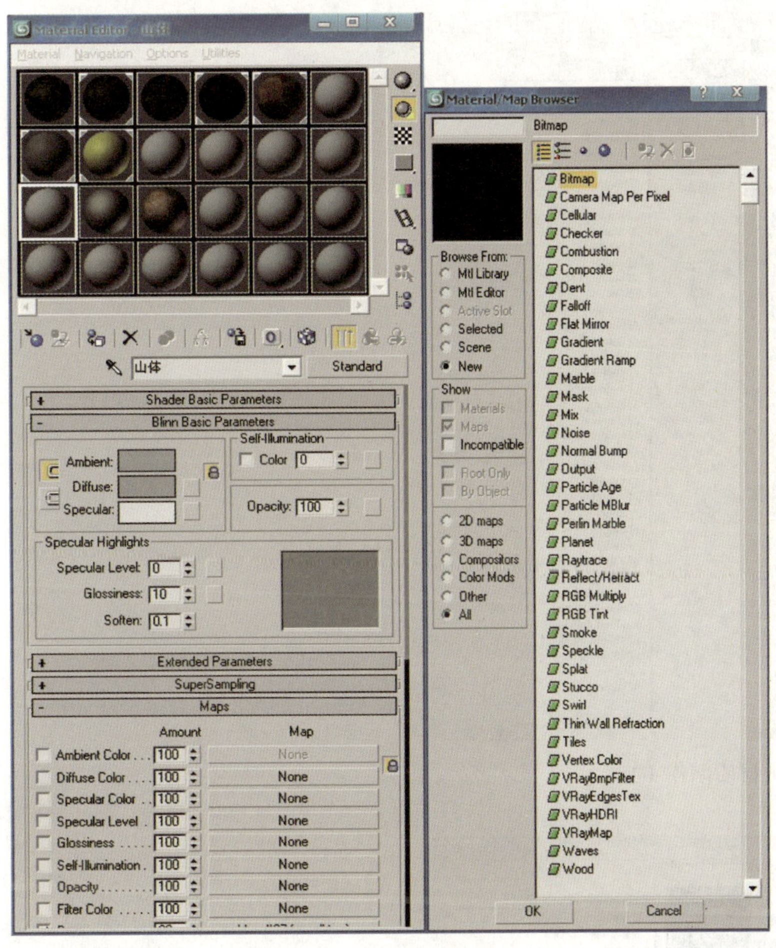

图 8–70 山体材质制作（1）

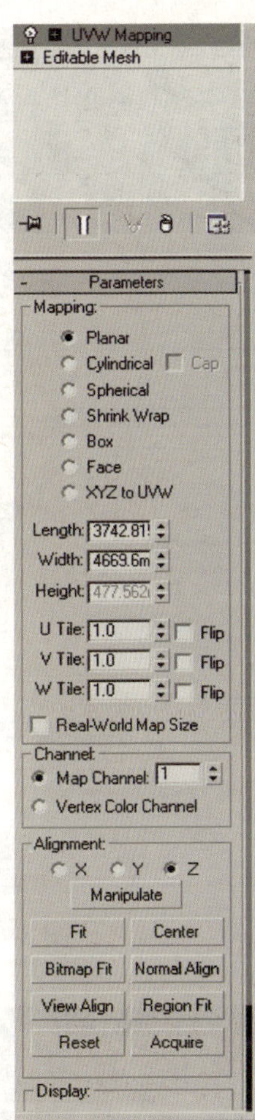

图 8–73 山体材质制作（4）

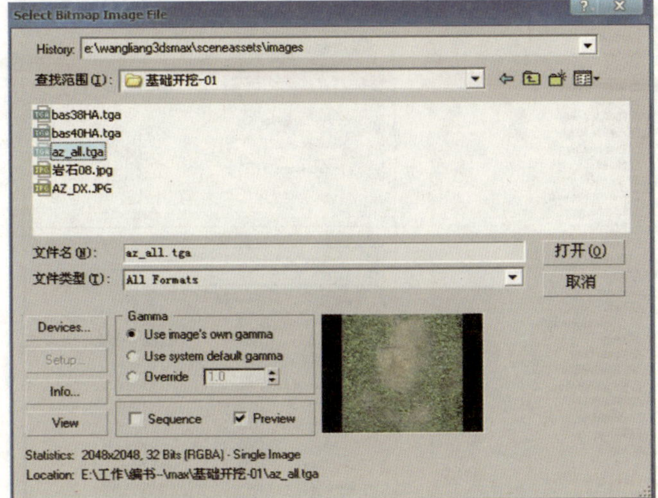

图 8–71 山体材质制作（2）

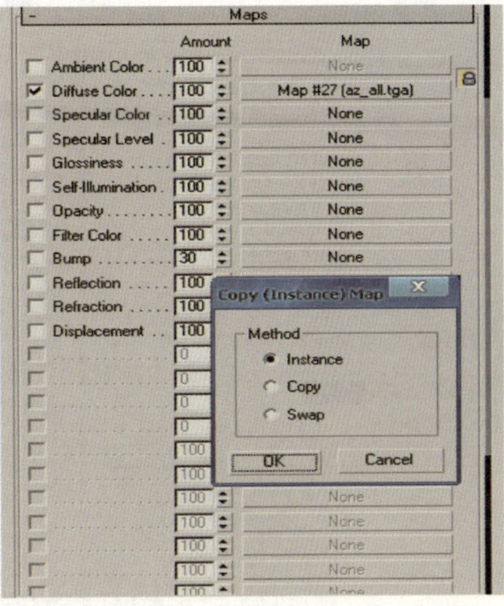

图 8–72 山体材质制作（3）

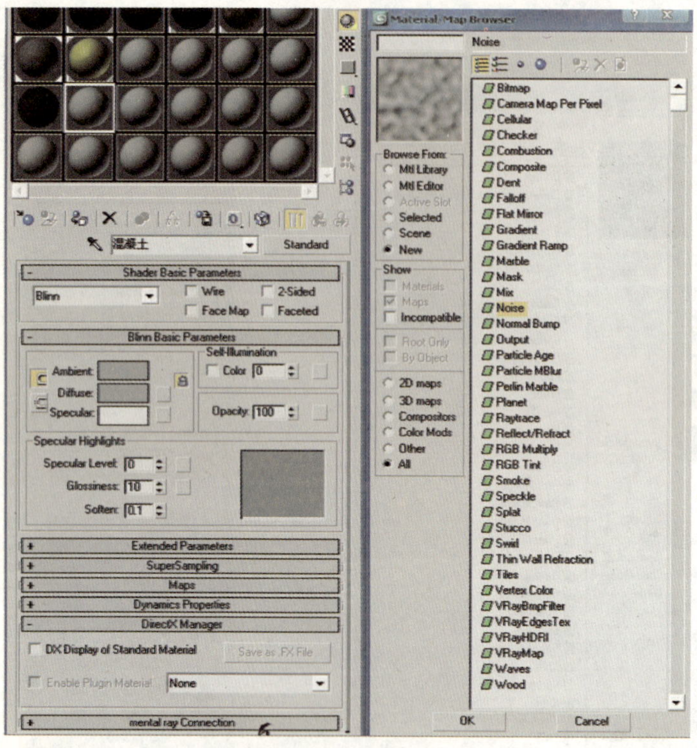

图 8-74 混凝土材质制作（1）

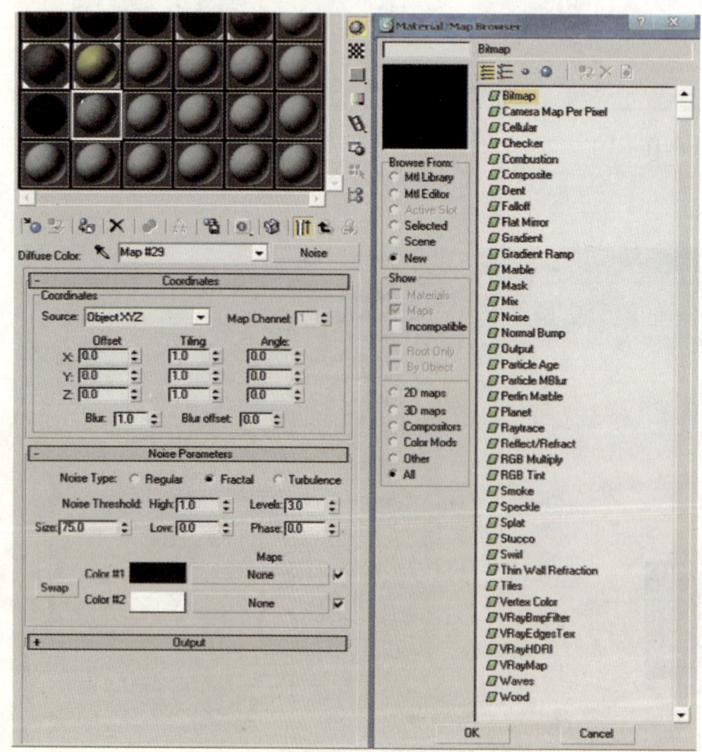

图 8-75 混凝土材质制作（2）

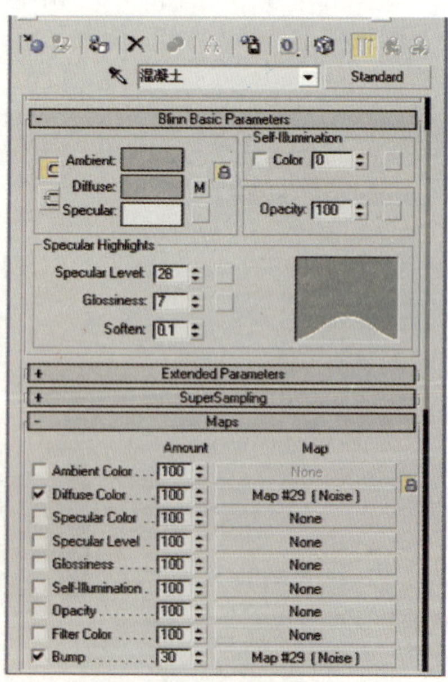

图 8-76 混凝土材质制作（3）

图 8-77　岩石材质制作（1）

（2）拖动 Diffusie color（漫反射）贴图通道至 Bump（凹凸）贴图通道，关联方式选择 instance（图 8-78）。

8.4.5　动画设置

锚碇施工动画分 6 个场景：基坑开挖、锚碇基础浇筑、定位支架安装、散索鞍支墩浇筑、后锚室浇筑以及湿接缝浇筑。本例着重介绍基坑开挖和锚碇基础浇筑的动画设置。

1）基坑开挖

（1）在锚碇基础位置处，在局部场景处做一剖口作为基坑剖面，如图 8-79 所示。

（2）根据设计图纸制作基坑开挖面（图 8-80）。

（3）制作 slice 动画所需的切面，该切面要与基坑开挖面上端口吻合（图 8-81）。

至此制作基坑开挖动画的最终场景已准备完毕。

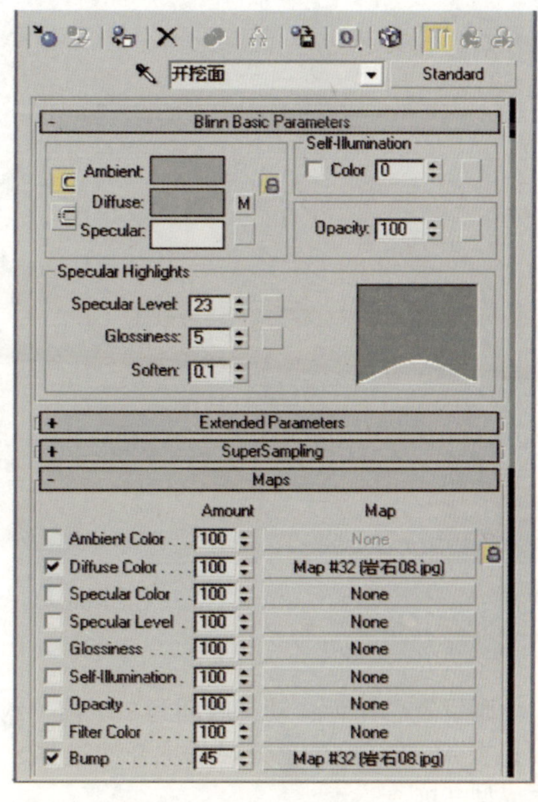

图 8-78　岩石材质制作（2）

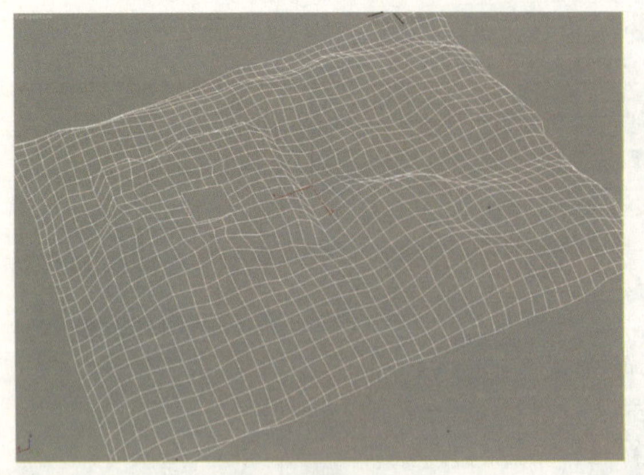

图 8-79　局部山体模型修改

图 8-80　基坑开挖面

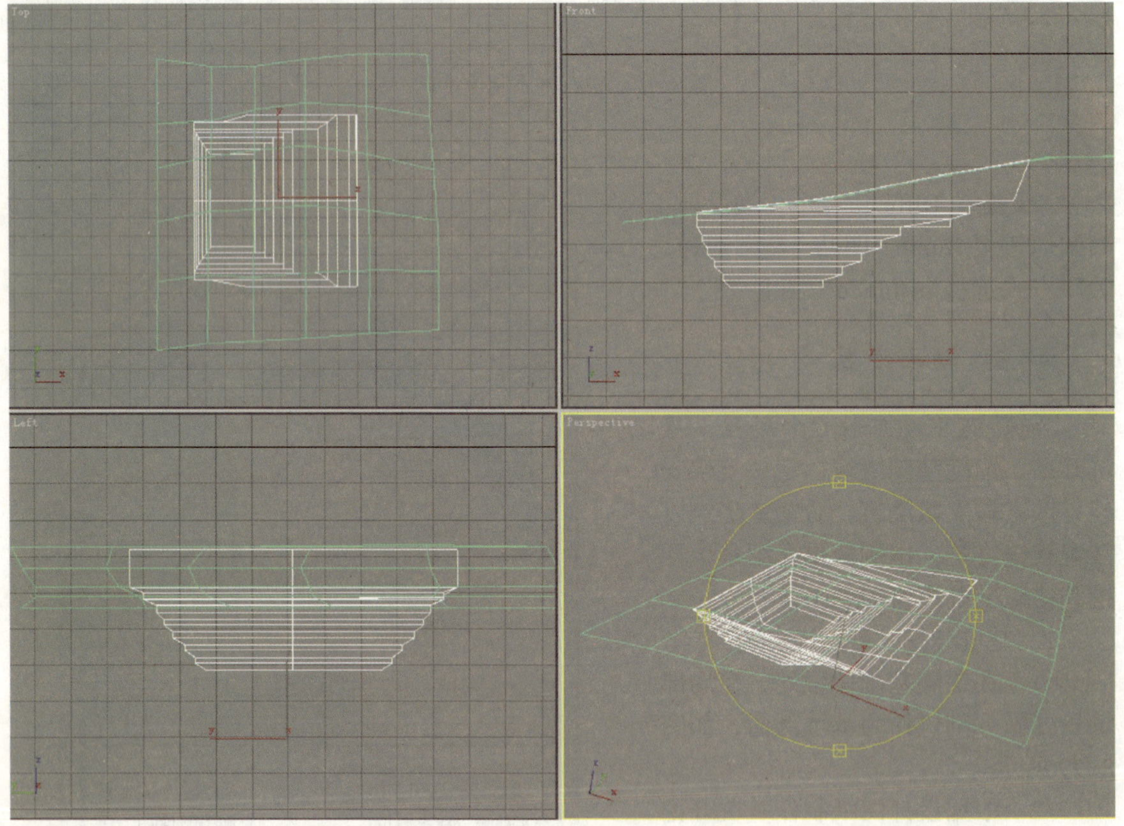

图 8-81　切面

动画设置思路为：动画时间为 251 帧（约 10s），在 0~40 帧山体表面渐现一个开挖断面；在 41~200 帧显示分层基坑开挖过程，每层中间可做短暂停留；在 201~251 帧，展示成型基坑。

现在开始设置动画关键帧：

（1）右击 max 全口右下方“Time configuration”（时间配置）按钮弹出下面窗口，设置动画长为 251 帧，具体设置如图 8–82 所示。

（2）设置 “开挖面 01”动画关键帧，打开“Curve editor” 曲线编辑器弹出如图 8–83 所示的窗口。

选择“开挖面 01”，点击标题栏下“Tracks” → “Visibility Track” → “Add”具体操作流程见图 8–84 所示。

在“Visibility”轨迹上分别添加 4 个关键帧，在第 0 帧和第 40 帧处设置其值为 1.0，在第 41 帧和 250 帧处设置其值为 0（1.0 表示完全可见，0.0 表示完全不可见），具体设置如图 8–85、图 8–86 所示。

（3）设置“基坑开挖面”的动画关键帧

在 3DSMAX 窗口下选中“基坑开挖面”模型，为其添加以 “Slice”（切片），其参

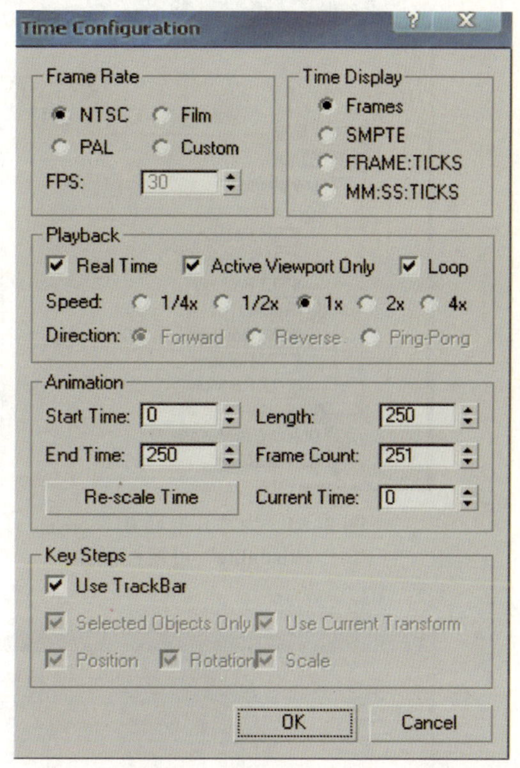

图 8–82 时间配置窗口

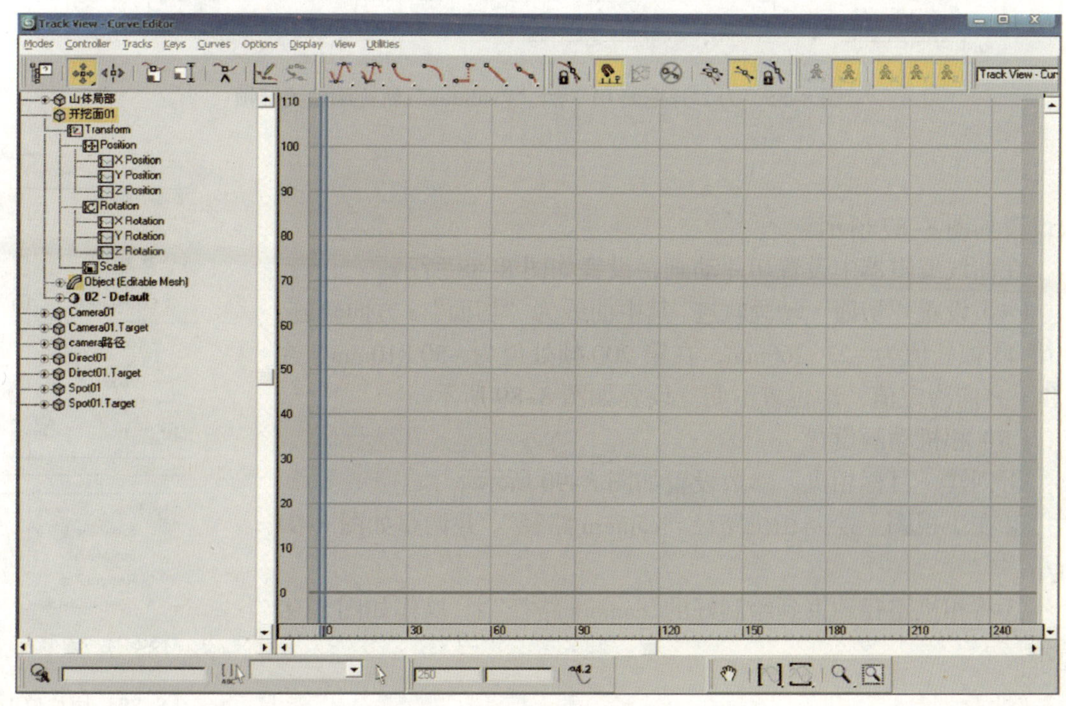

图 8–83 曲线编辑器对话框

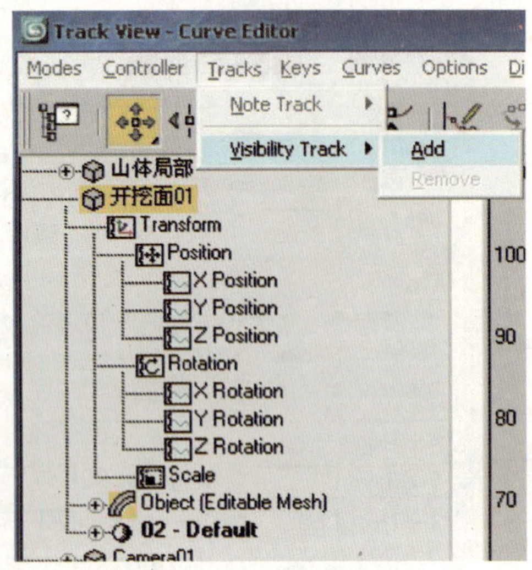

图 8-84 为“开挖面 01”添加“Visibility”可视控制器

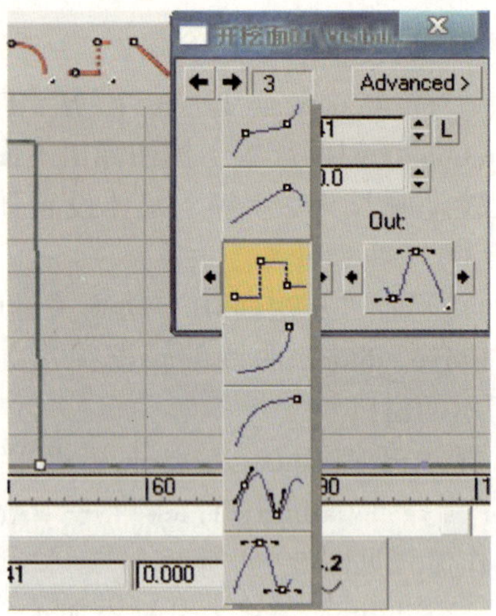

图 8-86 右击关键帧可以设置关键点处的过度类型

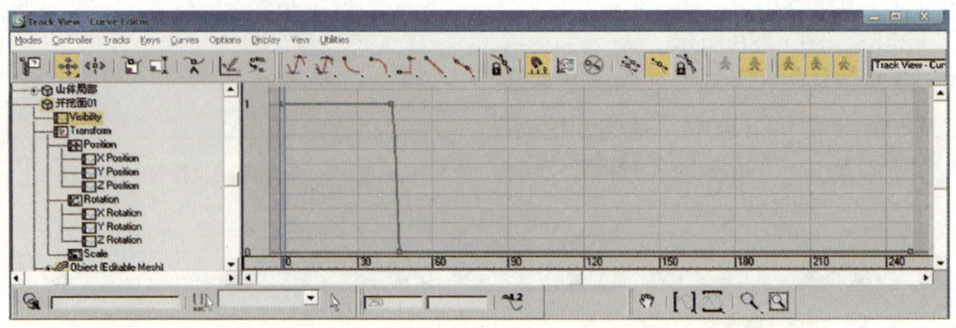

图 8-85 为“开挖面 01”的“Visibility”轨迹添加关键帧

数设置如图 8-87 所示。

在曲线编辑器中设置切片动画，设置如图 8-88 所示。

（4）设置“切面”动画轨迹，其中曲线为“切面”z 方向轨迹，在第 43 帧处值为 –27. 260mm，在第 200 帧处值为 –50.810mm。在 x 和 y 方向为定值，即位置不变。设置如图 8-89 所示。

（5）相机动画设置

①创建一目标相机，参数设置如图 8-90 所示。

②在 T 视图上绘制相机路径“camera 路径”，并调整如图 8-91 所示。

③将相机路径约束到绘制好的“camera 路径”上，操作如图 8-92 所示。

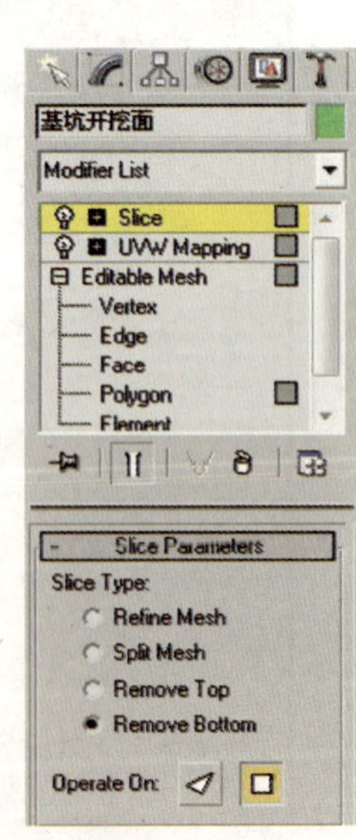

图 8-87 切片修改器参数设置

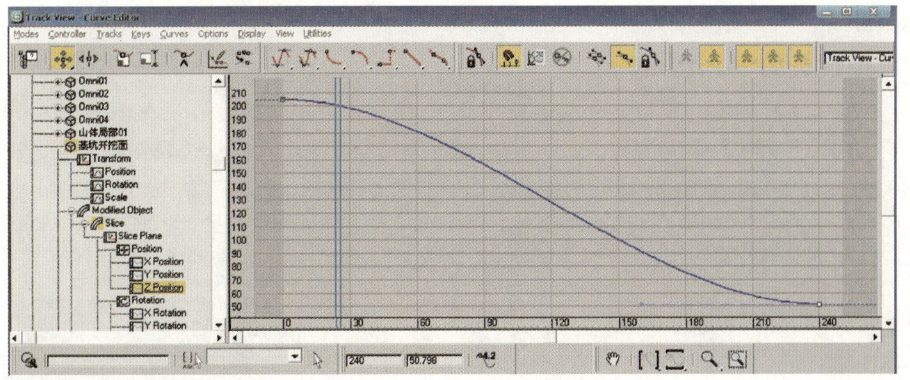

图 8-88 Slice 轨迹设置

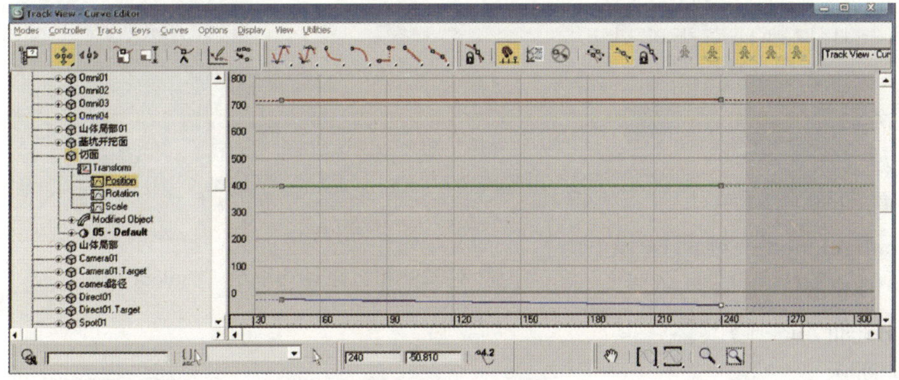

图 8-89 “切面”轨迹设置

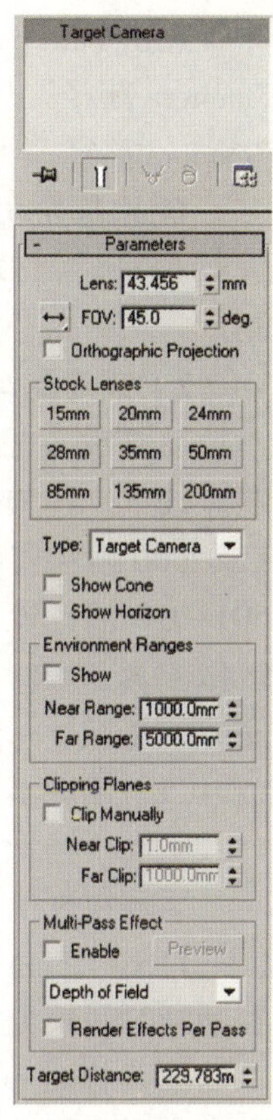

图 8-90 相机创建及其参数设置

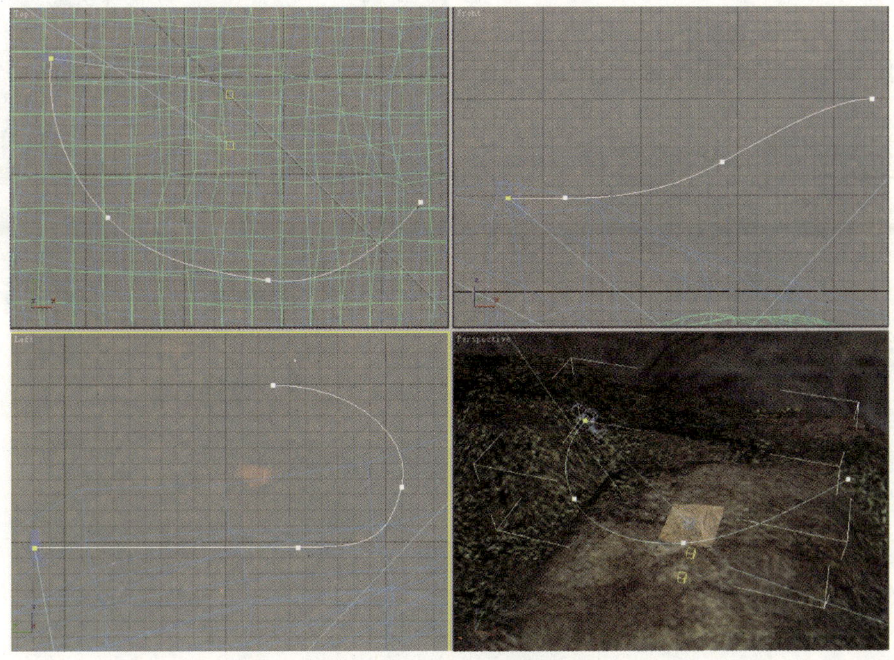

图 8-91 camera 路径设置

点击 Path constrait 后，在视窗中点击“camera 路径”即可把相机约束到选定的“camera 路径”上。

至此基坑开挖动画已经设置完毕，进行预览后，效果满意，即可进行渲染测试。

2）锚碇浇筑

动画设置思路为：动画时间为 1000 帧（约 33s），0~480 帧：锚碇基础浇筑；152~600 帧：安装定位支架、锚固系统；601~913 帧：安放散索鞍支墩支撑，浇筑散索鞍支墩；914~1000 帧：展示浇筑完成的锚碇。

（1）锚碇基础浇筑部分

①动画场景整理（图 8-93）

②现在开始设置动画关键帧：

打开“Time configuration”对话框设置动画时间长为 0~1000 帧。

③为锚碇基础添加 Slice 修改器，其参数设置如图 8-94 所示。

按下视窗右下方“Autokey”（自动关键帧）按钮，在第 0 帧和第 300 帧分别设置其 z 向位置为 -2254.503mm 和 1009.482mm，其轨迹设置如图 8-95 所示。

Slice 轨迹动画具体设置步骤如下：

a. 确定 z 方向上锚碇基础最低点，打开“Autokey”键，在 Front 视口，第 0 帧处移动 Slice 切片至锚碇基础底面。

b. 确定 z 方向上锚碇基础最高点，在第 300 帧处移动 Slice 切片至锚碇基础顶面（图 8-96）。

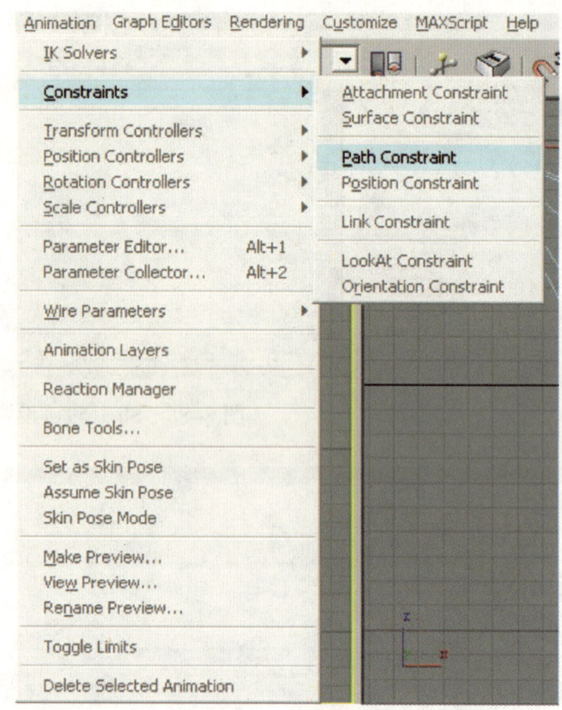

图 8-92 相机路径约束至“camera 路径”

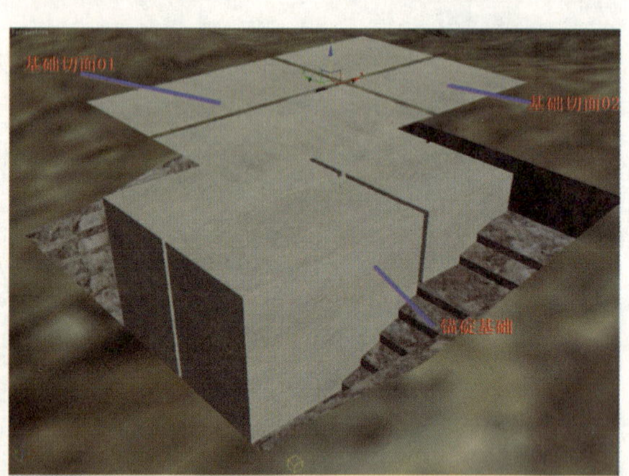

图 8-93 场景准备

④设置基础切片 01、02 动画轨迹，如图 8-97、图 8-98 所示。

基础切片动画具体设置步骤如下：

a. 选中设置“基础切片 01”，同时按下“Auto key”按钮，第 0~300 帧，其 z 向位置与 Slice 切片位置始终保持相同（图 8-99）。

b. 选中“基础切片 01”在其点级别下精细调整（图 8-100）。

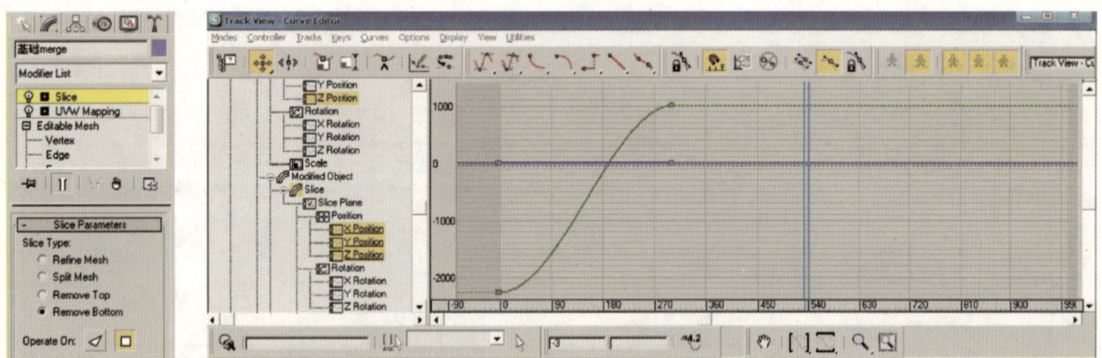

图 8-94　Slice 参数设置　　　　图 8-95　Slice 轨迹设置

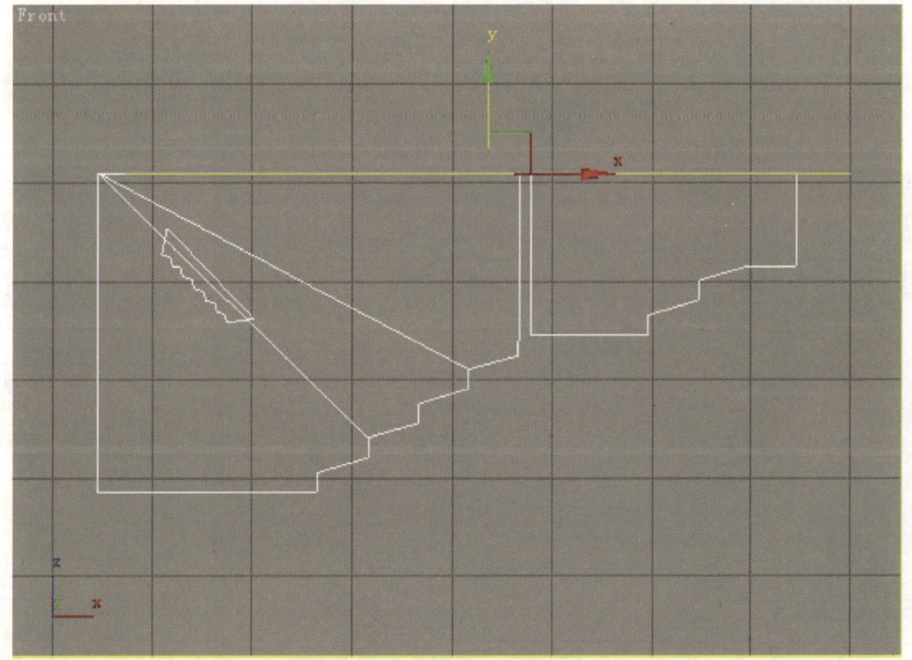

图 8-96　设置 Slice 切片

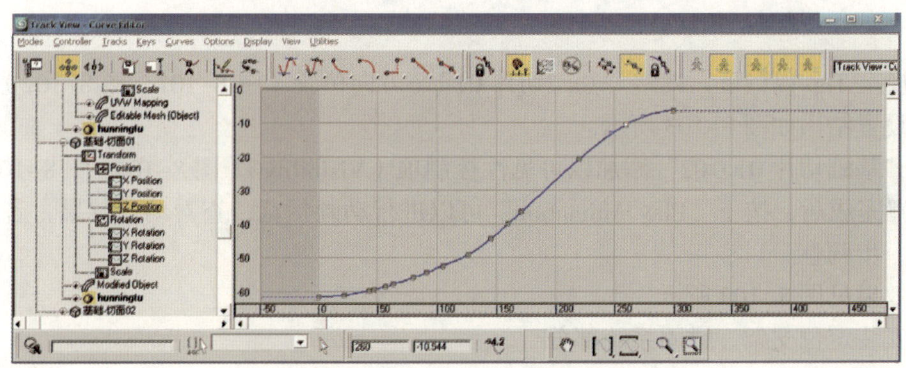

图 8-97　基础切片 01 动画轨迹设置

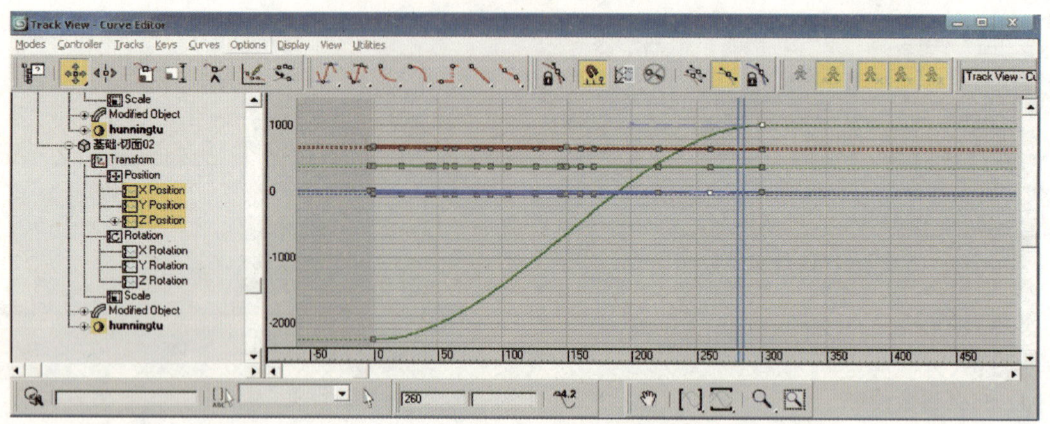

图 8–98　基础切片 02 动画轨迹设置

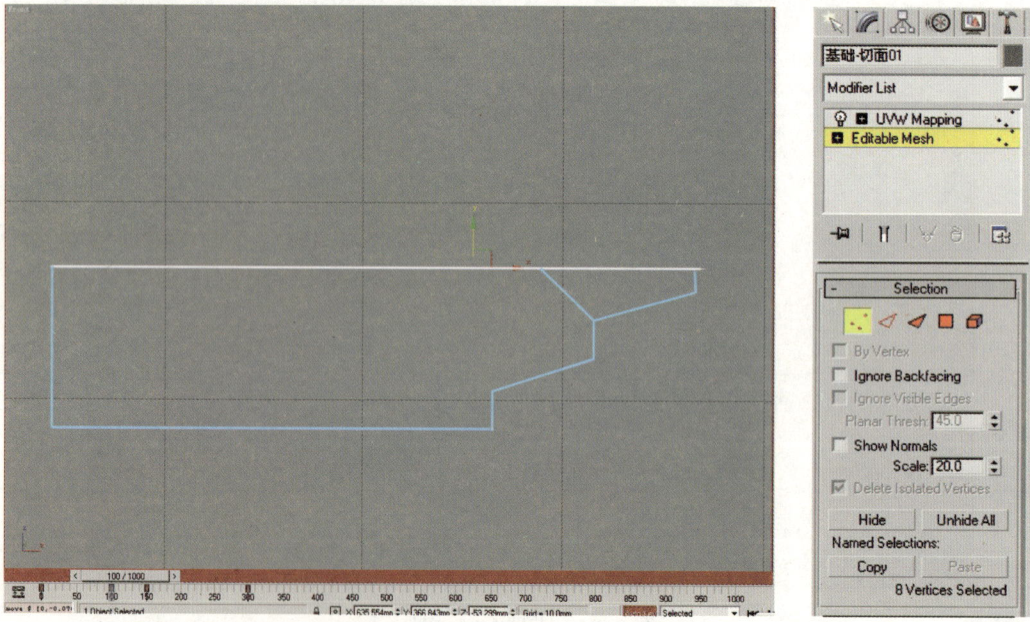

图 8–99　在 Front 视口调整“基础切片 01”位置　　　　图 8–100　选择点级别

c. 切换至 Top 视口下，调整“基础切片 01” x 方向位置（图 8–101、图 8–102）。

最终设置结果如图 8–103 所示。

d. 为“基础切片 01、02”添加以可见性控制项（Visibility）（图 8–104~ 图 8–108）。

e. 设置完成后，按下“Play Animation”可以进行动画预览，查看动画效果，若效果不满意可进一步调整。

测试效果见图 8–109 所示。

（2）安装定位支架、锚固系统部分

本场景为 152~332 帧部分，动画设计思路是，首先采用渐现方式来表现定位支架的安

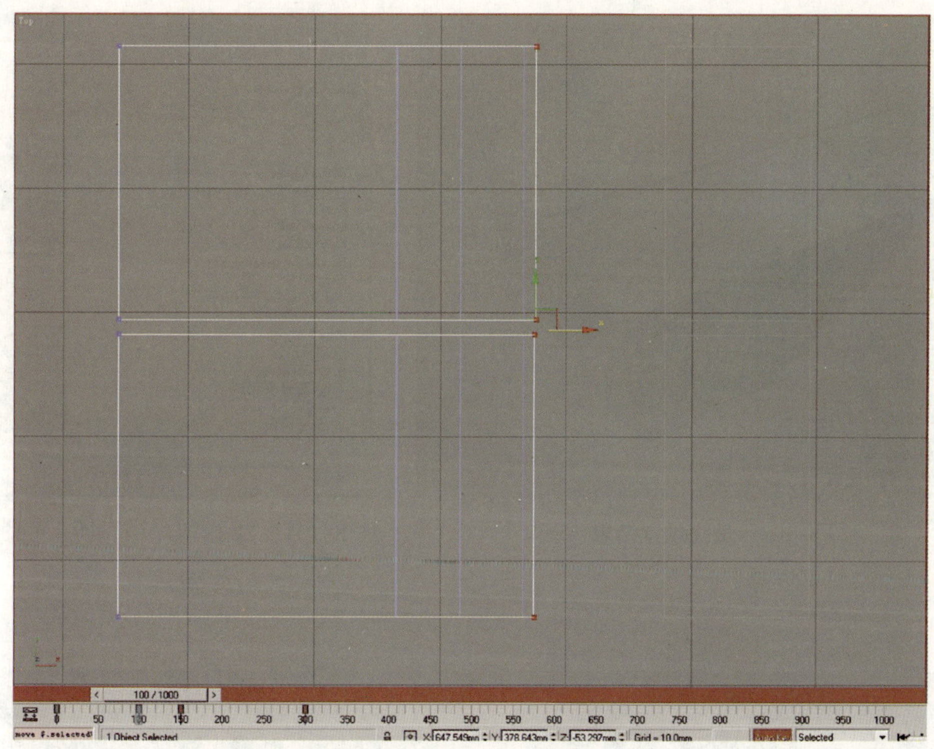

图 8-101　切换至 Top 视口

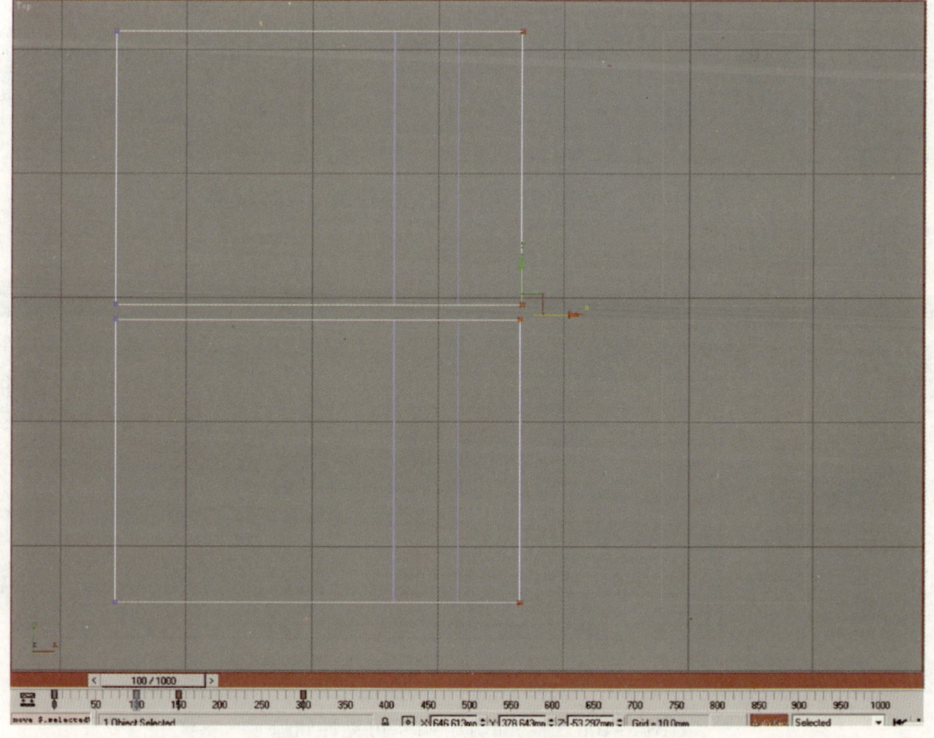

图 8-102　在 x 方向调整点位置

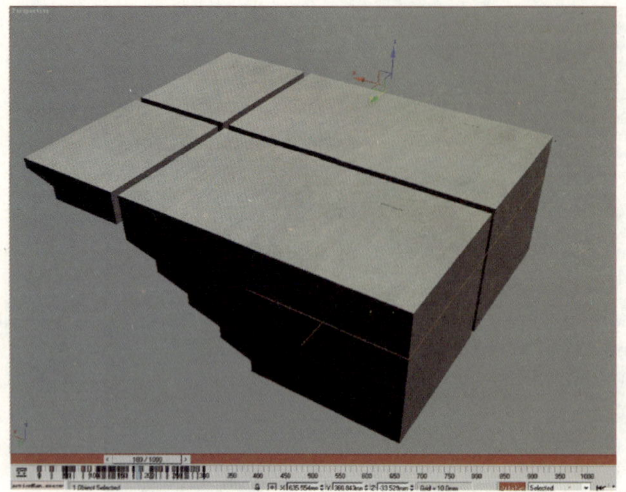

图 8-103　最终设置结果

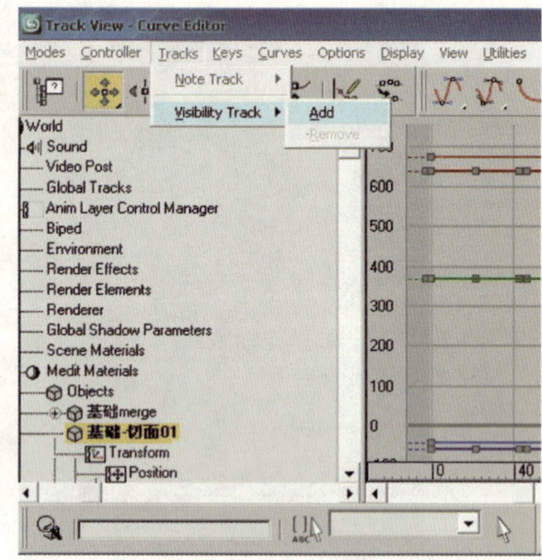

图 8-104　“基础切片 01”插入可见性控制项

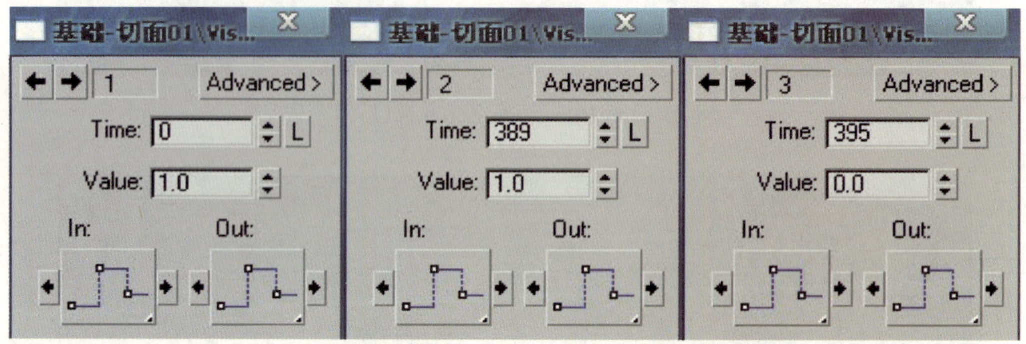

图 8-105　“基础切片 01”可见性控制点参数设置

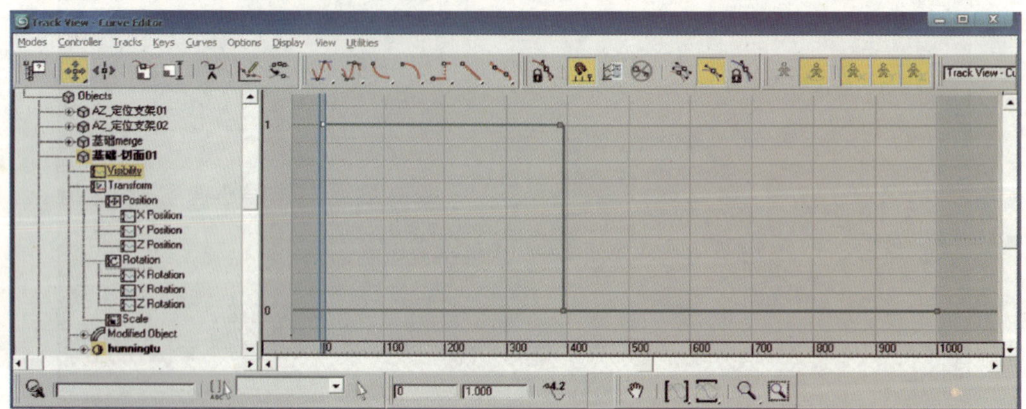

图 8-106　“基础切片 01”可见性轨迹

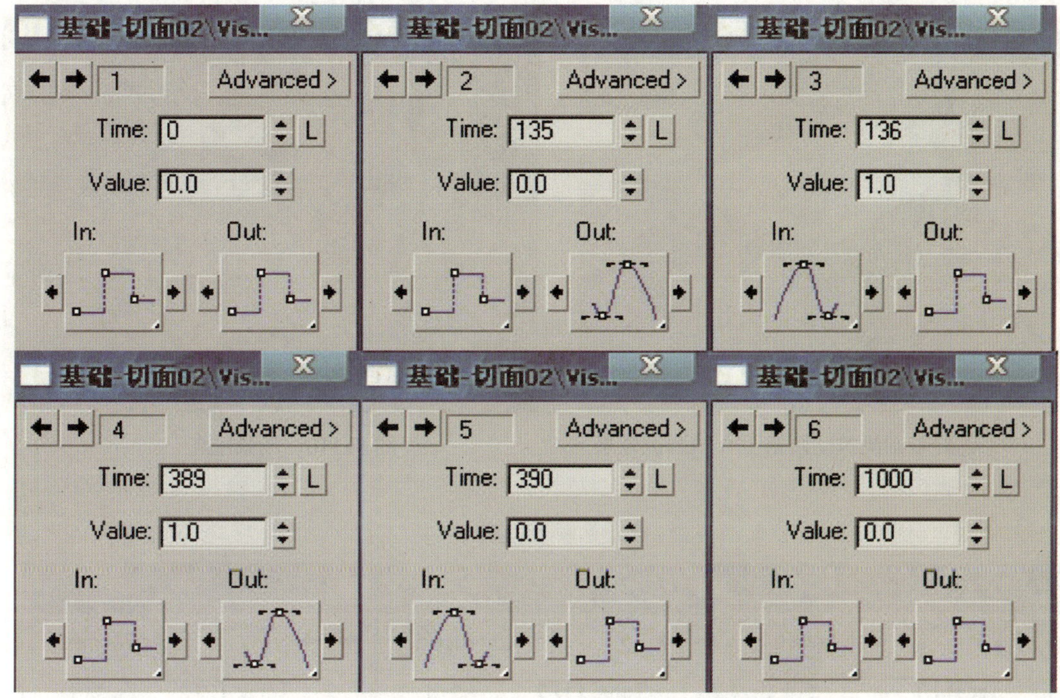

图 8–107 “基础切片 01”可见性控制点参数设置

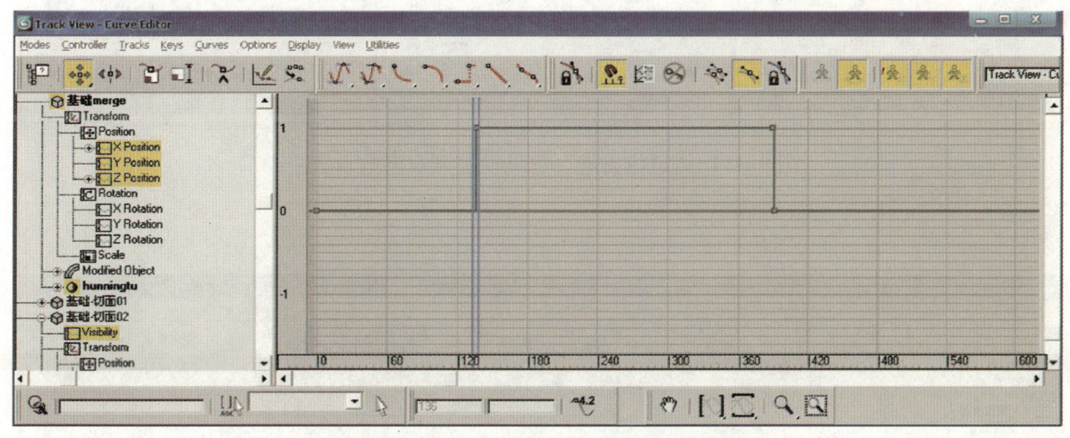

图 8–108 “基础切片 02”可见性轨迹

装过程（152~252 帧），完成定位支架安装，做适当停留，紧接着出现锚固系统（253~332 帧），场景准备见图 8–110 所示。

①定位支架安装动画，首先为其添加以可见性控制项，添加方法同前。关键帧具体设置见图 8–111 所示。

轨迹视图设置如图 8–112 所示。

定位支架安装动画单帧效果测试见图 8–113 所示。

图 8-109　锚碇基础浇筑动画第 170 帧测试效果

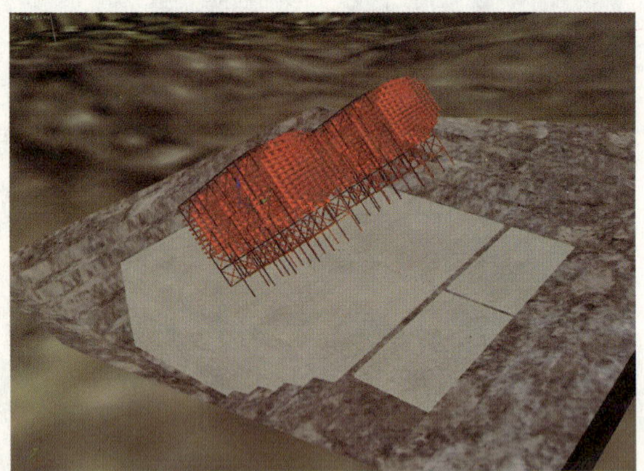

图 8-110　场景准备

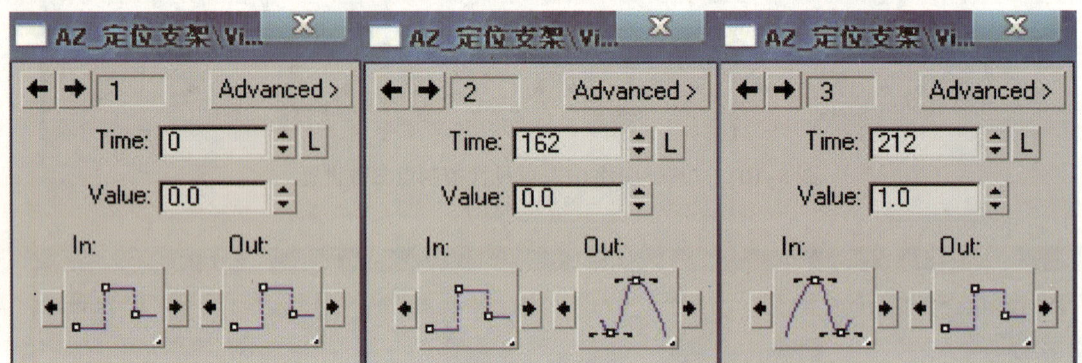

图 8-111　“定位支架”可见性控制点参数设置

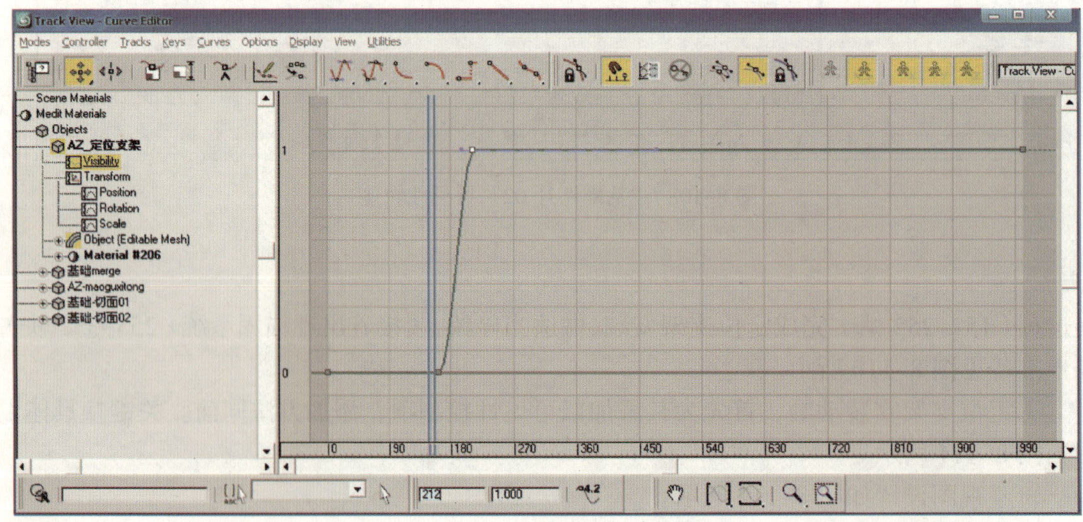

图 8-112　“定位支架”可见性轨迹

②锚固系统安装动画。首先为其添加以可见性控制项，可见性控制点参数设置如图 8-114、图 8-115 所示。

“锚固系统”动画单帧效果测试见图 8-116 所示。

③锚块上部浇筑动画。其动画设置方法同“锚碇基础”浇筑动画设置方法相似，这里不再详述。“锚块切片”运动轨迹设置如图 8-117 所示。

可见性控制项设置如图 8-118 所示。

图 8-113 第 200 帧静帧效果

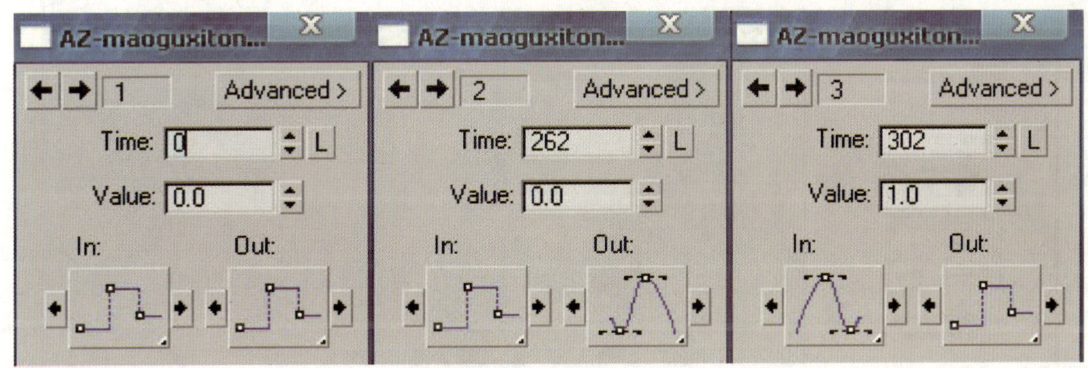

图 8-114 “锚固系统”可见性控制点参数设置

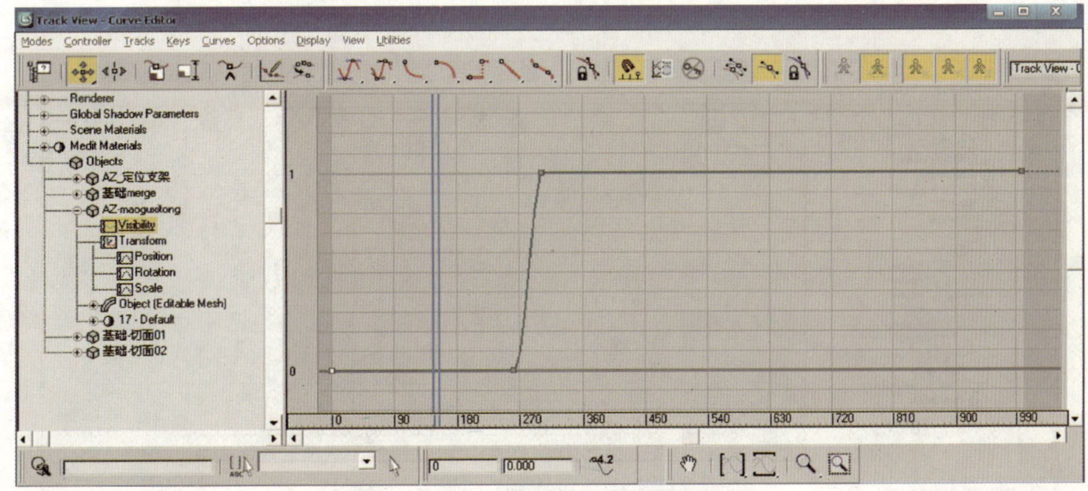

图 8-115 “锚固系统”可见性轨迹

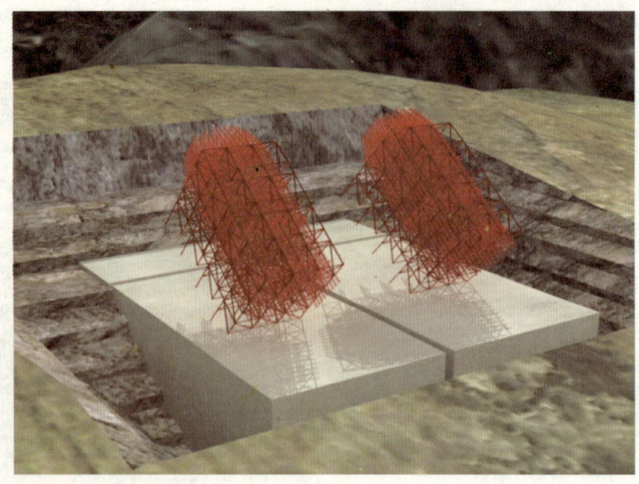

图 8-116　第 280 帧静帧效果

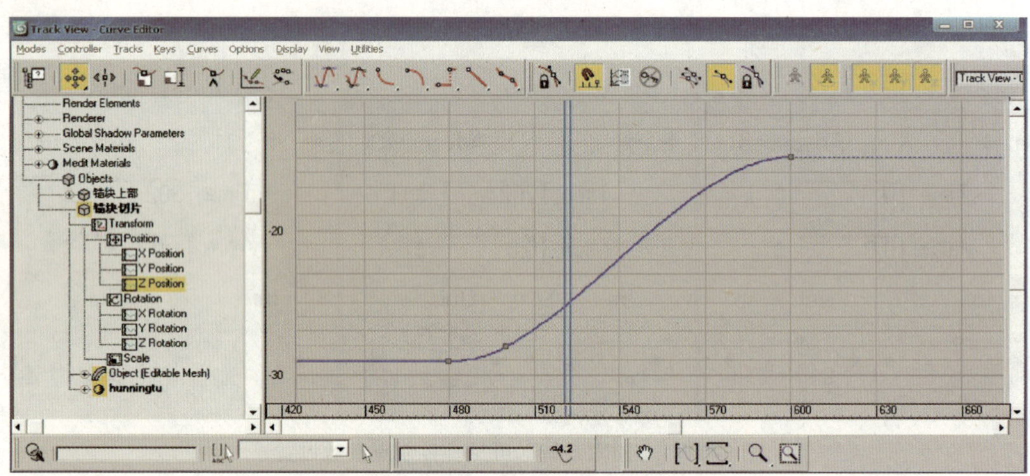

图 8-117　“锚块切片”运动轨迹设置

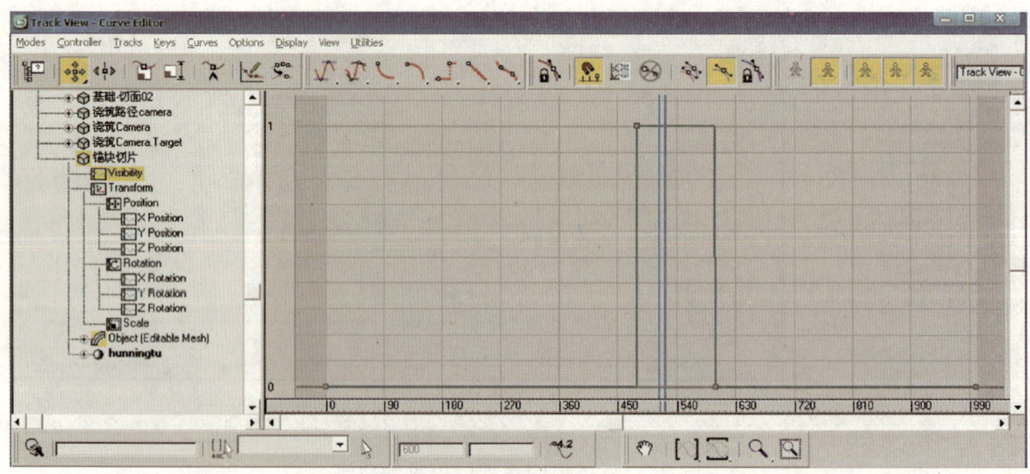

图 8-118　“锚块切片”可见性控制项设置

下面给出单帧渲染测试效果图，如图 8–119 所示。

（3）浇筑散索鞍支墩动画

由于散索鞍支墩支撑和模板的安装动画设计思路同于定位支架和锚固系统的安装，而散索鞍支墩浇筑动画同锚块上部基础的动画制作过程也基本一样，所以在这里只作简单的介绍。

本场景动画长度为：601~913 帧（约 10s 时间）。601~630 帧：画面静止为静帧表现；631~751 帧：安装支撑和模板，同样采用渐现方式表现安装过程；752~882 帧：散索鞍支墩浇筑；883~913 帧，展现散索鞍支墩整体。

①场景准备，见图 8–120 所示。

②安装散索鞍支墩支撑和模板

支撑和模板动画设置如图 8–121 所示。

图 8–119　第 520 帧静帧效果

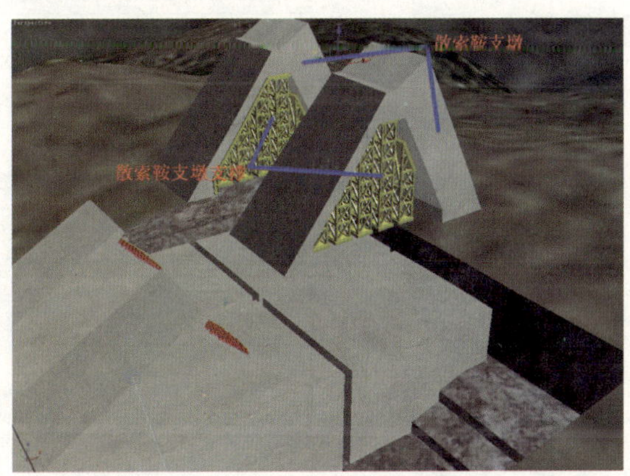

图 8–120　场景准备

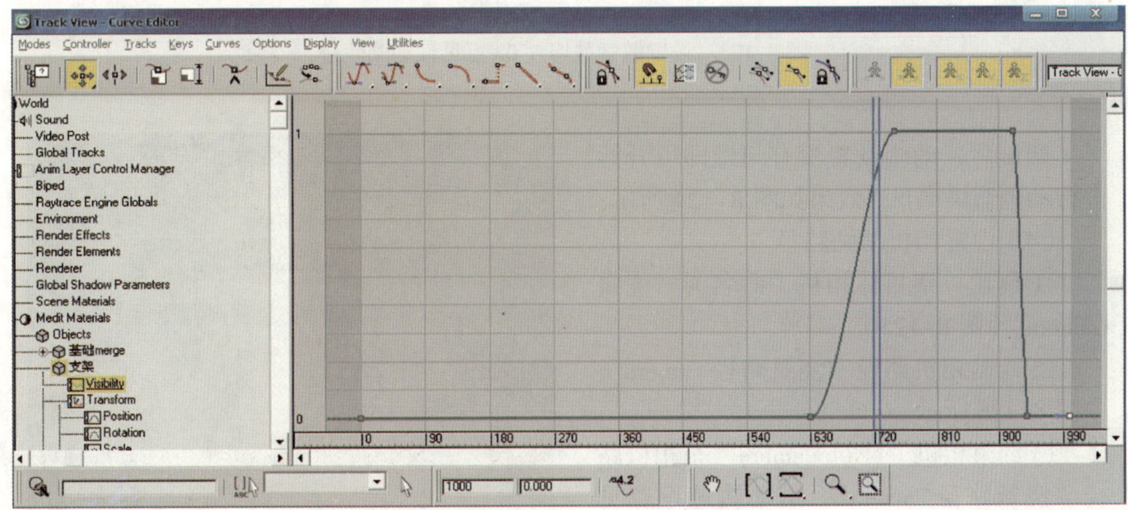

图 8–121　设置支撑和模板动画轨迹

③散索鞍支墩浇筑

其中散索鞍切片 01、02、03 为控制散索鞍支墩浇筑成长动画的辅助模型，其中动画设置如图 8–122、图 8–123 所示。

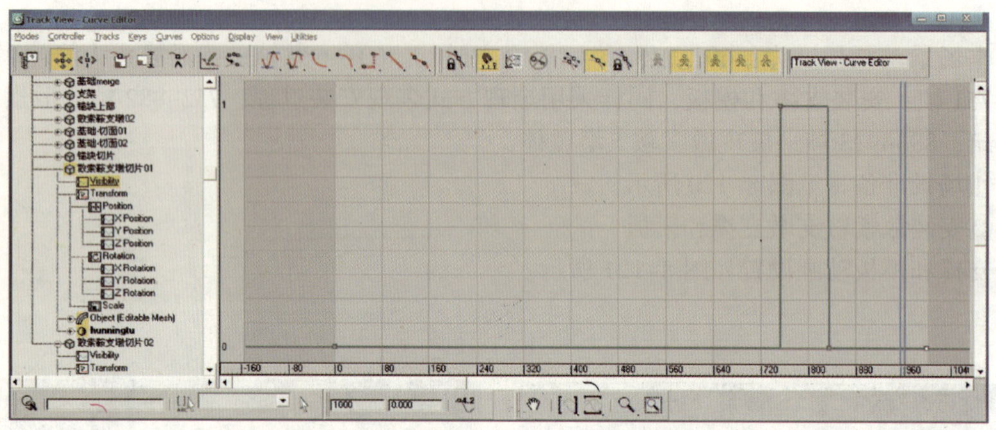

图 8–122　设置散索鞍切片 01 可见性动画轨迹

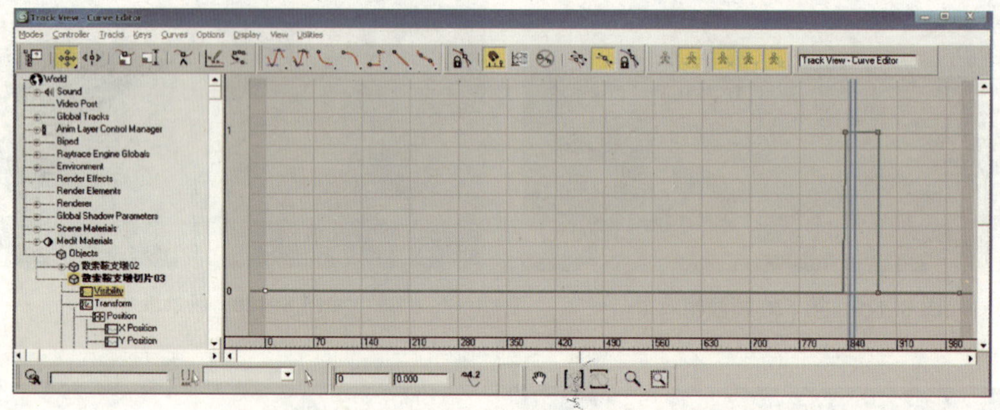

图 8–123　设置散索鞍切片 03 可见性动画轨迹

调试后，动画设置没有问题即可开始进行动画渲染测试，效果如图 8–124 所示。

（4）设置相机动画路径

①创建一架目标相机，命名为“浇筑 Camera”（图 8–125）。

②绘制相机路径“浇筑路径 camera”，如图 8–126 所示。

③约束相机“浇筑 Camera”至相机路径“浇筑路径 camera”，运动轨迹设置见图 8–127 所示。

图 8–124　散索鞍支墩浇筑第 970 帧静帧效果

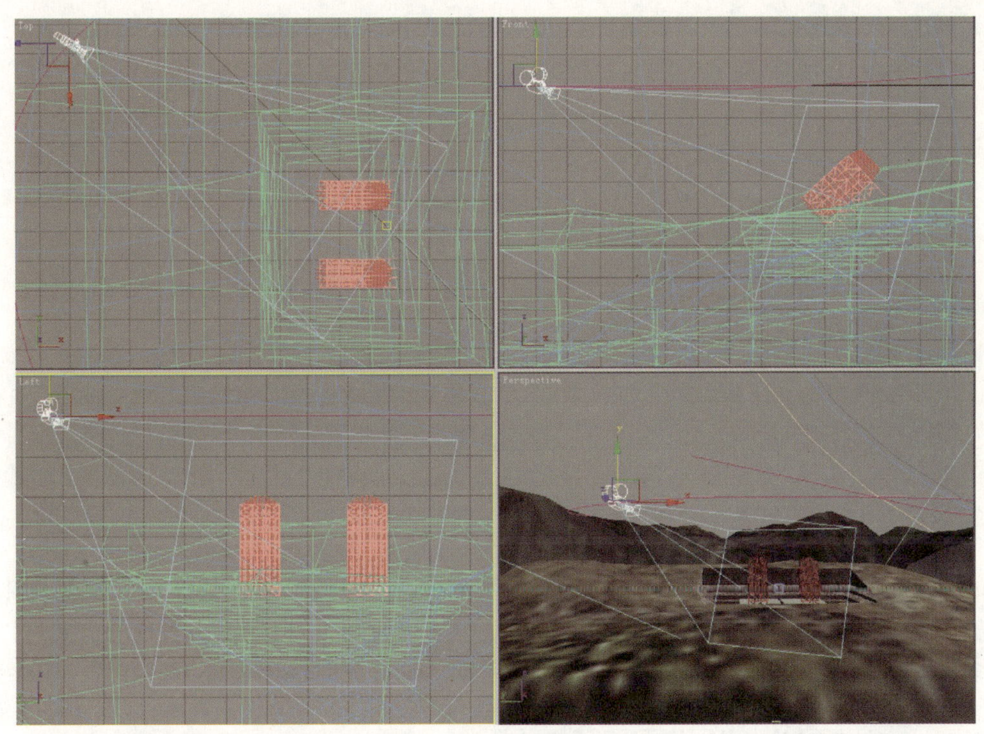

图 8-125　创建相机

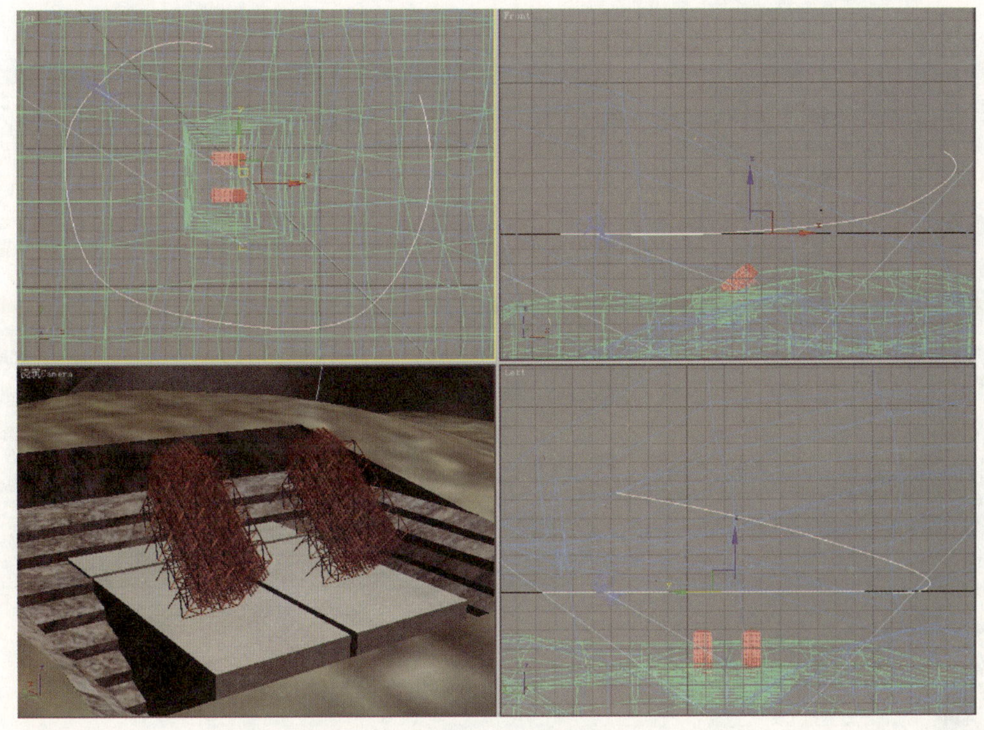

图 8-126　相机路径

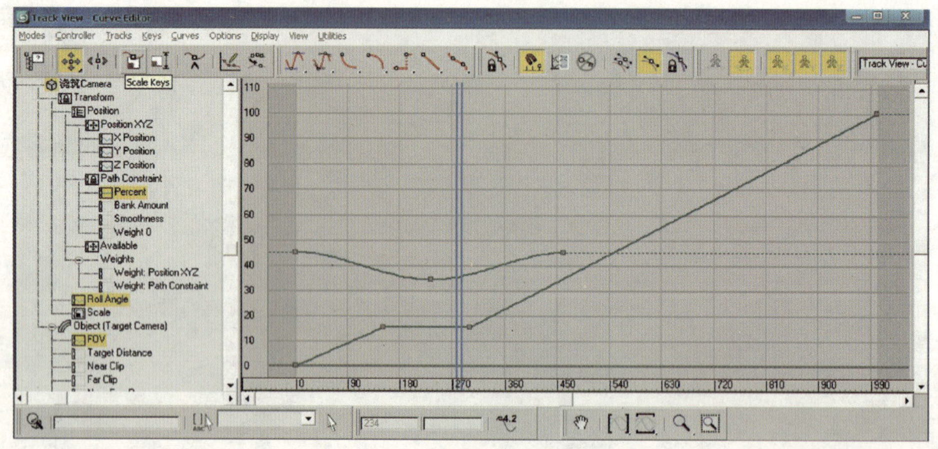

图 8-127　相机运动轨迹设置

④在创建一架相机命名为“重力锚展示 camera”，顾名思义，其作用主要是用来展示浇筑完成的重力锚，其动画时间为 914~100 帧（约 3s 时间）。根据镜头表现的需要可以同时设置多架相机，输出全部相机动画序列帧，在后期动画合成时选用表现力最好的一组序列帧。

8.4.6　渲染测试、输出

动画调试完毕后，没有错误即可渲染输出，按 F10 进入渲染设置面板，参数、格式设置如图 8-128~ 图 8-130 所示。

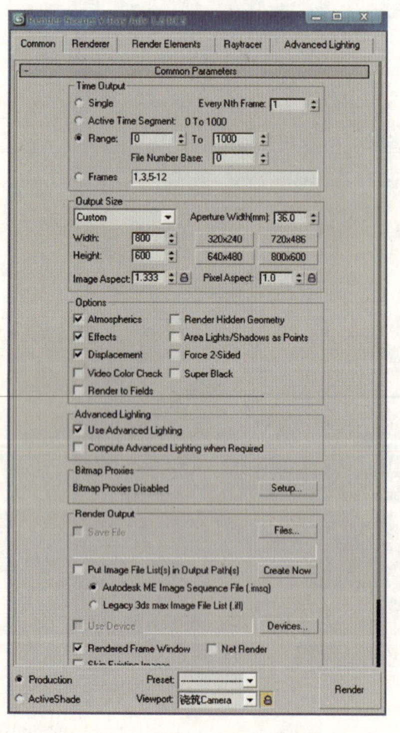

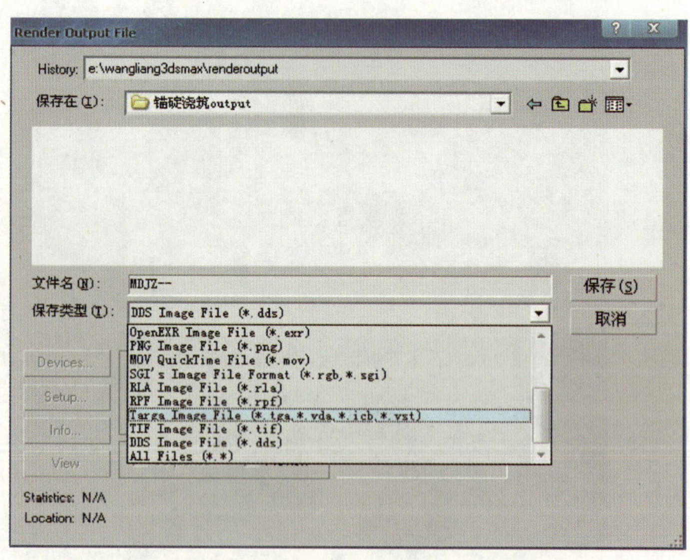

图 8-128　动画输出设置（左）

图 8-129　输出路径保存及文件保存格式设置（右）

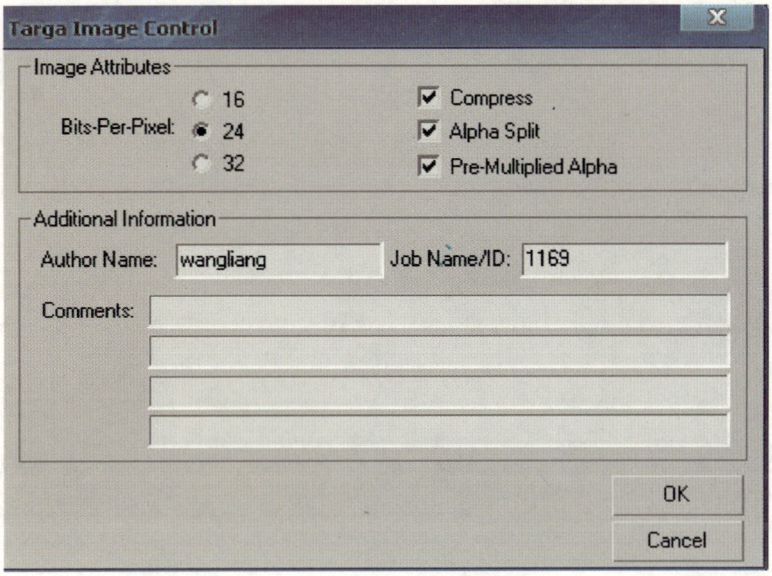

图 8-130 TGA 格式图片控制

8.5 矮寨特大钢桁桥梁工程动画合成过程

目前，动画后期制作软件种类繁多，在这里只对以下软件做简单的应用介绍。后期视频合成软件 Adobe after Effects、动画后期音频编辑软件 Adobe Premeier Pro、音频编辑软件 Adobe Auditon。

Adobe after Effects 在电视包装中是一款通用的后期软件， 也是现在为止使用最为广泛的后期合成软件,它可以和大多数目的 3D 软件进行配合使用。本书以 Adobe after Effects 7.0（AE）版本进行介绍。

AE 工作界面如图 8-131 所示。

利用 AE 合成视频的工作流程一般为：新建一个工程→导入素材与素材管理→创建一个合成→添加滤镜→关键帧设置→预览→渲染输出。

（1）按“Ctl+Alt+N”新建一个工程，紧接着按“Ctl+ N”进行工程合成设置，设置如图 8-132。

（2）导入素材（图 8-133）

素材导入参数设置如图 8-134 所示。

导入后，从项目（Project）窗口拖动素材至时间线（Timeline）窗口（图 8-135）。

（3）添加背景音乐，右击项目窗口空白出，弹出如图 8-136、图 8-137 所示的菜单。

拖动导入的音频素材至时间线窗口，创建预览。

（4）添加各种滤镜，这里不再讲解，请参看相关教程。

（5）点击时间控制器（Time Control）下的播放按钮（Play\Purse），进行动画预览。

（6）渲染输出。选择创建的合成，按“Ctrl+M”弹出如图 8-138 所示的对话框。

Project
Name
Type
Size
Duration
Composition: (none)
Layer: (none)
Workspace: Standard
Info
Audio
Time Controls
Effects & Presets
Contains:
* Animation Presets
Audio
Blur & Sharpen
Channel
Color Correction
Distort
Expression Controls
Generate
Keying
Noise & Grain
Paint
Perspective
Simulation
Stylize
Text
Time
Timeline: (none)
Render Queue
Source Name
Parent

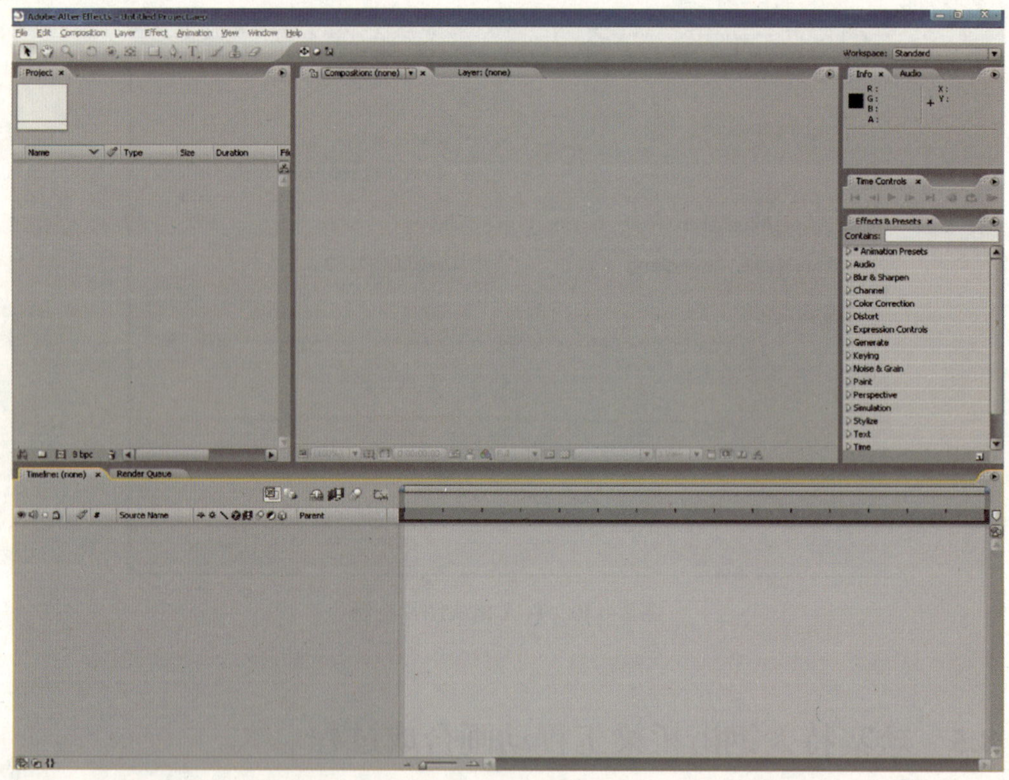

图 8-131　AE 工作界面

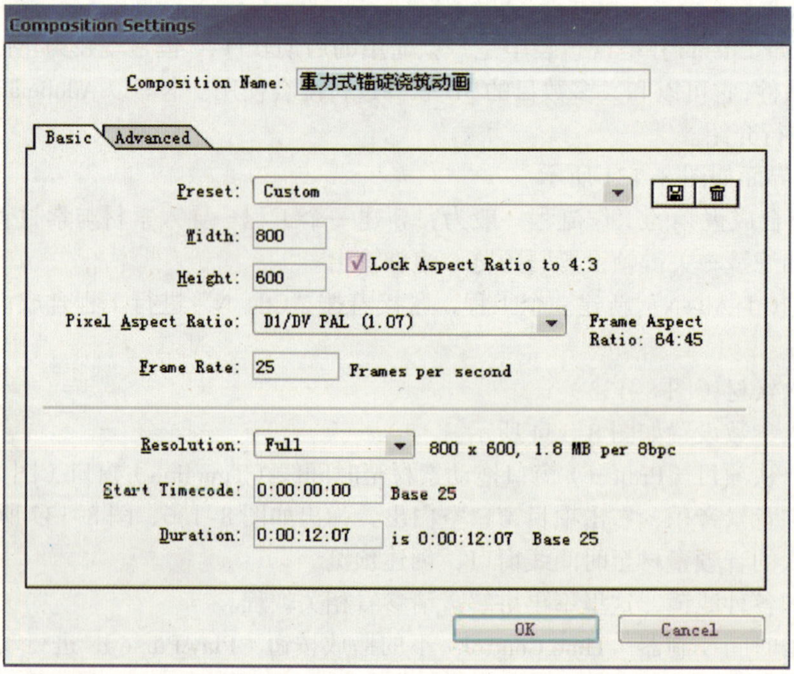

Composition Settings
Composition Name: 重力式锚碇浇筑动画
Basic
Advanced
Preset: Custom
Width: 800
Lock Aspect Ratio to 4:3
Height: 600
Pixel Aspect Ratio: D1/DV PAL (1.07)
Frame Aspect Ratio: 64:45
Frame Rate: 25
Frames per second
Resolution: Full
800 x 600, 1.8 MB per 8bpc
Start Timecode: 0:00:00:00
Base 25
Duration: 0:00:12:07
is 0:00:12:07 Base 25
OK
Cancel

图 8-132　合成设置

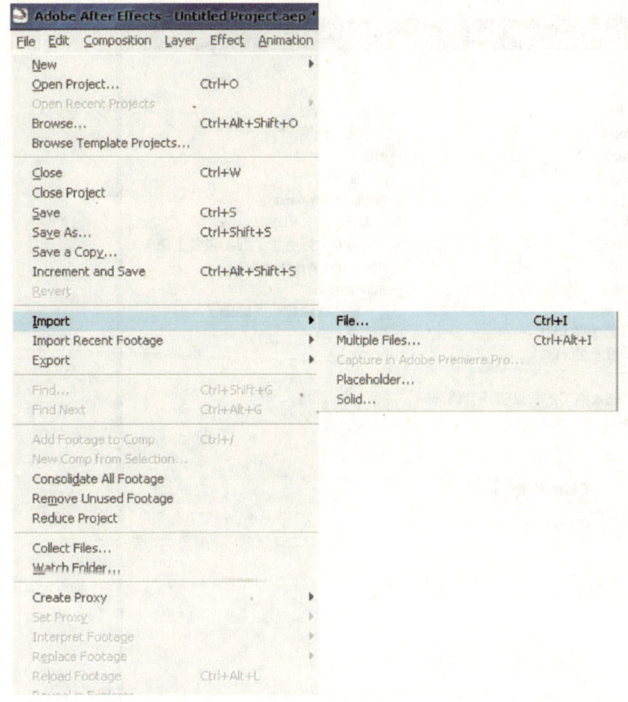

图 8-133　导入素材（1）

图 8-134　导入素材（2）

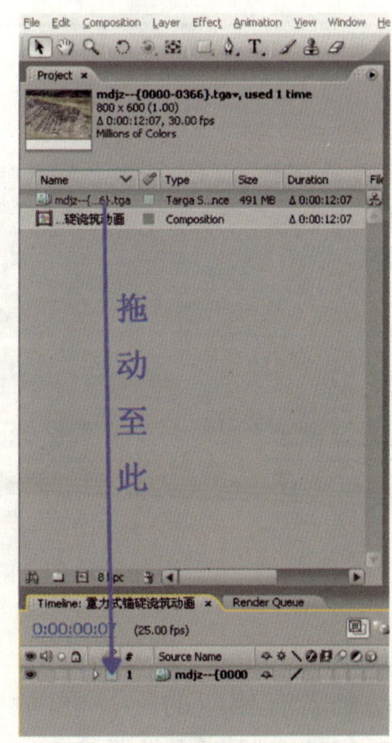

图 8-135　创建合成预览

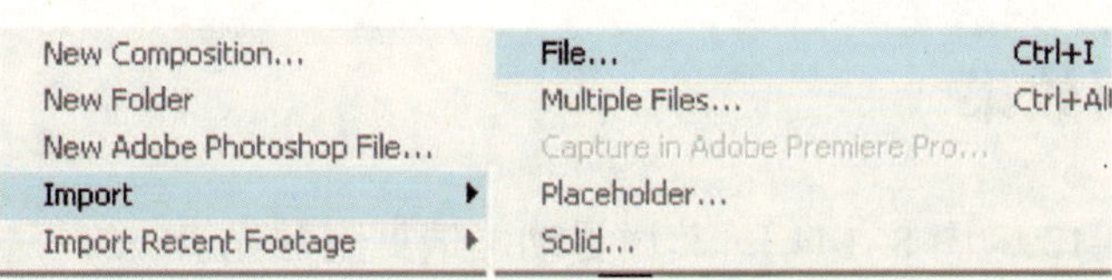

图 8-136　音频素材导入（1）

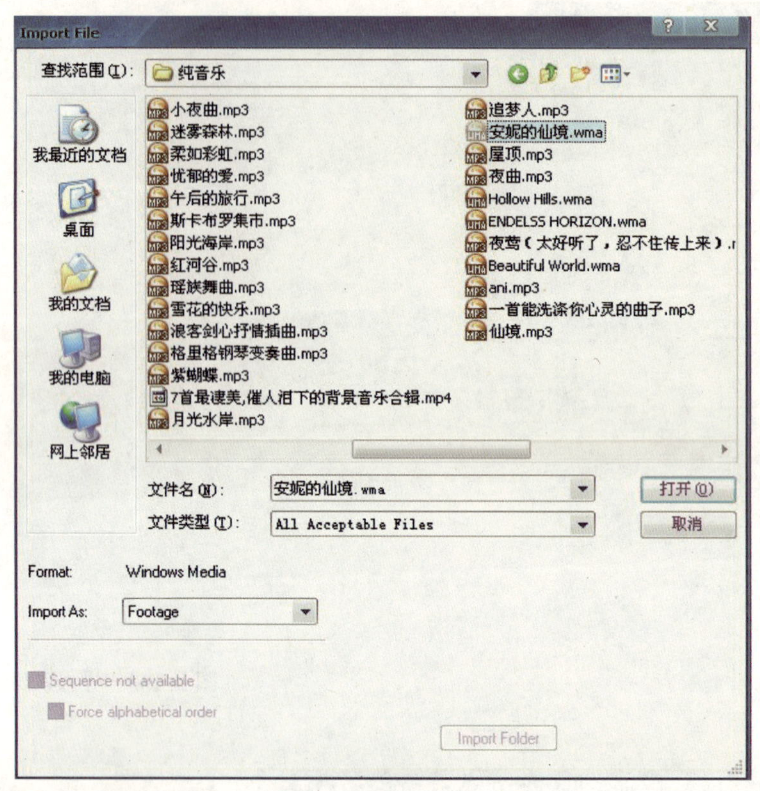

图 8-137　音频素材导入（2）

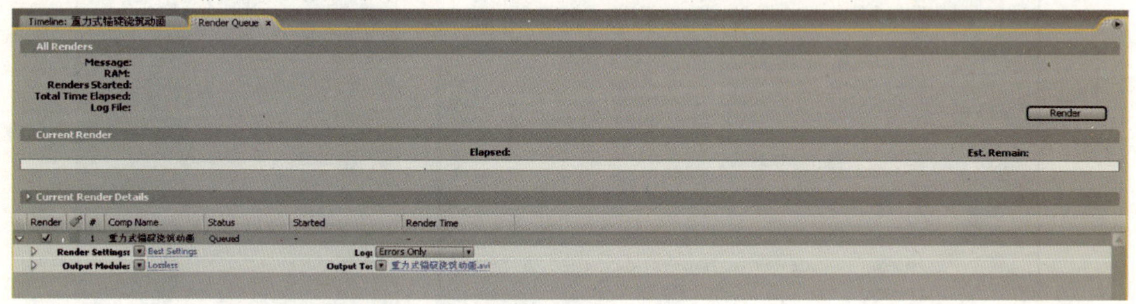

图 8-138　渲染输出

点击“Output”设置保存路径后，在单击 render 即可进行渲染输出。

动画若有相应的配音可以利用 Adobe Premeier Pro 进行动画的后期音频编辑，另外还有专门的音频编辑软件 Adobe Auditon，其功能也相当强大，使用方法请参见相关使用教程。

8.6　工程动画的应用效果

以下为工程动画截图（图 8-139~ 图 8-144），其详尽动画请见附加光盘。

图 8-139　矮寨大桥整体模型

图 8-140　主塔施工

图 8-141　缆索架设

图 8-142　钢横梁架设

图 8-143　桥面板施工

图 8-144　附属设施施工

第9章　应用实例四——落脚河水电站仿真分析与虚拟现实模型及施工过程可视化

9.1　落脚河水电站工程概况

9.1.1　工程简介

落脚河电站工程位于贵州省西北部乌江流域上游六冲河一级支流的白甫河上，工程坝址座落在毕节地区大方县双山镇境内的落脚河段，紧靠321国道，大坝在落脚河大桥上游600m处，电站在大桥上游约300m处。

落脚河水电站属中型水库小（一）型电站，工程等级为三等，大坝为3级建筑物，厂房等级为4级建筑物，其洪水标准为：50年一遇设计洪水流量为2100m³/s；500年一遇，校核洪水流量为3580m³/s。

落脚河电站装机容量2×1.0万kW，水库正常蓄水位1272m，死水位1260m；总库容4650万m³，调节库容1480万m³。电站由枢纽大坝、发电引水隧洞、厂房、冲沙底孔、开关站等主要建筑物组成。

落脚河电站挡水建筑物为混凝土双曲拱坝，采用全坝外掺MgO部分横缝技术施工。最大坝高81m，坝顶宽5m，坝顶弧长250.3m，坝顶高程1276m，混凝土总量约12万m³，拱坝主要特性表如表9–1所示。

拱坝主要特性　　表9–1

序号	名　称	单　位	数　量	备　注
1	正常蓄水位	m	1272	
2	死水位	m	1260	
3	总库容	万m³	4650	
4	调节库容	万m³	1480	
5	大坝形式	混凝土双曲拱坝		
6	坝顶高程	m	1276	
7	最大坝高	m	81	
8	坝顶中心弧长	m	253.922	
9	坝顶厚	m	5	
10	溢流堰顶高程	m	1265.8	
11	溢流流坝段总长	m	68	
12	溢流堰进口净宽	m	12	
13	底孔进口底高程	m	1230	
14	底孔形式及尺寸	m	方形3×3m	
15	孔身长度	m	36.8	

9.1.2 主要工程量

大坝与进水口土建工程：基础土石方开挖约 9.888 万 m^3，喷混凝土约 635m^3，混凝土浇筑约 13.09 万 m^3，锚杆制安 545 根，钢筋制安 635t。

围堰工程：基础淤泥开挖约 2000m^3，土石方填筑约 1.2 万 m^3，砌石护面约 900m^3。导流洞封堵：混凝土浇筑 800m^3。

9.1.3 施工条件

（1）对外交通条件

本工程紧靠 321 国道，距大方县城约对 10km，外交通十分便利。

（2）材料和设备的供应

本工程采用以工程施工总承包方式进行建设管理，水泥、钢材、钢筋、炸药、粉煤灰、砂石料、MgO 等主要材料及设备由贵州中水建设项目管理有限公司提供。

（3）施工供电、供水、供风条件

本工程施工用电由贵州中水建设项目管理有限公司提供，施工供水、供风系统由我部自行设计架设。

9.2 落脚河水电站的虚拟现实模型介绍

落脚河水电站规模大、投资多、施工难度大，因此，三维可视化仿真实验室与奥斯派克科技有限公司将落脚河水电站整个施工过程进行了模拟仿真，为解决施工中的关键技术问题开辟了新的途径，为实现施工全过程和全项目管理提供了有利保证。为水电站建设与管理提供了有效直观的管理平台，并将此项技术用在周公宅水电站、功果桥水电站的施工全过程和全过程项目管理中。这对于在工程设计和管理过程中确定合理的施工方法、优化选择施工机械及配套组合、制订切合实际的施工进度计划、高效简便地对施工信息进行管理、直观形象地反映复杂施工过程、确保工程建设如期完成和降低工程造价都是至关重要的。以下几个部分将简单地介绍落脚河水电站的虚拟现实模型。

9.2.1 隧洞石方开挖模型介绍

由于落脚河水电站坝址河床狭窄，工程采用一次拦断河、隧洞导流方案。导流隧洞布置在河床右岸，隧洞总长 245.21m，进口底板高程为 1213.68 m，出口底板高程为 1210.5 m，坡度 i 为 1.2%。隧洞断面为城门状，宽 4.5m，高 5.799m。

隧洞石方开挖在明挖完工后，分别从进口或出口掘进，模型如图 9–1 所示。

在掘进时，根据成洞围岩稳定状况，采取临时支护或边掘边衬，防止塌顶，在围岩较好的情况下，全洞贯通后，再进行洞内衬砌混凝土，模型如图 9–2 所示。

洞口、洞身混凝土料，采用混凝土拌合站拌制，由 3m^3 混凝土搅拌运输车运到仓面附近，再由混凝土泵输入仓，进行浇筑。

图 9–1　隧洞开挖模型

图 9–2　隧洞模型

9.2.2　围堰截流模型介绍

围堰堰顶高程按施工导流标准确定：上游围堰堰顶高程 1219.7m，下游围堰堰顶高程 1211.5 m。围堰堰顶宽均为 3 m，上、下边坡采用 1∶1.4 坡比。采用单戗立堵方案截流，截流戗堤选择在上游围堰，由右岸向左岸进占，戗堤龙口预留在左岸一侧，龙口宽 10m，模型如图 9–3 所示。

初定戗堤顶高程为 1214.7 m，顶宽 5m，估算需备截流块石料约 1500m^3，另准备少量钢筋石笼。截流后立即进行上、下围堰堰体加高培厚与防渗体基础清挖施工，模型如图 9–4 所示。

石碴料采用两岸坝肩开挖弃碴，填筑层厚 60cm。石碴料由自卸汽车运输上堤，推土

图 9-3　围堰截流模型

图 9-4　上下游围堰堰体模型

机摊铺，振动碾分层压实。堰体上、下游边坡由长臂反铲进行修整，护坡块石由人工砌筑，模型如图 9-5、图 9-6 所示。

围堰防渗体为双排单管高压旋喷板墙，防渗体在堰体填筑以后，在进行面层防冲设施施工前进行施工。要求在进行围堰填筑时，根据当地的材料情况，防渗轴线位置填筑砂土，有条件则填筑黏土，以提高成孔效率及旋喷效果。施工时孔位必须正确，控制好孔深及钻孔垂直度，严格按设计要求控制旋喷参数。

9.2.3　基坑排水模型介绍

初期排水包括：基坑积水、围堰渗水和基坑积雨，排水总量 6.5 万 m^3，用 4 台抽水机 6 天排干基坑积水，抽水强度 1230m^3/h，抽水机布置在围堰内侧，上、下游围堰各 2 台，基坑排水模型如图 9-7 所示。

图 9-5　自卸汽车填筑模型

图 9-6　长臂反铲修整边坡模型

图 9-7　基坑排水模型

经常性排水包括：基坑积雨、围堰渗水与施工废水。经常性排水强度按抽水时段内最大日降雨量、基坑积雨在当天排干估算，为 600m^3/h。按此强度配置经常性排水设备，抽水机选用 5 台 XA125D32 型（2 台备用）。基坑上、下游各挖一个约 20 m^3 集水井，上游集水井布置 3 台抽水机，下游集水井布置 2 台抽水机。在大坝基坑四周（大坝基础外）深挖排水沟将基础渗水和雨水引至集水坑，由小型抽水机将积水抽至上、下游集水井，再由 XA125D32 型抽水机排至围堰外。为减轻基坑排水压力，在两岸山坡开挖排水沟拦截外来水。经常性排水对河流水质有污染，必先经过处理后再排入河道内。抽水设备配置见表 9-2 所示。

抽水设备　　　表 9-2

抽水机型号	流量（m^3/h）	用　途	功率（kW/台）	数量（台）	备　注
250S—39A	468	初期排水	55	5	2 台备用
XA125D32	200	基坑排水	45	5	2 台备用
潜水泵		基坑排水		10	4 台备用

9.2.4　坝基开挖模型

坝基开挖分为三个开挖区施工，左岸坝肩、右岸坝肩、河床段各为一个施工区，开挖遵循自上而下的原则施工，先坝肩后河床，为加快施工进度，进水口、左、右岸坝肩开挖可以同时进行，开挖模型如图 9-8 所示。

进水口土方开挖量约为 400m^3，石方开挖约为 3380m^3，石方采用一次性爆破到底，其中建基面预留 50cm 保护层，整个基础开挖采用反铲直接挖装。

左岸坝肩从 1330m 高程开挖至 1210m，高差 120m，分 40 层开挖，梯段平均高 3m，左岸坝肩开挖模型如图 9-9 所示。

右岸坝肩从高程 1305m 开挖至 1210m，高差 95m，分 32 层，梯段平均高度 3m，施工方法与左岸坝肩一样，右岸坝肩开挖模型如图 9-10 所示。

图 9-8　坝基开挖模型

图 9–9　左岸坝肩开挖模型

图 9–10　右岸坝肩开挖模型

坝肩石方采用梯段爆破，上、下边坡采用预裂爆破，炮孔底部设柔性垫层的方式开挖。坝肩开挖自上而下分 40 层施工，第一层钻孔爆破后，立即用人工将石渣清至河床，并且开挖到设计的轮廓线，然后紧接着第二层钻孔、爆破，施工方法与第一层一样，按其施工方法开挖至最底层，每一层开挖采用一次钻孔、爆破，即开挖到设计的轮廓线。

河床基坑砂砾石层厚约 5m，开挖量约 1 万 m^3；石方开挖量约 1.8 万 m^3。河床基坑砂卵石层采用反铲直接挖装。石方采用梯段爆破开挖，石方开挖厚度 7~15m，分三层开挖，其中建基面预留保护层 0.5m，其余两层开挖分层厚度依次为 8m、6.5m，基坑开挖模型如图 9–11 所示。

9.2.5　固结灌浆模型

固结灌浆压力由施工现场和灌浆试验确定，灌浆压力为 0.5MPa，固结灌浆孔排距 3m，起灌高程为坝基面，灌浆采用纯水泥浆液，水泥强度等级不低于 42.5 级，其材料配合比由现场试验而定，固结灌浆模型如图 9–12 所示。

图 9-11　基坑开挖模型

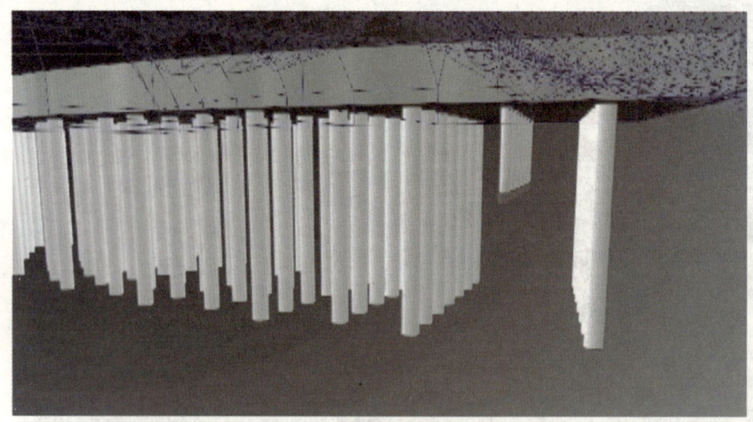

图 9-12　固结灌浆模型

灌浆采用全孔一次灌浆方法，采用纯压式灌浆方式，其封孔采用压力灌浆封孔法，在最大设计压力下，当注入率不大于 1L/min 后，继续灌注 30min，灌浆结束，图 9-13 为全

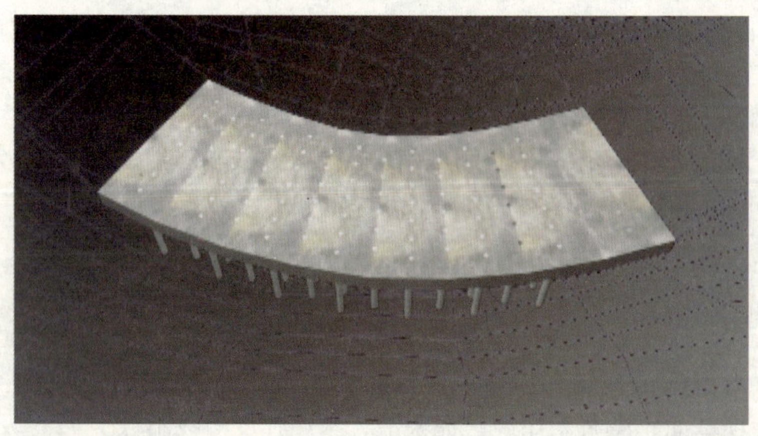

图 9-13　全孔一次灌浆方法模型

孔一次灌浆方法模型。

9.2.6 大坝模板模型

大坝模板以全悬臂 3m×3m 大块模板为主，两岸坝肩用钢木模板补齐；异形结构采用木模板；闸墩圆弧墩头采用定型钢模板，模板模型如图 9-14 所示。

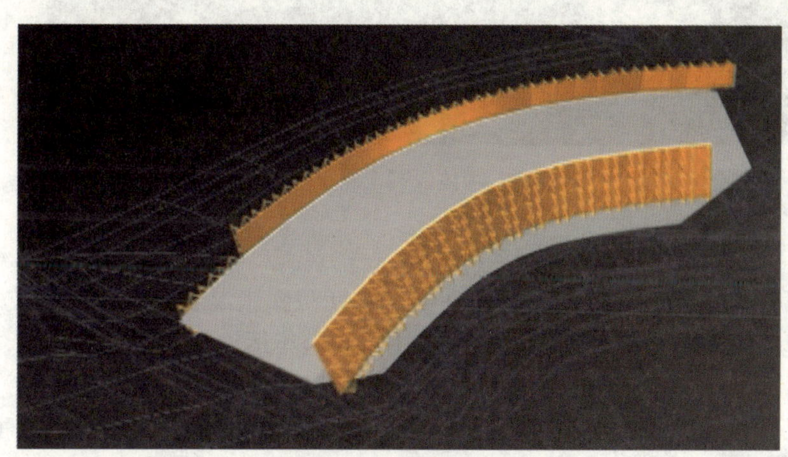

图 9-14 模板模型

9.2.7 混凝土的施工模型

对于落脚河水电站而言，施工亮点在于大坝混凝土的施工，大坝为外掺氧化镁微膨胀混凝土，主要特点是在混凝土中掺入适量轻烧氧化镁，利用氧化镁后期延迟性微膨胀产生的自身体积变形，补偿坝体混凝土水化热消散时的体积收缩，消减坝体混凝土的降温拉应力，以此简化或取消常态混凝土筑坝采用的温控措施。

由于氧化镁微膨胀混凝土是由材料方面的自我改进，而达到防裂的目的，所以在浇筑坝体混凝土时就改变以往小分块、柱状、跳仓、薄层、长间歇的浇筑方式，采用连续覆盖通仓、不间歇或小间歇的浇筑，加快了坝体混凝土的浇筑速度，坝体混凝土浇筑模型如图 9-15 所示。

氧化镁混凝土筑坝技术改变了传统混凝土拱坝浇筑工艺，采取台阶、薄层、通仓、连续、循环流水浇筑作业，大大减少了立模与浇筑的交叉作业干扰，减少了封拱灌浆造成的工期延长和费用增加。

充分考虑结构要求、混凝土供应强度、混凝土进仓速度及便于施工等因素，大坝采用通仓台阶浇筑，全坝不设纵缝、横缝，台阶厚 0.5m；采用高频振捣器插入振捣，台阶宽 1.5m，最大坝宽 18m，每覆盖一次需混凝土 $68m^3$，混凝土加入缓凝剂后，在 2h 内覆盖一次，混凝土供应强度为 $34m^3/h$，拌合系统生产能力为 $36m^3/h$，可以满足施工要求。

施工中采用分段装模、分段验收的施工方式，混凝土施工各工序：冲毛、立模、冲洗、

图 9-15 坝体混凝土浇筑模型

验收、浇筑可以流水作业，以充分发挥外掺氧化镁微膨胀混凝土快速筑坝技术的优越性。

在门式起重机安装之前，坝体混凝土采用自卸汽车运输从右岸直接入仓，仓内由长臂挖掘机采用后退法从左岸台阶式铺料；起重机安装以后混凝土水平运输采用汽车运输，起重机挂 $3m^3$ 吊罐进仓，左、右坝肩门机覆盖不到部位的混凝土，采用门机加手推车进仓方式施工。施工完成后，坝体模型如图 9-16、图 9-17 所示。

9.2.8 帷幕灌浆

大坝主体浇筑到廊道完成后，开始在廊道内进行帷幕灌浆，坝肩帷幕灌浆在坝顶封拱后进行，其优点是不影响坝体主体的浇筑，从而为电站的建设缩短了工期，灌浆帷幕采用单排口布置，孔距 3m，均为直孔，帷幕灌浆按三续孔施工，一续孔间距 12m，二续孔间距 6m，三续孔间距 3m，帷幕灌浆采用自上而下式灌浆，射浆管离孔底不得大于 0.5m，灌浆段长度易采用 5~6m，灌浆模型如图 9-18 所示。

图 9-16 坝体模型（1）

图 9-17　坝体模型（2）

图 9-18　灌浆模型

9.2.9　诱导缝模型

通过对大坝修建期内全过程的仿真计算，得到坝体内部应力最大部位，提前在应力最大部位设置诱导缝，使得坝体应力逐步加大的时候，诱导缝能够拉开，释放坝体内部的应力，诱导缝模型如图 9-19、图 9-20 所示。

9.2.10　进水塔模型

进水塔基础高程 1252.35m，顶部高程 1276m，高差 23.65m。拦污栅排架顶部高程 1280.25m，启闭机室顶部高程 1287.5m。进水口混凝土方量 1656m^3，钢筋制安 75t，进水塔模型如图 9-21 所示。

9.2.11　电站厂房模型

电站装机容量为 20MW，推荐装机台数 2 台，单机容量 10MW，电站的保证出率为 2660kW，保证出率为单机额定出率的 26.6%，但考虑电站水库为不完全年调节水库，有较

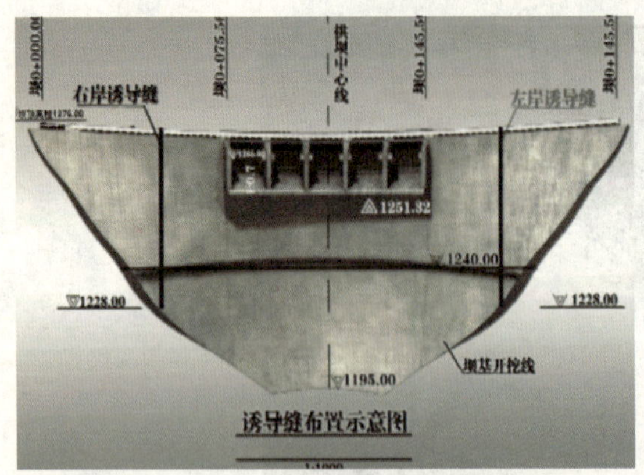

图 9–19　诱导缝布置示意图

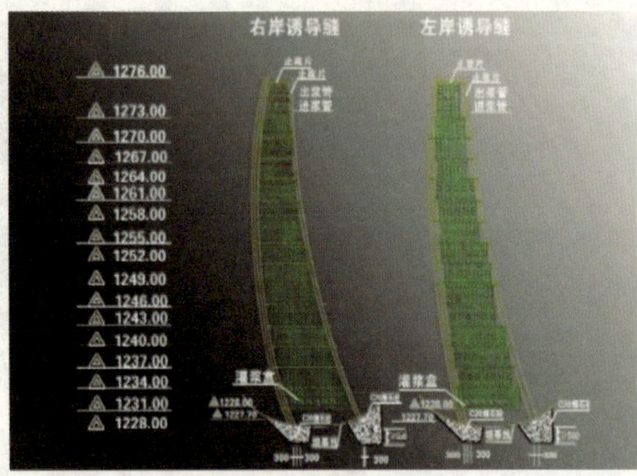

图 9–20　诱导缝模型

图 9–21　进水塔模型

好的调节性能，电站可在少水时停机蓄水，采用长蓄短发的运行方式，使水轮发电机组在较高的负荷内高效稳定地运行，电站内部模型如图 9–22 所示。

图 9–22　电站内部模型

9.3 落脚河水电站施工过程的可视化仿真分析

针对落脚河水电站工程施工的复杂性，工程人员希望在保证施工质量的前提条件下，力求降低工程建设费用、缩短建设工期。因此需要借助于专家和工程技术人员的知识和经验，把数学模型和知识模型很好的结合起来，并融入虚拟现实技术进行仿真模拟以求优化。

本节将虚拟现实可视化引入水利水电工程领域，对落脚河整个施工过程应用虚拟现实技术进行模拟仿真，以虚拟仿真技术、系统动力学和交通运输系统分析学为理论基础，并结合了系统科学、经济科学、决策科学、计量经济学、应用数学以及计算机科学等，展示出具有临场感的虚拟施工场景，动态、直观地展示施工过程条件变化，为宏观决策和项目管理提供快速、系统、准确的信息与技术支持，大大提高了各项工作的及时反应能力，同时发现并解决设计、施工中的问题，并适时调整方案，加快了工期，水电站提前建成并网发电，节约投资并产生经济效益 4100 万元。以下几节简单介绍利用虚拟现实技术对落脚河水电站的施工全过程的分析。

9.3.1 落脚河水电站项目概述

2004 年 10 月贵州中水建设项目管理有限公司通过竟标获取落脚河水电站项目管理。

由于落脚河水电站工程项目建设的复杂性、综合性和系统性的要求，对项目建设的全方位协同管理也提出了要求。2004 年 10 月，由贵州中水建设项目管理有限公司董事长发起、公司 CEO、副总经理、总工程师和各部门主任开了一次会议，讨论确定落脚河水电站项目团队，由 CEO 任落脚河水电站项目经理。落脚河水电站组织机构图见图 9–23、图 9–24。

落脚河水电站全过程项目管理包括修编初步设计等前期工作、施工图设计、工程建设直到交付运行，是一个项目全过程的管理过程，如图 9–25 所示。

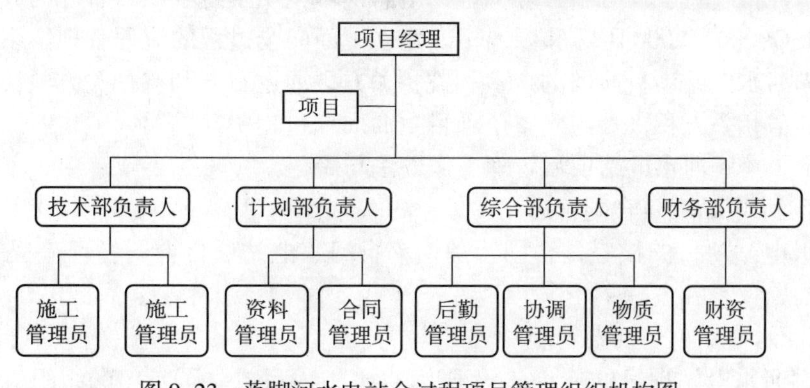

图 9–23 落脚河水电站全过程项目管理组织机构图

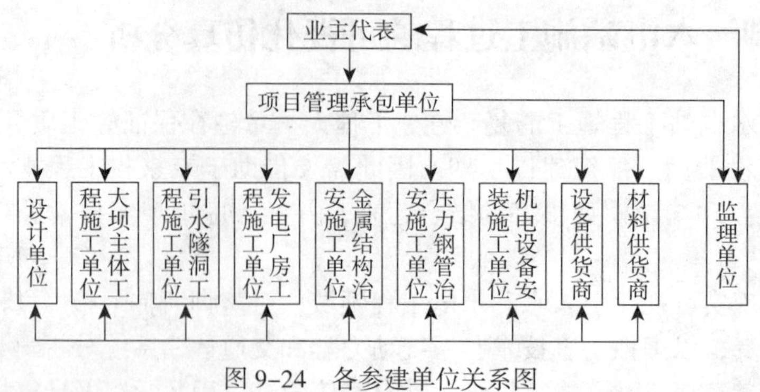

图 9-24　各参建单位关系图

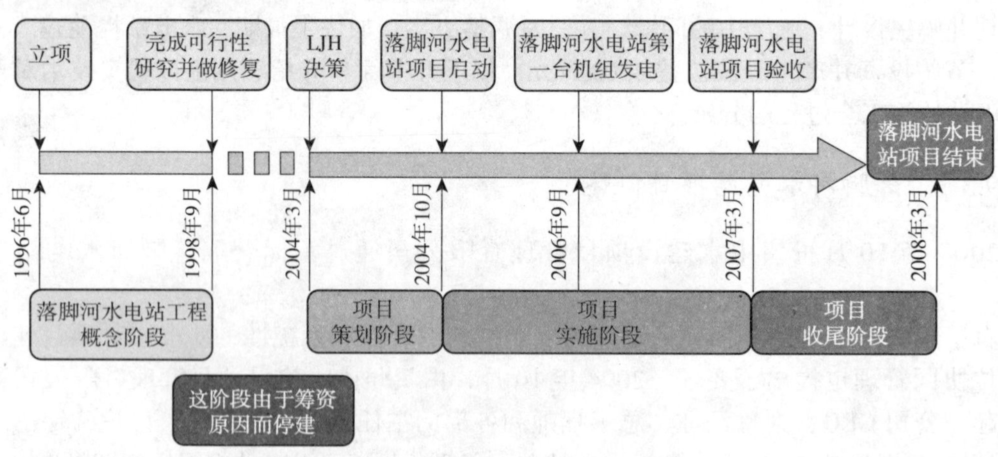

图 9-25　落脚河水电站项目全过程管理

9.3.2　落脚河水电站施工全过程管理

贵州中水建设项目管理有限公司为确保落脚河水电站全过程项目管理的成功实施，项目团队遵循 ISO9000：2000 国际和国内标准建立了面向全过程的流程管理体系，项目团队充分考虑落脚河水电站项目涉及的众多利益相关方，通过召开利益相关方项目评审会议等方式，使得利益相关方积极参与到整个项目生命周期过程中。同时，项目团队和各利益相关方共同确定了落脚河水电站项目管理工作方法与流程。

1）落脚河水电站项目合同管理

落脚河水电站项目的核心是合同管理。落脚河水电站项目合同管理流程图如图 9-26 所示。

2）落脚河水电站项目前期管理

根据落脚河水电站项目的特点，落脚河水电站项目成立了专门的组织机构，开展前期工作，前期工作中项目管理团队与相关部门联合成立工作组。

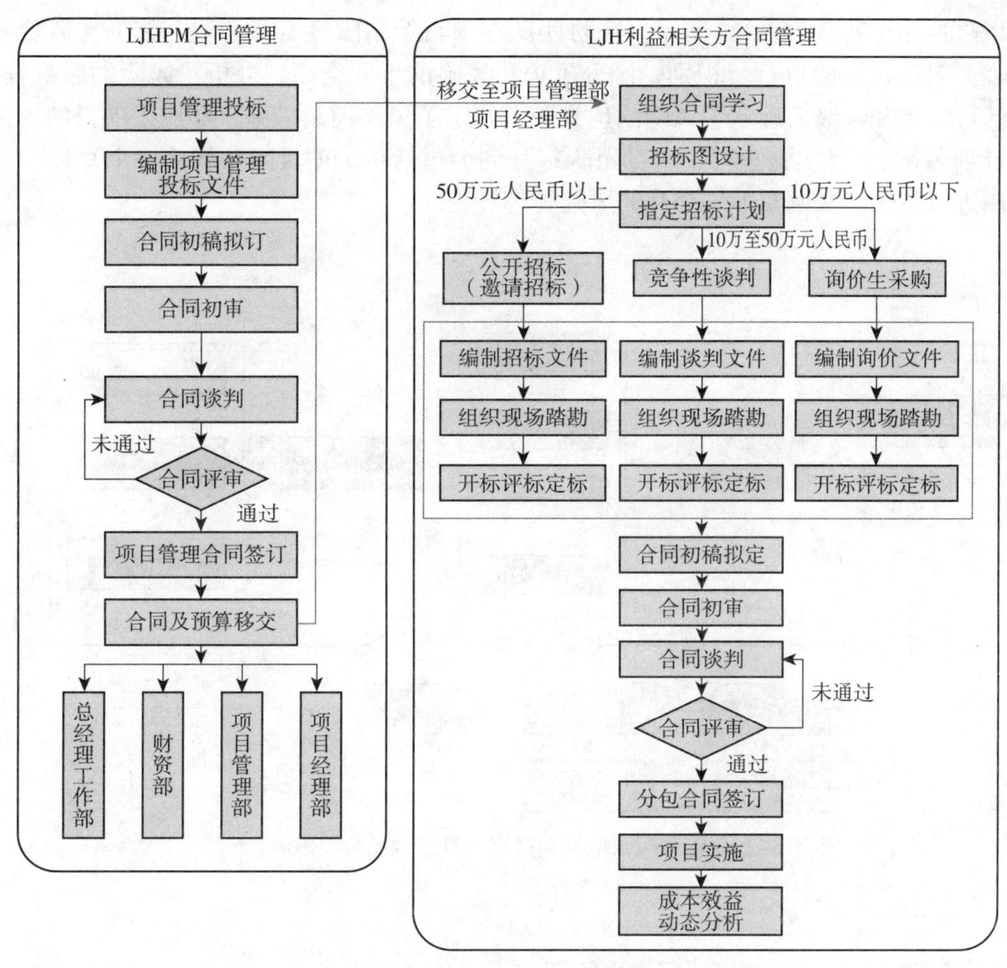

图 9-26　落脚河水电站项目合同管理流程图

3）落脚河水电站项目相关手续报批工作

为了使落脚河水电站项目尽早开工，争取客户、项目团队和其他利益相关方的最大效益，工作组进行了卓有成效的工作，在最短时间内完成了 10 多项项目的批复，使落脚河水电站项目得以尽早开工。

4）落脚河水电站工程占地清理及补偿管理

依据中国政府于 2004 年批准建设落脚河水电站的文件，落脚河水电站全过程项目管理团队与中国贵州省毕节地区大方县国土资源局、林业局、移民局、各乡镇村以及所属乡镇国土管理部门组成了土地丈量实物登记及征地补偿安置工作组，深入基层开展具体工作，确保落脚河水电站占地清理过程中的所有实物数据真实可靠，同时造册登记。根据团队制定的落脚河水电站工程占地补偿安置款兑现资金封闭式运行管理流程图，于 2006 年 5 月 20 日完成整个工程施工占地、库区旱地、经济林、灌木林、荒山等的丈量和征地补偿工作。

5）落脚河水电站全过程项目风险管理

为降低项目的风险，项目团队与各利益相关方共同确认了落脚河水电站全过程项目管理的风险控制流程如图 9–27 所示。项目团队在项目策划阶段召开会议，依据《风险初步评估表》对项目风险进行了识别，区分了项目风险的不同类型，分析了风险的影响程度、发生的可能性和量级，确定了风险的优先级。制定了风险控制措施，形成了项目的《风险管理计划》。在项目实施阶段，项目团队每月例会包括：①项目团队就前一个月风险管理和控制进行总结。②调整下一个月的风险管理计划。

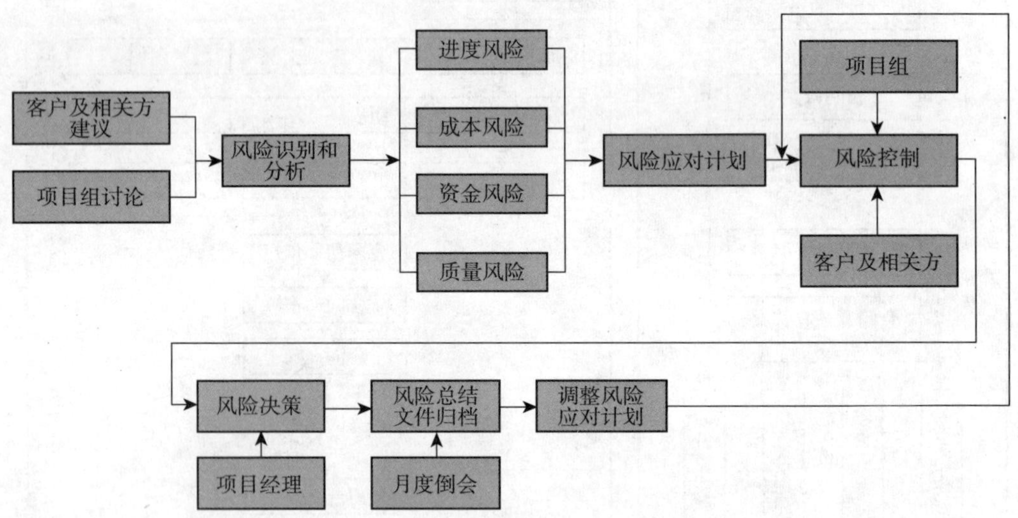

图 9–27　落脚河水电站全过程项目管理风险控制流程图

6）落脚河水电站全过程项目变更管理

项目实施过程中，各利益相关方均可提出变更，统一使用贵州中水建设项目管理有限公司制定的《变更申请表》提出变更。由项目团队进行变更分析，召集相关人员进行评审，确认签字后实施变更，同时更新项目计划和跟踪基准，直至关闭，文件存档。

项目变更控制流程如图 9–28 所示。

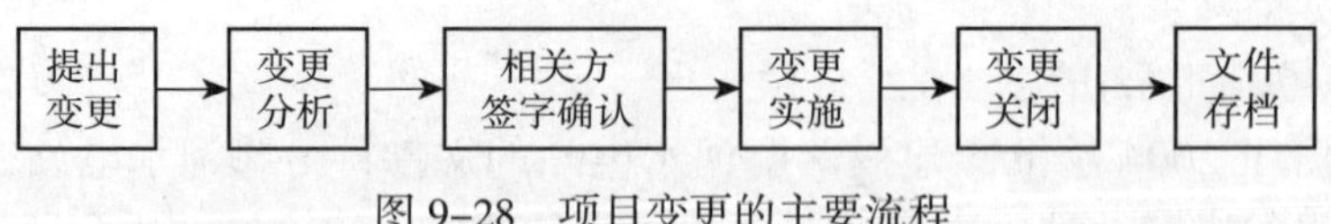

图 9–28　项目变更的主要流程

7）落脚河水电站全过程项目信息管理

首先确定信息管理原则。项目团队与各利益相关方讨论确定：在落脚河水电站全过程项目管理中共同遵守由项目管理公司与监理单位共同制定的《大方落脚河水电站信息系统管理规程》；合作伙伴在该项目中应该遵循的过程在合同中确定；向客户上报工作成果按照客户的业务流程和规范办理。

在项目实施过程中，使用贵州中水建设项目管理有限公司标准化的项目管理工具和具有远程管理功能的 OA 系统，实现对内部和外部过程的有效衔接和管理。

8）落脚河水电站全过程项目质量管理

该项目涉及的业务种类多，除了按照一般的工程项目质量管理制度执行外，由于落脚河水电站项目具有一些特殊过程，结合客户的管理要求，该项目实行了三级质量监督体系：一是项目团队和合作伙伴的自我测试，即自我监督；二是监理机构的监督；三是贵州省水利建设工程质量监督检测中心的政府监督。

通过上述质量监督体系，在项目建设的主要过程中，对大坝基础开挖、厂房基础开挖、发电引水隧洞石方洞开挖、坝体混凝土施工、厂房水下墙混凝土施工及排架柱施工、设备安装管理等专项施工过程进行了细分和加强。同时针对材料的见证取样，主体结构实体检测、基础检查等特殊过程进行了质量控制。

9）落脚河水电站全过程项目管理安全管理

落脚河水电站全过程项目管理重视安全管理，坚持“安全第一、预防为主，以人为本、珍惜生命” 的方针。落脚河水电站全过程项目管理项目经理特别重视安全生产管理，组织项目团队成员认真学习贵州中水建设项目管理有限公司安全管理手册。根据落脚河水电站实际情况及安全手册的要求设置专职安全管理员，把手册中所规定的安全管理规程规范及制度落到实处，做到安全生产、文明施工，确保落脚河水电站项目在安全的保障下顺利实施。

10）落脚河水电站全过程项目管理采购管理

落脚河水电站全过程项目管理注重采购管理，建立了采购管理流程图。以设备采购为例，流程图如图 9-29 所示。

11）落脚河水电站工程验收管理

落脚河水电站工程验收是项目全过程管理的关键工作之一。依据国家有关部门颁发的

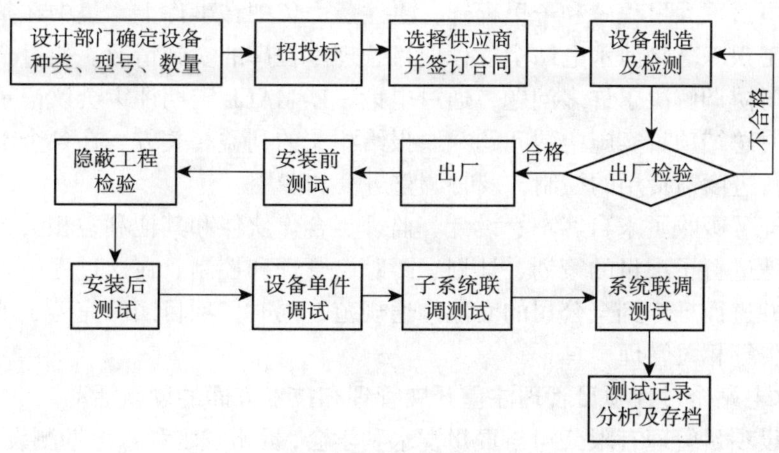

图 9-29　设备采购流程图

有关政策法规、规范、规程及标准，批准的设计文件，与利益相关方签订的合同及由监理单位签发的文件、设备技术说明书、审计报告及审计决定等编制落脚河水电站全过程项目管理验收工作大纲。

验收流程图如图 9-30 所示。

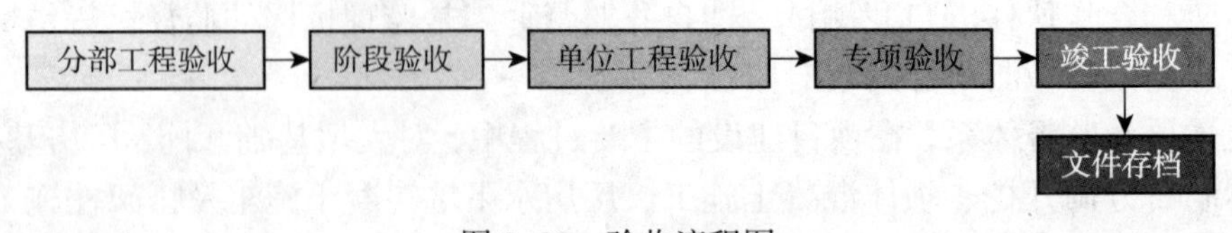

图 9-30 验收流程图

9.3.3 落脚河水电站项目施工工程采用的项目管理方法和体系

1）组建了适应落脚河水电站全过程项目管理需要的项目管理团队

为了成功实现落脚河水电站全过程项目管理，贵州中水建设项目管理有限公司为落脚河水电站全过程项目管理组建了强矩阵形项目管理组织。贵州中水建设项目管理有限公司多项目管理组织对落脚河水电站全过程项目管理形成了有力的支持。

该项目被确立前，公司就有了按照 ISO9000：2000 和 IPMP 模型进行项目管理的一套管理方法。与此同时，贵州中水建设项目管理有限公司积极聘请国内知名项目管理咨询公司和专家对落脚河水电站所有参与人员进行项目管理体系、理论和方法等方面的培训，并积累了工作经验，这样为项目组内部交流、项目组与外部利益相关方交流、项目实施过程创造了一个统一的能力基准。

2）充分应用现代项目管理技术、方法和工具

项目组按照 IPMP 的要求，充分利用 Microsoft Project、Word、Excel 等项目管理工具，在项目进度管理中，项目团队将过程按照工作内容、工序、时间要求等因素进行分解，在项目计划中建立项目重大里程碑和子里程碑，将注意力集中在事件上，集中在基于事件的关键路径上，紧密跟踪落脚河水电站全过程项目管理里程碑的实施情况。通过全员参与机制在工作现场实时协调解决了许多问题，通过电话、E-MALL 定期评审会议记录跟踪解决问题。同时，及时总结项目实施中的问题并通报给相关的利益相关方。在各个工作进程中运用净得值法进行进度与费用的控制，及时调整进度和费用。

同时，团队充分吸收了来自客户、设计、监理、合作伙伴和其他利益相关方新的项目管理思想，有效地进行了项目的策划、计划、跟踪、管理和控制。在这过程中总结提炼了一套适于本项目并进而推广到全公司的交流沟通规范，同时，项目团队完善了项目进度报告、工程实施报告等相关管理工具。

3）落脚河水电站全过程项目管理注重开展管理和技术方面的创新活动

贵州中水建设项目管理有限公司与贵州省水利学会，贵州省水利水电勘测设计研究院、中国水利水电科学研究院结构材料所、贵州省大坝中心等单位合作，成功运用了全坝外掺 MgO 微膨胀混凝土快速筑坝技术并在落脚河水电站现场举行了技术经验现场交流会。

通过项目管理创立和实践了解水电项目全过程项目管理模式。

4）将项目过去和当前的经验教训文档化，以便其他项目参考获益

在项目实施管理过程中，项目团队以书面或者电子文档两种方式对所有技术管理信息进行了归档保存。电子文档存储在公司的网络数据库中，贵州中水建设项目管理有限公司全体员工可以共享。书面文件进行分类、编号后存放于落脚河水电站全过程项目管理部资料室，专人管理并形成检索目录，供各利益相关方查阅和共享。

项目实施过程中定期进行质量分析、阶段总结，并将改进意见表发放给各利益相关者，分析前一阶段成功的管理经验和不足之处，对照计划提出下一阶段的改进措施，形成阶段管理总结报告；项目团队定期举办项目管理经验交流会，为管理人员提供交流平台；项目实施管理过程中形成的管理经验和教训，及时进行管理规章改进，并在公司内部发布，与其他项目共享。

由于落脚河水电站全过程项目管理积极推行知识管理，项目成员通过记录、学习、总结，提高了项目管理水平，已将多项文档在项目组中推广。此外也形成了行业内可供其他单位参考的论文及参考资料。

附　录

1）3DSMAX 命令大全及解释

（1）File（文件）菜单

New（新建）	在不改变当前场景系统设置下清除场景中的所有内容。同时该命令可选择保留场景内物体及其层级供新场景使用。快捷键为 Ctrl+N。
Reset（重置）	清除当前所有的数据并恢复原有的系统设置。
Open（打开）	将打开 3DSMAX 场景文件或角色建模文件。快捷键为 Ctrl+O。
Save（保存）	会保存当前场景的变化并覆盖上一次的保存动作。快捷键为 Ctrl+S。
Save As（保存为）	将会打开相应的对话框供以不同的名字、路径保存当前的场景或角色。
Save Selected（保存选择）	允许你在当前场景中选择一个或多个物体另存为一个场景文件，所有与被选择物体关联的物体和属性都将被保存。
XRef Objects（外部引用物体）	该命令可供你从其他场景文件中引用物体到当前场景中来。你可以修改该物体，或者选择更新该物体以应用源文件的改动。
XRef Scenes(外部引用场景）	该命令可以让你引用其他场景作为你的场景的背景或基础。
Merge（合并）	可以将其他场景文件中的物体复制合并到当前场景里来，作为当前场景的一部分。
Merge Animation（合并动画动作）	可以将动画动作数据从另一个场景或当前场景的物体上传输到当前所选择的物体、组合物体或层级物体上，可以同时合并数个动画动作数据。

Replace（替换）	可以让你将场景中的一个物体替换为另一个物体。
Import（输入）	可让你在 3DSMAX 中打开或合并非 3DSMAX 格式的文件。如 3ds/dwg/ai/dxf 等文件。
Export（输出）	可以让你将场景或物体转换并输出为非 3DSMAX 格式的文件。
Export Selected（选择输出）	选择输出命令可以将几何体输出为 3ds/ai/dxf 等的格式。
Archive（存档）	该命令将创建一个包含当前场景文件及所有关联贴图的可执行压缩文件。也可选择创建一个列表文件，列出所有关联路径。
Summary Info（摘要信息）	此命令将打开当前场景的统计对话框，列出包括场景的物体数量、面片数量等信息。
File Properties（文件属性）	该命令可以让你输入文件相关的信息，以便在 Windows 系统中快速查看。
View Image File（显示图像文件）	图片、动态文件查看命令。打开的对话框中可选的文件都可以通过附加程序查看。
History（历史）	显示最近保存的文件，并可以直接单击打开该文件。
Exit（退出）	该命令可退出 3DSMAX 主程序。

（2）Edit（编辑）菜单

Undo or Redo（取消 / 重做）	该命令会撤销或重做对所选物体的最后一次改动。快捷键为 Ctrl+Z/Ctrl+Y。
Hold and Fetch（保留 / 引出）	该命令可以在你将要执行一项或几项不可撤销的操作前将当前的数据保存在缓冲区内。当你不满意结果或软件崩溃后，你可以使用引出命令恢复所保留的场景文件数据。快捷键为 Alt+Ctrl+H/Alt+Ctrl+F。
Delete（删除）	该命令可以将当前所选择的物体直接从场景中删除。快捷键为 Delete。

Clone（克隆）

按住 Shift 键，同时移动，旋转或缩放物体来实现该命令。可以复制，关联复制或参考复制所选物体。快捷键为 Ctrl+V。

Select All（全部选择）

该命令将选择场景中的所有物体。快捷键为 Ctrl+A。

Select None（空出选择）

该命令使场景中的所有物体处于非选择状态。快捷键为 Ctrl+D。

Select Invert（反向选择）

该命令使场景中所有被选物体撤销选择，非选物体被选择。快捷键为 Ctrl+I。

Select By（参考选择）

该命令共有六个下级菜单。分别用于 Color（颜色选择）、Name（名字选择）、Rectangular Region（矩形选择）、Circular Region（圆形选择）、Fance Region（连点选择）、Lasso Region（套索选择）。即根据不同对象的颜色属性和名字来选择。

Region（区域选择）

该命令共有两个下级菜单。分别是 Window（包含）用于在场景中用鼠标拖出一个方形选择框，所有包含在内的物体被选择；Crossing（相交）用于在场景中用鼠标拖出一个方形选择框，所有包含在内以及相交的物体被选择。

Named Selection Sets（命名选择集）

该命令可让你自已命名按不同方式选择的物体集合以便管理。

Object Properties（物体属性）

该命令将显示物体属性对话框，可查看及编辑所选物体属性。

（3）Tools（工具）菜单

Transform Type-In（键盘输入变换）

该命令显示的对话框可以让你精确输入对目标物体进行移动 / 旋转 / 缩放变换的数据。

Display Floater（视窗显示浮动对话框）

该命令显示的对话框，包含了大部分显示控制面板的功能，可以浮在窗口中便于视窗的显示控制。

Selection Floater（选择器浮动对话框）

该命令显示的对话框，与名字选择对话框功能相近。可按名字选择物体。

Light Lister（灯光列表）	该命令显示的对话框，可以控制每盏灯的功能参数，以及每盏灯在场景中的全局光设置。
Mirror（镜像物体）	该命令显示镜像对话框，可按物体方位镜像复制物体。
Array（阵列）	该命令显示阵列对话框，可阵列复制物体。
Align（对齐）	该命令显示的对话框可让所选物体按 *x/y/z* 轴的方向对齐，并且可选最大、最小值或中轴。快捷键为 Alt+A。
Snapshot（快照）	该命令显示的对话框可让你复制一个动画物体的多个拷贝。可按每帧、每个时间单位、每个距离单位创建拷贝。
Spacing Tool（间距分布工具）	该命令显示的对话框可让你按等距来分布拷贝物体。可按中心距、边距、极轴距离分布拷贝。
Normal Align（法线对齐）	该命令可将两个物体按表面法线方向对齐。快捷键为 Alt+N。
Align Camera（相机对齐）	该命令可让你将相机对齐所选物体的某个面的法线方向。
Align to View（视窗对齐）	该命令可让你将所选物体的轴方向对齐当前视窗的轴方向。
Place Highlight（放置高光）	该命令可将一盏灯或一个物体的相对位置对齐到另一个物体上，使得高光或物体映像在当前视图中可见。快捷键为 Ctrl+X。
Isolate Selection（隔离选择）	该命令可将所选物体以外的场景及其他物体隔离开。可避免对所选物体操作时其他场景物体造成的影响。快捷键为 Alt+Q。
Rename Objects（物体更名）	强大的更名命令，显示的对话框可让你为场景中的物体制定统一风格的名字。

（4）Group（群组）菜单

Group（群组）	该命令可以将所选择的多个物体或组结合成一个组，并在场景中像单个物体一样编辑它。
Ungroup（撤销群组）	该命令可将已结合成一个组的物体分散为原来的多个物体。

Open（开放组）	该命令可以临时将一个组打开，并可单独编辑组中的物体。
Close（关闭组）	该命令可将已打开的组重新关闭，多重的组在外层关闭后内层组也即关闭。
Attach（配属）	该命令可以将所选物体配属结合到一个已存在的组内。
Detach（分离）	该命令可以将一个组中的某个物体分离出来。此命令需要与开放组命令同时使用。
Explode（分散组）	该命令将组内的所有物体全部分散开，不管层级关系。而撤销群组命令只将最外层组分散开。

（5）Views（查看）菜单

Undo View Change/Redo View Change（取消 / 重做视窗变化）	取消或重做视窗变化命令，可以撤销上一次对视窗的改动。
Save Active View/Restore Active View（保存 / 还原当前视窗）	保存或还原当前视窗命令，可以将当前亮显的视窗设置保存下来。
Viewport Configuration（视窗配置）	该命令显示的对话框用来设置视窗控制选项。可以将视窗设置为你需要的样子并存为 maxstart.max 文件作为 3DSMAX 的初始视窗。
Grids（栅格）	该命令共有四个子菜单：
① Show Home Grid（显示栅格命令）用于显示或关闭当前视窗中的原始栅格显示。快捷键为 G。	② Activate Home Grid（活跃原始栅格命令）用于使视窗内的原始栅格作为当前栅格，使栅格物体处于非活动状态。
③ Activate Grid Object（活跃栅格物体命令）用于使视窗内的一个栅格物体作为当前栅格，使其他栅格处于非活动状态。	④ Align Grid to View（栅格及视窗对齐命令）用于将栅格物体与视窗的同等坐标对齐以便于修改及设置物体。

Viewport Background（视窗背景）	该命令对话框可加载及控制当前视窗的背景图像。快捷键为 Alt+B。
Update Background Image（更新背景）	该命令在重新设置背景、设置参数、设置视窗纵横比等后，进行更新。
Reset Background Transform（重置背景变换）	该命令重新缩放及重置已改动的视窗背景。
Show Transform Gizmo（显示变换坐标系）	当对物体进行移动、旋转等变换动作时，在视窗中显示物体的辅助轴坐标系。
Show Ghosting（显示重像）	当对一个动画物体进行动作研究时，开启该命令可以在当前关键帧前后产生多个该物体的线框重像以利于研究。
Show Key Times（显示时间键）	该命令可以在视窗中显示动画物体的运动轨迹上的时间键值。
Shade Selected（选择亮显）	勾选该项可以在视窗采用线框和其他显示模式时给所选物体加载贴图及光影。
Show Dependencies（显示关联物体）	勾选该项并且将修改器面板打开，则与所选物体关联复制、参考复制以及共用修改器的物体均显示为红色。
Match Camera to View（相机与视窗匹配）	该命令可以将场景中的一部相机与一个透视视窗、聚光灯或其他照相机视窗匹配。
Add Default Lights To Scene（增加场景缺省灯光）	该命令可以将场景的缺省灯光改为自定的一或两盏灯。并且可以将灯光与相机绑定（首先要在视窗设置中打开缺省灯光及可用两盏灯）。
Redraw All Views（重画所有视窗）	该命令可以重画所有视窗的显示。
Activate All Maps（显示所有贴图）	该命令可以显示场景中所有物体的贴图。
Deactivate All Maps（关闭显示所有贴图）	该命令关闭显示所有场景中物体的贴图。如果要单独关闭某物体的贴图显示，需要在材质编辑器中单独关闭。

Update During Spinner Drag（微调时实时显示）	该选项勾选时对物体参数的微调变化在视窗中实时可见；关闭时在鼠标释放后才变化。
Adaptive Degradation Toggle（绑定适应消隐）	该选项打开时，在消隐显示模式视窗内当要对物体变换时，物体显示为线框，变换（如移动）完成后才显示为消隐模式。选项关闭时，始终为消隐模式。在大且复杂的场景上可以关闭选项以获得更快的操作速度。快捷键为 O。
Expert Mode（专家模式）	该命令将除菜单、状态条和视窗外的所有面板及工具条隐藏，以获得更大的屏幕工作面积。快捷键为 Ctrl+X。

（6）Create（创建）菜单

Standard Primitives（标准图元）	该命令共 10 个子菜单。
Box（立方体）	可以创建立方体或各种尺寸的盒状物体。
Cone（圆锥体）	可创建各种尺寸的圆锥体。
Sphere（球体）	可创建不同大小球体或球体的一部分。
GeoSphere（三角面片球体）	可创建以三角面片组成的球体。
Cylinder（圆柱体）	用于创建不同高度及半径的圆柱体。
Tube（管状体）	用于生成圆形或菱形的管状体。
Torus（圆环体）	可生成不同半径及粗细的圆环。
Pyramid（角锥体）	可生成不同高度类似金字塔的角锥。
Plane（平面）	可生成扁平网格面片，并可以无限放大。
Teapot（茶壶）	可生成茶壶状物体或其一部分。
Extended Primitives（扩展图元）	该命令共 13 个子菜单：
Hedra（多面体）	可定义生成不同类型和面数的多面体。
Torus Knot（环面扭结体）	可生成不同麻花状环面扭结体。

Chamfer Box（斜切立方体）	生成有斜切导角的立方体。
Chamfer Cylinder（斜切圆柱体）	用于生成有斜切导角的圆柱体。
Oil Tank（桶状体）	生成类似油桶或油罐的物体。
Capsule（胶囊体）	生成类似胶囊的物体，面数可变。
Spindle（纺锤体）	生成纺锤状物体。
L-Extrusion（L 形体按钮）	可挤压生成截面为 L 形的物体。
Gengon（导角棱柱）	可生成柱边导角效果的多边棱柱。
C-Extrusion（C 形体按钮）	可挤压生成截面为 C 形的物体。
RingWave（环状波）	可生成类似环状冲击波的物体。
Hose（软管体）	可生成类似弹簧的物体，可绑定于其他物体上，随其移动变形。
Prism（三棱柱）	可生成各种三边棱柱。
Shapes（形状）	该命令共 11 个子菜单：
Line（线条）	用于生成可分段的空间自由形态样条曲线。
Text（文字）	生成文字框样条，可挤压成物体。
Arc（弧）	生成一段弧状样条线。
Circle（圆）	生成圆样条曲线。
Donut（圆环）	生成圆环样条线，可挤压成管状体。
Ellipse（椭圆）	生成椭圆样条线。
Helix（螺旋线）	生成空间螺旋样条线。高度及段数可调。
NGon（多边形）	生成多边形样条线。

Rectangle（矩形）	生成矩形样条线。
Section（截面）	通过建立一个面片并截取另一个物体的截面而形成该截面的样条线。
Star（星形）	生成多个角的星形样条线。
Lights（灯光）	该命令共 15 个子菜单：
Target Spotlight(目标聚光灯）	可分别调整灯光及灯光目标的投射聚焦光束的灯光类型。
Free Spotlight（自由聚光灯）	创建后灯光，灯光目标相对固定，但必须同时调整的灯光类型。
Target Directional Light（目标平行光）	灯光及目标可调的投射，类似一束阳光的灯光类型。
Directional Light（平行光）	灯光及目标相对固定的平行光类型。
Omni Light（泛光灯）	从一点向所有方向发射光的灯光类型。模拟点光源。
Skylight（天光）	模拟天空光，以穹顶方式发光。多数与光线追踪同时使用。
Target Point Light（目标指向点光源）	使用目标对准物体的点光源类型。以实际光学单位参数调整。
Free Point Light（自由点光源）	无目标指向的点光源。以实际光学单位参数调整。
Target Linear Light（指向线光源）	使用目标对准的线状光源。
Free Linear Light（自由线光源）	非指向的线光源。
Target Area Light（指向面光源）	使用目标对准的面光源。
Free Area Light（自由面光源）	非指向的面光源。
IES Sky（IES 天光）	可创建基于物理及地理参数化的模拟天光及大气光效果的光照系统。

IES Sun（IES 阳光）	创建基于物理及地理参数化的模拟阳光效果的光照系统。
Sunlight System and Daylight（太阳光及日光系统）	可选时间 / 地点 / 方位的模拟太阳及白昼光照的光照系统。
Cameras（相机）	该命令共两个子菜单：
Free Camera（自由相机）	用于创建固定镜头的相机，在视窗中显示所对准的范围中场景。
Target Camera（目标相机）	用于创建带有目标物体的相机。相机和目标均可以编辑。任何相机动作均可以记录成动画。
Particles（粒子系统）	该命令共 6 个子菜单：
Blizzard（暴风雪系统）	可以创建模拟风雪的粒子系统。并可以设置路径等参数。
PArray（粒子阵列系统）	可以创建遍布几何体表面的粒子阵列以及生成复杂的物体爆炸效果。
PCloud（粒子云系统）	可在固定体积空间内产生诸如鸟群、星团、军队等数量较多的群体。
Snow（雪花系统）	次于暴风雪系统的较简单的建立雪花或碎片效果的粒子系统。
Spray（喷溅系统）	用来模拟如下雨、喷泉、水管出水等液体喷洒效果的粒子系统。
Super Spray（超级喷射系统）	可生成受控制的粒子喷射效果，产生强烈的喷射效果。

（7）Modifiers（修改器）菜单

Selection Modifiers（选择修改器）	该命令共 7 个子菜单：
Mesh Select（网格选择修改器）	可以以子物体级选择物体的顶点、边、面等供下一步修改使用。

Poly Select（多边形选择修改器） 可以以子物体级选择物体的顶点、边、边界、多边形和元素等供下一步修改使用。

Patch Select（面片选择修改器） 可以以子物体级选择物体的顶点、边、面片和元素等供下一步修改使用。

Spline Select（样条选择修改器） 可以以子物体级选择物体的顶点、分段和样条线等供下一步修改使用。

Volume Select（体积选择修改器） 使用几何体体积选择方式以子物体级选择物体的顶点或面等供下一步修改使用。选择集可完全分离出来。

FFD Select（自由变形选择修改器） 可以选择用自由变换修改器变形物体的修改节点，供下一步修改使用。

NURBS Surface Select（NURBS 表面选择修改器） 选择非均匀有理 B 样条曲线的曲面物体的子物体，如曲线子物体可作为样条线编辑。

Patch/Spline Editing（面片 / 样条线修改器） 该命令共 10 个子菜单：

Edit Patch（面片修改器） 提供多种工具修改以子物体级选择的物体的顶点、边、面片和元素。

Edit Spline（样条线修改器） 提供多种工具修改以子物体级选择的物体的顶点、分段和样条线。

Cross Section（截面相交修改器） 可以通过连接多个样条曲线的节点而生成一个面片表面。

Surface（表面生成修改器） 可以通过已生成的样条曲线线框生成多边形面片表面物体。

Delete Patch（删除面片修改器） 可以在面片选择修改器中，以子物体级选择物体的顶点、边、面片和元素后删除这些子物体。

Delete Spline（删除样条线修改器） 可以在样条选择修改器以子物体级选择物体的顶点、分段和样条线后删除这些子物体。

Lathe（车床修改器） 可以将一段样条线旋转生成网格面 / 面片 /NURBS 表面。

Normalize Spline（规格化样条线修改器）	可以在样条线上等距增加控制节点。作为后期编辑使用。
Fillet/Chamfer（圆切/斜切修改器）	在样条线形体的两段线的夹角上圆切/斜切。
Trim/Extend（修剪/延伸修改器）	可以将一个类似于圆或框的相交的样条曲线的出头部分修剪掉，以及可以将非闭合线条的一端延长与样条线闭合。
Mesh Editing（表面编辑）	该命令共 14 个子菜单：
Cap Holes（顶端洞口编辑器）	用来在网格物体的表面空洞上产生一个面来封闭它。
Delete Mesh（删除网格编辑器）	用来删除网格物体的表面上的数个面（子物体）。
Edit Mesh（编辑网格物体编辑器）	有多项工具可以修改网格物体的子物体（顶点、边、面、多边形等）。
Edit Normals（编辑法线编辑器）	提供多项交互式工具控制物体顶点法线。
Extrude（挤压编辑器）	可以将样条形体挤压拉伸成有高度的参数物体。
Face Extrude（面拉伸编辑器）	可将物体的子物体面按指定方向拉伸。
Normal（法线编辑器）	可将一个物体的表面法线结合成一体及翻转法线方向。
Optimize（优化编辑器）	可将一个物体的表面面片数量优化到最少。
Smooth（平滑编辑器）	可将一个物体表面平滑化。
STL check（STL 检查编辑器）	将某物体输出为 STL 模型，即在立体印刷成型模型时，检查该物体是否为完全封闭的物体。
Symmetry（对称编辑器）	可将物体对称复制为一个相对物体。在角色建模及对称物体建模时常用。

Tessellate（镶嵌编辑器）	在物体表面细分镶嵌网格。
Vertex Paint（顶点着色编辑器）	在物体的子物体顶点和面上着色，并渐变到其他面。
Vertex Weld（顶点焊接编辑器）	在设定范围内将物体的相邻顶点级别面片删除，并焊接顶点。可以减少面片数，但不同于优化编辑器。
Animation Modifiers（动画编辑器）	该命令共 9 个子菜单：
Skin（皮肤编辑器）	骨骼变形工具。可将动画文件的骨骼物体、样条及其他物体变为网格、面片、NURBS 曲面物体等。随骨骼文件动作。
Morpher（变体编辑器）	可以改变网格、面片、NURBS 曲面物体等的形状及材质。多用于嘴眼动作动画。
Flex（伸缩编辑器）	模拟软体动力学。可设置物体变形时的弹性参数。
Melt（熔化编辑器）	模拟实际溶解效果。可应用于所有物体及其子物体。
Linked XForm（连结参考变换编辑器）	将物体或子物体连接到其他物体上。应用在目标物体（控制物体）上的移动、旋转等变换动作会反映到连结物体上。
Patch Deform（面片变形编辑器）	可以使用面片对物体进行变形操作。
Path Deform（路径变形编辑器）	可以使用路径对物体进行变形操作，如动画路径的变形。
Surf Deform（表面变形编辑器）	类似于面片变形编辑器，不过是使用 NURBS 表面和 CV 表面来变形物体。
* Surf Deform（空间变形编辑器）	类似于路径变形编辑器，不过是使用 NURBS 表面和 CV 表面来变形物体。
UV Coordinates（贴图轴坐标系）	该命令共 5 个子菜单：
UVW Map（UVW 贴图编辑器）	通过控制贴图轴坐标来控制贴图在物体表面的显示方式。

UVW Xform（UVW 贴图参考变换编辑器）	通过编辑器可以编辑变形物体上已存在的贴图坐标系。
Unwrap UVW（展开贴图编辑器）	可以展开一个物体的贴图坐标并在其子物体级编辑贴图。
Camera Map（相机贴图编辑器）	可以只在当前帧及指定相机的基础上指派平面贴图坐标系。移动时贴图变化可见。
* Camera Map（环境相机贴图编辑器）	可以为物体指派环境平面贴图坐标系即与环境适应。移动时贴图变化不可见。
Cache Tools（捕捉工具）	该命令只有一个子菜单：
Point Cache（点捕捉编辑器）	可以将物体的编辑器堆栈的操作记录为顶点的动作并存为一个文件。可作为动画研究以减少不必要的操作。
Subdivision Surfaces（表面细分）	该命令共两个子菜单：
MeshSmooth（表面平滑编辑器）	棱角分明的物体可以通过此编辑器变得平滑。
HSDS Modifier（分级细分编辑器）	可通过此编辑器分级细分物体表面。可作为精加工工具建模。
Free Form Deformers（自由变形工具）	该命令共两个子菜单：
FFD 2×2×2/FFD 3×3×3/FFD 4×4×4（自由变形工具 2×2×2/3×3×3/4×4×4）	自由变形工具类似由数个节点组成的框状编辑器，在其中的物体随节点的变换而变形。
FFD Box/FFD Cylinder(盒体和圆柱体自由变形工具）	同上，由节点组成盒体和圆柱体，编辑其中的物体。
Parametric Deformers（参数变形工具）	该命令共 19 个子菜单：

Bend（弯曲）	按某一轴可将物体弯曲至360°。
Taper（锥形化）	可将物体按设定的锥形轮廓变形。
Twist（扭曲）	可将物体按不同程度扭曲。
Noise（噪声）	可在物体表面产生不同程度的噪波。
Stretch（缩放）	可以按指定轴对物体产生缩放效果。另外两轴产生相应的变形。
Squeeze（压榨）	以物体的轴方向或法线方向产生挤压变形效果。
Push（推挤）	可以按物体的法线方向向内或向外推挤变形。可产生类似“膨胀”的效果。
Relax（松弛）	通过将物体的顶点移近产生物体圆滑收缩的效果。面数不变。
Ripple（波纹）	可以在物体表面产生同心波纹的变形效果。
Wave（波浪）	可在物体表面产生类似波浪的变形效果。
Skew（倾斜）	可控制轴方向和数值的倾斜变形效果。
Slice（切片）	可以用一个切片穿过物体来产生截面以及分离物体。可用来建模。
Spherify（球形扭曲）	将一个物体扭曲变形到一个球形空间内。
Affect Region（面域影响）	可以在物体表面子物体级上产生变形，如拉出鼓包或折痕。
Lattice（栅格）	可以将物体转变成节点球或网格物体。取决于物体的结构线框。
Mirror（镜像）	可以按轴方向将各种物体和子物体镜像复制。
Displace（置换）	可以使用力场设置使物体变形。可采用图片、等高线等来使物体变形。

XForm（参考变换）	可基于自身坐标系对物体及其子物体进行变换操作（旋转 / 移动等）。
Preserve（保持）	在对物体变形操作前，生成一个拷贝并且在操作后参考原物体调整如顶点距离、面边距、贴图等的数值。
Surface（表面编辑）	该命令共 3 个子菜单：
Material（材质变换）	可以改变物体和子物体材质标识（ID） 的安排，产生变化效果。
Material By Element（元素材质变换）	可以规则或随机地分配材质标识给包含多种图元的物体。适用于如夜晚建筑窗户发光的安排。
Disp Approx（近似表面替换）	可以使用替换贴图（灰度渐变），来为网格物体生成浮雕效果的表面。
NURBS Editing（ NURBS 面编辑）	该命令共 3 个子菜单：
NURBS Surface Select（NURBS 表面选择）	可以选择 NURBS 物体的子物体，如样条线等，供下一步修改。
Surf Deform（表面变形编辑器）	使用 NURBS 表面和 CV 表面来变形物体。
Disp Approx（近似表面替换）	效果同表面编辑子目的修改器，但是将把 NURBS 表面转换为网格物体。
Radiosity Modifiers（光能传递修改器）	该命令共两个子菜单：
Subdivide（细分）	细分修改器会将物体表面细分为更多的网格多边形，供光能传递运算使用。
* Subdivide（超级细分）	类似于细分修改器，但目标不是单个物体而是整个场景。

（8）Character（角色人物）菜单

Create Character（创建角色）	该命令可以创建一个由骨骼、皮肤、IK 链、控制器等用来给角色赋予动画的角色集合。
Destroy Character（删除角色）	在角色集合锁住时，该命令将删除整个角色集合；在角色集合解锁时，将会删除与角色的动画属性有关的物体如控制节点、控制器等物体。
Lock/Unlock（锁住 / 解锁）	该命令将锁住角色，可以禁止它的动画。解锁时动画动作可用。
Insert Character（插入角色）	该命令可以在当前场景中输入一个角色，即输入（*.chr）文件。
Save Character（保存角色）	该命令可以将当前角色保存为一个（*.chr）文件。
Bone Tools（骨骼工具）	该命令将显示骨骼工具面板，提供对骨骼动作的控制。
Set Skin Pose（调整皮肤姿势）	该命令将当前选择的角色中的物体的姿势存储下来。封皮、骨骼等的位置将会自动调整相适应。
Assume Skin Pose（还原姿势）	该命令可使所选物体呈现为已存储的姿势。如可以将动画后的角色还原为动画开始或中间某帧时的姿势。
Skin Pose Mode（表面姿势模式）	此模式打开时，只对物体的姿势进行精确调整而不作用于动画。关闭时，处于同时调整动画的状态下。

（9）Animation（动画）菜单

IK Solvers（反向动力学）	该命令共 4 个子菜单：其中
HI Solver（非历史性控制器）	使用一个目标来控制动画链以实现反向动力学控制。
HD Solver（历史性控制器）	结合反向动力学使用平滑的接缝来控制动画。
IK Limb solver（反向动力学肢体控制器）	用来控制人物角色的肢体动作。

SplineIK Solver（样条反向动力控制器）	用样条曲线来控制骨骼或其他连结物体的动作。
Constraints（约束）	该命令共 7 个子菜单：
Attachment Constraint（附件约束）	可将某物体作为附件以相对位置绑定在其他物体表面上，并随其他物体变化。
Surface Constraint（表面约束）	将一个物体沿着另一物体的表面指定相应位置。
Path Constraint（路径约束）	指定物体沿着或在样条线间运动。
Position Constraint（位置约束）	使一个物体跟随另一个物体或锁定在数个物体间的某位置。
Link Constraint（连结约束）	用来控制一个物体通过目标物体与另一个物体连接的动作。
LookAt Constraint（视觉跟随约束）	定义某物体始终指向另一物体。
Orientation Constraint（方位约束）	指定物体的方位与另一物体的方位一致。物体应该是可旋转的。
Transform Controllers（变换控制）	该命令共 3 个子菜单：
Link Constraint（连结约束）	用来控制一个物体通过目标物体与另一个物体连接的动作。如传递东西的动作。
Position/Rotation/Scale（PRS 控制器）	用来多方位的控制物体的变换动画动作。
Transform Script（变换控制脚本）	将变换动画的动作记录为脚本，可以同时实现多个变换动作。
Position Controllers（位置控制器）	该命令共 15 个子菜单：
Audio（音频控制器）	可以用音波振幅来控制几乎所有的参数动画。

Bezier（贝塞尔曲线控制器）	可以在几乎所有参数值或关键帧之间建立贝塞尔曲线控制，产生丰富的变化。
Expression（表达式控制器）	可用数学表达式来精确控制如物体参数，变换变形参数等动画参数。
Linear（线性控制器）	在参数或动画键之间加入对时间和数值的线性变化控制。
Motion Capture（动作捕捉）	可运用外部设备控制角色动画。
Noise（噪波控制器）	用不同程度的噪波曲线控制位置变换。
Quaternion（TCB 控制器）	用曲线模式来控制物体动画，是使用场而不是切线柄来控制曲线。
Reactor（反应器）	程序化的与其他控制器产生的变化相反应的控制器。
Spring（弹力控制器）	可以对某点或物体位置产生二次变形。产生类似静态变形的伸缩效果。
Script（脚本控制器）	类似表达式控制器，可用脚本来精确控制如物体参数，变换变形参数等动画参数。
xyz（*xyz* 位置控制器）	将物体动画变换的三个轴方向分离，可在表达式控制器里分别控制。
Attachment Constraint（附件约束）	同前。
Path Constraint（路径约束）	同前。
Position Constraint（位置约束）	同前。
Surface Constraint（表面约束）	同前。
Rotation Controllers（旋转控制器）	该命令共 11 个子菜单。具体同 Position Controllers 菜单。
Scale Controllers（比例缩放控制器）	该命令共 11 个子菜单。具体同 Position Controllers 菜单。

Add Custom Attribute（加入用户属性）	该命令创建及添加参数至物体、修改器和场景材质等。
Wire Parameters（参数绑定）	该命令共两个子菜单：
Wire Parameters（参数绑定）	允许将一个物体与另一个物体的可动画参数绑定，同时变化。
Parameter Wiring dialog（参数绑定对话框）	定义参数绑定的各种关联。
Make Preview（创建预视）	该命令创建当前视图的动画的预视。可自定义输出文件格式和输出设备。
View Preview（观看预视）	该命令将打开媒体播放器观看创建的预视文件。
Rename Preview(重命名预览)	该命令重命名保存默认的预览文件。

（10）Graph Editors（图表编辑器）菜单

Track View-Curve Editor（轨迹窗曲线编辑器）	该命令在窗口中以功能曲线编辑场景中的物体动作。
Track View-Dope Sheet（轨迹窗拟定图表编辑器）	该命令在窗口中以拟定方位图表来编辑场景中的物体动作。
New Track View(新建轨迹窗)	新建一个用于轨迹窗曲线编辑器的轨迹窗。
Delete Track View（删除轨迹窗）	删除一个存于轨迹窗曲线编辑器内的轨迹窗。
Saved Track View(已存轨迹窗)	引出一个存于轨迹窗曲线编辑器内的已命名的轨迹窗。
New Schematic View（新建示意观察窗）	新建一个示意观察窗，用来观察场景中的物体、材质、角色等的层级关系便于快速引用和编辑。可以通过不同的分类过滤方式创建多个窗口。
Delete Schematic View（删除示意观察窗）	删除示意观察窗。

Saved Schematic View（显示示意观察窗）	显示一个以存在的示意观察窗。

（11）Rendering（渲染）菜单

Render（渲染）	该命令弹出渲染场景对话框，可设置条件及参数，最后生成静态图片或动画。快捷键为 Shift+R 或 F10。
Environment（环境）	该命令弹出环境对话框，可设置大气和背景效果。
Effects（效果）	该命令弹出渲染效果对话框。可以为渲染的图片和动画加上多种效果。
Advanced Lighting(高级光照）	该命令弹出高级光照对话框。可选两种光照形式 Light Tracer（光线追踪）和 Radiosity（光能传递）来对场景进行渲染。
Render To Texture（贴图渲染）	该命令可以将场景的渲染结果转换成贴图。在虚拟漫游动画时十分有用。
Raytracer Settings（光线追踪设置）	该命令对光线追踪器进行控制，影响场景中的所有光线追踪材质和贴图，同时影响光线追踪阴影的产生。
Raytrace Global Include/Exclude（光线追踪选择）	该命令在场景中选择包含或不包含在光线追踪范围内的物体或材质。
Activeshade Floater（活动渲染窗口）	该命令打开一个活动的生成渲染图片或动画的窗口。
Activeshade Viewport（活动渲染视窗）	该命令打开一个活动的生成渲染图片或动画视窗。
Material Editor(材质编辑器）	该命令打开材质编辑器对话框。调节生成场景中所需要的材质及贴图。快捷键为 K。
Material/Map Browser（材质/贴图浏览器）	该命令浏览及选择已存在的材质及贴图。
Video Post（视频后期处理）	该命令可以对场景的各级各类事件分别或集合输入输出。

Show last Rendering（显示最后渲染图片）	该命令显示最后渲染的图片。快捷键为 Ctrl + I。
RAM Player（RAM 播放器）	该命令可以将一个关键帧序列载入播放器并进行回放。也可在两个通道内以不同的速度回放动画以作比较。

（12）Customize（用户自定义）菜单

Customize User Interface（定制用户界面）	该命令提供定制用户的自己的界面。包括定制快捷键、右键菜单、工具条等。
Load Custom UI Scheme（加载自定义用户界面配置）	该命令加载已有的自定义用户界面配置文件。
Save Custom UI Scheme（保存自定义用户界面配置）	该命令保存用户当前已设置的自定义用户界面配置。
Revert to Startup Layout（恢复初始界面）	该命令用于恢复到软件自定义的初始用户界面。
Show UI（显示用户界面）	该命令共 5 个子菜单：
Command Panel（命令面板）	显示或隐藏命令面板。快捷键为 3 或 Q。
Toolbars Panel（浮动工具条）	显示或隐藏浮动工具条。快捷键为 4。
Main Toolbar（主工具条）	显示或隐藏主工具条。快捷键为 Alt+6。
Tab Panel（标签面板）	显示或隐藏标签面板。快捷键为 2 或 Y。
Track Bar（轨迹条）	显示或隐藏用于快速控制动画关键帧的轨迹条。
Lock UI Layout（锁定用户界面）	锁定后，不能通过拖拽界面上的元素来改变用户界面。快捷键为 Alt+0。
Configure Paths（设置路径）	该命令用来设置如场景文件、渲染图等的保存路径，插件路径等。
Units Setup（单位设置）	该命令进行屏幕和物体建模的参数尺寸的单位设置。

Grid and Snap Settings（栅格和捕捉设置）	该命令进行视窗显示的栅格和物体捕捉的设置。
Viewport Configuration（视窗配置）	该命令设置视窗的规划，显示方式，结构框等。
Plug-in Manager（插件管理）	该命令可管理插件的各方面信息。
Preferences（参数选择）	该命令可管理软件的显示、操作等多方面信息。

（13）MAXScript（3DSMAX 脚本）菜单

New Script（新建脚本）	该命令新建一个 3DSMAX 脚本。
Open Script（打开脚本）	该命令打开一个 3DSMAX 脚本。
Run Script（运行脚本）	该命令运行一个 3DSMAX 脚本。
MAXScript Listener（3DS MAX 脚本注释器）	一个类似 DOS 命令提示窗的 3DSMAX 脚本语言注释器。快捷键为 F11。
Macro Recorder（宏记录器）	该命令可以记录一系列操作并将其录制为 3DSMAX 脚本命令。
Visual MAXScript Editer（可视化3DSMAX脚本编辑器）	该命令将 3DSMAX 脚本语言可视化，易于编辑和创建用户的界面脚本插件。

（14）Help（帮助）菜单

User Reference（用户参考）	该命令包括了内容、索引和搜索等项。
MAXScript Reference（3DSMAX 脚本参考）	该命令显示有关 3DSMAX 脚本的参考，同样包含内容、索引和搜索等项。
Tutorials（教程）	该命令显示 Discreet 自编的 3DSMAX 教程。
Hotkey Map（热键图）	该命令显示软件初始化时显示的互动键盘热键图。
Additional Help（附加帮助）	该命令显示附加插件，如 Character Studio 等的帮助。

3DSMAX on the Web（3DSMAX 网页）	该命令显示有关 3DSMAX 的支持、升级和资源的官方网站。
Plug In Information（插件信息）	该命令显示 3DSMAX 的插件信息。
Authorize 3DSMAX（授权）	该命令用于授权你的 3DSMAX。
About 3DSMAX（关于 3DSMAX）	该命令显示程序版本信息。

2）AutoCAD 环境变量及设置

环境变量	使用 SETVAR 命令可以访问该系统变量（其中的数值指代请详见 AutoCAD help 文件）
APERTURE	以像素为单位设置对象捕捉靶框的显示尺寸。
CALCINPUT	控制是否计算文本中以及窗口和对话框的数字输入框中的数学表达式和全局常量。
CPROFILE	显示当前配置的名称。
CURSORSIZE	按屏幕大小的百分比确定十字光标的大小。
DCTCUST	显示当前的自定义拼写词典的路径和文件名。
DCTMAIN	显示当前的主拼写词典的文件名。
DEFPLSTYLE	指定新对象的默认打印样式。
DRAGMODE	控制拖动对象的显示。
EXTNAMES	为存储于定义表中的命名对象名称（例如线型和图层）设置参数。
FILLMODE	指定是否填充图案、二维实体以及宽多段线。
GRIPBLOCK	控制块中的夹点指定。

GRIPCOLOR	控制未选中夹点的颜色。
GRIPHOT	控制选中夹点的颜色。
GRIPS	控制选择集夹点在拉伸模式、移动模式、旋转模式、比例缩放模式和镜像夹点模式中的使用。
INSUNITS	指定插入或附着到图形中的块、图像或外部参照进行自动缩放所用的图形单位值。
INSUNITSDEFSOURCE	当 INSUNITS 设置为 0 时，设置源内容单位值。
INSUNITSDEFTARGET	当 INSUNITS 设置为 0 时，设置目标图形单位值。
INTELLIGENTUPDATE	控制图形的刷新率。
ISAVEBAK	提高增量保存的速度，特别是对于大型图形。
ISAVEPERCENT	确定图形文件中所允许的耗损空间总量。
LAYOUTREGENCTL	指定“模型”选项卡和布局选项卡中的显示列表的更新方式。
LOCALE	显示用于指示当前位置的代码。
LOCALROOTPREFIX	存储根文件夹的完整路径，该文件夹中安装了本地可自定义文件。
LOCKUI	锁定工具栏和可固定窗口（例如“设计中心”和“特性”选项板）的位置和大小。
LOGFILEMODE	指定是否将文本窗口的内容写入日志文件。
LOGFILENAME	指定当前图形的文本窗口日志文件的路径和名称。
LOGFILEPATH	指定任务中所有图形的文本窗口日志文件的路径。
MTEXTED	设置用于编辑多行文字对象的应用程序。
OLEQUALITY	设置 OLE 对象的默认打印质量。

OLESTARTUP	控制打印时是否加载嵌入的 OLE 对象的源应用程序。
OSNAPCOORD	控制是否在命令行输入坐标以替代执行的对象捕捉模式。
PAPERUPDATE	试图以不同于为绘图仪配置文件指定的默认值的图纸尺寸打印布局时，控制警告对话框的显示。
PICKADD	控制后续选择是替换当前选择集还是添加到其中。
PICKAUTO	控制提示“选择对象”时是否自动显示选择窗口。
PICKBOX	以像素为单位设置对象选择目标的高度。
PICKDRAG	控制绘制选择窗口的方法。
PICKFIRST	控制在发出命令之前（先选择后执行）还是之后选择对象。
PICKSTYLE	控制编组选择和关联填充选择的使用。
PSTYLEPOLICY	控制对象的颜色特性是否与其打印样式相关联。
QTEXTMODE	控制文字的显示方式。
RASTERPREVIEW	控制是否将 BMP 预览图像与图形一起保存。
SAVEFILF	存储当前自动保存的文件名。
SAVEFILEPATH	指定当前任务中所有自动保存文件目录的路径。
SAVETIME	以分钟为单位设置自动保存时间间隔。
SDI	控制是在单文档界面还是多文档界面中运行程序。
SPLINESEGS	设置要为每条样条拟合多段线（此多段线通过 PEDIT 命令的“样条曲线”选项生成）生成的线段数目。

TDUSRTIMER	存储用户花费时间计时器。
TOOLTIPMERGE	将草图工具栏提示合并为单个工具栏提示。
TOOLTIPS	控制工具栏提示的显示。
VISRETAIN	控制依赖外部参照的图层的特性。
VTDURATION	以毫秒为单位设置平滑视图过渡的期限。
VTENABLE	控制何时使用平滑视图过渡。
VTFPS	以帧/秒为单位设置平滑视图过渡的最小速度。
WSCURRENT	在命令行界面中返回当前工作空间名称，并将工作空间置为当前。
XLOADCTL	打开或关闭外部参照的按需加载功能，并控制是打开参照的图形还是打开副本。

尊敬的读者：

感谢您选购我社图书！建工版图书按图书销售分类在卖场上架，共设22个一级分类及43个二级分类，根据图书销售分类选购建筑类图书会节省您的大量时间。现将建工版图书销售分类及与我社联系方式介绍给您，欢迎随时与我们联系。

★建工版图书销售分类表（详见下表）。

★欢迎登陆中国建筑工业出版社网站www.cabp.com.cn，本网站为您提供建工版图书信息查询，网上留言、购书服务，并邀请您加入网上读者俱乐部。

★中国建筑工业出版社总编室　电　话：010—58337016

传　真：010—68321361

★中国建筑工业出版社发行部　电　话：010—58337346

传　真：010—68325420

E-mail：hbw@cabp.com.cn

建工版图书销售分类表

<table>
<tr><th>一级分类名称（代码）</th><th>二级分类名称（代码）</th><th>一级分类名称（代码）</th><th>二级分类名称（代码）</th></tr>
<tr><td rowspan="5">建筑学
（A）</td><td>建筑历史与理论（A10）</td><td rowspan="5">园林景观
（G）</td><td>园林史与园林景观理论（G10）</td></tr>
<tr><td>建筑设计（A20）</td><td>园林景观规划与设计（G20）</td></tr>
<tr><td>建筑技术（A30）</td><td>环境艺术设计（G30）</td></tr>
<tr><td>建筑表现・建筑制图（A40）</td><td>园林景观施工（G40）</td></tr>
<tr><td>建筑艺术（A50）</td><td>园林植物与应用（G50）</td></tr>
<tr><td rowspan="5">建筑设备・建筑材料
（F）</td><td>暖通空调（F10）</td><td rowspan="5">城乡建设・市政工程・
环境工程
（B）</td><td>城镇与乡（村）建设（B10）</td></tr>
<tr><td>建筑给水排水（F20）</td><td>道路桥梁工程（B20）</td></tr>
<tr><td>建筑电气与建筑智能化技术（F30）</td><td>市政给水排水工程（B30）</td></tr>
<tr><td>建筑节能・建筑防火（F40）</td><td>市政供热、供燃气工程（B40）</td></tr>
<tr><td>建筑材料（F50）</td><td>环境工程（B50）</td></tr>
<tr><td rowspan="2">城市规划・城市设计
（P）</td><td>城市史与城市规划理论（P10）</td><td rowspan="2">建筑结构与岩土工程
（S）</td><td>建筑结构（S10）</td></tr>
<tr><td>城市规划与城市设计（P20）</td><td>岩土工程（S20）</td></tr>
<tr><td rowspan="3">室内设计・装饰装修
（D）</td><td>室内设计与表现（D10）</td><td rowspan="3">建筑施工・设备安装技
术（C）</td><td>施工技术（C10）</td></tr>
<tr><td>家具与装饰（D20）</td><td>设备安装技术（C20）</td></tr>
<tr><td>装修材料与施工（D30）</td><td>工程质量与安全（C30）</td></tr>
<tr><td rowspan="4">建筑工程经济与管理
（M）</td><td>施工管理（M10）</td><td rowspan="2">房地产开发管理
（E）</td><td>房地产开发与经营（E10）</td></tr>
<tr><td>工程管理（M20）</td><td>物业管理（E20）</td></tr>
<tr><td>工程监理（M30）</td><td rowspan="2">辞典・连续出版物
（Z）</td><td>辞典（Z10）</td></tr>
<tr><td>工程经济与造价（M40）</td><td>连续出版物（Z20）</td></tr>
<tr><td rowspan="3">艺术・设计
（K）</td><td>艺术（K10）</td><td rowspan="2">旅游・其他
（Q）</td><td>旅游（Q10）</td></tr>
<tr><td>工业设计（K20）</td><td>其他（Q20）</td></tr>
<tr><td>平面设计（K30）</td><td colspan="2">土木建筑计算机应用系列（J）</td></tr>
<tr><td colspan="2">执业资格考试用书（R）</td><td colspan="2">法律法规与标准规范单行本（T）</td></tr>
<tr><td colspan="2">高校教材（V）</td><td colspan="2">法律法规与标准规范汇编/大全（U）</td></tr>
<tr><td colspan="2">高职高专教材（X）</td><td colspan="2">培训教材（Y）</td></tr>
<tr><td colspan="2">中职中专教材（W）</td><td colspan="2">电子出版物（H）</td></tr>
</table>

注：建工版图书销售分类已标注于图书封底。